"十四五"职业教育国家规划教材

高等职业教育生物技术类专业教材

现代生物技术概论

（第二版）

马　越　廖俊杰　主编

中国轻工业出版社

图书在版编目（CIP）数据

现代生物技术概论/马越，廖俊杰主编. —2 版. —北京：中国轻工业出版社，2024.8

"十二五"职业教育国家规划教材

ISBN 978-7-5019-9984-2

Ⅰ.①现…　Ⅱ.①马…②廖…　Ⅲ.①生物技术-高等职业教育-教材　Ⅳ.①Q81

中国版本图书馆 CIP 数据核字（2014）第 246956 号

责任编辑：江　娟　贺　娜

策任编辑：江　娟　　责任终审：唐是雯　　封面设计：锋尚设计
版式设计：王超男　　责任校对：晋　洁　　责任监印：张京华

出版发行：中国轻工业出版社（北京鲁谷东街 5 号，邮编：100040）
印　　刷：三河市万龙印装有限公司
经　　销：各地新华书店
版　　次：2024 年 8 月第 2 版第 9 次印刷
开　　本：720×1000　1/16　印张：20.25
字　　数：410 千字
书　　号：ISBN 978-7-5019-9984-2　定价：39.00 元
邮购电话：010 - 85119873
发行电话：010 - 85119832　010 - 85119912
网　　址：http://www.chlip.com.cn
Email：club@chlip.com.cn

编写人员

主　编　马　越（北京电子科技职业学院）
　　　　　廖俊杰（广东轻工职业技术学院）

副 主 编　李进进（广东轻工职业技术学院）
　　　　　杨　军（北京电子科技职业学院）

参编人员（按姓氏笔画排序）
　　　　　王晓杰（北京电子科技职业学院）
　　　　　甘　聃（徐州工业职业技术学院）
　　　　　叶秀雅（广东轻工职业技术学院）
　　　　　冯爱娟（广东轻工职业技术学院）
　　　　　李双石（北京电子科技职业学院）
　　　　　赵　婧（天津渤海职业技术学院）

前　言

　　现代生物技术概论课程是生物技术及应用、生物制药、食品生物技术等专业的专业基础课程；同时，也是提高大学生科学素养的科普课程，因此，本教材在受众中覆盖面广、影响力大。根据教育部"'十二五'职业教育国家规划教材选题立项工作的通知"精神，以及"'十二五'职业教育国家规划教材选题申报工作方案"要求，《现代生物技术概论》高职教材编写组重新修订了本书。

　　在保持《现代生物技术概论》第一版具有的"新、宽、实、趣"特点的基础上，本次修订又融入了新的特色。具体如下。

　　1. 更新、补充最新内容，以保证教材的先进性，进而保证人才培养质量

　　近年来出现了一批影响未来的重大技术，其应用范围更是涉及医药保健、食品轻工、能源环保、农牧渔业及纳米技术等多个领域。新知识、新技术、新应用需要在原教材中进行适时的完善补充及更新替代，以保证教材的先进性，进而保证人才培养质量和持续性。本次教材修订除在各个章节中增加了新的内容以外，新增"生物信息学"一章。

　　2. 产教结合、实现"三对接"

　　本教材修订在结构的构建及内容的选取上本着产教结合的基本理念，实现"三对接"，即：与企业、岗位实际生产对接，与职业标准对接，与学校课程标准对接，更加突出高等职业教育的教学理念。

　　3. 引入案例教学、创新教材体例

　　本教材修订在呈现形式上有所创新，体现案例教学的思路，每一章由精心筛选出的来自企业实际生产案例引入；在教材的体系上也体现了创新，设置全新的板块：案例、案例分析、链接新知识、知识拓展等，使得教材更增添了趣味性和阅读性，对于培养学生的科学思维方式及职业素养会起到促进作用。

　　4. 丰富数字化教学资源建设

　　目前，与该教材配套的数字化教学资源正在建设中，包括课程标准、教学课件、图片素材、习题库等。课程标准及教学课件可登录中国轻工业出版社的网站获得，以加强学生学习的指导性。

　　本教材由北京电子科技职业学院马越、广东轻工职业技术学院廖俊杰担任主编；广东轻工职业技术学院李进进、北京电子科技职业学院杨军担任副主编，参编人员有北京电子科技职业学院李双石、王晓杰；广东轻工职业技术学院冯爱娟、叶秀雅；天津渤海职业技术学院赵婧；徐州工业职业技术学院甘聃。具体分工如下：第一章、第三章由李进进编写；第二章、第五章由廖俊杰、叶秀雅编

1

写；第四章由甘聃、冯爱娟编写；第六章由冯爱娟编写；第七章、第十章由李双石编写；第八章由马越、冯爱娟编写；第九章由赵婧编写；第十一章由王晓杰编写；第十二章由马越、赵婧编写；第十三章由杨军编写。

由于生物技术发展迅猛、应用广泛，加之作者水平有限，书中难免有不妥之处，期待读者及同仁给予指正。

编　者

2014 年 10 月于北京

目　　录

第一章　现代生物技术

案例1. 生物技术孕育胰岛素生产新工艺

胰岛素是胰岛 β 细胞分泌的一种多肽激素，是机体内唯一可以降低血糖的激素，也是唯一同时促进糖原、脂肪、蛋白质合成的激素，促进全身组织对葡萄糖的摄取和利用，并抑制糖原的分解和糖原异生，因此，胰岛素有降低血糖的作用，是糖尿病人的首选良药。糖尿病在过去十年里在全球各地发展势头十分迅猛，现在中国、印度、巴西和俄罗斯等新兴工业国也已迈入糖尿病高发国行列。而尽管目前国际医药市场上已有磺酰脲类、α - 葡糖苷酶抑制剂类和噻唑烷二酮类等数十个品种的降糖药，但临床医学界早已观察到糖尿病人对这些药物产生了耐受现象。就胰岛素生产工艺而言，在20世纪80年代以前，国际市场所需胰岛素原料药基本来自动物胰岛素，但随着生物工程制药业的崛起和重组DNA技术的日趋成熟，利用酵母菌表达人胰岛素基因法生产的人胰岛素已成为国际胰岛素市场上的主流产品，而副作用较大的动物胰岛素在西方国家早已退出舞台，目前仅少数国家仍在继续使用，估计动物胰岛素目前所占世界胰岛素市场的份额已不足5%。

加拿大 SemBioSys 公司利用转基因红花生产人胰岛素产品。红花作为转基因植物平台，成功生产出红花子来源人胰岛素，2009年该产品已经顺利通过动物实验与Ⅰ~Ⅱ期临床试验，其药代动力学与药效学试验结果与美国利用大肠杆菌表述胰岛素基因生产的重组DNA人胰岛素基本一样。转基因植物生产胰岛素的工艺要简单得多，投入较少且产量较高，成本必然大大低于现有基因工程法生产的人胰岛素产品，如果该法生产的胰岛素原料药和制剂能在美国上市，必将对全球胰岛素市场格局产生极大的冲击。目前，SemBioSys 公司已向美国FDA提出做Ⅲ期临床的申请。美国医药业界人士估计，该胰岛素新产品有望在今后1~2年内在美国上市。一旦该人胰岛素通过临床试验并获得上市批文，将是世界上首个利用转基因植物生产并上市的胰岛素（图1-1），具有里程碑意义。

案例2. 生物技术培育彩色棉花

我国于1994年开始彩棉育种研究和开发，现已育出了棕、绿、黄、红、紫等色泽的彩棉（图1-2）。中国农科院棉花研究所培育的棕絮1号和新疆天彩科技股份有限公司开发的天彩棕色9801，在国际彩棉品种改良中处领先地位，这两个品系于1998年用于生产和产品开发。另外，新疆中国彩棉股份有限公司现已有可供大面积种植的棕色、绿色、驼色3个定型品种和90余份优良选系材料，其中棕色、绿色、驼色3个定型品系在新疆大面积种植获得成功。

美国植物学家萨利·福克斯发现了这些棉花，在其后7年里保持了对有色棉花的强烈兴趣，她耐心地培育颜色越来越深的棉花品种，挑选出那些纤维长度和强度足够可以纺成织物供制作服装、床单及毛巾手套之用的品种。她于1989年创立了天然棉花色彩公司，销售各种颜色的棉花。公司销售的品种包括红褐色的"小狼"棉、黄褐色的"野牛"棉和橄榄绿的"绿树"棉。由于有色棉花不经任何传统棉花加工工艺中使用的苛性染料的处理，福克斯的棉花几乎可以消除与纺织生产有关的所有环境危害。这些有色棉花还由于一种独特但至今仍无法解释的特性而获得了农业专利。其专利注册商标名为"福克斯纤维"。这种特性就是：它们的颜色在最初用机洗20到30次后会加深，以后再变回到在棉田中的颜色，但不会变得比原来的颜色浅。

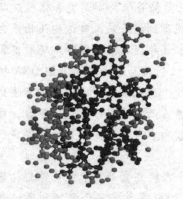

图1-1　胰岛素分子结构　　　　图1-2　生物技术培育彩色棉花

上述案例主要是介绍现代生物技术在医药、农业等方面所起的作用，通过本章的学习，我们对现代生物技术将有更全面、客观和透彻的了解。

【学习指南】

本章主要介绍现代生物技术研究的主要内容、现代生物技术与传统生物技术的区别、生物技术的发展历程与现状、现代生物技术取得的成就、现代生物技术的应用前景等内容。

第一节　现代生物技术研究的主要内容

现代生物技术（Biotechnology）兴起于20世纪70年代，它是以生命科学为基础，运用先进的工程技术手段与其他基础科学的原理，利用生物体及其组织、细胞及其他组成部分的特性和功能，设计、构建或将生物体改造为具有人类预期性状的新物种或新品系，从而为社会提供产品和服务的综合性技术体系。这一技术大大地推动了全球社会及经济变革与发展的步伐。

一、概 况

现代生物技术是以生命科学为基础，利用生物（或生物组织、细胞及其他组成部分）的特性和功能，设计、构建具有预期性能的新物质或新品系，以及与工程原理相结合，加工生产产品或提供服务的综合性技术。这门技术内涵十分丰富，它涉及到：对生物的遗传基因进行改造或重组，并使重组基因在细胞内表达，产生人类需要的新物质的基因技术（如克隆技术）；从简单普通的原料出发，设计最佳路线，选择适当的酶，合成所需功能产品的生物工程技术；利用生物细胞大量加工、制造生物产品的生产技术（如发酵）；将生物分子与电子、光学或机械系统联系起来，并把生物分子捕获的信息放大、传递，转换成为光、电或机械信息的生物耦合技术；在纳米（即百万分之一毫米）尺度上研究生物大分子精细结构及其与功能的关系，并对其结构进行改造，利用它们组装分子设备的纳米生物技术；模拟生物或生物系统、组织、器官功能结构的仿生技术等。

二、现代生物技术研究的主要内容

现代生物技术包括基因工程、细胞工程、酶工程、发酵工程等，其中基因工程为核心技术。生物技术将为解决人类面临的粮食、健康、环境、能源等重大问题开辟新的技术领域，它与计算机微电子技术、新材料、新能源、航天技术等被列为高科技，被认为是 21 世纪科学技术的核心。目前生物技术最活跃的应用领域是生物医药行业，生物制药被投资者认为是成长性最高的产业之一。世界各大医药企业瞄准目标，纷纷投入巨额资金，开发生物药品，展开了面向 21 世纪的科技竞争。

1. 基因工程

基因工程亦称 DNA 重组技术，它运用类似工程设计的方法，按照人们的需要，先将生物的遗传物质（通常是脱氧核糖核酸，即 DNA）分离出来，并在体外进行切割、拼接和重组，然后再将重组了的 DNA 导入某种宿主细胞或个体，从而改变其遗传特性，加工出新的生物或赋予原有生物新的功能。

2. 细胞工程

细胞工程是生物工程的一个重要方面，它是应用细胞生物学和分子生物学的理论和方法，按照人们的设计蓝图，进行在细胞水平上的遗传操作及进行大规模的细胞和组织培养。当前细胞工程所涉及的主要技术领域有细胞培养、细胞融合、细胞拆合、染色体操作及基因转移等方面。通过细胞工程可以生产有用的生物产品或培养有价值的植株，并可以产生新的物种或品系。

3. 酶工程

酶工程亦称生物反应技术或生物化学反应技术，是在生物反应器或者发酵罐内，进行酶的生产或者应用酶的生物催化反应进行其他产品的生产，即酶的工业化生产与应用。

4. 发酵工程

发酵工程亦称微生物工程，是利用微生物生长速度快、生长所需条件简单以及代谢过程特殊等特点，通过现代工程技术手段，借助微生物的某种特定功能生产出所需产品的技术。

5. 仿生生物工程

仿生生物工程亦称仿生技术，是在对生物系统的信息功能原理和作用机制进行研究的基础上，运用现代工程技术来模仿生物的信息功能和作用机制，以求实现新的技术设计进而制造新仪器、设备、产品的技术。

上述生物技术群中基因工程是核心技术，它们互相联系、彼此渗透，在实际应用中与物理学、化学、数学、工程学、计算机技术等结合，形成了基因技术、生物生产技术、生物分子工程技术、定向发送技术、生物耦合技术、纳米生物技术和仿生技术等。与传统的生物技术（如制造酱油、醋、酒、面包、奶酪等传统工艺）相比，现代生物技术具有原料简单、反应条件温和、体系结构复杂而紧凑、运行过程可靠、产品功能特殊等特点。正是由于生物技术的这些优越性，促使世界各国特别是经济大国在大力发展民用生物技术的同时，大力发展军用生物技术，从而为军队提供与传统武器和装备不同的新概念武器和装备。

第二节　现代生物技术与传统生物技术的区别

传统生物技术的技术特征是酿造技术。现代生物技术，也称为生物工程，从20世纪70年代开始异军突起，近10～20年来发展极为神速。它与微电子技术、新材料技术和新能源技术并列为影响未来国计民生的四大科学技术支柱，是21世纪世界知识经济的核心。

一、传统生物技术的内容

传统生物技术包括酿造、酶的使用、抗菌素发酵、味精和氨基酸工业等，被广泛应用于生产多种食品如面包、奶酪、啤酒、葡萄酒以及酱油、米酒和发酵乳制品。我们的祖先早就知道利用微生物来提高生活品质，例如，在公元前6000年时就有酿制啤酒的记载；公元前4000年，埃及人已经会用发酵的方法来制作烤面包。然而生物科技的启蒙，一般认为是始于法国科学家巴斯德，他在1857年发现了发酵现象，之后微生物被大量采用，巴斯德也因此被称为"生物技术之父"。

欧洲工业革命后，出现以微生物发酵为主轴的生产技术，当时此技术主要是应用于生产酒精、醋及废水处理。随着科学技术的发展，从 1940 年开始，人们开始在无菌状态下进行生物技术产品的开发。许多产品如抗生素、氨基酸、胆固醇、多糖、疫苗、单株抗体等，都是运用此方法制成的。1960 年之后，微生物开始被用来当作生产蛋白质的工具，这时科学家们已建立遗传工程及重组 DNA 技术，因而许多生物技术产品应运而生，如重组蛋白质、细胞激素等。目前，微生物发酵仍是生物技术中应用最为成熟的技术，并广泛运用于食品及制造工业上。

二、现代生物技术的特点

科学家已经破解人类全部 30 亿个碱基对的序列秘密，将人类自身的认识深入到分子水平；对受精卵进行基因定位与矫正的治疗手段已经拉开序幕。人类基因组计划的完成标志已经进入后基因时代。21 世纪的生物技术发展呈现了明显的特色。

1. 探索生命本质，深入微观领域

基因工程药物的种类持续增加，对多种疾病的防治能力大大增强。多种重大疾病，包括癌症和艾滋病都将得到有效的预防和治疗；人类的生活质量明显提高，衰老过程得以减缓，平均寿命进一步延长。基因工程及细胞工程的各种手段将广泛应用于农林牧渔各个领域，将多种优良性状的基因或人类需要的基因转移到农作物或家养动物中，以进一步改善生物的品质，提高它们的抗逆性和产量，或收获人类所需的基因工程产品。

2. 向宏观领域发展，左右生态环境

生态学受到科学家、政府和大众的共同关注。西方发达国家走过的是一条"生产－污染－治理"代价巨大的曲折之路。我国改革开放经济高速发展，环境污染已成为不容忽视的负面因素。在某些地区，大气、水源、土壤已经受到污染物的严重影响。森林滥伐、水土流失和人口激增使中华民族本来并不充足的人均耕地面积持续下降。1998 年，长江、嫩江和松花江的世纪大洪水亦和植被的破坏直接有关，在污染与滥伐的双重打击下，许多物种在尚未被人类认识之前就已灭绝。饱经亿万年沧桑酿就的宝贵基因库无可挽回地消失了，对自然界对人类无疑都是痛苦的灾难。因此保护生物多样性成了 21 世纪生命科学最为紧迫的任务。

3. 多学科相互交叉发展，形成新的技术领域

多个学科与生命科学密切交叉，相互渗透，有力地推动了生命科学的发展。孟德尔用数学统计的方法发现了遗传学的基本定律。沃森和克里克用物理学的手段阐明了 DNA 双螺旋的空间结构。化学和生命科学犹如血溶于水，早已密不可分。生物技术与物理学交叉发展形成了生物物理学，生物技术与仿生学的发展已经应用于雷达、军工和航天事业，生物技术与数学、计算机科学的学科交叉已经

产生了生物芯片和生物计算机，其功能已经远远地超过普通电脑。

第三节　现代生物技术的发展历程与现状

生物技术的产生与发展经历了一个漫长的过程。追根溯源，生物技术是与生命的产生密切相关的。生命及其相关的学科（如生物学）是生物技术的产生和发展的根本。30 多亿年来，生物生生不息，虽几经劫难，却顽强地繁衍成现在超过 200 万物种的大千世界。从最简单的细菌之类的单细胞原核生物到最高等的被子植物和哺乳动物，生物虽千差万别，但其中都蕴含着生命的本质特征，这些特征可以归纳为：①新陈代谢是生命得以生存，延续的核心要素；②细胞是生命赖以存在、发展的结构基础；③生长、发育是生物成长、壮大、走向成熟的基本保证；④遗传、变异与进化使生物既保持了物种的稳定性，又逐渐累积了适应环境的变异性，从而使生物能在历史的长河中不断演进，推陈出新。

一、现代生物技术的发展历程

生物技术的发展由传统生物技术发展到现代生物技术经历了四个时期，也与生物学的发展密切相关。

（1）前生物学时期　从人类诞生到公元 16 世纪以前的时期。古人由于生存需要，他们认识的自然界首当其冲是生物。古代文明发展程度较高的国家，如中国、埃及、希腊、古罗马等国，已大力开展了与人类生活密切相关的植物与动物的栽培、养殖与利用活动。新石器时代后期，我们的祖先已开始酿酒。据考古学家对陕西半坡村人类新石器时期遗址出土的白菜籽的考证，我国栽培白菜的历史已有 7000 多年的历史；公元前 5000 年，先人已经懂得栽种水稻；公元前 3000 年已开始驯养家猪 。公元前 2700 年种桑养蚕织布在长江流域已广为流传；公元前 221 年，我国人民已懂得制酱、酿醋、做豆腐，我国春秋战国时期（公元前 500 年）写成的第一部中药学专著《神农本草经》已收入药物 200 多种。汉朝的《神农百草经》又将药物增至 300 多种。公元 10 世纪，我国已发明预防天花的疫苗。这个时期最杰出的代表作当推明朝末年（1593 年）的《本草纲目》，在这部不朽的科学巨著中，李时珍对 1892 种植物、动物及其他天然成分分门别类进行了详细形态描述及药性探讨，为后人留下了珍贵的寻药看病的经验与智慧。

（2）古典生物学时期　从 17 世纪到 19 世纪中期。自从 1590 年荷兰人詹森（Janssen）兄弟发明显微镜后，英国人胡克（R. Hooke）用他自制的简陋显微镜观察了多种切成薄片的软木，首次发现了无数的细胞，并于 1665 年出版了撩开微观世界神秘面纱的第一部专著《显微图像》。从此，对细胞的研究成了古典生物学的热门。1735 年，针对当时生物分类和命名的混乱局面，瑞典植物学家林奈整理出版了名著《自然系统》，创立了生物分类的等级和双命名法，并一直被科学界沿用至今。1838 年德国植物学家施莱登（M. Schleiden）在他的论文《论植物的发生》中指出，细胞是所有植物的基本构成单位。第二年（1839 年），另一位德国动物学家施旺（T. Schwann）在发表名为《显微研究》的论文时进一步阐明说，动物和植物的基本结构单元都是细胞。经过他们的工作及总结，从此细胞学说这个生命科学的核心学科正式诞生了。恩格斯高度重视细胞学说的建立，把它推举为 19 世纪自然科学的三大发现之一。

（3）实验生物学时期　从 19 世纪中期到 20 世纪中期大约 100 年的时间。1865 年奥地利神父兼中学代理教师孟德尔（G. Mendel）在家乡的自然科学家协会上宣读了他历经 8 年进行豌豆杂交实验总结出的划时代论文《植物杂交实验》，奠定了现代遗传学的基础。与此同时，微生物学的奠基人——法国化学家巴斯德（L. Pasteur）发明了加热灭菌的消毒法，证明了生物不可能在短时期内"自然发生"。1928 年，英国细菌学家弗莱明（A. Fleming）发现青霉菌的代谢产物青霉素具有很强的抑制、杀菌效果。

（4）分子生物学时期　又称现代生物技术诞生和发展时期。1997 年 2 月，英国罗斯林研究所的维尔穆特博士在《自然》杂志上宣布以乳腺细胞的细胞核成功地克隆出"多利"绵羊，这一重大突破再一次震撼了人类社会。一年半后，克隆牛、克隆鼠相继问世，甚至对克隆鼠的再克隆也获得了成功。1999 年，灵长类（猴子）的克隆也顺利诞生。这一系列成就标志着人类无性繁殖哺乳动物的技术已日臻成熟。同年底，科学家发现：只需 300 个左右的基因即可构成一个最简单的生命。这意味着在可以预见的将来，人类也许可以充当"上帝"，在实验室中设计并创造出人造生命体。

二、现代生物技术的发展现状

1. 生物技术在发达国家的情况

据资料显示，1997 年全球生物技术药品市场约为 150 亿美元，1998 年全球生物技术药品销售额达 130 亿美元，比 1997 年上升了 20%，而同期全球医药市场仅比 1997 年增长 11%。从 1998 年至 2003 年，全球生物技术药物年销售额的增长率为 15%～33%，远高于年增长率为 7%～10% 的传统制药业；2011 年全球医药生物技术产品销售额达到创纪录的 1129.3 亿美元，其中，抗 TNF 抗体类产品（主要用于治疗风湿性关节炎）年销售额达到 240.4 亿美元名列第一，胰岛素及其类似物（用于治疗糖尿病）年销售额 162.4 亿美元，名列第三。就单个产品而言，年销售额最大的品种是阿达木单抗，年销售额为 79.32 亿美元。美国在 1993～1995 年，生物技术药物年销售额的增长率分别为 18.9%、17.5% 和 14.8%；1996 年的销售额为 75.5 亿美元，占美国整个生物技术市场的 75%；1997 年的销售额为 80 亿美元；由于生物技术在传统医药领域中极为广泛的应用以及利用生物基因工程方法从病因的源头根治疾病，使生物技术产业在医药市场越来越占有重要的地位。

2. 生物技术在发展中国家的情况

联合国的数据显示，全世界有近 8 亿人营养不良，近 4 亿育龄妇女缺铁，主要集中在发展中国家。对此生物技术专家们已发明出一种胡萝卜素转化成维生素 A，以补充人体所需的维生素 A 和铁元素。虫害给作物带来的损失之大是无法估量的。在发展中国家，一些主要作物受病毒侵害也是造成作物减产的主要原因之一。两年前，非洲由于受病毒的侵害，木薯的产量曾一度减少一半以上。在这些作物中注入抗病毒基因可以降低作物破坏的程度；在缺水地区，可以给种子注入抗干旱基因。另外，生物技术专家还可以对含铝过多的土壤进行改良以增加土壤养分，提高作物产量。

现在，发展中国家也越来越重视研究生物技术了，不仅在农业生产领域有广泛的研究与应用，在医药卫生、食品技术、环保技术、轻工行业、军事技术等领域的发展也十分迅速。各国正在以不同的发展策略和方式来推动生物技术的发展，生物科技立国的计划在发展中国家已经形成共识。

以我国为例。几年来我国基因工程制药产业发展异常迅猛，到目前为止，已有 30 多家企业取得基因工程药物和疫苗正式生产批准文号。据不完全统计，我国目前有 1000 多家单位从事生物工程研究，从事生物工程研究开发的科研人员达 1 万多人，现已初步形成了具有一定规模的生物高技术产业。根据国家的产业政策，我国已将生物医药产业作为经济中的重点建设行业和高新技术中的支柱产业来发展，在一些科技发达或经济发达的地区建立了国家级生物医药产业基地，如上海浦东生物医药开发基地。在深圳、上海、长春、厦门、广州、合肥、杭州等地，一些生物技术骨干企业已经迅速崛起。相信在未来的若干年内，我国生物医药的年平均增长率将不低于 12%、高于国家 8% 的经济增长速度。

【知识拓展】

生物技术发展带来的伦理问题备受关注

生物技术既可造福于人类，也可能引起伦理道德等社会问题，甚至给人类带来灾难性的影响，尤其是对危害性认识不足或被人类滥用时，其潜在危险难以预料。因此人类必须正视这些问题，加强政策导向、完善相关法律制度，对生物技术产业的健康发展加以引导，使其为提高人类健康水平、延长寿命、开发新能源、环境保护继续做出贡献。

生物医学技术的进步使人们不但能更有效地诊断、治疗和预防疾病，而且有可能操纵基因、精子或卵子、受精卵、胚胎，以致人脑和人的行为。这种放大了的力量可以被正确使用，也可能被滥用，对此如何进行有效控制？这种力量的影响可能涉及几代人。若这一代人的利益与子孙后代的利益发生冲突时怎么办？

1997 年 2 月，克隆羊的问世在全世界引起了强烈反响，那么下一步会不会有克隆人？人类基因工程计划（HGP）完成之后，"基因歧视"使一些携带不正常基因的人在婚姻、就业、升学等受到不公正对待。现代辅助生殖技术（ART）的产生及发展，使传统婚姻家庭理念遭到前所未有的冲击与破坏，一个孩子可能有五个父母，到底谁是孩子的合法父母？胚胎成为商品，那么人是不是也是商品？生物技术在许多方面都给伦理学出了难题，而伦理的模糊、混乱和颠倒极易导致心理和感情上的扭曲。

第四节　现代生物技术取得的成就

现代生物技术已不断渗透到人类社会的生产、生活的各个方面并建立了不可分割的联系。作为 21 世纪高新技术重点之一，现代生物技术将对人类解决所面临的食物、资源、健康和环境等重大问题发挥越来越重要的作用。

一、生物技术在医药卫生领域的应用

生物技术在医药卫生领域的应用，是现代生物技术应用最广泛、成效最显著的一个领域。从 1971 年 Cetus 公司成立至今，医药生物技术已创造出了 30 多个重要的治疗药物，在治疗癌症、多发性硬化症、贫血、发育不良、糖尿病、肝炎、心力衰竭、血友病、囊性纤维变性和一些罕见的遗传性疾病中取得了良好效果。我国基因工程制药产业始于 20 世纪 80 年代末，中国第一个有自主知识产权的基因重组药物 a−1b 干扰素 1989 年在深圳科技园实施产业化，拉开了国内基因药物产业化的序幕。随着高科技成果不断转化为生产力，基因工程药物、单克隆诊断试剂、转基因动物、器官移植、基因治疗，更在治疗疾病和维护人类健康等问题上发挥着巨大作用。

1. 解决了一些技术难题

生物技术解决了过去用常规方法不能生产或者生产成本特别昂贵的药品的生产技术问题，开发出了一大批新的特效药物，如胰岛素、干扰素（IFN）、白细胞介素−2（IL−2）、人生长激素（HGH）、表皮生长因子（EGF）等，这些药品可以分别用以防治如肿瘤、心脑肺血管、遗传性、免疫性、内分泌等严重威胁人类健康的疑难病症，而且在避免毒副作用方面明显优于传统药品。

2. 应用于单克隆抗体诊断试剂的研制

研制出了一些灵敏度高、性能专一、实用性强的临床诊断新试剂，如体外诊断试剂、免疫诊断试剂盒等，并找到了某些疑难病症的发病原理和医治的崭新方法，目前单克隆抗体诊断试剂市场前景越来越好。

3. 利用再生的生物资源生产生物药品，用于临床研究和治疗

基因工程疫苗、菌苗的研制成功直至大规模生产为人类抵制传染病的侵袭，

确保整个群体的优生优育展示了美好的前景。如 1g 胰岛素要从 7.5kg 新鲜猪或牛胰脏组织中提取得到，而目前世界上糖尿病患者有 6000 万人，每人每年约需 1g 胰岛素，这样总计需从 45 亿 kg 新鲜胰脏中提取，这实际上办不到的，而生物技术则很容易解决这一难题，利用基因工程的工程菌生产 1g 胰岛素，只需 20L 发酵液。

4. 器官移植

遗传工程的研究发展，为器官移植提供了一个很有前途的新手段——利用动物的器官代替人的器官。科学研究表明人体异种器官移植，供体以猪较为合适。首先猪器官的大小与人的相当，生理上也比较接近；其次猪在无病原体条件下比较容易饲养和容易保证无病的供体；此外猪的繁殖率高，每窝可产十几只猪崽，存活率也较高。为了保证植入的器官不被排斥，生物学者正在培养具有人类基因的新型转基因猪。最近，日本科学家培养出具有人血型的猪。猪携带了能够制造人 O 型血的基因。虽然目前猪器官还不能用于人体移植，但这项研究的意义很大，将来猪的内脏用于移植到人身上的可能性就会增大。目前这方面的研究十分活跃，也是器官移植最有希望的项目。科学家相信，转基因猪可为正在等待捐献器官移植者带来曙光。

5. 基因治疗

基因治疗是 21 世纪国际生物技术的又一个热点。基因治疗就是将外源基因通过载体导入人体内并在体内（器官、组织、细胞等）表达，从而达到治病的目的。基因治疗开辟了医学预防和治疗的崭新领域。自从 1990 年临床上首次将腺苷酸脱氨酶（ADA）基因导入患者白细胞，治疗遗传病——重度联合免疫缺损病以来，利用基因治疗的手段治疗囊性纤维化（CF）、血友病，还扩大用于治疗肿瘤和艾滋病的临床试验已数以百计，基因治疗将引起临床医学的一场革命，将为治疗目前尚无理想治疗手段的大部分遗传病、重要病毒性传染病、恶性肿瘤、心脑血管疾病和老年病等开辟十分广阔的前景。可以比较乐观地认为，随着人类基因组计划的顺利实施，随着“后基因组”时代的到来，人类 23 对染色体大约 60 亿个核苷酸的排列顺序被测定，人类基因组所包含的约 3 万个基因中与人的重要生命功能和重要疾病相关的基因将不断被发现，6000 多种人类单基因遗传病和一些严重危害人类健康的多基因病（如恶性肿瘤、心血管疾病等）将有可能由此得到预防、诊断和治疗。基因治疗的研究将从过去的盲目阶段进入理性阶段。基因治疗有可能在 21 世纪 20 年代以前，成为临床医学上常规的治疗手段之一，人类很多目前无法治疗的疾病将通过基因治疗手段而获康复。鉴于基因技术在医学领域的实用价值极大，其巨大的市场潜力已被众多企业看好。

二、生物技术在农业领域的应用

现代生物技术在农业中的突出应用是利用转基因技术，将目的基因导入动、植物体内，如对农作物、家畜、家禽、鱼类等进行基因改良。生物技术应用于农作物的主要目标是培育高产、优质、抗性强、耐储运的新品种，在花卉上主要培育抗病虫、抗衰老、多花色、奇花型的高观赏价值新品种。如我国用花药培养、染色体工程等育种技术培育出水稻、小麦、油菜、橡胶等一批作物新品种、新品系、新种质。其中较突出的有京花 3 号、小偃 107 号小麦和中花 10 号水稻新品种，具有优质高产、抗病、抗盐碱等特性，已经在生产中推广应用。我国转基因技术在家畜及鱼类育种上也初见成效，中科院水生生物研究所在世界上率先进行转基因鱼的研究，成功地将人生长激素基因、鱼生长激素基因导入鲤鱼，育成的当代转基因鱼生长速度比对照的快，并从子代测得生长激素基因的表达，为转基因鱼的实用化打下了基础。中国农业大学生物学院瘦肉型猪基因工程育种取得初步成果，获得第 2、3、4 代转基因猪。近年来，抗除草剂的大豆、抗病毒病的甜椒、抗腐能力强、耐储性高的番茄、具有高含量必需氨基酸的马铃薯等转基因植物开始进入市场，成为农业生物技术的第一批成果；高产奶的奶牛和能从奶中提取药物的转基因羊等也将进入实用化阶段。未来农业的模式将是：农业工厂化，按人类要求，高水平地控制环境因素，实现规模化、机械化、自动化生产，产生质量稳定、供应稳定、价格稳定、营养丰富的农业产品。

生物技术在促进农产品的产业化方面令人瞩目。美国仅经过 5 年，所种植的 65% 的大豆、近 70% 的棉花和 25% 的玉米，是经由生物技术改良了的品种。早在 2000 年，加拿大 65% 以上的葵花、近 50% 的玉米和约 20% 的大豆，种植了用生物技术改良的品种。墨西哥 30% 以上的棉花是转入 Bt 基因的棉花，澳大利亚的 Bt 棉花比例达到 35%。我国自 20 世纪 60 年代起，科学家们就先后将黄瓜、青椒、水稻等农作物送入太空，经过太空环境的洗礼，发生了许多难以置信的变化，从而培育出很多优良品种。

三、生物技术在环境保护方面的应用

环境生物技术是 21 世纪国际生物技术的又一热点领域。人类赖以生存的环境，由于人类活动自身造成的各种污染（包括工业废水、废气、各种废弃物、有毒化学物质、声、光、电磁和放射性物质等）对环境生态的破坏，已成为威胁人们健康、制约经济发展的严重问题。治理环境污染、改善人类生活环境的质量已经成为人类共同努力的长期任务。生物技术在环境治理上发挥着不可替代的作用。环境生物技术不是一个新概念，过去用微生物处理工业废水就属于这一类研究。美国更把环境生物技术作为 21 世纪生物技术 6 个主要研究领域之一，美国培育的基因工程"超级菌"，几小时就可将自然菌种需 1 年才能降解的水上浮油降解掉；日本将嗜油酸单孢杆菌的耐汞基因转入腐臭单孢杆菌，使该菌株既能有效处理环境汞污染，又能将汞回收利用。

我国政府十分重视环境保护，把它提高到可持续发展的基本国策的高度。我

国目前治理环境污染的迫切问题有煤燃烧造成空气污染；工业废水污染水源和农田；不可降解塑料造成的白色污染；化学农药残毒对人和禽畜的危害等问题。21世纪我国环境生物技术的重点在于：用生物工程技术处理原煤脱硫的工业化工艺；无污染、能大量生产的生物能源的开拓性研究；高效、多抗转基因微生物农药的研制；生物来源的可降解的透明膜材料等。

四、生物技术在食品工业中的应用

生物技术在食品工业中的应用日益广泛和深入，极大地推动了食品工业的革新，主要表现在以下方面。

1. 基因工程技术在食品工业的应用

以 DNA 重组技术或克隆技术为手段，实现动物、植物、微生物等物种之间的基因转移或 DNA 重组，达到食品原料或食品微生物的改良。或者在此基础上，采用 DNA 分子克隆对蛋白质进行定位突变的蛋白质工程技术，这对提高食品营养价值及食品加工性能，具有重要的科学价值和应用前景。采用基因改造的食品微生物为面包酵母，由于把具有优良特性的酶基因转移到酵母菌中，使酵母含有的麦芽糖透性酶及麦芽糖酶的含量比普通面包酵母高，面包加工过程中产生的二氧化碳气体含量也较高，最终制造出膨发性能良好、松软可口的面包产品。这种基因工程改造过的微生物菌种（或称为基因菌）在面包烘焙过程中会被杀死，所以在使用上是安全的，英国于 1990 年已批准使用。干啤酒发酵生产特点是麦汁发酵度高（75% 以上），现在已有采用基因工程技术探索，以期用于直接发酵生产。许多食品添加剂或加工助剂，如氨基酸、维生素、增稠剂、有机酸、食用色素等，都可以用基因菌发酵生产而得到。凝乳酶是第一个应用基因工程技术把小牛胃中的凝乳酶基因转移到细菌或真核微生物生产的一种酶，1990 年美国已批准在干酪上生产使用。应用基因工程菌发酵生产的食品酶制剂还有葡萄糖氧化酶、葡萄糖异构酶、转化酶等。

2. 细胞工程在食品工业的应用

细胞工程包括细胞融合技术、动物细胞工程和植物细胞工程等。细胞融合技术的应用有氨基酸生产菌的育种、酶制剂生产菌的育种、酵母菌的育种、酱油曲霉素的育种。动物细胞大量培养技术已经成熟，培养规模不断扩大，目前已生产出一些具有重要药用价值的活性物质，如口蹄疫苗、干扰素、促生长因子等。植物细胞大规模培养的产物有种苗、细胞、初级代谢物、次级代谢物、生物大分子等。其中许多产物已在食品业中得到广泛应用，如食用色素等。

3. 酶工程在食品工业的应用

酶是活细胞产生的具有高度催化活性和高度专一性的生物催化剂，可应用于食品生产过程中物质的转化。纤维素酶在果汁生产、果蔬生产、速溶茶生产、酱油酿造、制酒等食品工业中应用广泛。

4. 发酵工程在食品工业的应用

采用现代发酵设备，使经优选的细胞或经现代技术改造的菌株进行放大培养和控制性发酵，获得工业化生产预定的食品或食品的功能成分。发酵工程应用于抗生素及其他药物，以及制造啤酒、酒精、氨基酸、酶制剂、核苷酸及维生素等。生物技术起源于传统的食品发酵，并首先在食品加工中得到广泛的应用。

五、生物技术在能源工业中的应用

石油等传统矿产能源日益枯竭，矿产燃料产生的环境污染问题日益严重，迫使人类开始寻找清洁、可持续利用的替代能源。能源生物技术能做什么？有关专家指出，能源生物技术就是用可再生的生物资源生产各种能源产品。这些能源产品包括以燃料乙醇、生物柴油为主的液体燃料，以甲烷为主要成分的沼气，可再生的生物氢能。沼气是由作物秸秆、树木落叶、人畜粪便、工业有机废物和废水等有机物质在厌氧环境中，经微生物发酵作用生成的一种可燃气体。每立方米沼气完全燃烧后的发热量约相当于 3.3kg 原煤产生的热量，是一种清洁、高效的可再生能源。

在发展能源生物技术方面，我国虽然起步晚，但有自身优势。首先，生物技术领域是我国高新技术领域与国外差距最小的领域，我国已经培养了一大批优秀人才，许多大学设有生命科学与生物技术领域的专业；第二，我国有着丰富的生物资源，能源生物技术产品潜在市场巨大；第三，我国虽然起步比发达国家晚，但是通过跨越式发展，可采用最先进的技术和设备进行研发工作，后来居上。

六、海洋生物技术

1996 年，我国政府已将海洋生物技术列入 863 计划，主要方向是大规模发展海水养殖，并已初见成效。海水养殖总产量、海藻、贝类等产量均居世界首位，对虾产量也曾一度居世界首位；裙带菜无性繁殖系、三倍体扇贝和牡蛎的培育，都已列入国家"攀登计划"；山东省海藻养殖和海藻化工已成为世界上该领域第一大产地。此外，我国在世界上首次研究成功海带的单倍体育种技术、紫菜的体细胞育苗技术、对虾的三倍体与四倍体育苗技术、对虾精荚移植技术等；在海水鱼、贝类的三倍体育苗技术和鱼类性别控制技术的研究方面也取得了重大进展。

七、纳米生物技术

纳米生物技术是一项涵盖生物学、化学和物理学的综合性跨领域技术。它的出现与发展将对未来人类疾病的诊断与治疗提供新的可能，纳米生物技术的成果也将为制造人造器官和人造皮肤提供便利。科学家们已经能够利用烧伤患者未被破坏部分的皮肤细胞制成被烧伤部位的人造皮肤，并使其具有正常的代谢作用。纳米生物技术的进一步发展还将为医生有效治疗脑血栓提供可能。纳米微粒也将在摧毁脑肿瘤方面起到重要作用。纳米生物技术的研究完全有可能在未来十年内取得重大突破，并且具有广泛的应用前景。科学家预测，纳米技术的应用将远远超过计算机工业，并成为未来信息的核心。近年来，纳米材料和纳米结构取得了引人注目的成就。令人欣喜的是，我们在纳米研究和开发上与发达国家基本上处在同一起跑线上。

【知识拓展】

生物技术的发展带来的安全性问题成为热议话题

从生物安全狭义来讲，是指现代生物技术的研究、开发、应用以及转基因生物的跨国越境转移可能对生物多样性、生态环境和人类健康产生潜在的不利影响。广义是指与生物有关的各种因素对社会、经济、人类健康及生态环境所产生的危害或潜在风险。随着现代生物技术的发展，带来的安全性问题也日益突出。

（1）基因污染　是一种非常特殊又危险的环境污染。大致有三种情形：污染传统作物而改变其消费性质；污染自然界的基因库；影响自然界的生态平衡。

（2）转基因食品的安全性　转基因食品的安全性目前已引起广泛关注，也在世界范围内引发了热烈的争论。转基因生物作为食品进入人体，很可能出现某些毒理作用和过敏反应；转基因生物使用的抗生素标记基因可能使人体对很多抗生素产生抗性；转入食品中的生长激素类基因可能对人体生长发育产生重大影响，有些影响需要经过长时间才能表现和监测出来；转基因微生物可能与其他生物交换遗传物质，产生新的有害生物或增强有害生物的危害性，以致引起疾病的流行。但对这些不安全因素不能一概而论，转基因技术是未来的发展方向。

（3）基因治疗的不确定性　①目前的技术不能保证将基因引入生殖细胞对后代不造成伤害并且有效，而一旦造成伤害将遗传下去且不可逆转；②有治疗价值的基因尚为数不多，多基因控制的遗传病机制尚不明了；③为了使基因进入细胞内，基因常与腺病毒或逆转录病毒整合在一起，但病毒对机体的潜在风险没有得到解决。

（4）异种移植的危险性　免疫排斥与跨物种感染是异种移植的两大主要问题。

（5）生物武器的恐慌　生物战剂是在军事行动中用以杀伤人畜和破坏农作物的致病微生物、毒素和其他生物活性物质的统称。目前，传统的生物武器发展到了"基因武器"的新阶段。

第五节　现代生物技术的应用前景

近年来，生物技术正逐渐成为科技革命的主体和代表。随着生命科学和生物技术的不断发展，基因组学、蛋白质组学、生物芯片、生物信息等重大技术相继出现，这大大地扩展了生物技术的涵盖范围。其应用范围也将随着时代的发展遍及世界的各个领域，从而成为解决人类社会各种问题的最有潜力的技术手段。

一、生物技术成为世界竞争的热点

美国人领导了生物技术产业很多年，但现在全球新药生物技术产业中心正在其他地区迅速崛起。生物医药在世界范围内将形成新的格局。在英国，生物技术狂潮在近些年已经孵出数以百计的新公司，2006年第一批三个生物技术产品新型麻醉药、治疗偏头痛和老年痴呆症的产品被批准上市。荷兰 Qiagen 公司正成为全球领先的纯化遗传学物质产品的制造商；瑞典的 Pyrosequencing 公司已成为制造自动 DNA 测序系统的技术领先者；法国科学家即将解开肥胖的遗传学秘密；德国科学家处于心血管病研究的领先位置，而印度研究者可能很快会在糖尿病方面有一个突破性进展。

在生物技术狂潮的推动下，德国政府已经将生物技术列为长期竞争力的关键项目。1993年德国政府通过了新的法律，对生物技术产业计划进行合理化决策。分别奖励了 5000 万德国马克（1 德国马克＝4.318 元人民币）给慕尼黑、靠近科隆的莱茵河区域以及海德堡地区以帮助建设生物技术研究中心。同时计划在今后五年内投资 12 亿德国马克给大学和研究所的人类基因组研究。现在除地区和联邦给予的资金之外，创业公司能够很轻易得到 3 倍的其他资金。另外，法律规定当大学或研究所的科学家决定离开自行创业时，对他们的知识产权进行保护。巴西也正在扶持其生物技术产业，巴西从圣保罗科学基金中设立专项资金作为启动，开始了一项总计达 2000 万美元，包括 62 个实验室 200 名科学家在内的计划，科学家们已经完成了癌症基因组 73000 个碱基的测序工作。巴西科学家现在已在癌症基因组测序方面领先，2002 年底，完成乳腺癌基因组的全长测序。从生物医药行业的发展态势窥视生物技术产业的发展，可以预见，生物技术处于争分夺秒的竞争之中。竞争与合作机会并存，一项新的生物技术成果的诞生有可能带动行业新的格局的形成。

二、生物技术已经深入军事领域，空间生命科学正在形成

现代生物技术在军事领域的应用，使得信息获取及信息处理、指挥和控制自动化、仿生伪装隐身等能力大大增强；作战平台的作战效能和生存能力大幅度提高；新概念生物武器和军事后勤装备将给未来战争及其保障带来革命性的变化。

近几年，我国的空间生命科学又在制药领域迈出了一大步。西安亨通光华制药有限公司运用太空科技研制出免疫增强类药品"神舟三号"甘露聚糖肽口服液，是国内首次成功地将空间科技用于制药领域，充分展示了空间生物技术产业化的美妙前景。

三、资本市场与生物技术的结合是发展生物技术的必经之路

21世纪的世界生物技术工业将出现新药上市的高潮，世界各国都在改变21世纪科技发展的重点和战略目标，生命科学和生物技术的研究将是新世纪研究的重点，对于资本市场而言，这是一个充满期待的参与、推进和互动的过程。虽然我国的生物制药上市公司离真正优秀的生物制药企业的目标还有很大距离，我国生物制药业的真正繁荣还需要经历许多起伏。但从发展趋势来看，作为一个国际性的投资热点，它的上升是必然的。探讨走产学研结合之路，多渠道筹集项目开发资金，增加科技风险投资，提高技改与创新能力，重视开发有自主知识产权的生物医药新产品将是我国发展方向。在正确认识生物制药行业的高投入、高风险、高回报这一规律的基础上，投资者极可能获得巨大的商机。

【知识拓展】

生物能源的利用与发展

20世纪90年代以来，以燃料乙醇和生物柴油为代表的第一代生物质能得以发展。目前，美国为第一大燃料乙醇生产国，巴西位居第二，欧盟各国则是最主要的生物柴油生产地，其他国家也都在积极发展生物质能。美国2007年出台的能源独立和安全法规定，到2022年前，要求美国国内汽车中加入360亿加仑（1加仑=3.785升）的生物质燃料，主要是乙醇。美国环保署2010年10月13日宣布，同意将美国汽油中的乙醇含量上限由目前的10%提高到15%，但只推荐2007年以后生产的汽车使用。

与美国不同，巴西主要利用甘蔗发酵生产燃料乙醇，通过原料的综合利用，巴西显著降低了燃料乙醇的成本，是世界上生产燃料乙醇成本最低的国家。2008年巴西生物燃料乙醇产量达到70亿加仑，巴西的双燃料汽车已经达到500万辆，巴西政府还强制在汽油中添加燃料乙醇的比例从2007年7月份起提高到25%。巴西燃料乙醇年产量的18%向美国、委内瑞拉、印度、韩国、瑞典和日本出口。

欧盟是世界生物柴油的生产地，生产原料主要是菜籽油。欧盟提出，到2020年，生物柴油的使用量将占交通燃料的10%，为此，欧盟议会免除了生物柴油90%税收，欧盟国家对替代燃料的立法支持、差别税收、油菜生产补贴等措施沟通促进了生物柴油产业的发展。

【思考题】
1. 试述现代生物技术及其特点。
2. 现代生物技术包括哪些内容？现代生物技术的核心是什么？
3. 试述现代生物技术的在各领域的应用及发展前景。

第二章 基 因 工 程

【典型案例】

案例1. 乙肝病毒X基因——抗肝癌治疗新靶点

统计显示，我国约有10%的人口携带乙肝病毒，每年死于肝癌的患者约15万人，而乙肝病毒感染与肝细胞癌的发生具有十分密切的关系，90%的肝癌与乙肝有关。研究表明，乙肝病毒（图2-1）的X基因及其表达的X蛋白对肝细胞癌的产生具有重要的作用。

乙肝病毒的X基因是乙型肝炎病毒（HBV）的四个基因之一。最近的研究表明，它不仅参与HBV感染宿主过程，还影响HBV病毒基因的复制和表达，直接或间接通过宿主的免疫反应或其他作用，导致HBV致病的系列病理过程，在HBV生命周期中具有非常重要的作用。降低或去除X基因转录，或者封闭X蛋白某些功能以及使X基因表达沉默均能显著抑制病毒复制水平。目前已有学者开展了针对X基因的抗HBV治疗，将有望在抑制或清除病毒感染、复制和基因表达，以及阻断HBV所致肝癌上，发挥重要的作用。

案例2. Ⅱ型糖尿病基因治疗法

Ⅱ型糖尿病原名为成人发病型糖尿病，病人多肥胖（图2-2），多在35~40岁之后发病，占糖尿病患者90%以上。以往人们根据胰岛素放射免疫法（RIA）测定结果，认为Ⅱ型糖尿病患者具有高胰岛素血症，即患者体内胰岛素水平较高。实际上RIA法测定的是胰岛素、胰岛素原及其中间代谢产物的总水平。近年研究者采用双位点夹心放大酶联免疫分析法测定，发现肥胖型的Ⅱ型糖尿病患者中胰岛素的水平并不高，但免疫反应胰岛素明显增高。因此所谓的高胰岛素血症，可能是高胰岛素原血症。Ⅱ型糖尿病患者可能存在胰岛素原转化为胰岛素的障碍。

胰岛素原是胰岛素的前体物质，由胰岛素和C肽组成，存在于胰岛β细胞中，胰岛素原经特异的蛋白酶切除部分片段后成为成熟的胰岛素和C肽，此过程起主要作用的蛋白酶是胰岛素原转化酶（PC2）。若胰岛素原转化酶基因某个片段缺少或发生突变，则可能导致胰岛素原及其代谢产物不适当分泌，引起胰岛素缺乏。因此，明确PC2基因的基因缺失、突变，如何阻止胰岛素原转化为胰岛素，是弄清Ⅱ型糖尿病发病原因的一个重要线索；对PC2基因分布以及功能进行深入的探讨，解密PC2基因，将为采用基因治疗法治疗Ⅱ型糖尿病提供可能。

 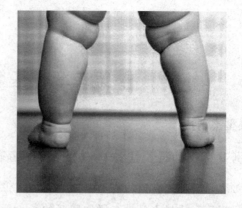

图 2-1　乙肝病毒结构图　　　　图 2-2　过度肥胖——谨防 Ⅱ 型糖尿病

上述案例都是基因工程在我们日常生活以及医药领域的重大应用，我们不禁要思考，基因治疗法医治疑难杂症是如何实现的？基因工程还可应用于哪些领域？希望通过本章的学习，可以帮你找到答案。

【学习指南】

本章主要介绍基因工程的概念及基本知识，要求重点掌握基因工程的概念和内涵，认识基因工程研究的意义，了解基因工程操作的基本过程和步骤，明确基因工程在各领域中发挥的重要作用及基因工程的发展趋势。

第一节　基因工程概述

自从 Watson 和 Crick 于 1953 年提出 DNA 的双螺旋结构模型以来，明确了基因就是染色体上具有一定功能的 DNA 片段。1958 年 Crick 提出遗传信息传递的中心法则。1971 年 Crick 对中心法则做了进一步补充，提出三角形中心法则。中心法则阐明了储存在核酸中的遗传信息的连续性和传递的方向。20 世纪 60 年代末 70 年代初，DNA 限制性内切酶及连接酶的发现使 DNA 体外操作成为可能。1972 年美国斯坦福大学 S. Cohen 及其同事首先在体外进行了改造 DNA 的研究，成功地构建成了世界上第一个体外重组的人工 DNA 分子，1973 年他们将体外重组的 DNA 分子导入大肠杆菌中，从而完成了 DNA 体外重组和扩增的全过程，一门新的生物学科——基因工程学也就从此诞生了。

一、基因与基因工程的概念

1. 认识基因

1866 年遗传学家 G. J Mendel（孟德尔）在豌豆杂交实验中，将控制性状的遗传因素称为遗传因子；1909 年丹麦的遗传学家 W. L. Johanssen 首次用"gene"

来代替孟德尔的遗传因子；1910 年美国遗产学家 T. H. Morgan（摩尔根）在果蝇杂交实验中发现了基因连锁交换规律，提出了遗传粒子理论，认为基因是一粒一粒在染色体上呈直线排列的，且互不重叠，就像连在线上的佛珠一样；1953 年 Watson 和 Crick 提出 DNA 的双螺旋结构模型，此时人们接受了基因是具有一定遗传效应的 DNA 片段的概念。

所有生物的性状都是由基因决定的。20 世纪 70 年代以后，人们逐步发现了断裂基因、重叠基因、跳跃基因，对基因的认识更进一步深化。20 世纪 90 年代初发现了核酸具有酶的功能，个别核酸片段具有生物催化作用，因此出现了核酶的概念，这对于核酸传统的认识是一个挑战。但是作为基因，它表现的主要特性是遗传功能而不是催化功能。所以对基因共同的认识是：基因是一个含有特定遗传信息的核苷酸序列，它是遗传物质的最小功能单位。

2. 基因工程的基本定义

基因工程又称遗传工程。狭义上讲，基因工程是指一种或多种生物体（供体）的基因与载体在体外进行拼接重组，然后转入另一种生物体（受体）内，使之按照人们的意愿遗传并表达出新的性状。由于外源基因与基因载体都是 DNA 分子，因此基因工程又称为重组 DNA 技术。重组后的 DNA 分子都需要在受体细胞中复制扩增，因此基因工程又可以称为分子克隆。

广义的基因工程包括重组 DNA 分子技术及其产业化设计与应用，包含上游技术与下游技术两大部分。上游技术是指外源基因重组、克隆和表达的设计与构建，即狭义的基因工程；而下游技术则是指含有重组外源基因的工程菌或者细胞的大规模培养以及外源基因表达产物的分离纯化过程。上游工作主要在实验室里进行，下游工作主要在生产部门或者生产企业进行。

二、基因工程操作的基本过程

基因工程是有目的地在体外进行的一系列基因操作。一个完整的基因工程实验，包括：①目的基因的分离和改造；②载体构建；③目的基因插入载体；④重组载体导入宿主细胞进行扩增；⑤基因表达产物的鉴定、收集和加工等一系列复杂过程的综合。其实验流程主要组成，如图 2 - 3 所示。

当基因构建完成后，下游工作的内容是将含有重组外源基因的生物细胞（基因工程菌或细胞）进行大规模培养及外源基因表达产物的分离纯化过程，获得所需要的产物。其具体的生产方法有：

①微生物发酵方法：将基因工程菌通过发酵方法进行基因表达产物的生产，从发酵产物中将基因表达产物分离纯化出来。

②动物体发酵法：将基因转入动物胚胎内，通过转基因动物作为活体发酵罐生产基因表达产物，如从转基因牛的牛奶中获取抗甲型肝炎疫苗。

③植物体发酵法：利用植物转基因技术将外源基因转入植物体内，获取基因

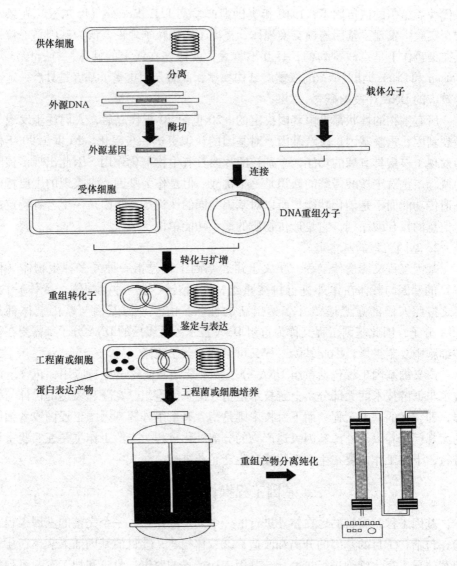

图 2-3 基因工程的基本过程

表达产物，例如，在中药材植物中转入与其药效成分相匹配的基因，使中药材含有西药成分，而达到中西医结合治疗的目的。

三、基因工程研究的意义

20 世纪末，科学家预言，21 世纪是生物科学的世纪。基因工程作为生物科技的重要内容，发展十分迅速。在 30 多年的发展过程中，无论在基础理论研究，还是在生产实际应用方面，都取得了惊人的成绩。基因工程可以绕过远缘有性杂交的困难，使基因在微生物、植物、动物之间交流，迅速并定向获得人类需要的新的生物类型。它超越了生物王国种属界限,加快了生物物种进化速度,对于人类改造自然的作用毫不逊色于任何一次技术革命。

1. 促进工业技术革命

1980 年 11 月 15 日,美国纽约证券交易所高科技股的主旋律在大厅奏响。开盘的 20 分钟内,Genentech 公司的新上市股票从 3.5 美元飙升至 89 美元,创下股市历史中罕见的一幕。该公司是基因工程产品的生产者,通过工程菌发酵生产人胰岛素。人们对基因工程产品的期望由此可见一斑。Genentech 公司的骄人业绩仅仅是基因工程技术的缩影。1983 年美国注册了 200 家生物工程公司,到目前已经超过 1500 余家。1986 年全球基因工程产业的销售额才 600 万美元,到 1993 年已经增至 34 亿美元,而现在全球生物技术产品销售额已经超过 1000 亿美元,且每年更以 19%的速度增长。生物技术在全球经济中起到十分重要的作用。

基因工程在医学领域研究中有抗病毒、抗癌因子、新型抗生素、疫苗、抗衰老保健品、心脏血管药物、生长因子诊断剂等产品的研究开发;在轻工食品领域有氨基酸、助鲜剂、甜味剂、淀粉酶、纤维素酶、脂肪酶、蛋白酶、生物拆分混旋产品的研究与开发;在能源方面有石油二次开采、纤维素分解、太阳能转换的利用,是目前全世界解决能源危机的希望所在;在环保领域,微生物生态种群的多方面利用,通过基因工程菌强效分解生活工业垃圾,吸收重金属离子已有越来越多的成功事例;在信息科学技术方面已经崭露头角,生物芯片与基因芯片技术有望装备成人们期待的生物电脑,其运行速度更快,智能化程度更强。总之,基因工程带来了工业革命的迅速发展,其前所未有的技术革命是继第三次工业革命的又一次技术变革。

2. 促进农业传统技术革新

植物基因工程技术的发展极大地促进了农业技术的革命,农业在经历第一次技术革命(绿色革命)之后,基因工程对农业技术的促进与发展是前所未有的,因此也有人称基因工程引起了第二次农业技术革命。比如,在植物保护领域方面,生产蛋白类杀虫剂(生物农药),使用抗虫基因导入植物,获得抗广谱虫害植物;在农作物品种改良方面,通过引进外源基因,生产具有高营养、长保存、抗环境压力能力强的作物新品种;在花卉改良上,生产多颜色与奇异花朵形状的高观赏价值新品种;在畜牧业上,转基因动物产出高蛋白乳汁,鱼的生长激素的导入或利用使鱼的生长速度加快,利用生物酶生产高效饲料,其利用率大大提高,而生物固氮基因可以使转基因作物直接利用空气中的氮气,将无机态氮转变为有机态氮作为植物生长的营养,节省化肥的使用。

3. 促进医学技术的发展

自从麻醉外科手术带来第一次医学革命以来,可以说基因工程技术是医药技术的又一次重大技术变革。表现在如下两个方面。

(1) 分子遗传病的诊断与预防 人类遗传疾病是因为遗传物质 DNA 分子

（基因）的异常变化而产生的疾病。全世界有 6500 种以上的遗传疾病。由于疫苗、抗生素的使用以及卫生设施的改进，大大提高了对传染性疾病的控制能力，而相当一部分人群的死亡是由于遗传性成分的疾病引起的。因此，遗传性疾病受到越来越多的重视。被称为文明富贵病的心脑血管病、过度肥胖综合征、糖尿病、癌症、老年痴呆症、骨质疏松症等疾病相当一部分都是遗传性成分引起的。特别是癌症，表现受代谢或者环境的刺激而引发，致癌基因的表达或者是基因突变都可能导致癌症的发生。这些疾病通过早期预测，通过调节人们的生活方式，可最大限度减少促发因素、降低发病的概率。

基因诊断法作为遗传疾病诊断的首要技术显得十分重要。据统计，在英国每 10 个女性中平均有 1 个乳癌患者，其中一半患者可能死亡。乳癌是常染色体上显性致病基因（乳癌基因 *BRCA*1）引起的。而提前预测可以大大降低死亡率，因此显得非常必要。

（2）基因治疗　基因治疗是用正常基因取代病人细胞中的缺陷基因，以达到战胜分子病的目的。基因治疗有以下几种基本的方法。

①胚胎治疗：将正常的基因导入受精卵中代替缺陷的基因，然后重新移植到母体中表达。胚胎治疗通常是通过微注射的方法进行的，从理论上讲可以用来治疗任何遗传性疾病。

②体细胞治疗：通常是从有机体内取出细胞，转染后植回病灶，达到控制或者治愈目的。在遗传性的血液疾病（血友病、地中海贫血）方面，体细胞治疗成效显著。在囊肿性纤维化的肺病治疗中，通过医用吸入器将外源基因引入呼吸道内，被上皮细胞吸收后，虽然几个星期后基因才开始表达，但该方法简单易行，使用非常方便。基因治疗还可以通过补充突变基因原始产物，恢复正常的代谢功能，或者通过更换突变基因，达到标本兼治的目的。

基因治疗的前提是对人类病变基因的认识，人类 46 条染色体上 12.5 万个基因的解谜是一项浩瀚的科技工程。由 7 个国家的科学家分工合作，历时 11 年耗资 30 亿美元的科技巨作——人类基因计划已经完成，呈现在人们眼前的是厚达几百万页的人类基因大典，其中人类的基因碱基排列一目了然。曾经困惑人们多年的医学问题，控制疾病、弘扬健康的医学主题终于有了坚强的理论基石。

第二节　工具酶与基因表达载体

一、工　具　酶

1. 概念

通常将基因克隆过程中所需要的酶称为工具酶，包括核酸限制内切酶和 DNA 连接酶。

通过切割相邻的两个核苷酸残基之间的磷酸二酯键，从而导致核酸分子多核苷酸发生水解断裂的蛋白质，称作核酸酶。

从核酸分子内部切割磷酸二酯键使之断裂形成小片段，称作核酸内切酶。而核酸内切限制酶是一类能够识别双链 DNA 分子的某种特定核苷酸序列，并由此切割 DNA 双链结构的核酸内切酶。

2. 内切酶的命名

第一个字母大写，来自微生物属名的第一个字母；第二、第三个字母小写，来自微生物种名的头两个字母。如果该微生物有不同的变种和品系，则再加一个大写的、来自变种或品系的第一个字母。如果从同一种微生物中发现几种限制性内切酶，则根据其被发现和分离的顺序用Ⅰ、Ⅱ、Ⅲ等罗马数字表示。例如，从淀粉液化芽孢杆菌 H 株中发现并分离的第一种限制性内切酶，被称为 *Bam* HI。

核酸内切限制酶的单位是这样定义的：在 $50\mu L$ 终反应体系中，完全酶解 $1\mu g$ 底物 DNA 所需要的酶量为 1 个单位的内切酶。内切酶对 DNA 底物的酶解作用是否完全，直接关系到连接反应、重组体分子的筛选和鉴定等实验结果。

3. 基因工程操作中常用的工具酶

基因工程工具酶就其用途可分三大类，即限制性内切酶、连接酶及修饰酶。

（1）限制性内切酶与甲基化酶　核酸内切限制酶是一类能够识别双链 DNA 分子中某种特定核苷酸序列，并由此切割 DNA 双链结构的核酸内切酶。它们主要是从原核生物中分离纯化出来的。在限制性核酸内切酶活性的作用下，侵入细菌的外源 DNA 分子便会被切割成不同大小的片段，而细菌固有的 DNA，由于修饰酶（通常是一种甲基化酶）的保护作用，可免受限制酶的降解。限制性内切酶与甲基化酶的同时存在是生物体遗传系统稳定性的需要。限制酶的发现与应用，促进了体外重组 DNA 技术的发展，使我们有可能对真核染色体基因的结构、组织、表达及进化等问题进行深入的研究。

限制酶的发现在很大程度上归功于对宿主控制的限制－修饰系统的认识。限制－修饰系统是直接在宿主控制下对自身 DNA 进行保护、对异己 DNA 予以切除的一种保护系统。限制作用的本质是限制酶的切割反应。修饰作用的本质则是甲基化酶的甲基化作用。

DNA 限制性内切酶可分为三种类型，Ⅰ型、Ⅱ型和Ⅲ型。虽然三种类型的限制性内切酶都兼有甲基化作用及依赖于 ATP 的限制性内切酶活性，但特性各不相同。Ⅰ型酶结合于特定的识别位点，但却没有特定的切割位点，切割点距离识别位点至少 1000bp，随机切割很难形成稳定的、特异性切割末端；Ⅲ型酶在距离识别序列 $3'$ 端 $24\sim26bp$ 处切割 DNA，同样缺乏特异性。故Ⅰ、Ⅲ型限制性内切酶不适合作为基因工程的工具酶。

Ⅱ型限制性内切酶是基因工程中所用的主要工具酶。Ⅱ型限制性内切酶有如下特点。

①识别特定的核苷酸序列，其长度一般为4、5或6个核苷酸，呈二重对称（又称为回文序列），但有少数酶识别更长的序列或兼并序列。

②具有特定的酶切位点，即限制性内切酶在其识别序列的特定位点对双键DNA进行切割，由此产生特定的酶切末端。

③Ⅱ类限制－修饰系统是由两种酶分子组成的二元系统。一种为限制性内切酶，另一种为独立的甲基化酶。修饰与限制内切酶识别的位点是相同的序列。绝大多数的Ⅱ型核酸内切限制酶都能够识别由4~8个核苷酸组成的特定的核苷酸序列，称这样的序列为核酸内切限制酶的识别序列。

表2-1表明几种Ⅱ型限制性内切酶在DNA分子片段上特定的识别位点和切割位点。

表2-1　　　　　　　　　　几种Ⅱ型限制性内切酶特定的切割位点

微　生　物	酶的缩写	序　列
Haemophilus aegytius	*Hae*Ⅲ	5′···GG | CC···3′ 3′···CC | GG···5′
Thermus aquaticus	*Taq*Ⅰ	5′···T | CGA···3′ 3′···AGC | T···5′
Haemophilus haemolyticus	*Hha*Ⅰ	5′···GCG | C···3′ 3′···C | GCG···5′
Desulfovibrio desul furicans	*Dde*Ⅰ	5′···C | TNAG···3′ 3′···GANT | C···5′
Moraxella bovis	*Mbo*Ⅱ	5′···GAAGA(N)₈ | ···3′ 3′···CTTCT(N)₇ | ···5′
Escherichiva coli	*Eco*RⅤ	5′···GAT | ATC···3′ 3′···CTA | TAG···5′
	*Eco*RⅠ	5′···G | AATTC···3′ 3′···CTTAA | G···5′
Providencia stuarti	*Pst*Ⅰ	5′···CTGCA | G···3′ 3′···G | ACGTC···5′
Microcoleus	*Mst*Ⅱ	5′···CC | TNAGG···3′ 3′···GGANT | CC···5′
Nocardia otitidis-caviarum	*Not*Ⅰ	5′···GC | GGCCGC···3′ 3′···CGCCGG | CG···5′

通过Ⅱ型限制性内切酶切割后的DNA分子会产生两种情况，一是形成平齐末端，如表2-1由*Eco*RⅤ切割5′-GATATC-3′核苷酸片段所产生的末端；另一种是切割成具有单链碱基的黏性末端，如表2-1及图2-4由*Eco*RⅠ识别切割5′-GAATTC-3′所产生的末端。熟练地掌握和运用限制性内切酶的识别位点，对于基因克隆的操作是十分有利的。

（2）DNA连接酶　1967年，世界上有数个实验室几乎同时发现了一种能够催化 DNA 分子之间形成磷酸二酯的酶，即 DNA 连接酶。同核酸内切限制酶一样，DNA 连接酶的发现与应用，对于重组 DNA 技术的创立与发展也具有极其重要的意义。它们都是在体外构建重组 DNA 分子中所必不可少的基本工具酶。核酸内切限制酶可以将 DNA 分子切割成不同大小的片段。然而要将不同来源的 DNA 片段组成新的重组 DNA 分子，还必须将它们彼此连接并封闭起来。

能够完成 DNA 分子连接作用的是大肠杆菌 DNA 连接酶和 T_4 DNA 连接酶。DNA 连接酶最突出的特点是，能够催化外源 DNA 和载体分子之间发生连接作用形成重组 DNA 分子。应用 DNA 连接酶的这种特性，可在体外将具有黏性末端或平头末端的 DNA 分子插入适合的载体。按照两种连接酶的特性，大肠杆菌 DNA 连接酶可用于黏性末端连接（图 2 - 4），而 T_4 DNA 连接酶则用于平头末端的连接。

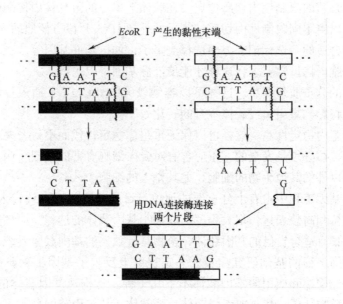

图 2 - 4　*Eco*R I 切割后产生的黏性末端及其连接

（3）修饰酶（DNA 聚合酶）　　DNA 聚合酶是 DNA 合成过程中必需具备的酶。它催化 DNA 的合成以及 DNA 合成过程中的修饰反应，以保证 DNA 的复制及复制过程中碱基的相对稳定，尽可能防止碱基突变的发生。真核生物与原核生物体内 DNA 聚合酶的种类是不同的，真核生物体内 DNA 聚合酶的保真性比原核生物高许多倍，这是真核生物比原核生物遗传稳定性好的主要内在原因。分子生物学研究工作者经常使用的 DNA 聚合物有大肠杆菌 DNA 聚合酶、大肠杆菌 DNA 聚合酶 I 的 Klenow 大片段酶（即 Klenow 酶）、T_4 DNA 聚合酶、T_7 DNA 聚合酶、反转转录酶、Taq 酶以及高保真的 pfu 酶等。这些 DNA 聚合酶的共同特点在于，它们能够把脱氧核糖核苷酸连续地加到双链 DNA 分子引物链的 3′ - OH 末端，催化核苷酸的聚合作用，使核苷酸链延伸合成新的核苷酸链。到目前为止，已经从大肠杆菌中分离纯化出了 3 种不同类型的 DNA 聚合酶，即 DNA 聚合酶Ⅰ、DNA 聚合酶Ⅱ和 DNA 聚合酶Ⅲ，其主要功能是参加 DNA 的合成与修复过程。而 DNA 聚合酶Ⅰ用于基因工程作为工具酶的情况较多。

二、基因表达载体

基因表达载体是能够承载外源 DNA 片段（基因），并将其带入受体细胞得以维持的 DNA 分子，也称为 DNA 克隆载体。不同的载体决定了外源基因的复制、扩增、传代乃至表达的效果。

具备什么样的条件才是好的基因载体呢？最起码的条件应该是：

①能自我复制并能带动插入的外源基因同步复制。

②具有合适的限制性内切酶位点。在载体上单一的限制性内切酶位点越多越好，这样可以将不同限制性内切酶切割后的外源 DNA 片段方便地插入载体。

③具有合适的筛选标记，方便选择克隆子，如抗药性基因等。

④在细胞内拷贝数要多，这样才能使外源基因得以扩增。

⑤载体的分子质量要小。这样可以容纳较大的外源 DNA 插入片段。载体分子质量太大将影响重组体或载体本身的转化效率。

⑥在细胞内稳定性高，这样可以保证重组体稳定传代而不易丢失。

⑦基因载体必须是安全的，不应含有对受体细胞有害的基因，而且不会转入除受体细胞以外的其他生物的细胞，尤其是人的细胞。

载体在基因工程中占有十分重要的地位。目的基因能否有效转入受体细胞，并在其中维持和高效表达，很大程度上取决于基因载体的选择。原核生物、真核生物细胞都具有适合自己的基因载体，植物具有独立的基因载体系统。载体构建与研究是基因工程的基础研究项目，一定程度上反映了基因工程研究的深入程度。目前已经构建和应用的基因载体不下几千种。从构建基因载体的 DNA 来源分，有细菌质粒载体、病毒或者噬菌体克隆载体。从应用范围分，可分为克隆载体、表达载体和启动子探针型载体，表达载体又分胞内表达和分泌表达载体。而从表达所用的受体细胞分，又可分为原核细胞和真核细胞表达载体。从功能上分，又可分为测序载体、克隆转录用载体、基因调控报告载体等多功能载体。在此我们就几个具体的载体进行分析，以期对各种基因载体有个清楚的了解。

人们已经在大肠杆菌的各个菌株中发现了许多不同类型的质粒，它们与细菌的染色体是有明显差别的。质粒是存在细菌细胞质中的一类独立于染色体的自主复制的遗传成分，已知的绝大多数质粒是双链闭合环状的 DNA 分子，其分子大小可从 1kbp 到 200kbp。质粒的复制和遗传独立于细菌染色体，但其复制和转录依赖于宿主所编码的蛋白质和酶。环状双链的质粒 DNA 分子具有三种构型（图2－5）：线性 DNA 分子、开环 DNA 分子和超螺旋 DNA 分子。虽然它们的分子质量相同，但可通过它们在琼脂糖凝胶电泳中迁移率的不同将它们分开（图 2 - 6）。

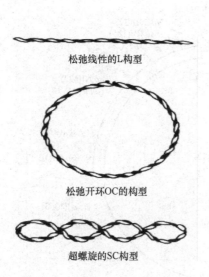

图 2 - 5 质粒 DNA 分子三种构型

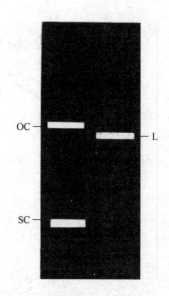

图 2 - 6 三种构型的质粒 DNA 分子在琼脂糖凝胶电泳中的迁移率

由于质粒具有以上特性，因此其适合作为基因载体。所谓质粒载体，就是以细菌质粒的各种元件为基础组建或者改造而成的基因工程载体。下面介绍几种常用的质粒载体。

（1）pBR322 质粒 这个质粒是至今仍广泛应用的克隆载体，其具备一个好载体的所有待征。从图 2 - 7 的质粒图谱可见，在其上有多个单一的限制性内切酶位点，其中包括 *Eco*R Ⅰ、*Hind* Ⅲ、*Eco*R Ⅴ 等常用酶切位点，而 *Bam*H Ⅰ、*Sal* Ⅰ 分别处于四环素和氨基苄青霉素抗性基因上。利用氨基苄青霉素和四环素这样的抗性基因既经济又方便。图 2 - 8 为 pBR322 质粒载体的构建过程。

（2）pUC 18/19 质粒 这是一对可用组织化学方法鉴定重组克隆的质粒载体。这对载体由 2686bp 组成，其在细胞中的拷贝数可达 500 ~ 700 个。它有来自 *E. coli*Lac 操纵子的 DNA 区段，编码 β - 半乳糖苷酶氨基端的一个片段，异丙基 - β - D - 硫代半乳糖苷（IPTG）可诱导该片段的合成，而该片段能与宿主细胞所编码的缺陷型 β - 半乳糖苷酶实现基因内互补（α 互补）。当培养基中含有 IPTG 时，细胞可同时合成这 2 个功能上互补的片段，使含有此种质粒上述受体菌在含有生色底物 5 - 溴 - 4 - 氯 - 3 - 吲哚 - 3 - D - 半乳糖苷（X - gal）的培养基上形成蓝色菌落。当外源 DNA 片段插入到质粒上的多克隆位点时，可使 β - 半乳糖苷酶的氨基端片段失活，破坏 α 互补作用。这样，带有重组质粒的细菌将产生白色菌落。人们可以菌落颜色的变化来选择重组体。值得指出的是当插入的外

27

源 DNA 片段较小，而不破坏 β – 半乳糖苷酶的 N – 端片段的阅读框时，重组体菌落可表现出浅蓝色。图 2 – 9 给出 pUC 18/19 质粒图谱的多克隆位点。

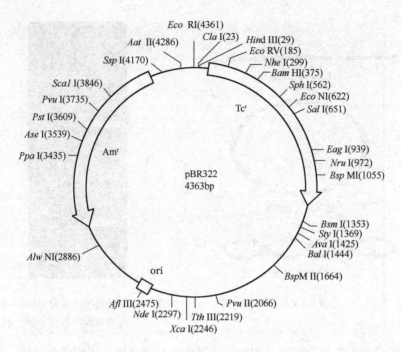

图 2 – 7　pBR322 质粒图谱

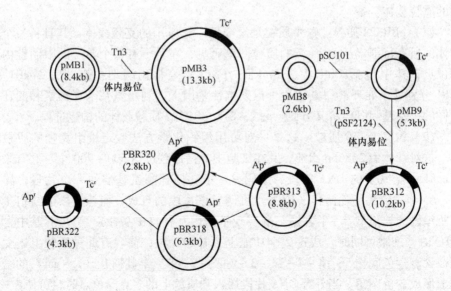

图 2 – 8　pBR322 质粒载体的构建过程

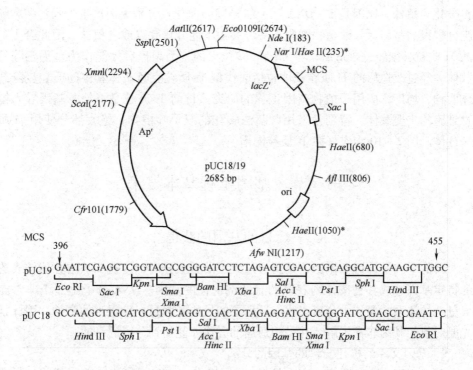

图 2 - 9 　pUC 18/19 质粒图谱的多克隆位点

随着分子生物学研究的深入和技术的发展，在天然质粒的基础上，世界各国的许多实验室利用重组 DNA 技术构建了许多具有各种不同功能特性的专用质粒载体。这些经过改造的质粒载体已经成为重组 DNA 研究中最常用、最有效的克隆载体。在重组 DNA 操作中，可以根据人们的需要选择具有不同特点的质粒。

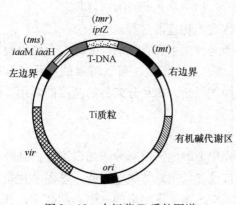

图 2 - 10 　农杆菌 Ti 质粒图谱

（3）农杆菌 Ti 质粒　根癌农杆菌（*Agrobacterium tumefaciens*）含有一种内源质粒，但农杆菌侵染植物伤口时，这种质粒会引发植物产生肿瘤（冠瘿瘤），所以称此质粒为 Ti 质粒。Ti 质粒是一种双链环状 DNA 分子，大小为 200～250 kb，有四个区域，即 T - DNA 区、*vir* 区、Con 区和 *ori* 区。Ti 质粒是一种天然的质粒克隆载体，外源基因组装在 T - DNA 上的一定位点，随同 T - DNA 转入植物细胞的染色体上，实现外源基因转化植物而达到转基因的目的。但这种转基因的细胞只能分裂，不能再分化为植株。原因是 T – DNA 区上的 *shi* 和 *roi* 位点分别编码产生吲哚乙酸和细胞分裂素的基因，导致植物细胞无序分裂而不能分化芽点或者植株。因此野生型的 Ti 质粒必须经过改造后，将 *shi* 和 *roi* 位点的基因敲掉后才能作为基因工程的载体。经过改造后的 Ti 质粒载体包括取代型 Ti 质粒克隆载体和中间质粒克隆载体两种，均广泛应用于植物基因工程的研究。目前 Ti 质粒是将外源基因导入植物细胞的主要载体，特别是采用叶盘法转化的双子叶植物，绝大部分使用 Ti 质粒载体。图 2 – 10 为农杆菌 Ti 质粒图谱。

第三节　基因工程基本技术

一、目的基因的获得

目的基因又称目标基因，是指通过人工的方法分离、改造、扩增并能够表达的特定基因，或者是按计划获取的有经济价值的基因。DNA 分子是一个非常庞大复杂的体系，要从中分离出我们所需要的目的基因是一件很难的事情。因此首先要对目的基因非常了解，并采用适当的方法才能达到分离的目的。

1. 基因文库的构建与目的基因的分离

基因文库或称基因组文库，是指一个生物体全部基因信息。通过适当的方法将某一生物体的整个基因组 DNA 切割成大小适宜的片段，并将这些片段与载体重组，转入受体细胞繁殖，从而形成了含有该生物体全部基因信息的重组分子群体。

基因组文库的构建一般包括下列基本步骤：①细胞基因组的提取和大片段 DNA 的切割；②载体的选择和制备；③切割的 DNA 分子与载体连接与重组；④体外包装及重组 DNA 分子的扩增；⑤重组 DNA 分子的筛选与鉴定。

图 2 – 11 表示了 λ 噬菌体基因组基因文库构建的过程。

基因文库构建后，从文库中筛选基因的方法主要有核酸杂交法、免疫学检测法、DNA 同胞选择法、PCR 筛选法等。通过这些方法，可以将目的基因从基因文库中筛选出来。基因文库的构建虽然操作复杂，却是分离目的基因的常用方法之一。

2. 基因芯片技术分离目的基因

生物芯片是高密度固定在固相支持介质上的生物信息分子的微列阵。列阵中每个分子的序列及位置都是已知的，并按预先设定好的顺序布阵。基因芯片是生物芯片的一种，是近年来在生命科学领域中迅速发展起来的一项高新技术，其上固定的是核酸类物质，主要是指通过微加工技术和微电子技术在芯片表面构建微型生物化学分析系统，以实现对细胞、蛋白质、DNA 以及其他生物组分的准确、快速、大信息量的检测。通过检测 DNA、RNA，可以找到目的基因。

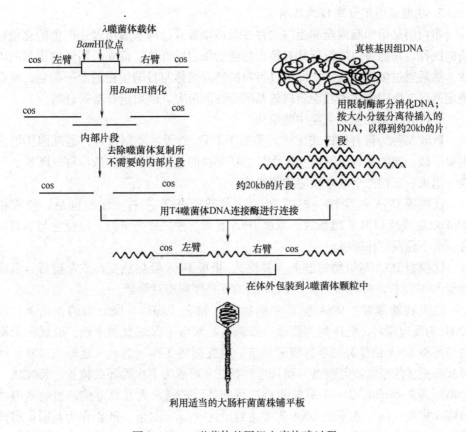

图 2-11 λ 噬菌体基因组文库构建过程

目前通过基因芯片技术分离目的基因主要有两种方法。

（1）mRNA 比较法　比较不同物种之间，或同一物种不同个体之间，或同一个体在不同生长发育时期，或不同环境条件下基因表达所产生的 mRNA 差异来筛选。采用基因芯片技术可以通过杂交直接检测到细胞中 mRNA 的种类及丰度，与传统的差异显示相比具有样品用量小、自动化程度高、被检测目标 DNA 密度大及并行种类多等优点。

（2）探针法　利用同源探针从 cDNA 或 EST 微列阵中筛选分离目的基因。其基本步骤包括基因芯片的制备、靶样品制备、杂交与检测、目的基因的分离等。

基因芯片上集成的成千上万的密集排列的分子微阵列，使人们能在短时间内分析大量的生物分子，快速准确地获取样品中的生物信息，效率是传统检测手段的成百上千倍。它被一些科学家誉为是继大规模集成电路之后的又一次具有深远意义的科学技术革命。我国科学家已经成功研制出功能独特的水稻基因芯片，并利用芯片技术分离了近 2000 条水稻 cDNA 片段，为水稻的基因工程做出了贡献。

3. 功能蛋白组分离目的基因

蛋白组是指细胞内全部蛋白的存在及活动方式，即基因组表达产生的总蛋白质的统称。功能蛋白质组指具有特定功能的蛋白质群体。首先采用蛋白质双向电泳，然后通过免疫筛选法，即通过蛋白的特异抗体与目的蛋白的专一结合，从而确定基因文库中表达该功能蛋白的基因所在的位置，继而进行基因分离。

4. PCR 技术在基因克隆中的应用

PCR 又称为聚合酶链式反应，类似于 DNA 的天然复制过程，是基因扩增的主要手段。能够在短时间内快速大量地扩增目的基因或者核苷酸片段。PCR 由变性 – 退火 – 延伸三个基本反应步骤构成。

①模板 DNA 的变性：模板 DNA 经加热至 93℃ 左右一定时间后，使模板 DNA 双链或经 PCR 扩增形成的双链 DNA 解离，使之成为单链，以便它与引物结合，为下轮反应作准备。

②模板 DNA 与引物的退火（复性）：模板 DNA 经加热变性成单链后，温度降至 55℃ 左右，引物与模板 DNA 单链的互补序列配对结合。

③引物的延伸：DNA 模板 – 引物结合物在 TaqDNA 聚合酶的作用下，以 dNTP 为反应原料，靶序列为模板，按碱基配对与半保留复制原理，合成一条新的与模板 DNA 链互补的半保留复制链。重复循环变性 – 退火 – 延伸三过程，就可获得更多的半保留复制链，而且这种新链又可成为下次循环的模板。每完成一个循环需 2~4min，2~3h 就能将待扩目的基因扩增放大几百万倍，目的基因片段将由皮克（pg）水平的 DNA 扩增达到微克（μg）的量，PCR 作为基因扩增技术现已发展成为基因工程获取某一目的 DNA 的常规技术。图 2–12 展示了 PCR 获取目的基因片段的过程。

PCR 技术可以在下述多种情况下获取目的基因。

①若已知目的基因序列（已经发表的基因可以通过检索获取基因序列），只要在基因的 5′端和 3′端设计 PCR 反应所需的两个引物，按照 PCR 反应体系进行，在 PCR 反应液的电泳凝胶上即可分离出目的基因。

②利用 PCR 技术对特定条件下基因的表达进行检测，即通过 mRNA 差别显示（DDRT – PCR）可鉴定和分离出所需的目的基因。

③通过 RT – PCR 克隆到目的基因的 cDNA 区域进行 cDNA 文库的构建，通过锚定 PCR 或反向 PCR 可以快速克隆到 cDNA 末端未知序列、功能基因调控区等。

5. mRNA 差别显示技术分离差别表达基因

mRNA 差别显示技术或称差别显示反转录 PCR，是由 P. Liang 和 A. D. Pardee 于 1992 年在 PCR 基础上建立起来的一种分离、鉴定差别表达基因的方法，具有与 PCR 技术相似的简单、快捷和高效等特点。利用该技术，目前已有越来越多的差别表达基因得以分离和鉴定，在分子生物学和基因工程领域发挥了极大的作

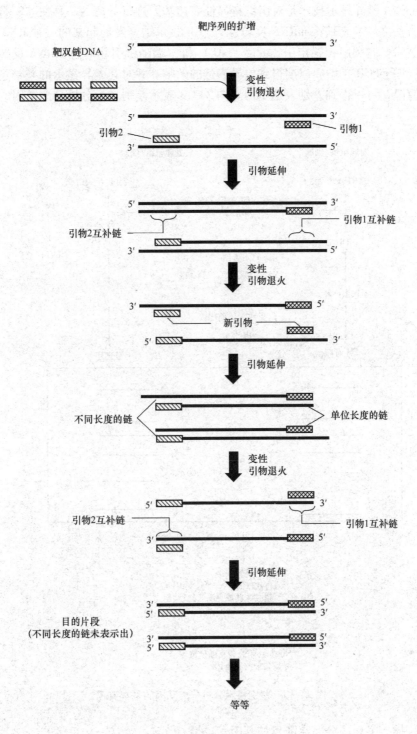

图 2-12 PCR 获取目的基因片段的过程

用。mRNA 差异显示技术是对组织特异性表达基因进行分离的一种快速、行之有效的方法之一。它是将 mRNA 反转录与 PCR 技术结合发展起来的一种 RNA 指纹图谱技术。它利用 5′锚定引物 oligo（dT）和 3′端随机引物对总 mRNA 反转录的 cDNA 进行 PCR 扩增，以期得到差异表达的条带。并对其差异显示的条带进行回收、克隆，可以得到差别表达基因。图 2 - 13 表示差别显示分析分离基因的基本流程。

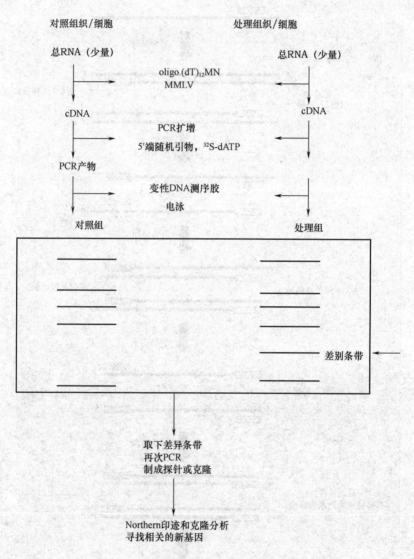

图 2 - 13　差别显示分析分离基因的基本流程

6. 插入突变法分离克隆目的基因

插入突变法主要用于植物目的基因的克隆分离研究。其基本原理是：当一段特定的 DNA 序列插入到植物基因的内部或其邻近位置时，一般会诱导该基因发生突变并形成突变体植株，或者在插入位置产生一个新的基因。如果该 DNA 插入的序列是已知的，便可用它作为 DNA 分子探针，从突变体植株的基因组 DNA 文库中筛选到突变体片段。然后利用此突变体基因片段制备探针，从野生型植株的基因组 DNA 文库中克隆出野生型植株中的目的基因。这样插入的 DNA 序列相当在植株基因上贴了一张标签，因此插入突变法又称 DNA 标签法。

插入突变法分离目的基因的方法主要有两类：转座子标签法和 T – DNA 标签法。

（1）转座子标签法　植物转座子，又称转位子、转位因子和跳跃基因，最早在玉米植物中发现。它是一段特殊的 DNA 序列，可以在染色体上由一个位置上跳跃到另一个位置上或者在染色体之间跳跃。跳跃基因的插入会导致基因突变或者失活，而跳跃基因离开后，该基因又会恢复原来的活性。根据转座子这种生物学特性而建立的基因分离方法，称作转座子标签法。

在育种上，通常将一株携带转座子的植物与遗传上有差异的同种植物杂交，因转座因子插入到某一特定的基因序列而破坏了该基因编码的蛋白，在 F1 代可导致植株表现性状的改变而筛选出新型的突变体，然后根据转座子的位置在野生株中分离目的基因。

采用转座子技术已经成功地分离了近百个基因，例如，金鱼草花茎基因 *flo* 和玉米种子胎萌基因 *viviparous* – 1 及 *HMI* 特异真菌抗性基因等，目前该方法也是目的基因分离的常用方法。

（2）T – DNA 标签法　T – DNA 是存在于根癌农杆菌 Ti 质粒中的一段特殊序列，当根癌农杆菌感染寄主植物细胞后，T – DNA 便会从 Ti 质粒上跳跃并整合到植物细胞的染色体上。若 T – DNA 整合在植物功能基因内部或者附近，则会导致基因突变，产生植物突变体。通过 T – DNA 携带的外源报告基因（如卡那霉素抗性基因）检测突变基因的位置，得到与 T – DNA 相连的 DNA 片段。再以此 DNA 片段制备探针筛选野生型基因组 DNA 文库，就可得到与突变相应的完整基因。在拟南芥植株中，用 T – DNA 转化可产生 35% ~40% 的突变体。因此 T – DNA 标签法对于拟南芥植株基因的分离是十分有用的。

7. 图位克隆分离目的基因

图位克隆又称作图克隆或称为基因定位克隆，也有称之为候选基因克隆，是人类基因克隆或植物抗病基因克隆的常用方法。图位克隆的原理是根据功能基因在基因组中都有相对较稳定的基因座，在利用分子标记技术对目的基因进行精细定位的基础上，用与目的基因紧密连锁的分子标记筛选 DNA 文库，从而构建目的基因区域的物理图谱，在此物理图谱的基础上，通过染色体步移逐步逼近目的基因，最终找到包含该目的基因的克隆，并通过遗传转化实验证实目的基因所具有的功能。

目前利用图位克隆技术已经分离出人类慢性肉芽肿病、亨廷顿病、杜氏肌营养不良症等多种遗传疾病的基因及水稻 $Xa21$ 和拟南芥 $RPM1$ 基因等。

8. 生物信息学在分离克隆基因中的应用

生物信息学是在生命科学的研究中，以计算机为工具对生物信息进行储存、检索和分析的科学。基因组信息学的首要任务之一就是发现新基因的核心功能，这也是发现新基因的重要手段。例如：

（1）利用 EST 数据库发现新基因（电脑克隆）　寻找到与克隆有关的 EST 后，用电子 cDNA 文库进行筛选，通过生物信息学软件进行分析和查询，最终获得一个基因的全长 cDNA。

（2）通过保守区克隆基因　即利用同源蛋白质的保守序列或同源基因进行电子筛选，进一步拼接、延伸从而获得全长的 cDNA。

（3）从大规模 cDNA 文库测序的序列中确定新基因　首先确定获得的 cDNA 是否为基因全长 cDNA，确定是否有典型的 ORF 及 3′端和 5′端。而后可以通过网上搜索确定是否为新的基因。采用同源比对方法，若通过检验则为新的基因。

9. 基因分离克隆的新技术

除上述几种基本的方法外，随着生物技术的发展和传统技术的改良，基因克隆的方法又有许多新的技术出现。如酵母双杂交系统分离克隆基因；基因表达序列标记分析（SAGE）；由 DDRT – PCR 演变而来的代表性差异分析（RDA）；抑制性差减杂交（SSH）——基于反转录的双接头扣除的差异分析；转录活动的 DNA 差减杂交技术（TADSH）、利用限制性片段多态性的 cDNA – AFLP 等。这些技术作为基因分离克隆的方法，较以前的技术都具有一定的优点，又有各自的不尽相同的用途，在目的基因的分离中发挥了重要的作用。

二、DNA 重组技术

在了解目的基因、载体以及基因重组所需要的工具酶之后，进一步讨论 DNA 重组就比较容易了。重组 DNA 分子的构建是通过 DNA 连接酶在体外作用而完成的。DNA 连接酶催化 DNA 上裂口两侧（相邻）核苷酸裸露 3′羟基和 5′磷酸之间形成共价结合的磷酸二酯键，使原来断开的 DNA 裂口重新连接起来（图2－14）。由于 DNA 连接酶还具有修复单链或双链的能力，因此它在 DNA 重组、DNA 复制和 DNA 损伤后的修复中起着关键作用。特别是 DNA 连接酶具有连接 DNA 平齐末端或黏性末端的能力，这就促使它成为重组 DNA 技术中极有价值的工具。

重组质粒构建的基本过程：首先是一个环状载体分子从一处打开（酶切）而直线化，它的一端连上目标 DNA 片段的一端，另一端与相应 DNA 片段的另一端相连，重新形成一个含有外源 DNA 片段的新的环化分子。这种连接的结果有

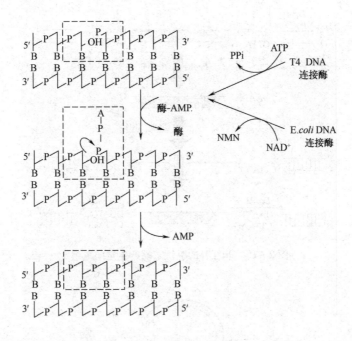

图 2 – 14 DNA 连接酶催化 DNA 分子连接

两种可能，一种是正向连接，另一种是反向连接。只有正向连接的 DNA 分子才能表达出正常的功能。这需要对重组分子转化后加以判别，严格的做法还需要对正确连接的重组分子进行序列分析。目的基因与载体重组连接的方式根据不同的情况而确定。

（1）根据外源 DNA 片段末端的性质同载体上适当的酶切位点相连实现基因的体外重组。外源 DNA 片段通过限制性内切酶酶解后其所带的末端有以下三种可能。

①用两种不同的限制酶进行酶切产生带有非互补突出的黏性末端片段，而分离出的外源基因片段末端同载体上的切点相互匹配时，则通过 DNA 连接酶连接后即产生定向重组体（图 2 – 15）。

②当用一种酶酶切产生带有相同黏性末端时，外源 DNA 片段的末端与其相匹配的酶切载体相连接时，在连接反应中有可能发生外源 DNA 或者载体自身环化或形成串联寡聚物的情况。要想提高正确连接效率，一般要将酶切过的线性载体双链 DNA 的 5′端经碱性磷酸酶处理去磷酸化，以防止载体 DNA 自身环化（图 2 – 16）；同时要仔细调整连接反应混合液中两种 DNA 的浓度比例，以便使所需的连接产物的数量达到最佳水平。

③产生带有平头末端的片段。当外源 DNA 片段为平头末端时，其连接效率比黏性末端 DNA 的连接要低得多。因此要得到有效连接，其所需要的 DNA 连接

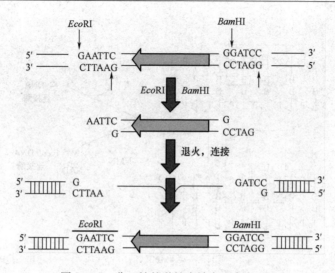

图 2-15 非互补的黏性末端产生定向重组

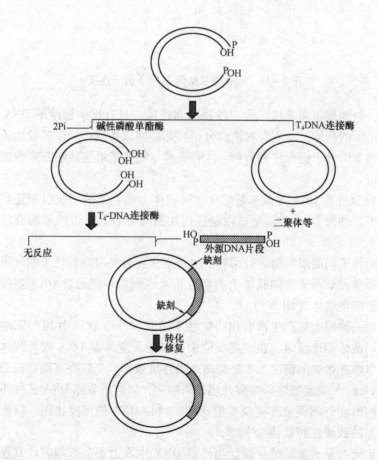

图 2-16 DNA 分子的 5'端碱性磷酸化防止自身环化

酶、外源基因及载体 DNA 的浓度要高得多。加入适当浓度的聚乙二醇可以提高平头末端 DNA 的连接效率。

（2）当在载体的切点以及外源 DNA 片段两端的限制酶切位点之间不可能找到恰当的匹配位点时，可采用下述方法加以解决。

①在线状质粒的末端和/或外源 DNA 片段的末端用 DNA 连接酶接上接头（linker）或衔接头（adaptor）。这种接头可以是含单一或多个限制性酶切位点，然后通过适当的限制酶酶解后进行重组。

②使用大肠杆菌 DNA 聚合酶 I 的 Klenow 片段部分补平 3′凹端。这一方法往往可将无法匹配的 3′凹端转变成平头末端，而与目的基因完成连接。

三、重组 DNA 导入受体细胞

外源目的基因与载体在体外连接重组后形成 DNA 分子，该重组 DNA 分子必须导入适宜的受体细胞中才能使外源的目的基因得以大量扩增或者表达。这个导入及操作过程成为重组 DNA 分子的转化。对于能够接受重组 DNA 分子并使其稳定维持的细胞，称为受体细胞。显然，并不是所有的细胞都可以作为受体细胞，一般情况下，受体细胞应该符合下列条件：①便于重组分子的导入；②能够使重组分子稳定存在于分子中；③便于重组体的筛选；④遗传稳定性好，易于扩大培养和发酵生产；⑤安全性好，无致病性，不会造成生物污染；⑥便于外源基因蛋白表达产物在细胞内积累或者促进高效分泌表达；⑦具有较好的转译后加工机制，便于来源于真核目的基因的高效表达。

基因工程常用的受体细胞有原核生物细胞、真菌细胞、植物细胞和动物细胞。采用哪种细胞作为受体细胞需要根据多体细胞的特点、重组基因和基因表达产物而决定。

1. 受体细胞的种类

（1）原核生物受体细胞 原核生物细胞是较理想的受体细胞类型，它具有结构简单（无细胞壁、无核膜）、易导入外源基因、繁殖快、分离目的产物容易等特点。至今被用于受体菌的原核生物有大肠杆菌、枯草芽孢杆菌、蓝细菌等，大肠杆菌应用的情况较多。在商品化的基因工程产品中，人胰岛素、生长素和干扰素都是通过大肠杆菌工程菌生产出来的。

（2）真菌受体细胞 真菌是低等真核生物，其基因的结构、基因的表达调控机制以及蛋白质的加工及分泌都有真核生物的机制，因此利用真菌细胞表达高等动植物基因具有原核生物细胞无法比拟的优越性。常用的真菌受体细胞有酵母菌细胞、曲霉菌和丝状真菌等。如利用曲霉菌作为受体细胞生产凝乳酶、白细胞介素－6；利用丝状真菌中的青霉菌属、工程头孢菌属作为受体细胞分别生产青霉素和头孢菌素等；利用重组酵母菌成功生产的异源蛋白质的例子很多，如生产牛凝乳酶、人白细胞介素－1、牛溶菌酶、乙肝表面抗原、人肿瘤坏死因子、人表皮生长因子等。

（3）植物受体细胞　植物细胞具有细胞壁，外源 DNA 的摄入相对于原核生物细胞较难，但经过去壁后的原生质体同样可以摄入外源 DNA 分子。原生质体在适宜的培养条件下再生细胞壁，继续进行细胞分裂，从植物细胞培养与转基因植株的再生两条途径都可以表达外源基因产物。另外即使没有去掉细胞壁，采用基因枪法和通过农杆菌介导法同样可以使外源基因进入植物细胞。

植物细胞作为受体细胞的最大优越性就是植物细胞的全能性，即每一个植物细胞在适宜的条件下（包括培养基与培养条件）都具有发育成一个植株的潜在能力。也就是说，外源基因转化成功的细胞可以发育形成一个完整的转基因植株而稳定地遗传下来。因此植株基因工程发展十分迅速，成功的例子最多，在生产上已经产生效益的转基因植物有烟草、番茄、拟南芥、马铃薯、矮牵牛、棉花、玉米、大豆、油菜及许多经济作物。

（4）动物受体细胞　动物细胞作为受体细胞具有一定的特殊性。动物细胞组织培养技术要求高，大规模生产有一定难度。但动物细胞也有明显的优点：①能够识别和除去外源真核基因中的内含子，剪切加工成成熟的 mRNA；②对来源于真核基因的表达蛋白在翻译后能够正确加工或者修饰，产物具有较好的蛋白质免疫原性；③易被重组的质粒转染，遗传稳定性好；④转化的细胞表达的产物分泌到培养基中，易提取纯化。

早期多采用动物生殖细胞作为受体细胞，培养了一批转基因动物；而近期通过体细胞培养也获得了多种克隆动物，因此动物体细胞同样可以作为转基因受体细胞。目前用作基因受体动物主要有猪、羊、牛、鱼、鼠、猴等，主要生产天然状态的复杂蛋白或者动物疫苗以及动物的基因改良。

2. 重组 DNA 分子转化受体细胞的方法

将重组质粒转入受体细胞的方法很多，不同的受体细胞转化方法不同，相同的受体细胞也有多种转化方法。例如，针对大肠杆菌受体细胞，有 Ca^{2+} 诱导法、电穿孔法、三亲本杂交结合转化法等；以植物细胞作为受体细胞，则采用叶盘转化法、基因枪法、花粉管通道法等。

（1）Ca^{2+} 诱导法转化大肠杆菌　以下是利用 Ca^{2+} 诱导法将外源 DNA 转化大肠杆菌的基本过程（图 2 – 17）。

①制备感受态细胞：感受态细胞是指处于能够吸收周围环境中 DNA 分子的生理状态的细胞。Ca^{2+} 诱导法就是利用 $CaCl_2$ 诱导大肠杆菌形成感受态，能够容易接受外源质粒。

②DNA 分子转化感受态细胞：将制备好的感受态细胞加入 NTE 缓冲液溶解的外源 DNA 中，在适宜的条件下促使感受态细胞吸收 DNA 分子。

③在 LB 培养基上筛选转化子。

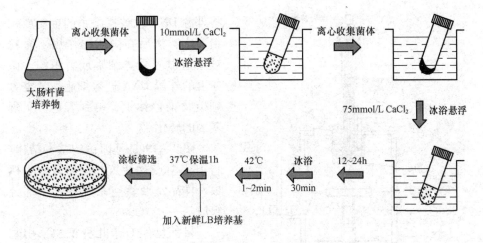

图 2 – 17　Ca^{2+} 诱导法促使外源 DNA 转化大肠杆菌的过程

（2）叶盘法转化植物细胞　叶盘法通常用在双子叶植物细胞的基因转化上。因为最初的做法是将植物叶片切成圆盘，让工程农杆菌侵染而再生转化芽体，得名叶盘法，又称农杆菌介导法。当农杆菌侵染植物细胞时，细菌本身留在细胞间隙中，而 Ti 质粒上的 T – DNA 单链在核酸内切酶的作用下被加工、剪切，然后转入植物细胞核中，整合到植物细胞的染色体上，完成外源基因转化植物细胞的过程。留在农杆菌体内的 Ti 质粒缺口经过 DNA 复制而复原。该基因转化过程是一个复杂的遗传工程。图 2 – 18 简明表示了叶盘法转化植物细胞的基本过程。

（3）基因枪法转化植物细胞　对于单子叶植物（农杆菌侵染较难）及特殊材料如愈伤组织、胚状体、原球茎、胚、种子等适宜采用基因枪法直接转化效果较好。基因枪法又称微弹轰击法，其基本的原理是

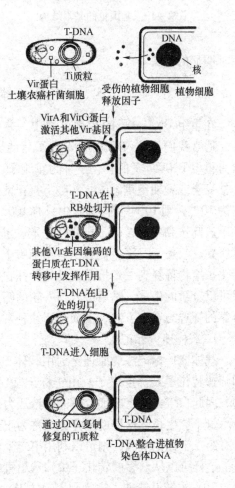

图 2 – 18　叶盘法转化植物细胞的过程

41

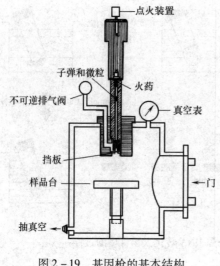

图 2 - 19   基因枪的基本结构

将外源 DNA 包被在微小的金粉或钨粉表面，然后在高压的作用下微粒被高速射入受体细胞或者组织。微粒上的外源 DNA 进入细胞后，整合到植物染色体上，得到表达，实现基因的转化。

图 2 - 19 是基因枪的基本结构。它主要由点火装置、发射装置、挡板、样品室及真空系统等几个部分组成。

目前已经有十几种植物采用基因枪法获得了转基因植株，包括水稻、玉米、小麦三大谷类作物。基因枪法在植物细胞器转化过程中显示了明显的优势。

四、基因重组体的筛选与鉴定

在重组 DNA 分子的转化过程中，并非所有的细胞都能够导入重组 DNA 分子。通常我们将导入外源 DNA 分子后能够稳定存在的受体细胞称为转化子，而含有重组 DNA 分子的转化子称为重组子，也有将含有外源目的基因的克隆称为阳性克隆或者期望重组子。实际上真正能够转化成功的比例是较低的。若转化效率为 10^{-6}，则 10^8 个受体细胞中只有 100 个受体细胞被真正转化。如何使用有效的手段筛选和鉴定转化子与非转化子、重组子与非重组子成为基因转化关键的技术所在。一般情况下，能够从这些细胞中快速准确地选出期望重组子的方法是将转化扩增物稀释到一定倍数，均匀涂抹在筛选的特定固体培养基上，使之长出肉眼可以分辨的菌落，然后进入新一轮的筛选与鉴定。目前已经发展运用了一系列可靠的筛选与鉴定方法，下面介绍几种常用的技术方法。

1. 载体遗传标记法

载体遗传标记法的原理是利用载体 DNA 分子上所携带的选择性遗传标记基因筛选转化子或者重组子。由于标记基因所对应的遗传表型与受体细胞是互补的，因此在培养基上施加合适的筛选压力，即可保证转化子长成菌落，而非转化子隐身不能生长，这样的选择方法称为正选择。经过一轮正选择，如果载体分子含有第二个标记基因，则可以利用第二个标记基因进行第二轮的正选择或者负选择。这样可以从众多的转化子中筛选出重组子。

（1）抗药性筛选   这是利用载体 DNA 分子上的抗药性选择标记进行的筛选方法。在载体上使用的抗药性标记一般有氨苄青霉素抗性（Ap^r）、卡拉霉素抗性

（Kan^r）、四环素抗性（Tc^r）、氯霉素抗性（Cm^r）、链霉素抗性（Str^r）以及潮霉素抗性等。一种载体上一般含有 1～2 种抗性标记，例如 pBR322 质粒载体上含有 Ap^r、Tc^r 两种抗性标记，这是抗药性筛选的前提。如果外源基因插入在 pBR322 的 BamH I 位点上，则只需将转化扩增物涂抹在含有氨苄青霉素的培养基上，理论上若能长出菌落的便是转化子；如果外源基因插在 Pst I 的位点上，则利用四环素正向选择转化子［图 2 - 20 (1)］。

通过上述的正向选择获得的转化子含有重组子与非重组子两种情况，所以第二步采用负选择的方法筛选出重组子［图 2 - 20 (2)］。用无菌牙签将 Ap^r 转化子（菌落）分别逐一接种在只含有一种抗生素的 Tc 或者 Ap 平板培养基上。由于外源基因在 BamHI 位点的重组，导致载体上 Tc^r 基因失活，使 Tc^r→Tc^s，因此重组子具有 Ap^r、Tc^s 的遗传表型，而非重组子是 Ap^r、Tc^r 的遗传表型。所以重组子只能在 Ap 培养基上生长而不能在 Tc 培养基上生长，相对应的是非重组子既能在 Ap 培养基上又能在 Tc 培养基上生长。因此通过两轮的选择可以将重组子筛选出来。

但是若重组子的数量多，这样筛选工作量太大，改正的方法是利用影印培养技术。将一块无菌丝绒布或者滤纸接触菌落表面，定位粘上菌落，然后影印到 Tc 平板培养基上，经过培养，非重组子即长出菌落，而重组子的相应位置不会长出菌落。结果表现与上述负选择一样。

这里所说的负选择方法，是因为外源基因插入到 Tc 基因中使 Tc^r→Tc^s，因此也有称为插入性失活筛选。

在插入性失活筛选的基础上，有人巧妙地设计了插入表达筛选法。即在筛选标记的基因前面连接上一段负调控序列，但外源基因插入这段负调控序列时，使得抗性标记基因能够表达。因此筛选重组子可以采用正选择的方法进行筛选。

（2）显色互补筛选法　许多大肠杆菌的载体上含有 lacZ′ 标记基因，其编码的产物 β - 半乳糖苷酶在显色剂 X - gal（5 - 溴 - 4 - 氯 - 3 - 吲哚 - β - D - 半乳糖苷）和底物 IPTG（异丙基 - β - D - 硫代半乳糖苷）存在下，可以产生蓝色沉淀物，使菌落呈现蓝色。若 lacZ′ 标记基因区插入外源基因，则不能表达 β - 半乳糖苷酶，因此菌落是白色的。由此可以根据菌落颜色的不同筛选出真正的重组子（图 2 - 21）。

（3）利用报告基因筛选植物转化细胞　在植物基因工程研究中，载体携带的选择标记基因通常称为报告基因。转化的植物细胞由于报告基因的表达，可以在一定的筛选压力下继续生长或者表现出相关性状，而非转化细胞则不能生长或者表现相关性状。常用的报告基因有抗生素抗性基因，如新霉素磷酸转移酶（NPTⅡ）基因、潮霉素磷酸转移酶（HPT）基因，还有表达特殊产物的基因，如 β - 葡萄糖苷酶（GUS）基因、荧光素酶（LUC）基因、抗除草剂 bar 基因等。

通过这些报告基因筛选植物转化细胞的方法是：如果报告基因是新霉素磷酸转移酶（NPTⅡ）基因、潮霉素磷酸转移酶（HPT）基因、抗除草剂 bar 基因，

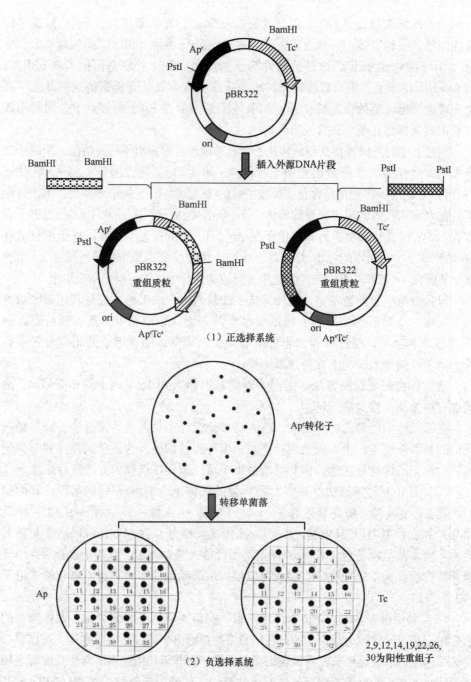

图 2-20　正向选择与负向选择 pBR322 的转化子

则在培养基中分别加入卡那霉素、潮霉素、草甘膦作为筛选压，能够通过筛选压的细胞能够继续生长分化，则基本确定为转化成功的细胞；如果报告基因是 β - 葡萄糖酸苷酶（GUS）基因、荧光素酶（LUC）基因，则在荧光显微镜下观察，产生荧光的细胞可以初步确定是转化成功的细胞。

2. 根据基因结构和表达产物检测

（1）PCR 检测法　PCR 是体外酶促合成特异 DNA 片段的新方法，在本节前面已经介绍。PCR 既可作为获取目的基因的手段，也可作为目的基因片段检测的手段，其原理都是相同的。PCR 反应中每条 DNA 链经过一次解链、退火、延伸三个步骤的热循环后就成了两条双链 DNA 分子。如此反复进行，每一次循环所产生的 DNA 均能成为下一次循环的模板，每一次循环都使两条人工合成的引物间的 DNA 特异区拷贝数扩增

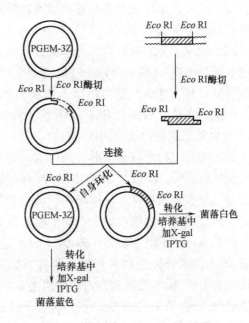

图 2-21　显色互补法筛选重组子

一倍，PCR 产物得以 2^n 的数量形式迅速扩增，经过 $25 \sim 30$ 个循环后，理论上可使基因扩增 10^9 倍以上，实际上一般可达 $10^6 \sim 10^7$ 倍。

假设扩增效率为 "X"，循环数为 "n"，则二者与扩增倍数 "y" 的关系式可表示为：$y = (1 + X)^n$。扩增 30 个循环即 $n = 30$ 时，若 $X = 100\%$，则 $y = 2^{30} = 1073741824$（$>10^9$）；而若 $X = 80\%$ 时，则 $y = 1.8^{30} = 45517159.6$（$>10^7$）。由此可见，其扩增的倍数是巨大的，将扩增产物进行电泳，经溴化乙锭染色，在紫外灯照射下（254nm）一般都可见到 DNA 的特异扩增区带。这样可以通过扩增区带的有无来判断是否为真正的重组子。

（2）菌落原位杂交　菌落原位杂交是将细菌从培养平板转移到硝酸纤维素滤膜上，然后将滤膜上的菌落裂菌以释出 DNA。将 NDA 烘干固定于膜上与 ^{32}P 标记的探针杂交，放射自显影检测菌落杂交信号，并与平板上的菌落对应检测确定是否为重组子。

（3）组织原位杂交　组织原位杂交简称原位杂交，指组织或细胞的原位杂交，它与菌落的原位杂交不同。菌落原位杂交需裂解细菌释出 DNA，然后进行杂交。而原位杂交是经适当处理后，使细胞通透性增加，让探针进入细胞内与 DNA 或 RNA 杂交。因此原位杂交可以确定探针的互补序列在胞内的空间位置，这一点具有重要的生物学和病理学意义。例如，对致密染色体 DNA 的原位杂交可用于显示特定序列的位置；对分裂期间核 DNA 的杂交可研究特定序列在染色质内的功能排布；与细胞 RNA 的杂交可精确分析任何一种 RNA 在细胞和组织中

的分布。此外，原位杂交还是显示细胞亚群分布和动向，及病原微生物存在方式和部位的一种重要技术。

用于原位杂交的探针可以是单链或双链 DNA，也可以是 RNA 探针。通常探针的长度以 100～400nt 为宜，过长则杂交效率降低。最近研究结果表明，寡核苷酸探针（16～30nt）能自由出入细菌和组织细胞壁，杂交效率明显高于长探针。因此，寡核苷酸探针和不对称 PCR 标记的小 DNA 探针或体外转录标记的 RNA 探针是组织原位杂交的优选探针。

探针的标记物可以是放射性同位素，也可以是非放射性生物素和半抗原等。放射性同位素中，^{3}H 和 ^{35}S 最为常用。^{3}H 标记的探针半衰期长，成像分辨率高，便于定位，缺点是能量低。^{35}S 标记探针活性较高，影像分辨率也较好。而 ^{32}P 能量过高，致使产生的影像模糊，不利于确定杂交位点。

（4）Southern 印迹杂交　Southern blot 是研究 DNA 图谱的基本技术，在遗传诊断 DNA 图谱分析及 PCR 产物分析等方面有重要价值。Southern 印迹杂交基本方法是将 DNA 标本用限制性内切酶消化后，经琼脂糖凝胶电泳分离各酶解片段，然后经碱变性，Tris 缓冲液中和，高盐下通过毛吸作用将 DNA 从凝胶中转印至硝酸纤维素滤膜上，烘干固定后即可用于杂交。凝胶中 DNA 片段的相对位置在 DNA 片段转移到滤膜的过程中继续保持着。附着在滤膜上的 DNA 与 ^{32}P 标记的探针杂交，利用放射自显影术确定探针互补的每条 DNA 带的位置，从而可以确定在众多酶解产物中含某一特定序列的 DNA 片段的位置和大小。

图 2-22 表明了 Southern 印迹杂交过程。

（5）Northern 印迹杂交　Northern 印迹杂交是一种将 RNA 从琼脂糖凝胶中转印到硝酸纤维素膜上的方法。RNA 印迹技术正好与 DNA 相对应，故被趣称为 Northern 印迹杂交（因为 DNA 印迹技术称为 Southern 印迹技术），与此原理相似的蛋白质印迹技术则被称为 Western blot。Northern 印迹杂交的 RNA 吸印与 Southern 印迹杂交的 DNA 吸印方法类似，但 Northern 印迹是检测 DNA 转录为 RNA 的情况；而 Western 印迹则是检测 RNA 翻译为蛋白质的情况。

五、反义基因技术

1. 概念

将 DNA 双链反向接入基因载体进行反向表达时，该基因称为反义基因，而应用反义基因表达出来的反义 RNA 与受体细胞内正义 DNA 表达出来的 RNA 结合形成杂交分子，从而在转录和翻译水平上抑制特定基因表达的技术称为反义基因技术。也有将反义基因技术称为 RNA 干扰技术或技术关闭技术。

2. 反义基因的来源及作用机制

（1）反义基因的来源　反义基因的来源有三条途径。

①人工反义 RNA 表达载体的构建：利用 DNA 重组技术，在适宜的启动子和

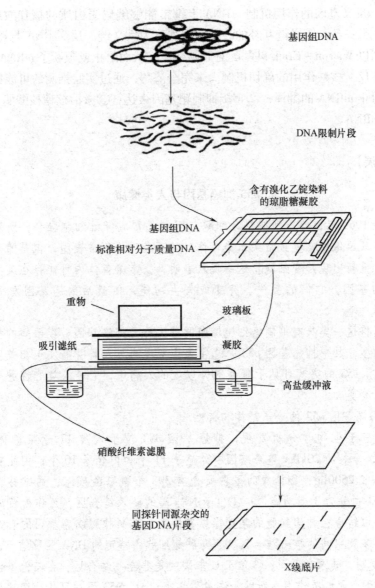

图 2 - 22 Southern 印迹杂交过程

终止子间反向插入一段靶 DNA 于质粒中，构建成反义表达载体，转录时表达载体合成反义 RNA。

②利用诱生剂诱生反义核酸：在原核和真核生物中有自然存在的反义 RNA，表明体内存在指导反义 RNA 合成的基因，因此，可以寻找适当的诱导剂，使基因开放、激活，从而获得内源性反义核苷酸。

③人工合成反义寡核苷酸：人工合成是最常用的方法。其优点是可随意选择靶序列而决定设计的反义核苷酸序列。

（2）反义基因的作用机制　DNA 上携带能够编码蛋白质的核苷酸序列称为正义链，另一条与正义链互补的核苷酸序列称为反义链。反义 RNA 与靶 RNA 上特定序列以 Watson－Crick 碱基配对原则杂交，从而阻止或阻断了 mRNA 的表达。目前关于反义核酸作用的确切机制尚未完全清楚，通过实验推测的可能机制为：

①阻止 mRNA 的翻译；②直接抑制靶基因表达；③激活核糖核酸酶 H，降解特异的 mRNA。

【知识拓展】

p53 抑癌基因与人类健康

早在 1969 年，哈里斯便将癌细胞与同种正常成纤维细胞融合，所获杂种细胞的后代只要保留某些正常亲本染色体时就可表现为正常表型，但是随着染色体的丢失又重新出现恶变细胞。这一现象表明，正常染色体内可能存在某些抑制肿瘤发生的基因，它们的丢失、突变或失去功能，使激活的癌基因发挥作用而致癌。

人们将这一类具有抑制癌细胞增殖的基因称为抑癌基因。现已知的抑癌基因有许多类型，其中抑癌基因 p53 是迄今为止发现的与人类肿瘤发生相关度最高的抑癌基因。p53 的突变可见于高达 50% 以上的人癌中，它是人类恶性肿瘤中最常见的基因改变。

1. 抑癌基因 p53 的分子结构和特性

通过分子生物学分析发现，抑癌基因 p53 位于人类 17 号染色体短臂上（17p13），全长约 20kb，整个基因有外显子 11 个和内含子 10 个，由此转录的成熟 mRNA 长 2500bp，翻译成的蛋白质含有 393 个氨基酸残基，通常称为 p53 蛋白。p53 蛋白分为 3 个功能区：①位于 N 末端的转录结合区，可作为负调控因子或阻遏蛋白结合在肿瘤细胞的某些操纵基因上，抑制肿瘤或癌基因的表达；②位于该蛋白多肽中间的核心结合区，可与肿瘤细胞内特定的 DNA 区段结合，从而抑制 DNA 复制、转录和翻译；③位于 C 末端的是非专一结合区，在其他基因转录时作为阻遏蛋白起调节作用。所以，许多科学家认为，p53 蛋白可作为阻遏蛋白，很容易与 DNA 上的操纵基因结合，对结构基因的转录起调节控制作用，特别对肿瘤细胞的分化和增殖起抑制作用。现在，科学家们运用 DNA 分子原位杂交技术发现，抑癌基因在人体组织中分布广泛，几乎所有组织都有抑癌基因的表达，而且胎儿细胞内抑癌基因的表达高于成人，肿瘤细胞中的表达高于正常组织的细胞。

2. p53 基因与肿瘤发生的关系

（1）p53 基因缺失与肿瘤的发生　研究表明，如果人类的 17 号染色体短臂（带有 p53 抑癌基因）缺失后，结肠、肺、肝或其他脏器可发生肿瘤。若在一条染色体上发生了微小缺失（涉及 p53 基因），另一条染色体的 p53 基因正常，肺部可能出现肿瘤。可见，当 *p53* 基因缺失纯合或半合子时，缺失突变型 *p53* 蛋白可能抑制野生型 *p53* 基因的活性，使之失活，从而引起细胞转化、癌变。

（2）*p53* 基因突变与肿瘤的发生　在正常细胞中，若某些重要的基因发生了突变，该基因的功能可能发生变化，甚至完全丧失功能，则表现出一系列的突变表型，抑癌基因 *p53* 也不例外。当 *p53* 基因发生突变后，特别是发生了错义突变或终止突变后，有可能合成无功能的多肽链或多肽片段，结果对肿瘤细胞的基因不再发挥调控作用。现已发现，在 *p53* 基因的 175、245、248、249、273 和 282 位点上常发生错义突变，这些位点通常称为突变热点，由此产生的 *p53* 蛋白中的氨基酸残基发生了改变，失去了作为阻遏蛋白的功能，不再结合在肿瘤细胞的操纵基因上，肿瘤细胞或癌基因就可快速表达，最终形成恶性肿瘤。

3. *p53* 基因抑癌作用机制

p53 基因抑制肿瘤的机制主要是阻碍细胞停留在 G1 或 G0 期，使肿瘤细胞不再进入 S 期，即不再合成自身的 DNA，从而达到抑制肿瘤细胞增生的目的。有试验表明，*p53* 蛋白通过调控肿瘤细胞的某些操纵基因而阻止肿瘤细胞的生长和增殖，最后引起肿瘤细胞的凋亡。当 *p53* 蛋白存在时，主要是抑制 TATA 结合蛋白结合至肿瘤细胞中癌基因的启动子区域，使癌基因的表达受到抑制，最终控制肿瘤细胞的持续生长。

4. 基因替代治疗法

基因替代治疗就是将特定的抑癌基因（如 *p53* 基因）与载体（如腺病毒）结合成重组 DNA 分子，然后转染肿瘤细胞，使 *p53* 基因产生特定的抑癌蛋白，最后杀伤肿瘤细胞。现有试验证实，*p53* 蛋白可促进淋巴细胞的吞噬作用，若肿瘤细胞内转入了带有 *p53* 基因和腺病毒载体的重组 DNA 分子，某些肿瘤细胞逐渐萎缩，最后被正常细胞所吞噬。

综上所述，正常的抑癌基因可抑制肿瘤细胞的发生。机制是 *p53* 蛋白可作为阻遏蛋白调控肿瘤细胞基因的表达，诱导肿瘤细胞的凋亡。因而，我们更应对该基因深入地研究，使之成为根治肿瘤的工具，造福人类。

【思考题】

1. 为什么要开展基因工程研究？意义何在？
2. 如何克隆目的基因？有哪些常用技术？
3. 如何将目的基因与载体进行连接？怎样检测连接效果？
4. 将重组子导入原核细胞与植物细胞的方法有何不同？
5. 简述基因工程技术对发展我国工农业生产及医药事业的贡献。
6. 谈谈基因工程技术与人类健康的关系。
7. 叙述反义基因的概念及其作用原理。
8. 谈谈学习基因工程技术的收获。

第三章 细胞工程

【典型案例】

案例1. 世界上第一头克隆绵羊多利

　　1997年2月27日英国爱丁堡罗斯林（Roslin）研究所的伊恩·维尔莫特科学研究小组向世界宣布，世界上第一头克隆绵羊多利（Dolly）诞生，这一消息立刻轰动了全世界。多利（图3-1）的产生与三只母羊有关。一只是怀孕三个月的芬兰多塞特母绵羊，两只是苏格兰黑面母绵羊。芬兰多塞特母绵羊提供了全套遗传信息，即提供了细胞核（称之为供体）；一只苏格兰黑面母绵羊提供无细胞核的卵细胞；另一只苏格兰黑面母绵羊提供羊胚胎的发育环境——子宫，是多利羊的"生"母。其整个克隆过程简述如下：

　　从芬兰多塞特母绵羊的乳腺中取出乳腺细胞，将其放入低浓度的营养培养液中，细胞逐渐停止了分裂，此细胞称之为供体细胞；给一头苏格兰黑面母绵羊注射促性腺素，促使它排卵，取出未受精的卵细胞，并立即将其细胞核除去，留下一个无核的卵细胞，此细胞称之为受体细胞；利用电脉冲的方法，使供体细胞和受体细胞发生融合，最后形成了融合细胞，由于电脉冲还可以产生类似于自然受精过程中的一系列反应，使融合细胞也能像受精卵一样进行细胞分裂、分化，从而形成胚胎细胞；将胚胎细胞转移到另一只苏格兰黑面母绵羊的子宫内，胚胎细胞进一步分化和发育，最后形成一只小绵羊。出生的多利小绵羊与多塞特母绵羊具有完全相同的外貌。从理论上讲，多利继承了提供体细胞的那只芬兰多塞特母绵羊的遗传特征，它是一只白脸羊，而不是黑脸羊。分子生物学的测定也表明，它与提供细胞核的那头羊，有完全相同的遗传物质（确切地说，是完全相同的细胞核遗传物质，还有极少量的遗传物质存在于细胞质的线粒体中，遗传自提供卵母细胞的受体），它们就像是一对隔了6年的双胞胎。

　　克隆羊多利的诞生，引发了世界范围内关于动物克隆技术的热烈争论。是科学界克隆成就的一大飞跃。它还被美国《科学》杂志评为1997年世界十大科技进步的第一项，也是当年最引人注目的国际新闻之一。

案例2. 植物人工种子的研制

　　人工种子又称人造种子，这是细胞工程中一项新兴技术。人工种子在某种程度上可以替代天然种子，通过植物细胞培养技术生产大量的胚状体，仿天然种子结构而生产制成。人工种子由体细胞胚、人工胚乳和人工种皮三个部分组成（图

3-2）。最初是由英国科学家于 1978 年提出的。他认为利用体细胞胚发生的特征，把它包埋在胶囊中，可以形成具有种子的性能并直接在田间播种。人工种子技术有着诱人的前景，它具备以下特点：①它同微繁殖技术一样，培养条件可以人为控制，不受季节及气候的影响，且省地省工。②在人工种子制作中，可加入营养物质、植物生长调节剂、固氮菌、杀虫剂等，提高种子质量。③用于制作人工种子的体细胞胚，可利用生物反应器大规模培养，大大提高生产效率。④对于自然条件下难以得到种子的珍稀植物或基因工程植株，利用人工种子技术加速扩繁，具有重要意义。

　　人工种子研制操作程序大致包括：外植体的选择和消毒；愈伤组织的诱导；体细胞胚的诱导；体细胞胚的同步化；体细胞胚的分选；体细胞胚的包裹（人工胚乳）；包裹外膜；发芽成苗试验；体细胞胚变异程度与农艺研究。目前马铃薯、柑橘、胡萝卜、玉米、香蕉等都已顺利繁殖出了相应的人工种子。

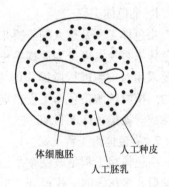

体细胞胚　　人工种皮

人工胚乳

图 3-1　克隆羊多利　　　　　　图 3-2　植物人工种子模式图

　　上述案例介绍的只是细胞工程技术应用的个案，目前人们对动、植物细胞的认识仍然处于初级阶段，单就其组织培养而言，还有十分漫长的道路要走。即便像烟草和拟南芥这样的模式植物，也没能实现让它们在组培容器中遂愿生长发育和开花结实，因此细胞工程及其机制尚需深入研究。

【学习指南】

　　本章主要介绍细胞工程的概念和内涵、细胞工程研究的目的与意义，以及植物细胞工程、动物细胞工程的基础理论和基本实验技术，要求基本掌握动植物细胞工程技术在各领域中的应用前景。

第一节　细胞工程概述

细胞工程是应用细胞生物学和分子生物学方法，借助工程学的试验方法或技术，在细胞水平上研究改造生物遗传特性和生物学特性，以获得特定的细胞、细胞产品或新生物体的有关理论和技术方法的学科。广义的细胞工程包括所有的生物组织、器官及细胞离体操作和培养技术。狭义的细胞工程则是指细胞融合和细胞培养技术。根据研究对象不同，细胞工程可分为动物细胞工程和植物细胞工程。微生物细胞工程归类为发酵工程范畴。

细胞工程是生物工程的一个重要方面。总的来说，它是应用细胞生物学和分子生物学的理论和方法，按照人们的设计蓝图，进行在细胞水平上的遗传操作及进行大规模的细胞和组织培养。按照需要改造的遗传物质的不同操作层次，可将细胞工程学分为染色体工程、染色体组工程、细胞质工程和细胞融合工程等几个方面。

一、细胞工程的内涵

1. 染色体工程

染色体工程是按人们需要来添加或削减一种生物的染色体，或用别的生物的染色体来替换。可分为动物染色体工程和植物染色体工程两种。动物染色体工程主要采用对细胞进行微操作的方法（如微细胞转移方法等）来达到转移基因的目的。植物细胞染色体工程目前主要是利用传统的杂交回交等方法来达到添加、消除或置换染色体的目的。

2. 染色体组工程

染色体组工程是改变整个染色体组数的技术。自从 1937 年秋水仙素用于生物学后，多倍体的工作得到了迅速发展，如得到四倍体小麦、八倍体小黑麦、三倍体西瓜等。

3. 细胞质工程

细胞质工程又称细胞拆合工程，是通过物理或化学方法将细胞质与细胞核分开，再进行不同细胞间核质的重新组合，重建成新细胞。可用于研究细胞核与细胞质的关系的基础研究和育种工作。1981 年瑞士学者伊梅恩斯等用灰鼠的细胞核注入到除去了精核的卵内，然后再将这个由黑鼠细胞质和灰鼠细胞核组成的卵体外培养，形成胚胎后再移植到白色雌鼠的子宫里，经过 21 天的发育，得到的仔鼠是灰色的，说明仔鼠的性状取决于细胞核的来源。这一技术的成功与完善对于优良家禽的无性繁殖和濒临绝迹的珍贵动物的传种意义重大。

4. 细胞融合工程

细胞融合工程是用自然或人工的方法使两个或几个不同细胞融合为一个细胞

的过程。细胞融合工程可用于产生新的物种或品系，如我们所熟悉的"番茄马铃薯"、"拟南芥油菜"和"蘑菇白菜"等。用这种体细胞融合的技术，如今已在动物间实现了小鼠和田鼠、小鼠和小鸡，甚至于小鼠和人等许多远缘和超远缘的体细胞杂交。虽然目前动物的杂交细胞还只停留在分裂传代的水平，不能分化发育成完整的个体，但在理论研究和基因定位上都有重大意义。

细胞融合工程还广泛应用于单克隆抗体的生产。单克隆抗体技术是利用克隆化的杂交瘤细胞（细胞融合所得）分泌高度纯一的单克隆抗体，具有很高的实用价值，在诊断和治疗病症方面有着广泛的应用前途。

二、细胞工程的研究历史

植物细胞培养在 20 世纪初已开始研究。1902 年，德国植物学家哈贝兰特依据细胞学说认为，高等植物的器官和组织可以分离成单个细胞，而每一个分离出来的细胞都具有进一步分裂和发育的能力。为此，他还进行了高等植物离体细胞的培养，但未能成功。1904 年，亨宁（Henning）成功地进行了胡萝卜和辣菜根的离体胚培养。我国学者李继同也进行了银杏胚的离体培养，发现了胚乳提取液能促进离体胚的生长。1927 年，温特（Went）发现了生长素吲哚乙酸（IAA）能促进细胞的生长。到 20 世纪 30 年代，植物细胞培养研究取得了突破性进展。人们发现，通过细胞或组织培养可使植物再生。1934 年，怀特（White）用番茄根建立了第一个无性繁殖系。1939 年，高特里特（Gautheret）、诺比考特（Nobercourt）和怀特分别成功地培养了烟草、萝卜和杨树等细胞，并形成部分组织。至此，植物细胞培养才真正开始。随后，又相继发现了维生素和生长素等物质对植物细胞的生长发育有促进作用。1955 年，米勒（Miller）等学者发现激动素能促使培养细胞分裂和代替腺嘌呤促进发芽，并确定了植物培养液控制芽和根形成的激动素和生长素的比例。1956 年，Roetier 等首先申请了用植物细胞培养生产化学物质的专利。从此，利用植物次生代谢生产药物的研究蓬勃发展起来。到 20 世纪 60 年代，科金（Cocking）等建立了植物原生质体培养和融合技术。20 世纪 70 年代以后，外源基因片段可引入植物细胞体内，通过培养，这种细胞可获得人们所需的产物。同时，大规模培养技术方面也取得了巨大发展，如日本开发了 20000L 搅拌釜式反应器，用于烟草细胞的培养。以后，植物细胞和组织培养在世界各地广泛展开和应用，各种细胞和组织培养技术也日益完善。

动物细胞工程起初应用于疫苗的生产。在疫苗产业早期，利用动物来生产疫苗，如用家兔人工感染狂犬病毒生产狂犬疫苗，用奶牛生产天花疫苗。用某些细菌接种到动物身上生产抵抗该种细菌的疫苗。1920 ~ 1950 年，已经开发出多种病毒或细菌疫苗，如伤寒疫苗、肺结核疫苗、破伤风疫苗、霍乱疫苗、百日咳疫苗、流感疫苗和黄热病疫苗等。1951 年，Earle 等开发了能促进动物细胞体外培养的培养液，这标志近代动物细胞培养技术的开端。大规模培养动物细胞生产生物制品，始于 20 世纪 50 年代。最初的生产方法是采用成千上万只体积小的培养瓶。1967 年，Van Wezel 开发了适合贴壁细胞生长的微载体，使得动物细胞的培养能够在搅拌釜式反应器中进行，从而大大提高了生产率。微载体培养系统现已得到广泛应用，最大可达 15000L 规模。在过去 30 多年的时间内，用动物细胞技术生产的疫苗挽救了几百万人和动物的生命。

三、细胞工程的发展前景

1. 发展细胞工程具有战略意义

细胞工程的战略意义是毋庸置疑的。从利用转基因技术培育抗旱植物，改善我国生态环境，再造一个山川秀美的西北，到研制基因疫苗和基因药物，根治一些长期困扰我国人民群众的重大疾病；从食品、轻工业、材料、环保，至刑事侦查、道德伦理，甚至包括国家安全（有报道称一些国家正在利用基因研究得到的人种差异结果，研制专门针对某类人种而对其他人种无害的生物武器）。可以说细胞工程无处不在，前景不可估量。

细胞工程的产业化历程才 20 多年，还是一个新兴产业。1977 年，世界第一个含人生长素释放抑制因子的重组 DNA 在大肠杆菌中获得表达，在科学上标志着人工重组 DNA 体外表达的成功。不久，第一家基因工程公司 Genetech 诞生。1982 年，该公司推出了第一个基因工程药物——重组人胰岛素，标志着细胞工程商业化的开始。

2. 细胞工程产品具有独特价值

（1）对病人更安全　动物细胞培养生产产品的优点之一是使用安全。过去使用动物细胞培养生产的生物制品，经常发生过敏反应或病原体传染的事件。例如，脊髓灰质炎疫苗可能被猿猴肾病毒污染；流感疫苗可能被引起过敏反应的鸡卵蛋白污染；使用从脑垂体提取的生长激素可能引起克雅病。而用细胞工程生产的产品使用非常安全，能将致病因素降到最小，并可显著提高产品的质量。因为动物细胞培养所用的细胞背景非常明确，经过严格的安全检测，消除了污染病原体的危险。

（2）能保障蛋白质产品的产量和质量　如果仅靠从自然界提取，许多生物蛋白制品也许不可能用于疾病的治疗。由于细胞工程技术的发展，现在几乎可以大量生产任何已知的氨基酸序列生物蛋白。如果已经获得编码某一目的蛋白的基因，只需将其转染至宿主细胞中，获得可表达目的蛋白的基因工程细胞系，经动物细胞大规模培养，便能获得大量的可供临床使用的生物制品，而将基因工程细胞系转化为现实产品的关键技术之一是动物细胞大规模高密度培养技术。已有许多具有治疗作用但又难以从机体中提取的细胞因子，可以通过动物细胞大规模培养技术生产。主要产品有人生长激素、人促红细胞生成素（EPO）、溶栓药物、单克隆抗体（mAb）。

第二节　植物细胞工程

一、概　述

植物细胞工程是细胞工程的一个重要组成部分，是以植物细胞为基本单位进行培养、增殖或按照人们的意愿改造细胞的某些生物学特性，从而创造新的生物和物种，以获得具有经济价值的生物产品的学科。

植物细胞工程包括植物组织（器官）培养技术、细胞培养技术、原生质体融合与培养技术、亚细胞水平的操作技术等。自 1904 年 Hanning 成功培养离体胚以来，伴随着相关理论与技术的飞速发展，植物细胞工程也取得了巨大的成就。在已经研究过的二百余种植物细胞培养中，可产生三百余种有用成分，其中包括不少临床上广为应用的重要药物，如长春碱、地高辛、东莨菪碱、小檗碱和奎宁等。许多药用植物细胞培养都十分成功，如人参、西洋参、长春花、紫草和黄连等。已报道的植物原生质体的培养研究有近 200 余种植物获得了全能性的表达，其中大部分属于双子叶植物的茄科、伞形科、十字花科植物。单子叶植物的禾本科，特别是禾谷类和一些重要的双子叶植物的原生质体培养，一度被国际公认为难题，但通过科学家们坚持不懈的努力，终于在 1985～1989 年由日本、法国、中国、英国在水稻上首先突破。

二、植物细胞工程的理论基础与基本技术

1. 理论基础

（1）植物细胞的全能性　　植物细胞工程的理论基础是植物细胞的全能性。植物体的细胞具有使后代细胞形成完整个体的潜能的特性。植物体的每一个细胞都包含有该物种所特有的全套遗传物质，都有发育成为完整个体所必需的全部基因。植物的枝、叶、根都有可能长成一株完整的植株，细胞培养的结果也证明即使高度分化的植物细胞也可以培养成一个完整的植株。

1902 年，德国植物学家哈伯兰特预言植物体的任何一个细胞，都有长成完整个体的潜在能力，这种潜在能力就称植物细胞的"全能性"。为了证实这个预言，他用高等植物的叶肉细胞、髓细胞、腺毛、雄蕊毛、气孔保卫细胞、表皮细胞等多种细胞放置在自己配制的营养物质中（人工配制的营养物），称为培养基，这些细胞在培养基上可生存相当长一段时间，但他只发现有些细胞增大，却始终没有看到细胞分裂和增殖。1934 年，美国的怀特用无机盐、糖类和酵母提取物配制成怀特培养基，培养番茄根尖切段，400 多天后，在切口处长出了一团愈合伤口的新细胞，这团细胞被称为愈伤组织。法国的高斯雷特制

成了一种固体培养基，使山毛柳、黑杨形成层组织增殖，最后形成了类似藻类的突起物。1946 年，中国学者罗士韦培养菟丝子的茎尖，在试管中形成了花。直到 1958 年，美国的斯蒂伍特在培养野生胡萝卜的根细胞时，终于得到了来自单个细胞的完整植株。从此，哈伯兰特的预言经过科学家们 50 余年的不断试验，终于得到证实。

图 3-3 表示了从胡萝卜根部的组织（细胞）培养发育为一个完整胡萝卜植株的能力，体现了植物细胞的全能性。已经分化或成熟的植物细胞如何体现出细胞的全能性呢？它必须经历脱分化和再分化过程。

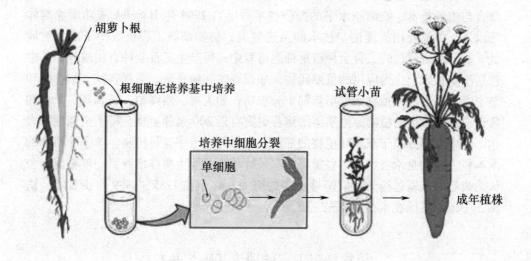

图 3-3　植物细胞的全能性

脱分化指已分化（或成熟）的组织又恢复到无分化的初始状态。在组织培养过程中，将已经分化的茎、叶、花等外植体进行培养，使其形成愈伤组织，恢复到没有分化的状态。再分化指在植物组织培养中，对处于脱分化状态的愈伤组织进行培养，诱导其形成新的植物体的过程。

（2）其他相关的概念

①外植体：在植物组织培养过程中，从植物体上被分离下来的，接种在培养基上，供培养用的原生质体、细胞、组织、器官等。

建立外植体的过程包括外植体（根尖、茎、芽、嫩叶、种子、花粉等）灭菌消毒，切取并将外植体接种于培养基上。整个试验在超净工作台上进行，保持无菌。外植体经过一段时间培养后，形成愈伤组织或者芽体。

②愈伤组织：植物受伤后的伤口处或在植物组织培养中外植体切口处不断增殖产生的一团不定形的薄壁组织称为愈伤组织。愈伤组织可使伤口愈合，使表面细胞呈木栓化而起到保护作用；植物扦插时，愈伤组织可形成不定根；植物嫁接

时，愈伤组织可使接穗和砧木愈合；在植物组织培养中，愈伤组织常可形成不定芽。

③初代培养：指在组织培养过程中，最初建立的外植体的无菌培养阶段。

④继代培养：在组织培养过程中，当外植体被接种一段时间后，将已经形成愈伤组织或已经分化出根、茎、叶、花等的培养物重新切割，转接到其他培养基上以进一步扩大培养的过程称为继代培养。

⑤试管苗：指在无菌条件下的人工培养基上，对植物细胞、组织或器官进行培养所获得的再生植株。

2. 植物细胞工程的基本技术

植物细胞工程涉及多种实际操作技术，基本的技术自然是培养技术，基础的技术是无菌操作技术。按照培养的方式分为固体培养和液体培养。按照培养的材料不同，主要形式有植物组织培养、细胞培养、花药及花粉培养、离体胚培养以及原生质体培养。每一种都还可以细分为更具体的小类。

三、植物细胞工程的基本技术手段

1. 植物组织培养

（1）植物组织培养的内涵　植物组织培养是通过无菌操作分离植物体的一部分作为外植体，接种到培养基上，在人工控制的条件下（包括营养条件、激素、温度、光照、湿度等）进行培养，使其产生完整植株或者获得次生代谢产物的过程。培养过程有初代培养和继代培养。最终产品形式是试管苗或者细胞代谢物质。

植物组织培养应用于：试管苗的快速繁殖、无病毒植物的培育、提取次生代谢产物、人工种子的培育、转基因植物的生产等。

（2）植物组织培养的理论研究意义　运用组织培养的方法可以在人为的条件下研究细胞、组织或器官的繁殖、生长和分化，研究环境条件（特别是逆境条件）对植物生长发育的影响；在工厂化育苗技术上，组织培养是工厂化育苗的生产配方研究和无病毒种苗扩大繁殖必须经历的阶段；细胞培养技术在中草药方面的研究不仅可以探索药用植物生理、遗传和成分、生物合成等一系列理论问题，而且还可以为大规模细胞发酵生产药物提供理论依据和技术参数；在转基因植物种苗的研究与开发中，组织培养技术既是基本的研究手段，又是规模开发的基本生产形式。

（3）培养基与培养环境　培养基是植物组织和细胞生长发育所需的人工配制的养料，其组成成分包括无机营养物、有机物质、植物生长调节物质、其他附加物、对生长有益的未知复合成分，如椰子汁、酵母提取液、麦芽浸出液等。植物培养基各因素及所起的作用见表3-1。

表 3 – 1　　　　　　　　　　　植物组织培养各因素及其作用

成分	主要内容	作用
水	水（H_2O）	为细胞代谢提供条件，参与细胞代谢
无机盐	大量元素：N、P、S、K、Ca、Mg 微量元素：Fe、Mn、Mo、B、Cu、Zn	满足植物对各矿质元素的需求，参与各种物质合成、代谢调节，生长必需 有些微量元素作为辅酶因子
碳源	蔗糖及其他糖类	愈伤组织及试管苗不能进行光合作用，利用外加糖进行异养生活
氮源	NH_4^+、NO_3^-	合成核酸、蛋白质、辅酶、核苷酸等
生长因子	细胞分裂素、生长素及其他生长调节剂	调节物质：诱导脱分化形成愈伤组织，诱导愈伤组织再分化成植株
	维生素	促进离体组织的生长或作为辅酶
培养要求	无菌操作条件 常温培养 光照条件 更换培养基	防止微生物污染 植物细胞或植株分化和生长 满足愈伤组织及植株的光照需求 满足营养需求，防止代谢废物积累

2. 植物细胞培养技术

植物细胞培养是在离体条件下，将愈伤组织或其他易分散的组织置于液体培养基中进行震荡培养，得到分散成游离的悬浮细胞，通过继代培养使细胞增殖，从而获得大量细胞群体的一种技术。根据培养对象，植物细胞培养主要有单细胞培养、单倍体培养、原生质体培养等；按照培养系统可分为悬浮培养、液体培养、固体培养、固定化培养等。

3. 单细胞分离技术

单细胞是进行生化研究的良好材料，也可为细胞育种创造基本技术条件，从而将传统的个体水平的育种提高到细胞水平的育种。进行细胞培养，单细胞分离是首要技术。

植物单细胞分离主要有以下两种常用的方法。

（1）机械法　机械法是最早分离游离植物细胞的方法，植物叶组织是分离单细胞的最好材料。所用的方法是：先撕去叶表皮，使叶肉细胞暴露，然后再用小解剖刀把细胞刮下来。这些离体细胞可直接在液体培养基中培养。在培养中很多游离细胞都能成活，并持续地进行分裂。

现在广泛用于分离叶肉细胞的方法是先对叶片消毒，将叶片轻轻研碎，然后再通过过滤和离心把细胞净化。Gnanam 和 Kulandaivelu（1969）由若干物种的成熟叶片中分离出具有光合活性和呼吸活性的叶肉细胞，除了双子叶植物外，很多单子叶植物（其中可能包括禾本科植物）也能通过这个方法产生完整的叶肉细胞。Schwenk（1980）用机械方法在无菌蒸馏水中由大豆子叶分离出了活细胞。R055ini（1972）指出，只有在薄壁组织排列松散、细胞间接触点很少时，用机械法分离叶肉细胞才能取得成功。

（2）酶解法　用酶解法分离细胞的特点是，在某些情况下，有可能得到海绵薄壁细胞或栅栏薄壁细胞的纯材料。不过，在有些物种中，特别是在大麦、小麦和玉米中，很难通过酶解法使细胞分离。植物生理学家和生物化学家用酶解法分离单细胞已有相当一段历史。在烟草中，通过果胶酶处理大量分离具有代谢活性的叶肉细胞的方法是由 Takebe 等人（1968）最早报道的，后来 Otsuki 和 Takebe（1969）又把这种方法用到了其他草本植物上。

Takebe 等（1968）证明，在离析混合液中加入硫酸葡聚糖钾能提高游离细胞的产量。用于分离细胞的离析酶不仅能降解中胶层，而且还能软化细胞壁，因此在用酶解法分离细胞的时候必须对细胞给予渗透压保护。如果所用的甘露醇的浓度低于 0.3mol/L，烟草原生质体将会在细胞壁内崩解。

4. 植物体细胞杂交

用两个来自不同植物的体细胞融合成一个杂种细胞，且把杂种细胞培育成新的植物体的方法称为植物体细胞杂交，其最终的结果是融合的体细胞。与有性杂交不同的是，体细胞杂交打破了不同种生物间的生殖隔离限制，大大扩展了可用于杂交的亲本组合范围。

图 3-4 为植物体细胞杂交过程示意图。

1978 年梅尔彻斯（Melchers）等首次获得了番茄和马铃薯的属间体细胞杂种——Potamato。目前，已得到栽培烟草与野生烟草，栽培大豆与野生大豆，籼稻与野生稻，籼稻与粳稻，小麦与鹅冠草等细胞杂种及其后

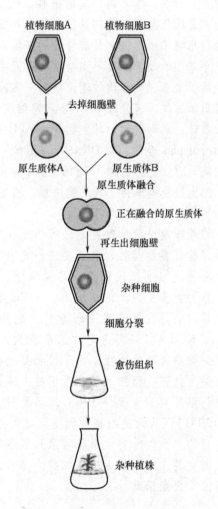

图 3-4　植物体细胞杂交过程示意图

代，获得了有价值的新品系或育种上有用的新材料。

【知识拓展】

利用基因信息和遗传操作技术改良植物细胞

要使培养的细胞能为人类服务，仅仅对细胞进行培养是不够的，还要对其进行一定的改造，这就涉及细胞的遗传操作。可以说，遗传操作是整个细胞工程中最为重要也最具挑战性的一环。它极大依赖于理论原理、操作技术以及设备的发展。随着基因组学的发展，各项基因组计划正在相继进行，由于 DNA 序列分析方法的革新，如高效毛细管自动化测序、DNA 芯片法以及大规模平行实测法的应用大大加快了基因组计划的进程。已经完成的基因组计划有水稻基因组测序、拟南芥基因组测序、番茄基因组测序和玉米基因组的测序等。基因测序计划所提供的信息将不断定位大量有价值的基因，而最近的研究还表明影响作物产量的可以是单基因的改变，而不完全是多基因决定。所有这一切的基础研究都为遗传操作提供了更多、更准确的理论依据。实验技术的发展则使精确、高效的遗传操作变得更加方便。将外源 DNA 导入靶细胞的方法不断完善，除了以前经常使用的质粒载体、病毒载体、转座因子和 APC（酵母人工染色体）等途径外，通过 lipoplex/polyplex 介导、裸 DNA、"基因枪"、超声波法和电注射法等非病毒方式转换细胞的方法也开始被广泛的使用；细胞融合方法已被不断的改进，融合率增大；细胞诱变也取得了较大的进展，诱变方式不断增加。这些理论和技术的发展都为更好改造细胞创造了条件。

培养或改造好的细胞是进行研究和生产的基本材料，为了使其不致死亡并尽量保持优良的特性，就需要进行适当的保藏。一般是根据细胞的特点，人工创造条件使其生长代谢活动尽量降低，处于休眠状态，以抑制增殖和减少变异。作为世界上最大的细胞库，ATCC 早在 1992 年就已经有了 3200 多个细胞系入库，而且数量还在不断增加。此外还有 CSH（美）、NCTC（英）、NRRL（英）、KCC（日）等著名的保藏机构，国内也有一些较为大型的机构，足见各国对细胞保藏的重视。由于植物细胞有其自身的特点，因而其保藏方法不可能与微生物完全相同。通常采用的方法是液氮超低温保藏方法。这种方法利用液氮的温度可以达到 $-196℃$，远远低于一般细胞新陈代谢作用停止的温度（$-130℃$），从而使细胞的代谢活动停止，化学作用也随之消失，达到长期保藏的目的。操作时要注意从常温到低温的过渡，以使细胞内的自由水通过膜渗出，避免其产生冰晶而损害细胞。另外还有低温冻藏法及其他一些保藏方法，但多用于短期保藏。

第三节 动物细胞工程

一、概 述

动物细胞工程是应用现代细胞生物学、发育生物学、遗传学和分子生物学的原理方法与技术，按照人们的需要，在细胞水平上进行遗传操作，包括细胞融合、核质移植等方法，快速繁殖和培养出人们所需要的新物种的生物工程技术。动物细胞培养是从动物机体中取出相关的组织，将它们分散成单个细胞，然后放在适宜的培养基中，生长、增殖的过程。动物细胞工程常用的技术手段有动物细胞培养、动物细胞融合、单克隆抗体、胚胎移植、核移植等。其中，动物细胞培养技术是动物细胞工程的技术基础。

动物细胞培养是从动物机体中取出相关的组织，将它分散成单个细胞（使用胰蛋白酶或胶原蛋白酶），然后放在适宜的培养基中，让这些细胞生长和增殖。动物细胞培养液的成分包括糖、氨基酸、无机盐、促生长因子、微量元素等。将细胞所需的上述物质按其种类和所需数量严格配制而成的培养基，称为合成培养基。由于动物细胞生活的内环境还有一些成分尚未研究清楚，所以需要加入动物血清以提供一个类似生物体内的环境，因此在使用合成培养基时，通常需加入血清、血浆等一些天然成分。

动物细胞培养的基本过程是：取动物胚胎或幼龄动物器官、组织。将材料剪碎，并用胰蛋白酶（或胶原蛋白酶）处理（消化），形成分散的单个细胞，将处理后的细胞移入培养基中配成一定浓度的细胞悬浮液。悬液中分散的细胞很快就贴附在瓶壁上，成为细胞贴壁。当贴壁细胞分裂生长到互相接触时，细胞就会停止分裂增殖，出现接触抑制。此时需要将出现接触抑制的细胞重新使用胰蛋白酶处理。再配成一定浓度的细胞悬浮液。另外，原代培养就是从机体取出后立即进行的细胞、组织培养。当细胞从动植物中生长迁移出来，形成生长晕并增大以后，科学家接着进行传代培养，即将原代培养细胞分成若干份，接种到若干份培养基中，使其继续生长、增殖。通过一定的选择或纯化方法，从原代培养物或细胞系中获得的具有特殊性质的细胞称为细胞株。在动物细胞培养基中添加胰岛素可促进细胞对葡萄糖的摄取。

二、动物细胞工程的理论基础

1. 胚胎干细胞与全息胚学说

早在 20 世纪初期，科学家们已提出植物细胞的全能性理论。1958 年从实验上证实了植物细胞的全能性。那么，一个已分化的动物细胞，经离体培养后，能否得到一只完整的小动物？实验已表明，小白鼠的神经细胞，决不会分化出其他组织的细胞，更不会长出一只完整的小白鼠。但小白鼠的神经细胞是否具备分化成完整个体的能力呢？事实上动物体内有些细胞具有全能性，如低等动物的鱼、两栖类等，从 2 细胞期到囊胚期的细胞都具有全能性，高等动物从胚胎 2 细胞到 64 细胞以及内细胞团的胚胎细胞也具有发育的全能性。当前已从小鼠体内细胞团分离出全能性的干细胞。

干细胞是一类具有自我更新和分化潜能的细胞。它包括胚胎干细胞和成体干细胞。目前人类胚胎干细胞已可成功地在体外培养。胚胎干细胞是全能的，具有分化为几乎全部组织和器官的能力。图 3 - 5 表示了人受精卵（胚胎干细胞）发育为个体的过程。而成年组织或器官内的干细胞一般认为具有组织特异性，只能分化成特定的细胞或组织，而不能发育为新的个体。然而，这个观点受到了挑战。

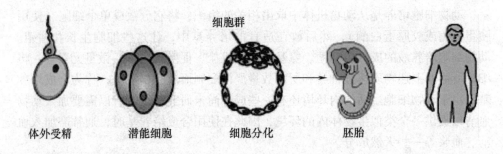

图 3 - 5　人受精卵（胚胎干细胞）发育为个体的过程

最新的研究表明，组织特异性干细胞同样具有分化成其他细胞或组织的潜能，这为干细胞的应用开创了更广泛的空间。1985 年有学者提出全息胚学说。认为哺乳动物成体的体细胞是全息胚，是潜在的胚胎，包含着胚胎全部遗传信息，具有发育成新个体的潜在的能力。就像全息照片每一部分都包含整个照片的信息一样。全息胚是作为生物体组成部分并处于某个发育阶段的特化的胚胎。作为一个真正的胚胎，最突出的表现是它能够发育成为一个新个体。既然全息胚是胚胎，那么也应该可以通过发育成新个体使其胚胎性质得到表现。因此体细胞也能够发育为一个完整的新个体。从羊的乳腺细胞中的遗传物质发育而来的转基因"多利"羊以及由体细胞遗传物质得到的转基因牛、转基因鱼等事例是全息胚学说很有力的证据。

2. 动物细胞工程和植物细胞工程的异同点

由于动植物细胞本身存在差异，动物细胞工程与植物细胞工程研究的基本原理、技术手段、理论基础、诱导过程及应用等方面存在异同点，见表 3 - 2。

表 3 – 2　　　　　　　　　　动物细胞工程与植物细胞工程的比较

细胞工程	植物细胞工程	动物细胞工程
基本原理	细胞生物学和分子生物学的原理和方法，工程学手段改造细胞	
操作水平	细胞整体水平、细胞器水平操作	
目的	改变遗传物质、产生新的性状，获得细胞产品	
技术手段	植物细胞杂交技术 植物细胞融合技术 植物组织培养技术	动物细胞培养 动物细胞融合、单克隆抗体制备技术 胚胎移植、核移植等
理论基础	植物细胞全能性	动物细胞全息胚学说、细胞增殖
诱导手段	物理法：离心、振动、电刺激 化学法：聚乙二醇	物理方法：电刺激 化学方法：聚乙二醇 生物方法：灭活病毒（灭活仙台病毒）
诱导过程	①使用纤维素酶、果胶酶去细胞壁 ②原生质体融合，获得杂种原生质体 ③植物细胞培养植株或用于发酵	①采用胰蛋白酶处理获得分离的单个动物细胞 ②诱导融合，获得杂种原生质体 ③动物细胞培养，获得细胞产品

三、动物细胞工程的技术手段

1. 动物细胞大规模培养技术

所谓动物细胞大规模培养技术是指在人工条件下（设定 pH、温度、溶氧等），在细胞生物反应器中高密度大量培养动物细胞用于生产生物制品的技术。通过大规模体外培养技术培养哺乳类动物细胞是生产生物制品的有效方法。20世纪60～70年代，就已创立了可用于大规模培养动物细胞的微载体培养系统和中空纤维细胞培养技术。近年来，由于人类对生长激素、干扰素、单克隆抗体、疫苗及白细胞介素等生物制品的需求猛增，以传统的生物化学技术从动物组织获取生物制品已远远不能满足这一需求。随着细胞培养的原理与方法日臻完善，动物细胞大规模培养技术趋于成熟。

（1）培养条件　培养细胞的最适温度相当于各种细胞或组织取材机体的正常温度。人和哺乳动物细胞培养的最适温度为35～37℃。偏离这一温度，细胞正常的代谢和生长将会受到影响，甚至死亡。总的来说，培养细胞对低温的耐力比高温强。温度不超过39℃时，细胞代谢强度与温度成正比；细胞培养置于39～40℃环境中1h，即受到一定损伤，但仍能恢复；当温度达43℃以上时，许多细胞将死亡。当温度下降到30～20℃时，细胞代谢降低，因而与培养基之间物质交换减少。首先看到的是细胞形态学的改变以及细胞从基质上脱落下来，当培养物恢复到初始的培养温度时，它们原有的形态和代谢也随之恢复到原有水平。

（2）培养方式

①贴壁培养：是指细胞贴附在一定的固相表面进行的培养方式。贴壁依赖型细胞在培养时要贴附于培养（瓶）器皿壁上，细胞一经贴壁就迅速铺展，然后开始有丝分裂，并很快进入对数期。一般数天后就铺满培养器皿表面，并形成致密的细胞单层。

②悬浮培养：是指细胞在反应器中自由悬浮生长的过程。主要用于非贴壁依赖型细胞培养，如杂交瘤细胞等。悬浮培养是在微生物发酵的基础上发展起来的。

③固定化培养：是将动物细胞与水不溶性载体结合起来，再进行培养的方式。贴壁培养和悬浮培养两大类细胞培养都可以采用固定化培养方式。固定化培养具有细胞生长密度高、抗剪切能力和抗污染能力强等优点，细胞易于与产物分开，有利于产物分离纯化。制备方法很多，包括吸附法、共价黏附法、离子/共价交联法、包埋法、微囊法等。

（3）抗凋亡技术　细胞凋亡是指为维持内环境稳定，由基因控制的细胞自主有序地死亡。细胞凋亡与细胞坏死不同，细胞凋亡不是一件被动的过程，而是主动过程，它涉及一系列基因的激活、表达以及调控等的作用；它并不是病理条件下自体损伤的一种现象，而是为更好地适应生存环境而主动争取的一种死亡过程。细胞发生凋亡时，就像树叶或花的自然凋落一样，对于这种生物学观察，借用希腊"Apoptosis"来表示，意思是像树叶或花的自然凋落，翻译为细胞凋亡。

利用生物反应器在动物细胞大规模培养过程中，细胞凋亡在细胞死亡中占主要部分。最近研究显示死亡的细胞80%是凋亡所导致，而不是以前所认为的坏死。细胞死亡是维持细胞高活性和高密度的最大障碍。从理论上讲，如何防止或减少细胞死亡，可以提高生物反应器生产重组蛋白的产量。因此抗凋亡技术的应用在细胞大规模培养中显得极为重要。

2. 动物细胞融合

动物细胞融合与植物原生质体融合的基本原理是相同的，诱导融合的方法也相类似，动物细胞的融合还常常用到灭活的病毒作为诱导剂。很多不同种类的动物细胞之间或动物与人的细胞之间都能进行融合，形成杂种细胞，例如人－鼠、人－兔、人－鸡、人－蛙、鼠－鸡、鼠－兔、鼠－猴等的细胞都能进行融合。动物细胞融合技术最重要的用途是制备单克隆抗体。

19世纪30年代，科学家们相继在肺结核、天花、水痘、麻疹等疾病患者的病理组织中观察到多核细胞。19世纪70年代，科学家们在蛙的血细胞中也看到了多核细胞的现象，但是由于受当时科学技术发展水平的限制，人们对这一现象并没有给予足够的重视。1958年，日本科学家冈田用灭活的仙台病毒诱导人的腹水癌细胞融合成功。后来科学家们又成功地诱导了不同种动物的体细胞融合，并且能将杂种细胞培养成活。随着细胞融合技术的不断改进，现在这项技术已经广泛应用于细胞学、遗传学、免疫学、病毒学等多种学科的研究工作中。

细胞融合是用自然或人工的方法使两个或几个不同细胞融合为一个细胞（含有原来两个细胞的染色体）的过程。亲缘较远的生物体之间是无法正常杂交的。然而它们之间的体细胞却往往能彼此融合，产生出杂种细胞。

（1）细胞融合的意义

①克服植物远缘杂交不亲和性。

②扩大遗传重组范围、增加变异、创造新品种（如番茄和马铃薯融合，植株的地下部分结马铃薯，地上部分生番茄）。

③单克隆抗体的生产。图3-6表示了细胞融合生产单克隆抗体过程。

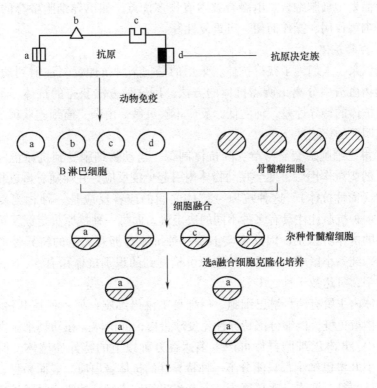

图3-6　细胞融合生产单克隆抗体过程

（2）细胞融合的方法　细胞融合的主要方法有病毒法、聚乙二醇（PEG）法和电融合方法。

①病毒诱导融合：病毒是最早采用的融合剂。常用于诱导动物细胞融合的病毒有仙台病毒、新城鸡瘟病毒、疱疹病毒等，其中仙台病毒最常用。用作融合剂的病毒必须事先用紫外线或β-丙内酯灭活，使病毒的感染活性丧失而保留病毒的融合活性。

②PEG诱导融合：PEG具有强烈的吸水性以及凝聚和沉淀蛋白质的作用，能

够有效地促进植物原生质体和动物细胞的融合。在不同种类的动物细胞混合液中加入 PEG，就会发生细胞凝集作用；在稀释和除去 PEG 的过程中，就会发生细胞融合。PEG 诱导细胞融合的机制，目前还不太清楚。PEG 是化学试剂，使用起来很方便，诱导细胞融合的频率比较高，但是它有一定毒性，对有些细胞（如卵细胞）不适用。

③电融合：20 世纪 80 年代建立起来的电融合技术，是将两种细胞的混合液置于低压交流电场中，使细胞聚集成串珠状，然后施加高压电脉冲，以促使细胞融合。紧密排列的细胞，在相互接触的细胞膜之间会出现无蛋白颗粒的脂质区，当受到电击时，这个区域就会被击穿，产生脂双层膜孔，导致细胞之间的细胞质连通，进而发生细胞融合。电融合技术有许多优点，如诱导细胞融合的频率高、对细胞无毒害作用、操作简便、可重复性好。

3. 单克隆抗体

长期以来，人们为了获得抗体，采用的是把某种抗原反复注射到动物体内，然后从动物血清中分离出所需抗体的方法。用这种方法获得的抗体，不仅产量低，而且抗体的特异性差，纯度低，反应不够灵敏。由杂交瘤细胞获得的单克隆抗体具有明显的优越性。

（1）淋巴细胞杂交瘤与单克隆抗体制备　当动物细胞受到抗原蛋白质（简称抗原）的刺激作用后，便会在动物体内引起免疫反应，并伴随着形成相应的抗体蛋白质（简称抗体）。这种抗原－抗体之间的应答反应是一种相当复杂的过程。由于一种抗原往往具有多种不同的决定簇，而每一种抗原决定簇又可以被许多种不同的抗体所识别，因此事实上每一种抗原都拥有大量的特异性的识别抗体。例如，纯系小鼠中，虽然一种抗原可检测到的识别抗体只有 5~6 种，而它的实际数字，可达数千种之多。

动物体内主要有两种淋巴细胞，一种是 T 淋巴细胞，另一种是 B 淋巴细胞，后者负责体液免疫，能够分泌特异性免疫球蛋白，即抗体。在动物细胞发生免疫反应过程中，B 淋巴细胞群体可产生多达百万种以上的特异性抗体。但研究发现，每一个 B 淋巴细胞都只能分泌一种特异性的抗体蛋白质。显而易见，如果要想获得大量的单一抗体，就必须从一个 B 淋巴细胞出发，使之大量繁殖成无性系细胞群体，即克隆。而由这种克隆制备到的单一抗体称为单克隆抗体。然而遗憾的是在体外培养条件下，一个 B 淋巴细胞是不能无限增殖的。因此，通过这条途径制备大量的单克隆抗体事实上是办不到的。1975 年，阿根廷的米尔斯坦和德国的柯勒两位科学家，根据癌细胞可以在体外培养条件下无限传代增殖这一特性，在 PEG 的作用下，将它与 B 淋巴细胞进行融合，结果得到了具有双亲遗传特性的杂交细胞。它既能在体外迅速增殖，又能合成分泌特异性抗体，从而成功地解决了从一个淋巴细胞制备大量单克隆抗体的技术难题。这项技术就是淋巴细胞杂交瘤技术。

（2）单克隆抗体的应用　单克隆抗体的实验成功，不仅在生物学基础理论的研究中具有重要意义，而且在实践上也有很高的实用价值。单克隆抗体在疾病的诊断、治疗和预防方面，与常规抗体相比，特异性强，灵敏度高，优越性非常明显。国内外已有多种单克隆抗体实现商品化，制成单抗诊断盒，有的已投放市场。人们正在研究用单克隆抗体治疗癌症，就是在单抗上连接抗癌药物，制成"生物导弹"，将药物定向带到癌细胞所在部位，既消灭了癌细胞，又不会伤害健康细胞。

4. 哺乳动物的胚胎移植

哺乳动物如牛、羊等，妊娠时间长，每胎产子数少，繁殖速度比较慢。怎样才能加快优良种畜的繁殖速度呢？哺乳动物的胚胎移植技术，为畜牧业的发展带来了光明的前景。

胚胎移植的过程是这样的：以优良种牛的繁殖为例，科学家们首先用激素促进良种母牛多排卵，然后把卵细胞从母牛体内取出，在试管内与人工采集的精子进行体外受精，培育成胚胎，再把胚胎送入经过激素处理、可以接受胚胎植入的母牛子宫内，孕育成小牛产出，用这种方法得到的小牛称作试管牛。利用胚胎移植技术可以使每头良种母牛一年繁殖牛犊上百头。许多国家都成立有商业性牛胚胎移植公司，开展牛胚胎国际贸易。除了牛之外，羊、兔、猪、马、猫等动物的胚胎移植也获得了成功。

5. 细胞核移植技术

细胞核移植就是将一个细胞核用显微注射的方法放进另一个细胞里去。前者为供体，可以是胚胎的干细胞核，也可以是体细胞的核。受体大多是动物的卵子。因卵子的体积较大，操作容易，而且通过发育可以把特征表现出来，因此细胞核移植技术，主要是用来研究胚胎发育过程中，细胞核和细胞质的功能，以及两者间的相互关系；探讨有关遗传、发育和细胞分化等方面的一些基本理论问题。该技术已有几十年的历史。1952 年，Briggs 和 King 在两栖类动物中首次获得核移植成功，使得发育生物学上的几个根本问题得到了解答。Gurdon 用非洲爪蟾的上皮细胞等体细胞的核做移植，确立了已经分化的细胞核可以正常发育的事实。我国胚胎学家童第周先生等在鱼类细胞核移植方面做了许多工作。他们在1976 年前后首次获得的鲤鲫移核鱼，不仅有理论意义，而且也为鱼类育种开辟了一条新的途径。

下面以蛙的细胞核移植为例介绍细胞核移植的实施过程。

（1）受体卵的准备

①去膜：经人工催产使蛙卵成熟。挤出成熟的蛙卵，逐个去掉卵胶膜。

②激动：在双目解剖镜下，用一枚消毒过的玻璃针在动物极靠近赤道的地区浅刺一下，目的是代替自然受精时精子入卵的过程。10～15min 后产生第二极体。

③挑核：当第二极体出现时，用一枚消毒过的玻璃针在极体处斜插入卵子表层，然后迅速提起针尖，由于卵黄膜的破裂，极体下的卵核随着一小部分细胞质流出卵外，完成去核手术。

④再去膜：挑核后经过 10min 左右，待伤口基本愈合时，用两把磨得很尖的钟表镊子，渐次剥去卵外胶膜，直至余下一层受精膜为止。去膜后的卵子置于玻璃板上，供注核用。

（2）供体细胞的分离　取囊胚或早期原核胚的外胚层作为供体细胞。除去胶膜，切下外胚层，吸去不用的胚胎部分。于分离液内轻轻摇动数分钟，细胞自行分散。置于涂有琼脂的小载玻片上，作为移植时的供体细胞。

（3）核移植

①显微注射器的准备：检查显微注射器管道内各衔接处是否漏气，以便操作准确。

②微型吸管的制备：吸管最好用软质玻璃管。将吸管拉成口径 1mm 的细管，然后在微火焰上，再拉成微吸管，管径在 $10 \sim 20 \mu m$。

③吸细胞核：吸核的方法是利用显微操纵台通过轻轻地来回转动千分尺外径，将一个细胞慢慢地吸入微吸管。必须注意微吸管的内径要比细胞小，这样才能使被吸入的细胞由于吸力的作用而破裂，细胞核和包在它周围的一部分细胞质一起吸入管内。

④注入核细胞：将吸有供体细胞核的微吸管在离动物极 45°左右的地方刺入动物半球的中心，然后轻轻地推动微量注射器，把管内的细胞核连同周围的细胞质慢慢地注入卵内。

⑤培养观察：移核后的卵子转入 1/10 Holtfreter 液中，置 25℃恒温箱中培养。及时观察卵子的发育并做好记录。

【知识拓展】

动物细胞工程的应用前景

可以预计，动物细胞工程技术将继续在新疫苗、诊断和治疗生物制品的生产，以及生物学研究领域发挥重要作用，而且将在药物定向释放系统、基因治疗、细胞治疗以及组织工程等极富希望的新的治疗方法中起重要作用。从目前正处于临床试验的 369 种生物医药产品来看，除许多基因重组蛋白药物的生产需要动物细胞大规模培养技术外，细胞治疗、基因治疗、单抗生产和疫苗生产四大类生物治疗药物和方法，要进入实质性医疗应用，其核心都要依靠动物细胞工程技术。

一、基因治疗

动物细胞培养是许多基因缺陷疾病或肿瘤的基因治疗临床试验的基础。主要包括两方面：

①利用动物细胞培养生产病毒载体：这些经基因改造的病毒，包含了功能缺失的基因或可导致肿瘤细胞凋亡的基因，删除了控制这些病毒在人体内复制的基因，通过这样的病毒，可以将"健康"基因转染至体细胞中。

②培养基因治疗用的靶细胞：在体外将某种治疗基因转移至细胞内，在体外扩增这些转基因细胞，然后将这些细胞移植到人体内。迄今为止，全世界有700多种治疗方案获准进入临床，超过6000名病人接受了治疗。治疗的疾病包括囊性纤维化、癌症，如黑素瘤。2003年10月，我国首次批准了重纠p53腺病毒注射液基因治疗药物，标志着基因治疗已进入临床应用阶段。目前全世界已批准52个重组人p53腺病毒制品临床试验方案，用于26种恶性肿瘤的治疗。虽然基因治疗还有待于发展，但已获得了有希望的结果。可以预计，用基因治疗方法治疗疑难病人的效果，将会随着受试人群的扩大而显现。

二、人造器官

动物细胞培养技术的另一个应用是组织工程领域，在体外培养具有一定功能的组织或器官。目前已有组织工程皮肤获得FDA批准，用于治疗皮肤烧伤和顽固性溃疡。制备组织工程皮肤的关键是生物相容性材料的开发和动物细胞培养技术的成熟。将角质细胞或成纤维细胞接种到生物相容性材料制成的支持物上，经过一段时间培养后，细胞可以逐步形成皮肤样组织。

三、干细胞治疗

人胚胎干细胞的研究，是1998年年底以来最具希望又最具争议的研究领域之一。来自着床前的囊胚和早期人胚胎的干细胞，是未分化的多能干细胞，具有无限增殖和分化的潜力。这种特性使之在基础研究和移植治疗中具有广泛的应用。尤其是胚胎干细胞，可以产生任何类型的可供临床使用的细胞、组织和器官，将会带来一场医学革命。但是胚胎干细胞的研究涉及到社会、伦理、宗教等领域中的许多问题，因此这一研究受到非常严格的限制。但它有可能成为分子生物学、细胞生物学、分子发育学和细胞工程等学科中最具研究价值的领域。

四、体细胞治疗

动物细胞培养不仅可能在体外培养出如皮肤这样的人造生物器官，而且可以培养出具有某种特殊功能的人体组织。例如，治疗糖尿病的一种可能的方法，就是移植经体外扩增的胰岛细胞；此外还有通过移植脑细胞治疗帕金森综合征，移植肾细胞治疗肾衰竭等。在欧美，有几家医院给病人注射转染细胞治疗疾病已进入临床试验。这些转染的细胞可以分泌抗癌物质或能激发病人免疫反应的因子。目前这些体细胞治疗还处于非常初级的阶段，其效果和大规模应用，有待深入广泛地研究和证实。

五、抗癌免疫细胞治疗

病人接受活化的自体免疫细胞，将可能会成为一种重要的癌症治疗手段。现在的实验技术可以很方便地获得病人的巨噬细胞及其他免疫细胞，例如，递呈和加工肿瘤或病毒抗原的树突细胞（DC），可杀死癌细胞、病毒的细胞毒T淋巴细胞（CTL）等。这些细胞经体外培养诱导，使之可特异性地识别和攻击肿瘤等靶细胞。然后，将这些活化的免疫细胞回输到病人的循环系统中，攻击肿瘤细胞，包括原发肿瘤或转移的肿瘤细胞。用动物细胞技术体外活化和扩增免疫细胞，是免疫细胞治疗的基础。

【思考题】

1. 细胞工程的含义是什么？细胞工程的应用领域有哪些？举例说明。
2. 植物细胞工程包含哪些技术？植物组织培养的理论基础是什么？
3. 生产植物人工种子的意义有哪些？
4. 单细胞的分离方法有哪些？
5. 动物细胞培养有哪些方法？

第四章 发酵工程

【典型案例】

案例1. 番茄红素

番茄红素（图4-1）是由11个共轭双键及2个非共轭碳碳双键构成的高度不饱和直链型烃类化合物，具有预防癌症、防治心血管疾病、缓解骨质疏松症和提高免疫等重要的生理功能。番茄红素的生产方法主要有提取法、化学合成法和微生物发酵法。由于番茄红素含量低，提取法无法满足市场需求；化学合成法存在收率低、产物不稳定以及合成成本高等缺点；发酵法被认为是生产番茄红素最有潜力的方法。发酵法利用特定微生物的代谢将淀粉、葡萄糖、黄豆饼粉等廉价原料转化为番茄红素，不受原材料、地理环境和气候等因素影响，工艺简单、生产周期短、生产效率高、生产成本低，且产物质量可控，并减少了对环境的污染。

案例2. "人造肉"

近年来，国内外市场上出现了一种引人注目的新食品，它们的样子很像鸡、鸭、鱼或猪肉，但却不是通过饲养畜禽而获得的制品，也不是耕种收获的五谷杂粮，而是利用现代发酵工程技术制成的，因此，人们将它称为"人造肉"（图4-2）。现代发酵工程，就是利用微生物的许多特殊本领，通过现代的工程技术手段来生产人类有用的物质，或者把微生物直接运用于工业生产的一类技术。它是以培养微生物发酵为主的，因此又称微生物工程。

我们知道，蛋白质是生命活动的基础，一切有生命的地方都有蛋白质，微生物也不例外。不过到目前为止，能够担当生产微生物蛋白的菌种还不多，主要是一些不会引起疾病的细菌、酵母和微型藻类。这些生物的结构非常简单，一个个体就是一个细胞，用发酵法生产这些单细胞微生物，就可以得到大量的单细胞蛋白质。在生产单细胞蛋白质的工厂里，人们为微生物安排了最适宜的居住环境，这就是一个个大小不等的发酵罐，罐里存放着适合不同类微生物的食料，保证它们在这里能"吃饱喝足"，迅速繁殖。当发酵罐里的微生物繁殖到足够数量时，便可收集起来加工利用。用发酵工程生产单细胞蛋白质，繁殖速度快。如一头体重500kg的牛，每天只能合成0.5kg蛋白质，而500kg的活菌体，只要条件合适，在24h内能够生产1250kg蛋白质，而且生产单细胞蛋白质的原料十分丰富，如农作物的秸秆，农副产品加工业的大量废水、废渣，以及石油产品、甲醇等，都可用来发酵生产单细胞蛋白。单细胞蛋白具有很高的营养价值。它的蛋白质含量高，可达细胞干重的70%，比一般植物高4~6倍；而且单细胞蛋白质里氨基酸的种类比较齐全，有几种在一般粮食里缺少的氨基酸，在单细胞蛋白里却大量存在。另外，还含有多种维生素，这也是一般食物所不及的。正是由于单细胞蛋白具有这些突出的优点，现在人们用它加上相应的调味品做成鸡、鱼、猪肉的代用品，不仅外形相像，而且味道鲜美，营养也不亚于天然的鱼肉制品，用它掺和在饼干、饮料、奶制品中，则能提高这些传统食品的营养价值。在畜禽的饲料中，只要添加3%~10%的单细胞蛋白，便能大大提高饲料的营养价值和利用率。用来喂猪可增加瘦肉率；用来养鸡能多产蛋；用来饲养奶牛还可提高产奶量。在井冈霉素、肌苷、抗生素等发酵工业生产中，它又可以代替粮食原料。因此，单细胞蛋白用途广泛，前途远大。随着世界人口的不断增长，粮食和饲料不足的情况日益严重。面对这一严峻的现实，开发利用单细胞蛋白已成为增产粮食的新途径。若以蛋白质含量计算，1kg单细胞蛋白相当于1~1.5kg的大豆。建立一座5个100t发酵罐的工厂，可以年产5000t单细胞蛋白，相当于3330公顷耕地上种植大豆的产量。单细胞蛋白的生产向人们展示美好的前景，在现代科学技术的培育下，也许要不了多久，用单细胞蛋白制成的饭菜，就会出现在你家的餐桌上。

图4-1　番茄红素

图4-2　"人造肉"

上面的案例是发酵工程在食品加工领域的应用。通过本章的学习，可以了解更多的关于发酵工程技术在多个领域的应用情况。

【学习指南】

本章主要了解发酵工程的发展概况，熟悉生物反应器、发酵系统和发酵工艺，掌握相关概念与知识点。

第一节 发酵工程概述

一、发酵工程的定义与特征

1. 发酵工程的定义

工业上的发酵是指利用微生物制造对人类有用的产品如工业原料或工业产品的过程，包括厌氧培养和通气培养。厌氧培养的生产过程，如酒精、乳酸的生产等；通气培养的生产过程，如抗生素、氨基酸、酶制剂的生产等。发酵工程主要指在最适发酵条件下，发酵罐中大量培养细胞和生产代谢产物的工艺技术，根据各种微生物的特性，在有氧或无氧条件下利用生物催化（酶）的作用，将多种低值原料转化成不同的产品的过程。而广义上的发酵工程由三部分组成：上游工程、发酵工程和下游工程。其中上游工程包括优良菌株的选育、最适发酵条件（营养组成、pH、温度等）的确定、营养物的准备等；下游工程指从发酵液中分离和纯化产品的技术。

2. 发酵工程必须具备的条件

（1）某种适宜的微生物。

（2）要保证或控制微生物进行代谢的各种条件，即培养基的组成、温度、溶氧浓度、pH 等。

（3）微生物发酵需要的设备。

（4）提取菌体或代谢产物或精制产品的方法和设备。

3. 发酵工程的特点

微生物发酵生产的研究大体上有两种方式：一种是小规模发酵的研究形式，如在实验室里进行大量摇瓶培养，观察限制反应速率的各种因素，确立最适的培养方法；另一种是大规模的研究形式，利用小型和中型反应器进行培养试验，并进一步在工业规模上研究发酵生产产物的分离和精制方法，以确定在细胞水平上的综合的最适培养条件。

由于微生物种类繁多，繁殖速度快，代谢能力强，催化的反应类型多，容易通过人工诱变获得有益的突变菌株，同时由于微生物能够利用有机物、无机物等各种营养源，不受气候、季节等自然条件的限制，可以用简易的设备来生产多种多样的产品。所以，在酒、酱、醋等酿造技术基础上发展起来的发酵技术非常迅速，具有下述特点。

（1）发酵过程在生物体的自动调节下进行，数十个反应过程能够像单一反应一样，有条不紊在发酵设备中一次完成。

（2）反应通常在常温常压下进行，条件温和，能耗少，设备较简单。

（3）原料通常以糖蜜、淀粉等碳水化合物为主，可以是农副产品、工业废水或可再生资源，微生物本身能有选择地摄取所需物质。

（4）容易生产复杂的高分子化合物，能高度选择地在复杂化合物的特定部位进行氧化、还原或者官能团引入等反应。

（5）发酵过程中需要防止杂菌污染，设备需要进行严格的冲洗、灭菌；空气需要过滤等。

二、发酵工程发展史

1. 天然发酵阶段

几千年前我们的祖先就知道如何利用黄豆发酵制造酱油，中国医师们就知道使用生长在豆腐上的霉菌治疗皮肤病等。到 19 世纪，人们就利用自然发酵制成各种饮料酒和其他食品，到该世纪中期人类仍不断地积极努力改进酒类、面包、啤酒、干酪等的风味及品质，但对这种"发酵"本质的了解直到 19 世纪末仍属一知半解，因此当时完全是靠经验而进行的家庭作坊式生产，时常被杂菌污染所困扰。此时代称为天然发酵工业时代。

2. 纯培养技术的建立

1680 年，荷兰博物学家安东尼·冯·列文虎克发明显微镜，人类历史上第一次看到大量活的微生物；1862 年，"发酵之父"巴斯德以著名的巴斯德实验，证明发酵原理，指出发酵现象是微小生命体进行的化学反应；随后著名的细菌学家柯赫提出著名的柯赫法则，完成了微生物基本操作技术：①在固体培养基上分离纯化微生物的技术；②配制培养基的技术。

从 19 世纪末到 20 世纪 30 年代出现的发酵产品有乳酸、酒精、面包酵母、丙酮、丁醇等厌氧产品和柠檬酸、淀粉酶、蛋白酶等好氧产品，均为表面培养。这些产品的生产过程较为简单，对生产设备的要求不高，规模不大。

3. 通气搅拌发酵技术的建立

1929 年英国弗莱明发现了青霉素，青霉素发酵生产的成功，给人类医疗保健事业做出了巨大贡献，同时在发酵工业发展史上写下了崭新的一页，给发酵技术带来了以下两大功绩：①开拓了以青霉素为先锋的抗生素发酵工业；②建立了深层培养法，把通气搅拌技术引入发酵工业，使需氧菌的发酵生产走上大规模工业化生产途径。

通气搅拌液体深层发酵技术是现代发酵工业的最主要的生产方式，这是发酵技术进步的第二个转折期。

4. 代谢控制发酵技术

20 世纪中期，随着基础生物科学即生物化学、酶学、微生物遗传学等的飞速发展，再加上新型分析方法和分离方法的发展，发酵工业也有两个显著进步：采用了微生物进行甾体化合物的转化技术，同时促进今天的酶制剂工业的发展；以谷氨酸和赖氨酸发酵生产成功的代谢控制发酵技术的出现，此技术已在一系列氨基酸以及核苷酸物质的发酵生产中得到广泛应用，而且在抗生素等次级代谢产物的发酵中也得到广泛应用。代谢控制发酵技术为发酵技术发展的第三个转折期。

5. 开拓发酵原料时期

20世纪60~70年代，这段时期是代谢控制发酵技术广泛应用的鼎盛期，几乎所有的氨基酸和核苷酸物质都可以采用发酵法生产。多种多样的发酵原料不仅能发酵生产蛋白，而且还能发酵生产其他各种各样的产品。可以说在发酵原料方面，发酵技术又有了新的飞跃。

6. 基因工程阶段

20世纪70年代后，随着DNA重组技术、细胞大规模培养技术、动植物转基因技术、聚合酶链式反应技术（PCR）、生物芯片技术等的出现，使得具有悠久历史的生物技术发生了革命性的变化。同时随着基因重组、细胞和组织培养、酶的固定化、动植物细胞的大规模培养、现代化生物反应器和计算机的应用以及产品分离、纯化等技术的迅速发展，发酵工程与基因工程技术结合而进入了新的发展阶段。

三、发酵工程的内容

发酵工程主要包括菌种的培养和选育、发酵条件的优化、发酵反应器的设计和自动控制、产品的分离纯化和精制等。除食品工业外，化工、医药、冶金、能源开发、污水处理、防腐、防霉等开发，给发酵工程带来新的发展前景。目前已知具有生产价值的发酵类型有以下五种。

1. 微生物菌体发酵

微生物菌体发酵是以获得菌体为目的的发酵方式。传统的菌体发酵工业有面包制作的酵母发酵及食品的微生物菌体蛋白发酵两种类型；现代的菌体发酵工业常用来生产一些药用真菌，如香菇类、天麻共生的密环菌以及获得名贵中药获苓的获苓菌和获得灵芝多糖的灵芝等药用真菌。通过发酵生产的手段可以生产出与天然药用真菌具有同等疗效的药用产物。

2. 微生物酶发酵

酶普遍存在于动、植物和微生物中。最初，人们都是从动、植物组织中提取酶，但目前工业应用的酶大多来自微生物发酵，因为微生物具有种类多、产酶面广、生产容易和成本低等特点。微生物酶制剂有广泛的用途，多用于食品和轻工业中，如微生物生产的淀粉酶和糖化酶用于生产葡萄糖，氨基酰化酶用于拆分DL-氨基酸等。酶也用于医药生产和医疗检测中，如青霉素酰化酶用来生产半合成青霉素所用的中间体6-氨基青霉烷酸、胆固醇氧化酶用于检查血清中胆固醇的含量、葡萄糖氧化酶用于检查血中葡萄糖的含量等。

3. 微生物代谢产物发酵

微生物代谢产物的种类很多，已知的有 37 个大类，其中 16 类属于药物。在菌体对数期所产生的产物，如氨基酸、核苷酸、蛋白质、核酸、糖类等，是菌体生长繁殖所必需的。这些产物称作初级代谢产物，许多初级代谢产物在经济上具有相当的重要性，分别形成了各种不同的发酵工业。

在菌体生长静止期，某些菌体能合成一些具有特定功能的产物，如抗生素、生物碱、细菌毒素、植物生长因子等。这些产物与菌体生长繁殖无明显关系，称作次级代谢产物。次级代谢产物多为低分子质量化合物，但其化学结构类型多种多样，据不完全统计多达 47 类。由于抗生素不仅具有广泛的抗菌作用，而且还有抗病毒、抗癌和其他生理活性，因而得到了大力发展，已成为发酵工业的重要支柱。

4. 微生物的转化发酵

微生物转化是利用微生物细胞的一种或多种酶，把一种化合物转变成结构相关的更有经济价值的产物。可进行的转化反应包括脱氢反应、氧化反应、脱水反应、缩合反应、脱羧反应、氨化反应、脱氨反应和异构化反应等。

最古老的生物转化就是利用菌体将乙醇转化成乙酸的醋酸发酵。生物转化还可用于把异丙醇转化成丙醇继而转化成二羟基丙酮；将葡萄糖转化成葡萄糖酸，进而转化成 2 - 酮基葡萄糖酸或 5 - 酮基葡萄糖酸；以及将山梨醇转变成 L - 山梨糖等。此外，微生物转化发酵还包括甾类转化和抗生素的生物转化等。

5. 生物工程细胞的发酵

这是指利用生物工程技术所获得的细胞，如 DNA 重组的工程菌、细胞融合所得的杂交细胞等进行培养的新型发酵，其产物多种多样。如用基因工程菌生产胰岛素、干扰素、青霉素、酚化酶等，用杂交瘤细胞生产用于治疗和诊断的各种单克隆抗体等。

四、发酵工程的应用及前景

1. 发酵工程的应用领域

微生物发酵工程的特征体现了发酵工程应用于工业化生产的种种优势。在目前能源资源紧张，人口、粮食及污染问题日益严重的情况下，发酵工程作为现代生物技术的重要组成部分之一，得到越来越广泛的应用。

（1）在医药工业方面　广泛应用于抗生素、维生素等常用药物和人胰岛素、乙肝疫苗、干扰素、透明质酸等新药的生产。

（2）在食品工业方面　用于微生物蛋白、氨基酸、新糖原、饮料、酒类和一些食品添加剂（柠檬酸、乳酸、天然色素等）的生产。

（3）在能源工业方面　通过微生物发酵，可将绿色植物的秸秆、木屑，工农业生产中的纤维素、半纤维素、木质素等废弃物转化为液体或气体燃料（酒精或沼气）。还可利用微生物采油、产氢、产石油以及制成微生物电池。

（4）在化学工业方面　用于生产可降解的生物塑料、化工原料（乙醇、丙酮/丁醇、癸二酸等）和一些生物表面活性剂及生物凝集剂。

（5）在冶金工业方面　微生物可用于黄金开采和铜、钢等金属的浸提。

（6）在农、牧业方面　应用于生物固氮、生物杀虫剂和微生物饲料的生产，为农业和畜牧业的增产发挥了巨大作用。

（7）在环境保护方面　可用微生物来净化有毒的高分子化合物，降解海上浮油，清除有毒气体和恶臭物质以及处理有机废水、废渣等。

2. 发酵技术的前景

随着科学技术的进步，发酵技术也有了很大的发展，并且已经进入能够人为控制和改造、为人类生产所需产品的现代发酵工业阶段。现代发酵工程作为现代生物技术的一个重要组成部分，具有广阔的应用前景。例如，利用 DNA 重组技术有目的地改造原有的菌种，提高生产效率；利用微生物发酵生产所需药品，如人胰岛素、干扰素和生长素等。

发酵工业产品的增长，不仅丰富了人民的生活，而且使我国的发酵工业在国际上具有举足轻重的地位。全世界年消费味精 120 多万吨，50% 以上是我国生产的。全世界消费柠檬酸 80 万吨，我国生产 20 万吨，占 25%。

发酵工业发展趋势主要表现在如下几方面。

（1）随着发酵工业的日益扩大，同时面临自然资源缺乏，因而要经济合理选用原料，鼓励采用非粮食原料，以节约粮食，降低生产成本。积极采用精料或清液发酵工艺，提高总收得率。

（2）调整产品结构，加强综合利用和实行清洁生产。在调整结构时，必须以市场为导向，还要注重产品的综合利用，做到物尽其用，实行清洁生产，以提高企业的综合经济效益和社会效益。

（3）发酵工业逐渐向大型发酵和连续化、自动化方向发展。产物由生产简单的化合物转向复杂物质的生物合成；近代发酵工业与人工诱变菌种和代谢控制的广泛应用，新产品层出不尽。

从上述发酵工业发展趋势可以清楚说明发酵工业有着广阔的前景，是一门富有生命力、生机勃勃的既古老而又年轻的工业。

【知识拓展】

发酵形成新兴产业

一、甜高粱茎秆液态发酵

在当今世界矿质能源日益短缺的情况下，生物质能的研究开发显得日益紧迫，燃料乙醇作为一种新型可再生清洁能源越来越受到各国政府的重视，巴西已成功的用甘蔗研发出乙醇燃料替代车用汽油，美国是最大的以谷物（玉米）为原料生产燃料乙醇的国家，2005 年其燃料乙醇的产量已突破 14000 万吨。中国于 2000 年开始启动燃料乙醇项目，并取得了初步成果，但是目前中国燃料乙醇主要是以玉米为原料，存在着与人争粮的问题，生产成本较高，应用前景不容乐观，因此考虑到中国的实际情况，寻求新的生产原料刻不容缓。

甜高粱作为能源作物是在世界能源紧缺、石油资源面临枯竭的严峻形势下提出的，已经引起国际组织和一些国家政府的关注。甜高粱属高效 C4 作物，茎秆含糖率高达 18% ~24%（汁液垂度），用甜高粱茎秆生产燃料乙醇，在国内外得到了广泛认可，中国"十一五"规划明确的把甜高粱生产燃料乙醇作为首选，甜高粱作为能源作物显示出诱人的前景。甜高粱虽有能源作物之称，但在中国尚没有大型甜高粱乙醇厂，利用甜高粱生产燃料乙醇是多国科学家攻关的焦点。国内外现有的研究主要集中在甜高粱茎秆汁液液态发酵工艺。

在液态发酵过程中，由于甜高粱汁液中氮源、无机盐含量不能满足酵母菌的需求，大多数研究者通过在汁液中添加氮源和无机盐来研究最佳的发酵工艺条件。从节省水资源、降低劳动强度和减少费用的角度考虑，液态发酵中高密度发酵更具竞争力。当可溶性固形物含量从 16g/100g 升高到 31g/100g 时，可节约 58.5% 的用水，同时减少环境污染，提高设备利用率，而且高密度发酵可以增加发酵速率和酒精得率。Bvochora 等研究了在甜高粱汁液和磨碎的甜高粱籽粒混合液中加入蔗糖（浓度 34g/100mL 混合液）进行高密度液态发酵，酒精的最大得率能达到 16.8%（体积分数）。高密度液态发酵有利于提高从甜高粱茎秆汁液中获取燃料乙醇的收益。甜高粱茎秆汁液高密度发酵工业化生产往往采用固定化酵母发酵工艺，固定化技术应用于酒精发酵的机制是利用活细胞或酶的高度密集，从而比普通游离状态的细胞成倍地增长，加快反应速度、缩短反应周期和提高工作效率。载体内部的酵母受外界影响较少，并不断增殖，向外扩散，载体内部一直保持原有品质，而且拥有较好的抗污染能力。从固定化入手来提高发酵强度是一种切实可行的方法。刘荣厚等研究了在摇床和流化床反应器上进行固定化酵母汁液酒精发酵，取得了很好的效果，为燃料乙醇的发展提供了科学依据。

二、红薯饮料

红薯又名甘薯、白薯、地瓜、番薯等，不仅营养价值高，而且还是养生珍品。据《本草纲目》记载"红薯能补中、和血、暖胃、肥五脏"；《陆川本草》中认为"红薯能生津止咳，主治热病烦渴"；现代医学也证明红薯具有多种保健功能。红薯被蒸熟鲜食，常见的加工制品有片、条及罐头，也被用于制造淀粉和粉条，或用作酿酒业的原料。

利用乳酸发酵的方法除了可以延长食品保鲜期外，尚具有促进消化酶的分泌和肠道的蠕动、促进食物的消化吸收并防止便秘以及提高人体免疫功能。红薯主要为碳水化合物，其中的可发酵糖能被乳酸菌利用而转成乳酸。以红薯为原料、植物乳酸杆菌为发酵剂制成的乳酸菌发酵饮料不仅具有普通饮料的清凉和生津止渴的作用，还较好地保存了其营养素，可调节人体生理功能。用红薯与鲜奶配合发酵制成的红薯酸奶，有红薯的特有香味，还增加了酸奶纤维素、维生素和多种微量元素，减少脂肪含量，既可达到动植物营养互补，又能降低生产成本，是一种风味独特的滋补饮料。

三、膨化玉米粉酸奶

玉米是一种含多种营养成分的高产经济作物，含有大量的氨基酸、脂肪和粗纤维。玉米胚中蛋白质占15%~18%，可与新鲜鸡蛋相媲美。胚芽中不饱和脂肪酸占50%以上。玉米中还含有谷胱甘肽和大量的硒、镁，对抑制癌细胞的形成和发展具有积极作用，堪称抗癌佳品。中医学及传统中草药学认为：玉米还具有消渴、利尿、解毒的功效，经常食用，对人体十分有益。经挤压、膨化、粉碎后的玉米粉除具以上特点外，由于采取了高温高压短时（HTST）的加工方法，营养成分几乎未被破坏，原料经糊化处理后，更易消化吸收，挤压后的淀粉和蛋白质均易受酶作用而发生水解，产品口感细腻，风味好。以膨化后的玉米粉为原料，配以脱脂乳，用乳酸菌进行发酵制成膨化玉米粉乳酸发酵制品，含大量对人体有益的活性乳酸菌，乳酸菌在肠胃消化系统及抑制有害菌群繁殖等方面有很好效用。其工艺流程为：

玉米 → 挑选去杂 → 去皮 → 粗磨 → 细磨 → 拌粉调配 → 挤压膨化 → 粉碎 → 膨化玉米粉 → 加水调配（稳定剂、糖、牛奶）→ 杀菌 → 均质 → 冷却 → 接种发酵 → 成品

四、中华猕猴桃果醋

猕猴桃果实肉肥多汁，营养价值极高，香气浓郁，维生素C含量高，每百克果肉含维生素C 78~410mg，含糖量8%~16%，总酸1.2%~2.1%，可溶性固形物2%~10%，还含有人体所需的氨基酸以及钙、镁、磷、铁、钾等营养元素，被誉为水果之王，具有很高的开发价值。中国大部分地区盛产猕猴桃，资源丰富，但由于猕猴桃的储藏保鲜技术尚不完善，销售方式主要以鲜果为主，造成大量鲜果积压与腐烂。为解决广大果农卖果难题，现全国正盛行开发猕猴桃果醋及果醋饮料。

中华猕猴桃果醋生产工艺流程：

猕猴桃 → 洗净 → 粉碎 → 蒸煮 → 加麸曲 → 榨汁 → 果汁 → 加酒母 → 酒精发酵 → 加醋酸菌液 → 醋酸发酵 → 过滤 → 高温杀菌 → 装瓶 → 成品

第二节　生物反应器及发酵系统

一、生物反应器概述

生物反应器是用于进行生物反应过程的容器的总称，是为细胞培养、细胞发

酵或酶反应等生物催化反应提供良好的反应环境的设备。也有人将用于污水生物处理的曝气池或厌气消化罐归为生物反应器。生物反应器是生物反应过程中的关键设备，它的结构、操作方式和操作条件与生物技术产品的质量、转化率和能耗有着密切关系。发酵工业的生物反应器又称为发酵罐或酶反应器。

由图 4-3 可见，生物反应器在生物产品生产过程中，居核心地位，是实现产品产业化生产的关键环节，是连接原料和产物的桥梁。在反应器中，通过微生物发酵，合成了人们所需要的产物，廉价原料变成了高附加值的产品。可以看出，生物反应器的设计和操作，是发酵工程中一个极其重要的环节，对产品成本和质量有很大影响，直接关系到生产效益。

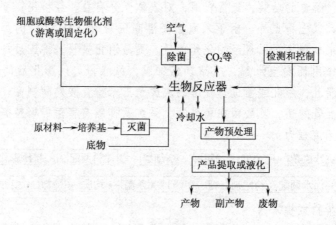

图 4-3　生物反应器作用示意图

1. 发酵罐发展历史

20 世纪以前，开始使用发酵罐，它带有简单热交换仪器；20 世纪中叶，出现了钢制发酵罐，在面包酵母发酵罐中开始使用空气分布器，小型的发酵罐中开始使用机械搅拌，随之而来，机械搅拌、通风、无菌操作和纯种培养等一系列技术不断完善，此时在工艺技术上开始尝试发酵过程的参数检测和控制，设备上已经使用耐高温（蒸汽灭菌）的 pH 电极和溶氧电极，实现了在线连续测定，计算机开始运用于发酵过程的质量控制，发酵产品的分离和纯化设备也有了快速的发展；到 20 世纪 80 年代，出现了大容量的发酵罐，机械搅拌通风发酵罐的容积增大到 $80 \sim 150 \mathrm{m}^3$，由于大规模生产单细胞蛋白的需要，设计了压力循环和压力喷射型的发酵罐，计算机在发酵工业上也得到广泛应用。目前，生物工程和技术的迅猛发展给发酵工业提出了新的课题，能够满足大规模细胞培养及多种功能的发酵罐新产品不断出现，通过细胞发酵生产出来的胰岛素、干扰素等基因工程的高科技产品已经走向商品化。

2. 发酵罐的特点及设计要求

（1）发酵罐的特点　发酵罐是一个为操作特定生物化学反应而提供良好环

境的容器。对于某些工艺来说,发酵罐是个密闭容器,同时附带精密控制系统;而对于另一些简单的工艺来说,发酵罐只是个开口容器,有时甚至简单到只要有一个开口的孔。

一个优良的生物反应器要适合工艺要求,以取得最大的生产效率,应具备的条件是:①为细胞代谢提供一个适宜的物理及化学环境,使细胞能更快更好地生长;②具有严密的结构;③良好的液体混合性能;④高的传质和传热速率;⑤灵敏的检测和控制仪表,如图4-4所示。

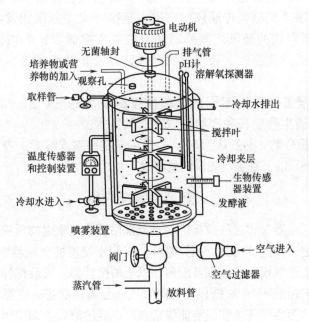

图 4-4　大型发酵罐示意图

(2)发酵罐的设计要求　发酵罐设计的主要目标:使产品的质量高、成本低。生物反应器处于发酵过程的中心,是影响整个发酵过程经济效益的重要因素,其中生物反应器的节能是发酵罐设计的一个重要指标。发酵罐设计需要考虑的因素有改善生物催化剂、操作与控制方便、无菌条件好等。与化学反应器不同,发酵罐设计应遵循以下原则:在培养系统的已灭菌部分与未灭菌部分之间不能直接连通;尽量减少法兰连接,因为设备震动和热膨胀,会引起法兰连接移位,从而导致污染;在制作工艺上,应采用全部焊接结构,所有焊接点必须磨光,消除耐灭菌的蓄积场所;防止死角、裂缝等情况;某些部分应能单独灭菌;易于维修;反应器可保持小的正压。

3. 发酵罐的类型

发酵主要设备有种子罐和发酵罐,它们各自都附有培养基调制、蒸煮、灭菌和冷却设备、通气调节和除菌设备以及搅拌器等。种子罐主要是确保发酵罐培养所必需的菌体量；发酵罐承担发酵产物的生产任务，因而必须能够提供微生物生命活动和代谢所要求的条件，并便于操作和控制，保证工艺条件的实现，从而获得较高产率的产物。

（1）按微生物生长代谢需要来分类 可以分为好气发酵罐与厌气发酵罐。好气发酵罐主要用于抗生素、酶制剂、酵母、氨基酸、维生素等产品的发酵，发酵过程需要强烈的通风搅拌，为微生物的生长提供氧气；厌气发酵罐主要用于丙酮、丁醇、酒精、啤酒、乳酸等产品的发酵，发酵过程不需要通气。

（2）按照发酵罐设备特点分类 可以分为机械搅拌通风发酵罐和非机械搅拌通风发酵罐。机械搅拌通风发酵罐包括循环式（如伍式发酵罐，文氏管发酵罐）、非循环式的通风式发酵罐和自吸式发酵罐等；非机械搅拌通风发酵罐包括循环式的气提式、液提式发酵罐，以及非循环式的排管式和喷射式发酵罐。

这两类发酵罐是采用不同的手段使发酵罐内的气、固、液三相充分混合，从而满足微生物生长和产物形成对氧的需求。

（3）按容积分类 一般认为500L以下的是实验室发酵罐；500～5000L是中试发酵罐；5000L以上是生产规模的发酵罐。

二、好氧生物反应器

好氧生物反应器又称通气搅拌罐，是最常用的需氧微生物反应器，反应器主体用不锈钢制造，反应器内部有搅拌桨叶。实验室规模的反应器中，一般采用1挡搅拌器，而工业规模反应器则装配两挡以上的搅拌器。安装搅拌轴的轴承必须无菌密封。罐内装配4～6块挡板。无菌空气从分布器吹进；罐温用夹套或蛇管调节。操作时，为要使气体和气泡能停留在反应器的液面上部空间，液体装量只能装到占反应器总容积的70%～80%。如培养液直接在罐内用蒸汽灭菌，则蛇管需有相应的传热面积，以配合灭菌后冷却需要。反应过程中所产生的热量来自微生物反应热和克服搅拌黏性应力所消耗的能量。对间歇操作，则以前者为主，可以微生物反应热的最大值作为设计基准。

通气搅拌罐有下列优点：pH和温度容易控制；尺寸放大的方法大致已确定；适用于CSTR等。反之，也有下列缺点：搅拌功率消耗大；因罐内结构复杂，不易清洗干净，易被杂菌污染，此外，虽装有无菌密封装置，但在轴承处还会发生杂菌污染；培养丝状菌时，常用搅拌桨叶的剪切力致使菌丝易被切断，细胞易受损伤。

1. 机械搅拌发酵罐

机械搅拌发酵罐是发酵工厂常用类型之一。它是利用机械搅拌器的作用，使空气和发酵液充分混合，促进氧的溶解，以保证供给微生物生长繁殖和代谢所需的溶解氧。比较典型的是通用式发酵罐和自吸式发酵罐。

搅拌的作用:液体通风后进入的气泡在搅拌中随着液体旋转使之所走路程延长,使发酵液中保持的空气数量增加,实际上是增加了传氧量;通过搅拌,大气泡被搅拌器打碎,增加比表面积;搅拌速度加快,增加了传氧速率。

(1)通用式发酵罐 通用式发酵罐是指既具有机械搅拌又有压缩空气分布装置的发酵罐。由于这种型式的罐是目前大多数发酵工厂最常用的,所以称为"通用式",如图4-5所示,其容积可自20L至$200m^3$,有的甚至可达$500 m^3$。

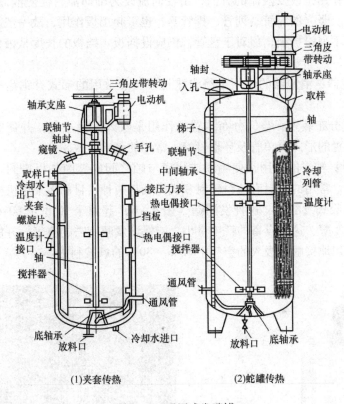

图4-5 通用式发酵罐

①通用式发酵罐的基本条件:发酵罐应具有适宜的高径比。一般高度与直径之比为1.7~4倍,罐身越高,氧的利用率越高;发酵罐能承受一定的压力,因为罐在消毒及正常工作时,罐内有一定的压力(气压和液压)和温度,所以罐体各部分能承受一定的压力;发酵罐的搅拌通风装置能使气液充分混合,保证发酵液必需的溶解氧;发酵罐应具有足够的冷却面积。这是因为微生物生长代谢过程放出大量的热量,必须通过冷却来调节不同发酵阶段所需的温度;发酵罐应尽量减少死角,避免藏垢积污,灭菌能彻底;搅拌器轴封应严密,尽量减少泄漏。

②发酵罐罐体的尺寸比例:罐体各部分的尺寸有一定的比例,罐的高度与直径之比一般为1.7~4倍,新型高位罐的高径比大于10,其优点是大大提高了空

气的利用率，但压缩空气的压力需要较高，料液不易混合均匀。

发酵罐通常装有两组搅拌器，两组的间距约为搅拌器直径的 3 倍。大型发酵罐，可安装三组以上的搅拌器。

③发酵罐的部分部件

a. 搅拌器和挡板：搅拌器分平叶式、弯叶式、箭叶式三种，国外多用平叶，我国多用弯叶。其作用是打碎气泡，使空气与溶液均匀接触，使氧溶解于醪液中。挡板的作用是改变液流的方向，由径向流改为轴向流，促使液体激烈翻动，增加溶解氧。竖立的蛇管、列管、排管等，也可起挡板作用，故一般具有冷却列管式的罐内不另设挡板，但对于盘管，仍应设挡板。挡板的长度从液面起至罐底为止。

b. 消泡器：消泡器的作用是将泡沫打破。最常用的形式有锯齿式、梳状式及孔板式。

c. 空气分布装置：空气分布装置的作用是吹入无菌空气，并使空气均匀分布。分布装置的形式有单管及环形管等。常用的是单管式。

d. 轴封：轴封的作用是使罐顶或罐底与轴之间的缝隙加以密封，防止泄漏和污染杂菌。常用的轴封有填料轴封和机械轴封两种。目前多采用机械轴封。

（2）自吸式发酵罐　这种发酵罐（图 4 - 6）起源于 20 世纪 60 年代，最初用于醋酸的发酵。这种设备的耗电量小，能保证发酵所需的空气，并能使气泡分离细小，均匀地接触，吸入的空气中 70% ~80% 的氧被利用。

图 4 - 6　自吸式发酵罐及其发酵系统

自吸式发酵罐罐体的结构大致上与通用式发酵罐相同，主要区别在大搅拌器的形状和结构不同。自吸式发酵罐是一种不需要空气压缩机，使用的是带中央吸气口的搅拌器，搅拌器由从罐底向上伸入的主轴带动，叶轮旋转时叶片不断排开周围的液体使其背侧形成真空, 于是将罐外空气通过搅拌器中心的吸气管而吸入罐内, 吸入的空气与发酵液充分混合后在叶轮末端排出, 并立即通过导轮向罐壁分散, 经挡板折流涌向液面, 均匀分布。空气吸入管通常用一端面轴封与叶轮连接, 确保不漏气。

在我国, 自吸式发酵罐已用于医药工业、酵母工业, 生产葡萄糖酸钙、力复霉素、维生素 C、酵母、蛋白酶等, 取得了良好的成绩。通过实践, 证明自吸式发酵罐有这些优点: 节约空气净化系统中的空气压缩机、冷却器、油水分离器、空气储罐、总过滤器设备, 减少厂房占地面积; 减少工厂发酵设备投资约 30%, 例如, 应用自吸式发酵罐生产酵母, 每升容积酵母的产量可高达 30 ~ 50g; 设备便于自动化、连续化, 降低老化强度, 减少劳动力; 酵母发酵周期短, 发酵液中酵母浓度高, 分离酵母后的废液量少; 设备结构简单, 溶氧效率高, 操作方便。缺点主要是由于罐压较低, 对某些产品生产容易造成染菌。

2. 通风搅拌式发酵罐

在通风搅拌式发酵罐中, 通风的目的不仅是供给微生物所需要的氧, 同时还利用通入发酵罐的空气, 代替搅拌器使发酵液均匀混合。常用的有循环式通风发酵罐和高位塔式发酵罐。

(1) 带升式发酵罐 带升式发酵罐 (图 4 - 7) 采用循环式通风发酵罐, 利用空气的动力使液体在循环管中上升, 并沿着一定路线进行循环, 所以称为空气带升式发酵罐, 简称带升式发酵罐。带升式发酵罐有内循环和外循环两种, 循环管有单根的, 也有多根的。与通用式发酵罐相比, 它具有以下优点: ①发酵罐内没有搅拌装置, 结构简单, 冷却面积小, 节约动力, 节约钢材; ②由于取消了搅拌器的电机, 而通风量与通用式发酵罐大致相等, 所以动力消耗有很大降低, 不需加消泡剂, 料液可充满较多。它的缺点: 不能代替好气量较小的发酵罐, 对于黏度大的发酵液溶氧系数较低。

(2) 高位塔式发酵罐 高位塔式发酵罐是一种类似塔式反应器的发酵罐, 又称空气搅拌高位发酵罐, 其高径比约为 6, 罐内装有若干块筛板。压缩空气由罐底导入, 经过筛板逐渐上升, 气泡在上升过程中带动发酵液同时上升, 上升后的发酵液又通过筛板上带有液封作用的降液管下降而形成循环。这种发酵罐的特点是省去了机械搅拌装置, 如果培养基浓度适宜, 而且操作得当的话, 在不增加空气流量的情况下, 基本上可达到通用式发酵罐的发酵水平。由于液位高, 空气利用率高, 节省空气约 50%, 节省动力约 30%, 不用搅拌器, 设备简单, 但底部有沉淀物; 温度高时降温较难。塔式罐适用于多级连续发酵, 有的多级连续发酵具有十多层筛板。我国有用于医药抗生素产品的生产。

(3) 伍式发酵罐 伍式发酵罐 (图 4 - 8) 的主要部件是套筒、搅拌器。搅拌时液体沿着套筒外向上升至液面, 然后由套筒内返回罐底, 搅拌器是用六根弯曲的空气管子焊于圆盘上, 兼作空气分配器。空气由空心轴导入, 经过搅拌器的空心管吹出，与被搅拌器甩出的液体相混合，发酵液在套筒外侧上升，由套筒内部下降，形成循环。这种发酵罐多应用纸浆废液发酵生产酵母。设备的缺点是结构复杂，清洗套筒较困难，消耗功率较高。

（4）文氏管发酵罐 文氏管发酵罐（图4-9）用泵将发酵液压入文氏管中，由于文氏管的收缩段中液体的流速增加，形成真空将空气吸入，并使气泡分散与液体混合，增加发酵液中的溶解氧。这种设备的优点：吸氧的效率高，气、液、固三相均匀混合，设备简单，无需空气压缩机及搅拌器，动力消耗省。此设备已适用于宇宙飞船的密封舱中，利用藻类的光合作用将气体中的 CO_2 还原成氧。如果氮气中含有4% CO_2，利用文氏管装置只要一个循环就可使其中的 CO_2 降低到2%。此外，在污水处理和石油发酵中也正在研究使用。

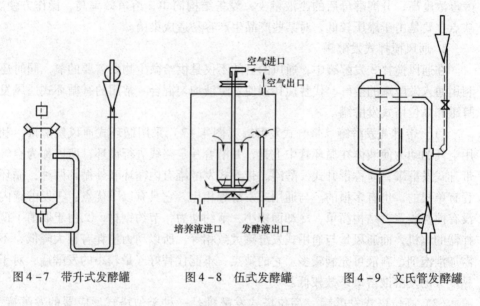

图4-7 带升式发酵罐　　图4-8 伍式发酵罐　　图4-9 文氏管发酵罐

三、厌氧发酵设备

厌氧发酵也称静止培养，因其不需供氧，所以设备和工艺都较好氧发酵简单。严格的厌氧液体深层发酵的主要特色是排除发酵罐中的氧。罐内的发酵液应尽量装满，以便减少上层气相的影响，有时还需充入非氧气体。发酵罐的排气口要安装水封装置，培养基应预先加入。此外，厌氧发酵需采用大剂量接种（一般接种量为总操作体积的10%～20%），使菌体迅速生长，减少其对外部氧渗入的敏感性。酒精、丙酮、丁醇、乳酸和啤酒等都是采用液体厌氧发酵工艺生产的。具有代表性的厌氧发酵设备有酒精发酵罐（图4-10）和用于啤酒生产的锥底立式发酵罐（图4-11）。

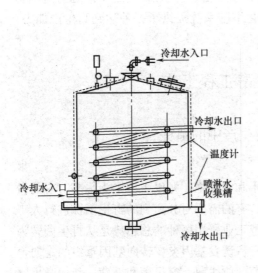

图 4 - 10 酒精发酵罐　　　　　图 4 - 11 锥底立式发酵罐

四、生物反应器工程及其前景

1. 生物反应器工程简介

近年来，在生物技术领域中出现了生物反应器工程这一名词。它包括生物反应器的结构、操作条件与混合、传质、传热之间的关系，生物反应器的设计、放大等都属于生物反应器工程研究的范围；同时也包括在生物反应器中进行微生物发酵、动植物细胞培养和酶反应的反应器类型、生物催化剂和培养液的特性、生物反应器的优化操作、过程检测与控制等研究内容。也就是说，生物反应器的特征与所研究的目标产物的反应特征应联系起来，这对生物技术的实验室成果加速开发和对提高现有生产过程的生产能力都是十分必要的。

2. 生物反应器开发的趋势和未来方向

（1）开发活性高、选择性好及寿命长的生物催化剂。开发主要途径是利用基因工程技术，实现生物细胞的定向改造，以及改进酶和细胞的固定化技术。

（2）改进生物反应器的传质、传热的方法。

（3）生物反应器向大型化和自动化方向发展。反应器的放大降低了操作成本，自动化检测和控制系统控制使反应器在最佳条件下操作成为可能。

（4）特殊要求的新型生物反应器的研制开发。如基因产品生产、细胞固定化及动植物细胞培养的工业反应器，固体发酵反应器，发酵与分离连接的反应器等的开发研制已获得广泛重视。

（5）降低设备投资方面，对连续生物反应器研究更加重视。连续生物反应器的主要问题是产物浓度低。随着生物催化剂比活力的提高，这个问题将得到弥补。为了克服发酵中的这个限制，固定化细胞系统提供了一种达到高生产能力、高产品浓度的方法。

第三节　发酵工程工艺

一、发酵工业生产中的菌种

1. 发酵工业化的菌种

菌种资源非常丰富，广布于土壤、水和空气中，尤以土壤中为最多。有的微生物从自然界中分离出来就能够被利用，有的需要对分离到的野生菌株进行人工诱变，得到突变株才能被利用。当前发酵工业所用菌种的总趋势是从野生菌转为变异菌，从自然选育转向代谢控制育种，从诱发基因突变转向基因重组的定向育种。工业生产上常用的微生物主要是细菌、放线菌、酵母菌和霉菌，其他微生物有担子菌、藻类。由于发酵工程本身的发展以及遗传工程的介入，藻类、病毒等也正在逐步地变为工业生产用的微生物。微生物资源不仅丰富，而且潜力还很大，需要更多的人去发掘，使之为人类造福。

在进行发酵生产之前，必须从自然界分离得到能产生所需产物的菌种，并经过分离、纯化及选育后或是经基因工程改造后的"工程菌"才能供给发酵使用。为了能保持和获得稳定的高产菌株，还需要定期进行菌种纯化和育种，为工业生产保证高产量和高质量的优良菌株。

2. 发酵工业所用菌种必备的条件

为了保证发酵的效益，必须要求高质量的工业用菌种，一般要具备的条件是：①菌种细胞的生长活力强，接种后在发酵罐中能迅速生长；②生理性状稳定；③菌体总量和浓度能满足大容量发酵罐的要求；④无杂菌污染（不带杂菌）；⑤生产能力稳定。

二、培　养　基

1. 培养基的种类

培养基是人们提供微生物生长繁殖、生物合成各种代谢产物需要的多种营养物质的混合物。培养基的成分和各组分的比例，对微生物的生长、发育、代谢以及产物积累，甚至对发酵工业的生产工艺都有很大的影响。培养基的种类很多，根据营养物质的来源可分为自然培养基、半合成培养基、合成培养基等。依据其在生产中的用途，可将培养基分成孢子培养基、种子培养基和发酵培养基等。孢子培养基是供制备孢子培养用；种子培养基是供孢子发芽和菌体生长繁殖用；发酵培养基是供菌体生长繁殖和合成大量代谢产物用。

2. 发酵培养基的组成

发酵培养基的组成和配比由于菌种不同、设备和工艺不同以及原料来源和质量不同而有所差别。因此，需要根据不同要求考虑所用培养基的成分与配比。但是综合所用培养基的营养成分，都是由碳源、氮源、无机盐类（包括微量元素）、生长因子、水等几类构成。

三、发 酵 工 艺

发酵工艺一向被认为是一门艺术，需要多年的经验才能掌握。发酵生产受到很多因素和工艺条件的影响，即使是同一种生产菌种和培养基配方，不同厂家的生产水平也不尽相同。生物发酵工艺多种多样，但是基本上由种子的质量、发酵原料、灭菌条件、发酵条件和过程控制等因素影响。

1. 种子制备工艺

菌种的扩大培养就是把保藏的菌种，即砂土管或冷冻干燥管中处于休眠状态的生产菌种接入试管斜面活化，再经过扁瓶或摇瓶和种子罐，逐级扩大培养后达到一定的数量和质量的纯种培养过程。这些纯种的培养物称为种子或菌种。

种子制备过程可分为两大阶段，如图4－12所示。

（1）实验室种子制备阶段　琼脂斜面至固体培养基扩大培养（如茄子瓶斜面培养等）或液体摇瓶培养（步序1～6）。

（2）生产车间种子制备阶段　种子罐扩大培养（步序7～9）。

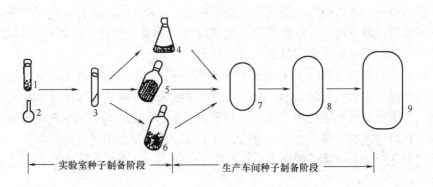

图4－12　种子扩大培养流程图
1—砂土孢子　2—冷冻干燥孢子　3—斜面孢子　4—摇瓶液体培养（菌丝体）
5—茄子瓶斜面培养　6—固体培养基培养　7、8—种子罐培养　9—发酵罐

发酵产物的产量与成品的质量与菌种性能以及孢子和种子的制备情况密切相关。先将储存的菌种进行生长繁殖，以获得良好的孢子，再用所得的孢子制备足够量的菌丝体，供发酵罐发酵使用。种子制备有不同的方式，有的从摇瓶培养开

始，将所得摇瓶种接入到种子罐进行逐级扩大培养，称为菌丝进罐培养；有的将孢子接入种子罐进行扩大培养，称为孢子进罐培养。采用哪种方式和多少培养级数，取决于菌种的性质、生产规模的大小和生产工艺的特点。种子制备一般使用种子罐，扩大培养级数通常为二级。对于不产孢子的菌种，经试管培养直接得到菌体，再经摇瓶培养后即可作为种子罐种子。

2. 灭菌

在生物化学反应中，特别是对各种微生物的培养过程中，要求在没有任何杂菌污染的情况下进行，而生物反应系统中又常常有比较丰富的营养物质，极易滋生杂菌，从而使生物反应受到破坏，产生的不良后果一般为：基质或产物因杂菌的消耗而损失，产物的提取更加困难，甚至发生噬菌体污染，生产菌被裂解而导致生产失败。因此，大多数培养过程要求必须在严格无菌的条件下培养，必须对生产设备及参与反应的所有介质（生产菌除外）进行灭菌处理。

（1）灭菌方法　灭菌，是指用物理或化学的方法杀灭或去除物料或设备中所有生命物质的过程。常用方法有化学药剂灭菌、射线灭菌、干热灭菌、湿热灭菌、过滤除菌。

湿热灭菌为最基本的灭菌方法，湿热灭菌一般是在 120℃ 维持 20～30 min。过滤除菌是利用过滤方法阻拦微生物达到除菌的目的，工业上利用此方法制备无菌空气。在产品的提取中，也可用超滤得到无菌产品。

（2）培养基灭菌　培养基的灭菌大多采用湿热方法灭菌，灭菌方式有分批法和连续法两种。分批灭菌也称为实罐灭菌，是将配制好的培养基放入发酵罐或者其他容器中，通入蒸汽，使培养基和所有设备一起灭菌，实验室或者中小型发酵罐常采用这种方法。连续灭菌是在配制好的培养基向发酵罐输送的同时加热、保温和冷却，完成整个灭菌过程，也称为连消。

（3）空气除菌　微生物在繁殖和好氧性发酵过程中都需要氧，一般是以空气作为氧源，被通入发酵系统，空气必须经过除菌后才能通入发酵液。根据国家药品生产质量管理规定规范（GMP）的要求，生物制品、药品的生产场地也需要符合空气洁净度的要求，并有相应的管理手段。其中发酵用空气比较典型，空气除菌过程是一项十分重要的环节，除菌的方法很多，其中过滤除菌是空气除菌的主要手段。

空气过滤除菌流程为：

空压机→冷却→分油水→总过滤器→分过滤器

3. 发酵

发酵是微生物合成大量产物的过程，是整个发酵工程的中心环节，是在无菌状态下进行纯种培养的过程，所用的培养基和培养设备，通入的空气或中途的补料都是无菌的，转移种子也要采用无菌接种技术。发酵罐内部的代谢变化（菌体浓度、主要营养成分的含量、pH、溶氧浓度和产物浓度等）是比较复杂的，特别是次级代谢产物发酵就更为复杂，它受许多因素控制。因而在发酵过程中要进行工艺过程控制。

四、发酵操作方式

根据操作方式的不同，发酵过程主要有分批发酵、连续发酵和补料分批发酵三种类型。

1. 分批发酵

所谓分批发酵是指在一封闭培养系统内具有初始限制量基质的一种发酵方式，每批发酵所需时间的总和为一个发酵周期。营养物和菌种一次加入进行培养，与外部没有物料交换。它除了控制温度和 pH 及通气以外，不进行任何其他控制，操作简单。

分批培养系统，只能在一段有限的时间内维持微生物的增殖，微生物处在限制性条件下的生长，表现出典型的生长周期。图 4 - 13 显示了典型的细菌生长曲线。接种后的一段时间内，菌体浓度几乎不增长，这一时期为延滞期。生产上要求尽可能缩短适应期，办法是通过使用适当的种子和接种量，即采用生长旺盛期（对数期）的种子和加大接种量。经过一段时间后，养分已基本消耗，产物不断分泌产生，生长逐渐减速直至中止生长。随着细胞的大量繁殖，培养基中的营养物质迅速消耗，加上有害代谢物的积累，细胞的生长速率逐渐下降，进入减速期。因营养物质耗尽或有害物质的大量积累，使细胞浓度不再增大，这一阶段为静止期或稳定期。此时，细胞的浓度达到最大值。分批培养是常用的培养方法，广泛用于多种发酵过程。

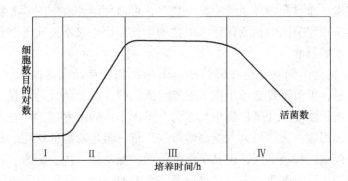

图 4 - 13　细菌的典型生长曲线

2. 连续发酵

所谓连续发酵，是指以一定的速度向发酵罐内添加新鲜培养基，同时以相同的速度流出培养液，维持发酵液的体积不变。在这种稳定的状态下，微生物所处的环境条件，如营养物浓度、产物浓度、pH 等都能保持恒定，微生物细胞的浓度及其比生长速率也可维持不变，甚至还可以根据需要来调节生长速度。

连续发酵使用的反应器可以是搅拌罐式反应器，也可以是管式反应器。根据所用罐数，罐式连续发酵系统又可分单罐连续发酵和多罐连续发酵。

如果在反应器中进行充分的搅拌，则培养液中各处的组成相同，且与流出液的组成一样，成为一个连续流动搅拌罐式反应器（CSTR）。连续发酵的控制方式有两种：一种为恒化法，维持一定的体积，通过恒定输入的养料中某一种生长限制因子的浓度来控制菌体浓度；另一种为恒浊法，即利用浊度来检测细胞的浓度，通过自控仪表调节输入料液的流量，以控制培养液中的菌体浓度达到恒定值。

与分批发酵相比，连续发酵具有以下优点：①在稳定的条件下，产物产率和产品质量也相应保持稳定；②容易实现机械化和自动化，降低劳动强度；③缩短生产时间，提高设备利用率；④过程易优化，有效地提高发酵产率。但是容易染菌、菌种易变异、设备要求较高、适应面不广。

由于上述情况，连续发酵目前主要用于研究工作中，如发酵动力学参数的测定、过程条件的优化试验等，而在工业生产中的应用还不多。连续培养方法可用于面包酵母和饲料酵母的生产，广泛地应用于污水处理系统。另外，酒精连续发酵生产技术在前苏联也已获得成功的应用。有一种培养方法则是把固定化细胞技术和连续培养方法结合起来，用于生产丙酮、丁醇、正丁醇、异丙醇等重要工业溶剂。

3. 补料分批发酵

补料分批发酵也称半连续发酵或者半连续培养，它是以分批培养为基础，间歇或连续地补加新鲜培养基的一种发酵方法，是介于分批发酵和连续发酵之间的一种发酵技术。通过向培养系统中补充物料，可以使培养液中的营养物浓度较长时间地保持在一定范围内，既保证微生物的生长需要，又不造成不利影响，从而达到提高产率的目的。

在 20 世纪初人们就知道在酵母培养基中，如麦芽汁太多，会使生长过旺，造成供氧不足，供氧不足会产生厌氧发酵生成乙醇，减少菌体的产量。因此，采用降低麦汁初始浓度，让微生物生长在营养不太丰富的培养基中。在发酵过程中再补加营养，用这一方法可大大提高酵母的产量，阻止乙醇的产生。如今，补料发酵的应用范围已相当广泛，包括单细胞蛋白、氨基酸、生长激素、抗生素、维生素、酶制剂、有机酸等生产，几乎遍及整个发酵行业。随着发酵过程自动控制中的应用和研究，补料分批发酵技术将日益发挥出巨大的优势。

补料分批发酵与分批发酵相比，特点在于使发酵系统中维持很低的基质浓度。优点：①可以维持适当的菌体浓度；②避免在培养基中积累有毒代谢物。

补料分批发酵可以分为两种类型：单一补料分批发酵和反复补料分批发酵。在开始时投入一定量的基础培养基，到发酵过程的适当时期，开始连续补加碳源或（和）氮源或（和）其他必需基质，直到发酵液体积达到发酵罐最大操作容积后，停止补料，最后将发酵液一次全部放出。这种操作方式称为单一补料分批发酵。反复补料分批发酵是在单一补料分批发酵的基础上，每隔一定时间按一定比例放出一部分发酵液，使发酵液体积始终不超过发酵罐的最大操作容积，从而在理论上可以延长发酵周期，直至发酵产率明显下降，才最终将发酵液全部放出。

五、发酵工艺控制

发酵过程中，为了能对生产过程进行必要的控制，需要对有关工艺参数进行定期取样测定，或进行连续测量并加以控制调节，因为这些参数对发酵过程影响较大，如温度、pH、溶解氧浓度等。

发酵过程中各参数的控制很重要，目前发酵工艺控制的方向是转向自动化控制，因而希望能开发出更多更有效的传感器用于过程参数的检测。此外，对于发酵终点的判断也同样重要。生产不能只单纯追求高生产力，而不顾及产品的成本，必须把两者结合起来。合理的放罐时间需经过实验来确定，就是根据不同的发酵时间所得的产物产量计算出发酵罐的生产力和产品成本，采用生产力高而成本又低的时间，作为放罐时间。确定放罐的指标有产物的产量、过滤速度、氨基氮的含量、菌丝形态、pH、发酵液的外观和黏度等。发酵终点的确定需要综合考虑这些因素。

1. 温度

温度对发酵过程的影响是多方面的，它会影响各种酶反应的速率，改变菌体代谢产物的合成方向，影响微生物的代谢调控机制。除这些直接影响外，温度还对发酵液的理化性质产生影响，间接影响发酵产物的生物合成。

所谓的最适温度就是最适于菌体生长和产物合成的温度。不同的菌体、不同的培养条件、不同的酶反应、不同的生长阶段的最适温度应是不同的，而且菌体生长的最适温度不一定等于产物合成的最适温度。如青霉素生产菌的最适生长温度是30℃，而最适青霉素合成温度为20℃。乙醇生产菌的最适生长温度为30℃，最适合成温度为33℃。所以在接种的初始阶段，应考虑生长菌体为主，优先调节适于生长的温度，待到产物合成阶段，即调节最适合成温度，以满足生物合成的需要。

温度可以通过水银温度计、热电铝、热敏电阻和金属电阻温度计来监测，并通过与其相偶联的执行机构（如改变冷却水阀门的开度）对发酵温度进行自动控制。工业生产上，所用的大发酵罐在发酵过程中一般不需要加热，因发酵中释放了大量的发酵热，在这种情况下通常还需要冷却，保持恒温发酵。

2. pH

pH对微生物的生长繁殖和产物合成的影响有以下几点：①影响酶的活性；②改变细胞膜的通透性，影响微生物对营养物质的吸收及代谢产物的排泄；③影

93

响培养基中某些组分和中间代谢产物的离解；④引起菌体代谢过程发生改变，从而使代谢产物的质量和比例发生改变。

发酵过程中培养液的 pH 是微生物在一定环境条件下代谢活动的综合指标，是一个重要的参数。不同 pH 环境对菌体细胞产生明显的作用。这些作用可以表现在许多方面。例如，各种微生物都有最适生长 pH，超过这个 pH 范围，微生物生长就受到影响甚至停止。有的适宜于酸性培养，有的适宜于中性培养，有的宜于碱性培养。一般来说，霉菌和酵母菌的最适 pH 为 3～6，大多数细菌和放线菌适于中性和微碱性 pH 为 6.3～7.6。为了确保发酵的顺利进行，必须使其各个阶段经常处于最适 pH 范围，这就需要在发酵过程中不断地调节和控制 pH。

首先需要考虑的是试验发酵培养基的基础配方，使它们有个适当的配比，使发酵过程中的 pH 变化在合适的范围内。还可在发酵过程中补加酸或碱。过去是直接加入酸（如 H_2SO_4）或碱（如 NaOH），现在常用的是以生理酸性物质 $(NH_4)_2SO_4$ 和生理碱性物质氨水来控制，它们不仅可以调节 pH，还可以补充氮源。当发酵液的 pH 和氨氮含量都偏低时，补加氨水，就可达到调节 pH 和补充氨氮的目的；反之，pH 较高，氨氮含量又低时，就补加 $(NH_4)_2SO_4$。此外，用补料的方式来调节 pH 也比较有效。这种方法，既可以达到稳定 pH 的目的，又可以不断补充营养物质。最成功的例子就是青霉素发酵的补料工艺，利用控制葡萄糖的补加速率来控制 pH 的变化，其青霉素产量比用恒定的加糖速率和加酸或碱来控制 pH 的产量高 25%。也可以把 pH 控制与代谢调节结合起来，也就是说把 pH 参数变化作为反映菌体代谢情况的依据之一，通过加入基质来控制 pH，即达到调节和控制代谢，实现最高产量的目的。

目前已试制成功适合于发酵过程监测 pH 的电极，能连续测定并记录 pH 的变化，将信号输入 pH 控制器来指令加糖、加酸或加碱，使发酵液的 pH 控制在预定的数值。图 4-14 是一个工业用 pH 电极的图片。

3. 溶解氧浓度

在好气性微生物的发酵过程中，必须连续地通入无菌空气，氧由气相溶解到液相，然后经过液流传给细胞壁进入细胞质，以维持菌的生长和产物的生物合成。所以培养液中溶解氧浓度是一个重要的参数。

溶解氧浓度可用化学滴定法，也可用以电化学为基础的电极法及其他的物理方法来测量。化学滴定法与电极法相比较，溶解氧电极（DO 电极）法测量有很大的优点：操作简单，受溶液中其他离子干扰小，

图 4-14　pH 电极

可以快速连续就地测量，以满足发酵罐等设备中氧浓度的控制要求。因此，DO电极测量在许多领域中，如微生物学、医药生理学、化学工程、机械工程、海洋

学、环境保护学等得到广泛应用，出现各种不同用途类型的 DO 电极。如在发酵罐中使用可蒸汽灭菌的溶氧电极，测量生物组织中氧含量的 DO 微电极，气体分析中的快速响应氧电极，锅炉给水中的微量氧测量电极等。

在生物工程中，由 DO 电极所获得的测试数据不仅可以给出微生物生理生化信息与动态信息，而且还可作为发酵罐放大、发酵中间控制等的基础。

目前市场上已经可以买到可进行高温灭菌的溶氧探头。大多数商品的氧电极都是银 – 铅电极。每个电极的阴极表面覆盖有一层聚合物膜（如聚四氟乙烯薄膜），阴极和膜之间含有电解质溶液。这类覆膜电极的响应时间较慢（90% 的响应为 20 ~ 200s），适用于长期监测发酵液的溶氧水平，不适用于氧浓度快速变化的场所。如果用这些探头测量氧吸收速率的变化，必须用动态法做响应校正。覆膜式氧电极对温度变化相当敏感，必须用热敏电阻对电子线路进行温度补偿。图 4 – 15 是一个工业用 DO 电极的图片。

图 4 – 15 工业溶解氧电极

第四节 发酵产物的获得

从发酵液中分离、精制有关产品的过程称为发酵生产的下游加工过程。这一工序的目的是用适当的方法和手段将含量较低的产物从反应液中提取出来（指细胞外产物）或从细胞中提取出来（指细胞内产物），并加以精制以达到规定的质量要求。

一、发酵液的特性与发酵产物的分类

1. 发酵液的特性

（1）发酵液是含有细胞、代谢产物和剩余培养基等多组分的多相系统，黏度很大，它的流体力学性质和一般典型溶液明显不同，不服从牛顿力学规律，所以也被称为非牛顿流体，同时发酵液中往往有一些无机盐和非蛋白质分子的杂质以及色素、热原等有机杂质，除去杂质往往都很困难。

（2）发酵液中大部分是水，发酵产品在发酵液中浓度很低，除了酒精、柠檬酸等发酵产物的浓度在 10% 以上，其他均在 10% 以下，抗生素的浓度更是在 1% 以下，并且常常与代谢产物、营养物质等大量杂质共存于细胞内或细胞外，形成复杂的混合物。

（3）所要提取的产品由于具有生物活性，通常很不稳定，遇热、极端 pH、有机溶剂等会发生分解或失活。

（4）分批发酵时，生物菌种的变异性大，各批发酵液中的成分也不尽相同，下游提取工序不能千篇一律，应有一定弹性；特别是对染菌的批号要酌情处理，以减少生产中的损失。

2. 发酵产物的分类

由于菌种、培养基以及发酵工艺的不同，发酵产物各不一样，但从目前的发酵工业来看，所得到的发酵产物大致分为三类。

（1）菌体细胞 主要以菌体细胞为发酵产物，如酵母等。安琪酵母生产基地是目前亚洲最大的酵母生产基地，年产量达 30000t。

（2）酶 发酵产物为酶制剂，包括胞外酶和胞内酶，如各种淀粉酶、蛋白酶、脂肪酶、青霉素酰氨酶等。这些酶制剂在食品、轻工业以及医药等方面发挥了巨大的作用。

（3）代谢产物 发酵产物为发酵菌的代谢产物，包括各种有机酸、氨基酸、抗生素、维生素以及甾体激素等。基本上 90% 的氨基酸均通过发酵生产得到，应用于食品与医药工业；抗生素和甾体激素都是目前重要的医药品。

二、下游加工的一般流程与单元操作

1. 获得发酵产物一般流程

下游加工过程一般可分为发酵液预处理和固液分离、提取、精制、成品加工四个阶段。其一般流程如图 4 - 16 所示。

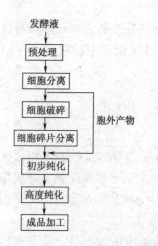

图 4 - 16 下游加工的工艺流程图

对发酵产品的要求不同，分离提纯的方法也相应有些区别。利用发酵工程生产的产品有菌种本身（如酵母菌和细菌）和菌种代谢产物两大类，如果产品是菌种，分离方法一般是通过过滤、沉淀从培养液中将菌种分离出；如果产品是代谢产物，则采用蒸馏、萃取、离子交换等方法提取；如产物是菌体本身，则可以用离心沉淀或板框压滤法使菌体与发酵液分开，也可以用喷雾干燥法直接做成粉剂。

若发酵的最后产品纯度要求高，则下游加工过程会成为许多发酵生产中最重要并成本费用最高的环节，如抗生素、乙醇、柠檬酸等的分离和精制占整个工厂投资的 60% 左右。发酵生产中因缺乏合适的、经济的下游处理方法而不能投入生产的例子是很多的。因此下游加工技术越来越引起人们的重视。

2. 获得发酵产物的主要步骤

（1）发酵液预处理和固液分离　发酵液的预处理和固液分离是下游加工的第一步操作。若所需的产物在发酵液中，则可以直接用过滤和离心的方法除去菌体和杂质；若提取的产物存在于细胞内，还需先对细胞进行破碎。细胞破碎方法有机械、生物和化学法，大规模生产中的细胞破碎方法常用高压匀浆器和球磨机。

①发酵液预处理：预处理的目的是改善发酵液性质，以利于固液分离，常用酸化、加热、加絮凝剂等方法。

②固液分离：则常用到过滤、离心等方法。其设备有单、多袋过滤机、高速固液分离机等。

（2）提取　经上述步骤处理后，活性物质存在于滤液中，滤液体积很大，浓度很低。接下来要进行提取，提取的目的主要是浓缩，也有一些纯化作用。常用的方法有：

①吸附法：对于抗生素等小分子物质可用吸附法，可用活性炭、白土、氧化铝、树脂等作为吸附剂，由于吸附性能的不稳定，往往要求新型的吸附材料。现在常用的吸附剂为大网格聚合物。

②离子交换法：离子交换法也主要用于小分子的提取。一般极性化合物则可用离子交换法提取，如链霉素是强碱性物质，可用弱酸性树脂来提取。该法也可用于精制。

③沉淀法：沉淀法是工业发酵中最常用和最简单的一种提取方法，是利用某些发酵产品能和某些酸、碱或盐析形成不溶性的盐或复合物，从发酵滤液或浓缩滤液中沉淀下来或结晶析出的一类提炼方法。目前广泛用于蛋白质、氨基酸、酶制剂及抗生素发酵的提取。沉淀法也用于一些小分子物质的提取。

④萃取法：萃取法是提取过程中的一种重要方法，包括溶剂萃取、两水相萃取、超临界流体萃取、逆胶束萃取等方法，其中溶剂萃取法仅用于抗生素等小分子生物物质，而不能用于蛋白质的提取，而两水相萃取法则仅适用于蛋白质的提取，小分子物质不适用。

⑤膜过滤法：包括微滤、超滤、纳滤、反渗透四种方法。超滤法是利用一定截断分子质量的超滤膜进行溶质的分离或浓缩，可用于小分子提取中去除大分子杂质、大分子提取中的脱盐浓缩等。

（3）精制　经初步纯化后，滤液体积大大缩小，但纯度提高不多，需要进一步精制。初步纯化中的某些操作，如沉淀、超滤等，也可应用于精制中。大分子（蛋白质）精制依赖于层析分离，小分子物质的精制常利用结晶方法。

①层析分离是利用物质在固定相和移动相之间分配情况不同，进而在层析柱中的运动速度不同，而达到分离的目的。根据分配机制的不同，分为凝胶层析、离子交换层析、聚焦层析、疏水层析、亲和层析等几种类型。层析分离中的主要

困难之一是层析介质的机械强度差，研究生产优质层析介质是下游加工的重要任务之一。

②结晶的先决条件是溶液要达到过饱和。要达到过饱和可以通过调 pH、溶剂蒸发或溶液冷却等方法实现。结晶主要应用于低分子质量的纯化，如抗生素、柠檬酸、氨基酸、核苷酸以及酶制剂等。

（4）成品加工　经提取和精制后，一般根据产品应用的要求，最后还需要浓缩、无菌过滤和去热原、干燥、加稳定剂等加工步骤。随着膜质量的改进和膜装置性能的改善，下游加工过程各个阶段，将会越来越多地使用膜技术。浓缩可采用升膜或降膜式的薄膜蒸发，对热敏性物质，可用离心薄膜蒸发，对大分子溶液的浓缩可用超滤膜，小分子溶液的浓缩可用反渗透膜。通过 0.2nm 的微滤膜或者截断相对分子质量为 10000 的超滤膜可除去相对分子质量在 1000 以内的产品中的热原，同时也达到了过滤除菌的目的。如果最后要求的是结晶性产品，则上述浓缩、无菌过滤等步骤应放于结晶之前。

干燥则通常是固体产品加工的最后一道工序。干燥方法根据物料性质、物料状况及当地具体条件而定，可选用真空干燥、沸腾干燥、气流干燥、喷雾干燥和冷冻干燥等方法。最后，要按照有关部门制定的国家标准进行质量检验和性能测定，符合要求后才为合格产品。

【知识拓展】

典型产品的发酵生产

一、抗生素发酵生产

采用发酵工程技术生产医药产品是制药工程的重要部分，其中抗生素是我国医药生产的大宗产品，随着基因工程技术的进展，基因工程药的比例逐渐增大，但抗生素在国计民生中所起的作用是不能完全替代的，特别是西方国家出于能源和环保的考虑，转产生产高附加值的药物，留出了抗生素的市场空间，为我国的抗生素生产发展提供了机遇，作为一个发展中国家，可以说在相当长时间内，我国抗生素生产在整个医药产品中仍占很大的比例，因此抗生素类发酵过程优化技术研究对医药行业的生产具有重要的经济和社会意义。

抗生素是生物体在生命活动中产生的一种次级代谢产物。这类有机物质能在低浓度下抑制或杀灭活细胞，这种作用又有很强的选择性，例如，医用的抗生素仅对造成人类疾病的细菌或肿瘤细胞有很强的抑制或杀灭作用，而对人体正常细胞损害很小，这是抗生素为什么能用于医药的道理。目前人们在生物体内发现的 6000 多种抗生素中，约 60% 来自放线菌。抗生素主要用微生物发酵法生产，少数抗生素也可用化学方法合成。人们还对天然的抗生素进行生化或化学改造，使其具有更优越的性能，这样得到的抗生素称半合成抗生素。抗生素不仅广泛用于临床医疗，而且也用在农业、畜牧及环保等领域中。其发酵工艺如下：

（1）种子制备 种子制备阶段以生产丰富的孢子（斜面和米孢子培养）或大量健壮的菌丝体（种子罐培养）为目的。为达到这一目的，在培养基中加入比较丰富的容易代谢的碳源（如葡萄糖或蔗糖）、氮源（如玉米浆）、缓冲 pH 的碳酸钙以及生长所必需的无机盐，并保持最适生长温度（25～26℃）和充分通气、搅拌。

（2）发酵培养 影响青霉素发酵产率的因素有环境因素，如 pH、温度、溶氧浓度、碳氮组分含量等；有生理变量因素，包括菌丝浓度、菌丝生长速度、菌丝形态等；对它们都要进行严格控制。

（3）发酵后处理 ①过滤：采用鼓式真空过滤器，过滤前加去乳化剂并降温；②提炼：用溶媒萃取法；③脱色：在二次 BA 萃取液中加活性炭脱色，过滤；④结晶：用丁醇共沸结晶法，真空蒸馏，将水与丁醇共沸物蒸出，则青霉素钠盐结晶析出，过滤，将晶体洗涤后干燥，即得成品。

二、维生素发酵生产

维生素是人体生命活动必需的要素，主要以辅酶或辅基的形式参与生物体各种生化反应。维生素在医疗中具有重要作用，如维生素 B 族用于治疗神经炎、角膜炎等多种炎症。维生素 D 是治疗佝偻病的重要药物等。此外，维生素还应用于畜牧业及饲料工业中。维生素的生产多采用化学合成法，后来人们发现某些微生物可以完成维生素合成中的某些重要步骤，在此基础上，化学合成与生物转化相结合的半合成法在维生素生产中得到了广泛应用。目前可以用发酵法或半合成法生产的维生素有维生素 C、维生素 B_2、维生素 B_{12}、维生素 B、维生素 D，以及 β-胡萝卜素等。

维生素 C 又称抗坏血酸，能参与人体内多种代谢过程，使组织产生胶原质，影响毛细血管的渗透性及血浆的凝固，刺激人体造血功能，增强机体的免疫力。另外，由于它具有较强的还原能力，可作为抗氧化剂，已在医药、食品工业等方面获得广泛应用。维生素 C 的化学合成方法一般指莱氏法，后来人们改用微生物脱氢代替化学合成中 L－山梨糖中间产物的生成，使山梨糖的得率提高一倍，我国进一步利用另一种微生物将 L－山梨糖转化为 2－酮基 L－古龙酸，再经化学转化生产维生素 C，称为两步法发酵工艺。这种方法使得维生素 C 的产量得到大幅度提高，简单介绍如下：

第一步发酵是生黑葡糖杆菌（或弱氧化醋杆菌）经过二级种子扩大培养，种子液质量达到转种液标准时，将其转移至含有山梨醇、玉米粉、磷酸盐、碳酸钙等组分的发酵培养基中，在 28～34℃下进行发酵培养。在发酵过程中可采用流加山梨醇的方式，其发酵收率达 95%，培养基中山梨醇浓度达到 25% 时也能继续发酵。发酵结束，发酵液经低温灭菌，得到无菌的含有山梨糖的发酵液，作为第二步发酵的原料。

第二步发酵是氧化葡糖杆菌（或假单胞杆菌）经过二级种子扩大培养，种子液达到标准后，转移至含有第一步发酵液的发酵培养基中，在 $28 \sim 34$℃下培养 $60 \sim 72h$。最后发酵液浓缩，经化学转化和精制获得维生素 C。

【思考题】

1. 简述发酵工业所包含的具体内容。

2. 试述发酵工程应用及发展前景。

3. 什么是生物反应器？发酵工程中最重要的生物反应器指的是什么？

4. 试比较不同的发酵罐有何优缺点？

5. 如何得到发酵工业化的菌种，查阅资料了解还有哪些途径可以获得菌种？作为工业化的菌种，应该符合有哪些要求？

6. 培养基的主要成分有哪些？各种成分的作用是什么？

7. 发酵过程有哪几种类型？比较其优缺点。

8. 影响发酵的主要因素有哪些？

9. 获得发酵产物的主要步骤有哪些？

第五章 酶 工 程

【典型案例】

案例 1. 酶制剂在啤酒生产中的应用

酶制剂在啤酒生产中的应用较为广泛,酶制剂的使用,能降低啤酒生产成本,在液化、糖化、啤酒澄清、防腐以及防止老化过程中应用效果明显（图 5 - 1）。辅料淀粉的液化一般选用 α - 淀粉酶, α - 淀粉酶可将淀粉液化成可溶于水的糊精、低聚糖、麦芽糖以及葡萄糖。糖化过程中,辅料的糊化醪（液化）和麦芽中淀粉受到麦芽中水解酶及外加酶制剂作用,形成以麦芽糖为主的可发酵性糖。这一过程添加的酶有 β - 淀粉酶、糖化酶、支链淀粉酶、半纤维素酶等。啤酒在储存过程中,由于环境条件的作用,如光照、氧气、震动等,会产生浑浊、沉淀等现象。此类浑浊的形成,和啤酒中残留的蛋白质关系密切,严重影响啤酒的质量和在市场上的竞争力。添加蛋白酶可分解啤酒中的大分子蛋白质,有效去除啤酒中的沉淀物,澄清过程中主要用到的酶有木瓜蛋白酶、生姜蛋白酶和中性蛋白酶。超氧化物歧化酶和葡萄糖氧化酶可防止啤酒中风味老化物质提前被氧自由基氧化而造成啤酒老化。同时,为了啤酒防腐保鲜,可在啤酒生产的发酵期、包装过程中添加少量溶菌酶,溶菌酶可作用于革兰阳性菌细胞壁的 N - 乙酰胞壁酸与 N - 脱氢基葡萄糖之间 β - $1, 4$ 糖苷键,从而破坏细菌细胞壁,使细菌溶解死亡,但对啤酒酵母不起作用。

案例 2. 酶制剂在石油废水处理中的应用

石油是含有多种烃类（正烷烃、支链烷烃、芳烃、环烃）及少量其他有机物（硫化物、氮化物、酸类）的复杂混合物。2013 年年底发生的黄岛石油管道爆炸事件导致胶州湾近 1 万平方米海域受到石油污染（图 5 - 2）,每年因油轮失事、油田漏油、喷井等事故流入海洋的石油污染物约有 1 千万吨。目前针对石油生物降解主要集中于具有较强降解能力的菌株的筛选上,然而这些微生物在海水中的繁殖受各种环境条件的影响,繁殖率很低。石油烃降解酶的分离纯化不仅是石油降解工程菌构建的基础,还可直接用于石油的生物降解,提高石油生物降解的效率。目前常用的石油烃降解酶包括甲烷单加氧酶、环羟基化双加氧酶、邻苯二酚双加氧酶、萘双加氧酶等。

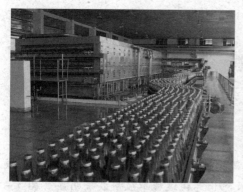 

图 5 - 1　啤酒生产线　　　　　　图 5 - 2　石油泄漏污染海湾

以上是酶工程技术在食品生产技术和环境保护方面的两个案例。通过广泛学习和调研，我们还可以了解更多的酶工程技术在我们日常生活中发挥的重要作用。

【学习指南】

本章主要介绍酶工程技术，希望通过本章的学习，读者可以了解酶工程技术的研究意义及发展现状；掌握酶与酶工程的概念和酶的生产技术、分离纯化技术；重点掌握酶在食品、医药、环保、轻工业等各个领域的应用技术。

第一节　酶工程概述

一、酶的概念及酶的研究意义

酶是具有生物催化功能的生物大分子，按照其化学组成，可以分为蛋白质类酶（P 酶）和核酸类酶（R 酶）。蛋白类酶主要由蛋白质组成，核酸类酶主要由核糖核酸（RNA）组成。

目前已发现的酶有 7000 种以上。它们分布于细胞的不同细胞器中，催化细胞生长代谢过程中的各种生物化学反应。在直径不足 2μm 的细菌细胞中，就有 1000 多种酶参与生物催化反应。细胞生命代谢中的化学反应都是在酶的催化作用下进行的。没有酶的存在，生命就会停止。

酶与生物科学密切相关。酶既是分子生物学研究的重要对象，又是研究生物学的重要工具。酶作为基因的切割工具，具有独到的作用，它能够用于基因分离与重组。在基因工程研究中，多种工具酶相继发现，使得基因体外操作成为现实。工具酶成为基因工程的三大重要支撑技术之一。

对酶的深入研究推动了多种学科的发展，产生了多个交叉新学科。20 世纪以来，先后形成了生物化学、生物技术、生物有机化学、生物无机化学以及仿生学等。其中生物技术占有核心地位，其研究与应用推动了工业、农业、食品环保、医药卫生甚至国防航天事业的快速发展，成为21世纪发展的主导学科之一。酶工程作为生物技术的分支，在上述领域的发展中起到了十分重要的作用。

二、酶的研究简史

据资料记载，4000多年前的夏禹时代已经出现酿酒技术，酒是酵母发酵的产物，是酵母细胞内酶作用的结果。公元10世纪我国人民发明了通过霉菌发酵将豆类做成豆酱，3000年前使用麦曲制造饴糖和使用曲类治疗消化不良，都是利用淀粉酶和水解酶的作用。

真正出现酶的概念是1878年。当时德国的Kuhne将从麦芽中分离出来的一种能够水解淀粉的物质称为"Enzyme"，后来被翻译为"酶"。1896年德国人Buchner兄弟发现酵母的破碎细胞分离液体与完整酵母一样，具有将葡萄糖降解为乙醇和二氧化碳的作用，他们将该物质称为酒化酶。因此比较公认的看法是，酶学的研究是从1896年Buchner兄弟的实验开始的。

20世纪初，酶学得到了迅速发展。一是发现酶的种类越来越多，二是开展了对酶的作用机理研究，如酶反应的条件与反应机制等，同时发现了辅酶在酶催化反应中的重要意义。Michaelis Menton于1913年提出了酶促反应动力学原理——米氏学说。1926年，Summer从刀豆中得到脲酶结晶，经过反复实验证实，酶本身就是一种蛋白质。在后来获得多种酶的结晶后人们接受了Summer的结论。1947年Summer获得诺贝尔化学奖。与此同时，运用X射线衍射分析，人们相继弄明确了溶菌酶、胰凝乳蛋白酶等多种酶的结构和作用机制。

20世纪中期，针对酶在反应中表现出来的相对专一性和绝对专一性，Koshland提出了"诱导契合"学说。Monod提出了"变构模型"，解释了酶的调控机制。

1969年我国科学家首次人工合成具有生物活性的牛胰岛素，这一成就成为酶学研究的重要里程碑。

基因工程技术的诞生为酶的研究和发展带来了一次重要的机遇。DNA定点突变技术可以改变酶的活性及专一性。特别是酶活性中心的氨基酸残基的变化对酶的作用是十分显著的。

1982年，Cech等人发现核酸也具有生物催化功能。"核酶"概念的出现对于传统的"酶是具有催化功能的蛋白质"的表述是极大的挑战。人们接受了核酸具有催化功能的事实，最终将酶定义为"酶是具有生物催化功能的生物大分子"。

现在酶的应用领域越来越广。食品工业、医药卫生、轻纺化工、环保等领域都是酶的重点开发方向。酶的应用改变了人们的生活。如在日常生活中使用的加酶洗衣粉，同一般的洗衣粉相比，加酶洗衣粉中含有蛋白质和脂肪酶等多种酶，去除汗渍和油污的能力比传统的洗衣粉强了许多倍。酶的应用同时促进了酶工程的发展。

三、酶工程技术

所谓酶工程，就是在一定的生物反应器中，利用酶的催化作用，将相应的原料转化成有用物质的技术。而且酶工程在生物工程占极其重要的地位，没有酶的作用，任何生物工程技术都不能实现。

概括地说，酶工程包括酶制剂的生产和应用两个方面。

虽然已知酶的种类7000多种，但实际已被运用的仅几十种。已经能够实现工业化生产的酶有淀粉酶、糖化酶、蛋白酶、葡萄糖异构酶等，其中碱性蛋白酶用于加酶洗涤剂，占酶销售额的首位，青霉素固化酶用于医疗，占世界用量的第二位。

在初期酶制剂主要来源于动植物材料，当今酶的来源主要是微生物。生产酶制剂的过程包括酶的产生、提取、纯化和固定化等步骤。

1. 酶的产生、提取和纯化

（1）酶的产生　酶普遍存在于动物、植物和微生物体内。人们最早是从植物的器官和组织中提取酶的。例如，从胰脏中提取蛋白酶，从麦芽中提取淀粉酶；现在，酶大都来自微生物发酵生产，这是因为同植物和动物相比，微生物具有容易培养、繁殖速度快和便于大规模生产等优点。只要提供必要的条件，就可以利用微生物发酵来生产酶。

（2）酶的提取和纯化　从微生物、动植物细胞中得到含有多种酶的提取液后，为了从混合液中获得所需要的某一种酶，必须将提取液中的其他物质分离，以获得纯化酶的目的。

2. 酶的固定化

酶固定化技术是先将纯化的酶连接到一定的载体上，使用时将被固定的酶投放到反应溶液中，催化反应结束后又能将被固定的酶回收。

固定化酶的技术是1969年日本首先研制成功，现在该方法已经应用到多种酶的生产中。固定化酶一般是呈膜状、颗粒状或粉状的酶制剂，它在一定的空间范围内催化底物反应。

3. 固定化细胞

利用胞内酶制作固定化酶时，先要把细胞打碎，才能将里面的酶提取出来，这就增加了酶制剂生产的工序和成本。直接固定细胞同样可以提供我们所需的酶（胞内酶），因此固定化细胞同样可以代替酶进行催化反应。例如，将酵母细胞吸附到多孔塑料的表面上或包埋在琼脂中，制成的固定化酵母细胞，可以用于酒类的发酵生产。

四、酶制剂的应用

目前随着酶工程技术的发展，酶已经广泛应用于医药卫生、食品加工、环境保护和轻化工业。在医药上，胰岛素作为治疗糖尿病的常用药品，尿激酶可以用来活化人体内的溶纤维蛋白酶原，使溶纤维蛋白酶原转化为溶纤维蛋白酶，溶化血栓，治疗脑出血、心肌梗死、肺动脉阻塞等心脑血管疾病。在食品加工上，利用酶制剂生产产品，可以提高生产效率，如酿酒厂和饮料厂利用果胶酶来澄清果酒和果汁；如用葡萄糖氧化酶可以除去密封饮料和罐头中的氧气，从而有效地防止饮料和食品氧化变质；再如，用木瓜蛋白酶制成的嫩肉粉，可以使肉丝、肉片等烹调后吃起来嫩滑可口等。在环境保护上，利用固定化多酚氧化酶研制成多酚氧化酶传感器，可快速测定出炼油和炼焦工厂排放到河流和湖泊水中的酚量。在化学纺织工业等方面，应用蛋白酶，既加速皮革的浸水、脱毛、软化过程，又改变旧工艺脏、累、臭的状况。在纺织方面，一些纺织原料也可以利用酶制剂进行加工；利用蛋白酶对天然蚕丝进行脱胶，脱胶后的蚕丝具有鲜亮的色泽和柔滑的手感。

第二节 酶的发酵生产

商业用酶来源于动植物组织和某些微生物。传统上由植物组织提供的酶有蛋白酶、淀粉酶、氧化酶和其他酶，由动物组织提供的酶主要有胰蛋白酶、脂肪酶和凝乳酶。但是，从动物组织或植物组织大量提取的酶，经常会涉及到技术、经济以及伦理上的问题，许多传统的酶源已远远不能适应当今世界对酶的需求。为了扩大酶源，人们正越来越多地求助于微生物。微生物作为酶生产的主要来源有以下原因：①生物生长繁殖快，世代时间短，产量高；②微生物培养方法简单，生产原料来源丰富，价格低廉，机械化程度高，经济效益高；③微生物菌株种类繁多，酶的品种齐全；④微生物有较强的适应性和应变能力，可以通过适应、诱导、诱变及基因工程等方法培育出新的产酶菌种。

虽然如此，但能够用于酶工业化生产的微生物种类还是十分有限的。主要是使用未经检验的微生物进行生产存在产品毒性与安全性问题。基于这个原因，目前大多数工业微生物酶的生产，都局限于使用仅有的极少数的真菌或细菌。其次，产酶菌株的筛选也有较严格的标准。

一、产酶优良菌种的筛选

1. 优良菌株的标准

优良的产酶菌种是提高酶产量的关键，筛选符合生产需要的菌种是发酵生产酶的首要环节，一个优良的产酶菌种应具备以下特点：

（1）繁殖快、产量高、生产周期短。

（2）适宜生长的底物低廉易得。

（3）产酶性能稳定、不易退化、不易受噬菌体侵袭。

（4）产生的酶容易分离纯化。

（5）安全可靠，非致病菌，不会产生有毒物质。

2. 筛选过程

产酶菌种的筛选方法主要包括含菌样品的采集、菌种分离、产酶性能测定及复筛等。对于产生胞外酶的菌株，经常采用分离、定性和半定量测定相结合的方法，在分离时就基本能够预测菌株的产酶性能。

胞外酶产酶菌株的筛选操作如下：将酶的底物和培养基混合倒入培养皿中制成平板，然后将待测菌涂布在培养基表面，如果菌落周围的底物浓度发生变化，即证明它产酶。

如果是产生胞内酶的菌株筛选，则可采用固体培养法或液体培养法来确定。

（1）固体培养法　将菌种接入固体培养基中保温数天，用水或缓冲液将酶抽提，测定酶活力，这种方法主要适用于霉菌。

（2）液体培养法　将菌种接入液体培养基后，静置或振荡培养一段时间（视菌种而异），再测定培养物中酶的活力，通过比较，筛选出产酶性能较高的菌种。

3. 产酶常用的微生物

按照产酶微生物的筛选标准，常用的产酶微生物有以下几类。

（1）细菌　细菌是工业上有重要应用价值的原核微生物。在酶的生产中，常用的有大肠杆菌、枯草芽孢杆菌等。大肠杆菌可以用于生产多种酶，如谷氨酸脱羧酶、天冬氨酸酶、青霉素酰化酶等；枯草芽孢杆菌可以生产 α - 淀粉酶、蛋白酶、碱性磷酸酶等。

（2）放线菌　常用于酶发酵生产的放线菌，主要是链霉菌。链霉菌是生产葡萄糖异构酶的主要微生物，同时也可以生产青霉素酰化酶、纤维素酶、碱性蛋白酶、中性蛋白酶、几丁质酶等。

（3）霉菌　霉菌是一类丝状真菌，用于酶生产的霉菌主要有黑曲霉、米曲霉、红曲霉、青霉、木霉、根霉、毛霉等，生产的酶种类有糖化酶、果胶酶、α - 淀粉酶、酸性蛋白酶、葡萄糖氧化酶、过氧化氢酶、核酸核糖酶、脂肪酶、纤维素酶、半纤维素酶、凝乳酶等 20 多种酶。

（4）酵母　常用于产酶的酵母有啤酒酵母和假丝酵母。啤酒酵母除了主要用于啤酒、酒类的生产外，还可以用于转化酶、丙酮酸脱羧酶、醇脱氢酶的生产。假丝酵母可以用于生产脂肪酶、尿酸酶、转化酶等。

二、基因工程菌株（细胞）

基因工程技术可以将未经批准的产酶微生物的基因或由生长缓慢的动植物细

胞产酶的基因，克隆到安全的、生长迅速的、产量很高的微生物体内，形成基因工程菌株，然后发酵生产。基因工程技术还可以通过增加基因的拷贝数，来提高微生物产生的酶数量。目前，世界上最大的工业酶制剂生产厂商丹麦诺维信公司，生产酶制剂的菌种约有80%是基因工程菌。至今已有100多种酶基因克隆成功，包括尿激酶基因、凝乳酶基因等。

要构建一个具有良好产酶性能的基因工程菌株，必须具备良好的宿主–载体系统。

理想的宿主应具备以下几个特性：

（1）载体与宿主相容，携带酶基因的载体能在宿主体内稳定维持。

（2）菌体容易大规模培养，生长无特殊要求，且能利用廉价的原料。

（3）所产生的目标酶占总蛋白量的比例较高，且能以活性形式分泌。

（4）宿主菌对人安全，不分泌毒素。

自然界蕴藏着巨大的微生物资源，在发现的微生物中，有99%的微生物是在实验室内使用常规的培养方法培养不出的微生物。现在人们可以采用新的分子生物学方法直接从这类微生物中探索和寻找有开发价值的新的微生物菌种、基因和酶。目前科学家们热衷于从极端环境条件下生长的微生物中筛选新的酶，主要研究嗜热微生物、嗜冷微生物、嗜盐微生物、嗜酸微生物、嗜硫微生物和嗜压微生物等。这就为新酶种和酶的新功能开发提供了广阔的空间。目前在嗜热微生物的研究方面取得了可喜的进展，如耐高温的淀粉酶和DNA聚合酶等已得到广泛的应用。

三、微生物酶的发酵生产

微生物酶的发酵生产是指在人工控制的条件下，有目的地利用微生物培养来生产所需的酶，其技术包括培养基和发酵方式的选择及发酵条件的控制管理等方面的内容。

1. 培养基

（1）碳源 碳源是微生物细胞生命活动的基础，是合成酶的主要原料之一。工业生产上应考虑原料的价格及来源，通常使用各种淀粉及它们的水解物如糊精、葡萄糖等作为碳源。在微生物发酵中，为减少葡萄糖所引起的分解代谢物的阻遏作用，采用淀粉质材料或它们的不完全水解物比葡萄糖更有利。一些特殊的产酶菌需要特殊的碳源才能产酶，如利用黄青霉生产葡萄糖氧化酶时，以甜菜糖蜜作碳源不产生目的酶，而以蔗糖为碳源产酶量显著提高。

（2）氮源 氮源可分为有机氮和无机氮。选用何种氮源因微生物或酶种类的不同而不同，如用于生产蛋白酶、淀粉酶的发酵培养基，多数以豆饼粉、花生饼粉等为氮源，因为这些高分子有机氮对蛋白酶的形成有一定程度的诱导作用；而利用绿木霉生产纤维素酶时，应选用无机氮为氮源，因为有机氮会促进菌体的生长繁殖，对酶的合成不利。

（3）无机盐类　有些金属离子是酶的组成成分，如钙离子是淀粉酶的成分之一，也是芽孢形成所必需的金属离子。无机盐一般在低浓度情况下有利于酶产量的提高，而高浓度则容易产生抑制。

（4）生长因子　生长因子是指细胞生长必需的微量有机物，如维生素、氨基酸、嘌呤碱、嘧啶碱等。有些氨基酸还可以诱导或阻遏酶的合成，如在培养基中添加大豆的酒精抽提物，米曲霉的蛋白酶产量可提高约 2 倍。

（5）pH　在配制培养基时应根据微生物的需要调节 pH。一般情况下，多数细菌、放线菌生长的最适 pH 为中性至微碱性，而霉菌、酵母则偏好微酸性。培养基的 pH 不仅影响微生物的生长和产酶，而且对酶的分泌也有影响。如用米曲霉生产 α - 淀粉酶，当培养基的 pH 由酸性向碱性偏移时，胞外酶的合成减少，而胞内酶的合成增多。

2. 酶的发酵生产方式

酶的发酵生产方式有两种：一种是固体发酵，另一种是液体深层发酵。固体发酵法用于真菌的酶生产，其中用米曲霉生产淀粉酶，以及用曲霉和毛霉生产蛋白酶在我国已有悠久的历史。这种培养方法虽然简单，但是操作条件不易控制。随着微生物发酵工业的发展，现在大多数的酶都是通过液体深层发酵培养生产的。液体深层培养应注意控制以下条件。

（1）温度　温度不仅影响微生物的繁殖，而且也显著影响酶和其他代谢产物的形成和分泌。一般情况下产酶温度低于最适生长温度，例如，酱油曲霉蛋白合成酶合成的最适温度为 28℃，而其生长的最佳温度为 40℃。

（2）通气和搅拌　需氧菌的呼吸作用要消耗氧气，如果氧气供应不足，将影响微生物的生长发育和酶的产生。为提高氧气的溶解度，应对培养液加以通气和搅拌。但是通气和搅拌应适当，以能满足微生物对氧的需求为妥，过度通气对有些酶（如青霉素酰化酶）的生产会有明显的抑制作用，而且剧烈搅拌和通气容易引起酶蛋白变性失活。

（3）pH 的控制　在发酵过程中要密切注意控制培养基 pH 的变化。有些微生物能同时产生几种酶，可以通过控制培养基的 pH 以影响各种酶之间的比例，例如，当利用米曲霉生产蛋白酶时，提高 pH 有利于碱性蛋白酶的形成，降低 pH 则主要产生酸性蛋白酶。

3. 提高酶产量的措施

在酶的发酵生产过程中，为了提高酶的产量，除了选育优良的产酶菌株外，还可以采用其他措施，如添加诱导物、控制阻遏物浓度、添加表面活性剂、添加产酶促进剂等。

（1）添加诱导物　对于诱导酶的发酵生产，在发酵培养基中添加诱导物能使酶的产量显著增加。诱导物一般可分为三类：①酶的作用底物：如青霉素是青霉素酰化酶的诱导物；②酶的反应产物：如纤维素二糖可诱导纤维素酶的产生；③酶的底物类似物：例如，异丙基－β－D－硫代半乳糖苷（IPTG）对β－半乳糖苷酶的诱导效果比乳糖高几百倍。使用最广泛的诱导物是不参与代谢的底物类似物。

（2）控制阻遏物浓度 微生物酶的生产会受到代谢末端产物的阻遏和分解代谢物阻遏的调节。为避免分解代谢物的阻遏作用，可采用难以利用的碳源，或采用分批添加碳源的方法使培养基中的碳源保持在不至于引起分解代谢物阻遏的浓度。例如，在β－半乳糖苷酶的生产中，只有在培养基中不含葡萄糖时，才能大量诱导产酶。对于受末端产物阻遏的酶，可通过控制末端产物的浓度使阻遏解除。例如，在组氨酸的合成途径中，10 种酶的生物合成受到组氨酸的反馈阻遏，若在培养基中添加组氨酸类似物，如 2－噻唑丙氨酸，可使这 10 种酶的产量增加10 倍。

（3）添加表面活性剂 在发酵生产中，非离子型的表面活性剂常被用作产酶促进剂，但它的作用机制尚未明确；可能是由于它的作用改变了细胞的通透性，使更多的酶从细胞内透过细胞膜泄漏出来，从而打破胞内酶合成的反馈平衡，提高了酶的产量。此外，有些表面活性剂对酶分子有一定的稳定作用，可以提高酶的活力，例如，利用霉菌发酵生产纤维素酶，添加 1% 的吐温可使纤维素酶的产量提高几倍到几十倍。

（4）添加产酶促进剂 产酶促进剂是能提高酶产量但作用机制尚未阐明的物质，它可能是酶的激活剂或稳定剂，也可能是产酶微生物的生长因子，或有害金属的螯合剂，例如，添加植物钙可使多种霉菌的蛋白酶和橘青霉的 5′－磷酸二酯酶的产量提高 2～20 倍。

第三节 酶的提取与分离技术

酶的提取与分离纯化是指将酶从细胞或其他含酶原料中提取出来，再与杂质分离，而获得所需酶的过程。主要内容包括细胞破碎、酶的提取、沉淀分离、离心分离、过滤与膜分离、层析分离、电泳分离、萃取分离、结晶、干燥等。

一、细 胞 破 碎

除胞外酶外，绝大多数酶都存在于细胞内部。为了获得细胞内的酶，首先要收集细胞、破碎细胞，让酶从细胞内释放出来，然后进行酶的提取和分离纯化。

细胞的破碎方法可以分为机械破碎法、物理破碎法、化学破碎法和酶促破碎法等。在实际应用时应当根据具体情况选择适宜的细胞破碎方法，有时也采用两种或者两种以上的方法联合使用，达到较好的破碎效果。

表 5－1 列出了几种细胞破碎方法及原理。

表 5 – 1　　　　　　　　　　　　　　**细胞破碎方法及原理**

分类	细胞破碎方法	细胞破碎原理
机械破碎法	捣碎法 研磨法 匀浆法	通过机械运动产生的剪切力，使组织、细胞破碎
物理破碎法	温度差破碎法 压力差破碎法 超声波破碎法	通过各种物理因素的作用，使组织、细胞的外层结构破坏，从而使细胞破碎
化学破碎法	添加有机溶剂 添加表面活性剂	通过各种化学试剂对细胞膜的作用，而使细胞破碎
酶促破碎法	自溶法 外加酶制剂法	通过细胞本身的酶系或外加酶制剂的催化作用，使细胞外层结构破坏，而使细胞破碎

二、酶 的 提 取

酶的提取是指在一定条件下，用适当的溶液或溶剂处理含酶原料，使酶溶解到溶剂中来，实际上就是酶的抽提过程。

酶提取时，溶剂的选择与酶的结构和溶解性质有关。一般来说，极性物质易溶于极性溶剂中，非极性物质易溶于非极性有机溶剂中，酸性物质易溶于碱性溶液中，碱性物质易溶于酸性溶液中。

根据酶的结构特点，绝大部分酶都能够溶于水中，通常可以采用稀酸、稀碱、稀盐溶液提取；有些酶与脂类物质结合或者带较多的非极性基团，则采用有机溶剂提取。

表 5 – 2 列出了提取酶的各种方法。

表 5 – 2　　　　　　　　　　　　　　**酶的主要提取方法**

提取方法	用于提取的溶剂	提取的酶的性质
盐溶液提取	$0.02 \sim 0.5 mol/L$ 的盐溶液	在低盐溶液中溶解度较大的酶
酸溶液提取	pH2 ~ 6 的水溶液	在稀酸溶液中溶解度较大且稳定性较好的酶
碱溶液提取	pH8 ~ 12 的水溶液	在稀碱溶液中溶解度较大且稳定性较好的酶
有机溶剂提取	可与水混溶的有机溶剂	与脂类结合或者含较多非极性基团的酶

为了提高酶的提取效率，并防止酶变性失活，在提取过程中要注意控制温度、pH 等提取条件。

三、沉 淀 分 离

沉淀分离是通过改变某些条件或添加某些物质，使酶的溶解度降低，从溶液中沉淀析出与其他溶质分离的技术过程。

沉淀分离的方法主要有盐析沉淀法、等电点沉淀法、有机溶剂沉淀法、复合沉淀法等。

表5-3列出了各种沉淀法的分离原理。

表5-3　　　　　　　　　　　　　　　沉淀分离方法

沉淀分离方法	分离原理
盐析沉淀法	利用酶（蛋白质）不同盐浓度下的溶解度不同的原理，使酶或者杂质析出沉淀，从而使酶与杂质分离
等电点沉淀法	利用两性电解质在等电点时溶解度最低以及不同的两性电解质有不同的等电点的特性，调节溶液的pH，使酶或杂质沉淀析出，从而使酶与杂质分离
有机溶剂沉淀法	利用酶与其他杂质在有机溶剂中的溶解度不同，通过添加一定量的有机溶剂，使酶与杂质沉淀析出，从而使酶与杂质分离
复合沉淀法	在酶液中加入某些物质，使它与酶形成复合物而沉淀下来，从而使酶与杂质分离

四、离 心 分 离

离心分离是借助于离心机旋转所产生的离心力，使不同大小、不同密度的物质分离的技术过程。

根据离心机最大转速的不同，可以分为低速离心机、高速离心机和超速离心机三种。

低速离心机的最大转速在8000r/min。在酶的分离纯化中，主要用于细胞、细胞碎片和培养基残渣等固形物的分离，也可用于酶的结晶等较大颗粒的分离。

高速离心机的最大转速为$(1\sim2.5)\times10^4$ r/min。在酶的分离纯化过程中，主要用于细胞碎片和细胞器的分离。为防止高速离心时产生高温导致酶变性失活，配置冷冻降温装置，称为高速冷冻离心机。

超速离心机的最大转速达到$(2.5\sim12)\times10^4$ r/min。主要用于DNA、RNA、蛋白质等生物大分子以及细胞器和病毒的分离纯化、沉降系数和相对分子质量的测定等。超速离心机的要求较高，均配置有冷冻系统、控温系统、真空系统、制动系统和安全系统等。

五、过滤与膜分离

过滤是借助于过滤介质将不同大小、不同形状的物质分离的技术过程。可以作为过滤介质的物质有滤纸、滤布、纤维、多孔陶瓷和各种高分子膜等。根据过滤介质的不同，过滤可以分为膜过滤和非膜过滤。将粗滤及部分微滤采用高分子膜以外的物质作为过滤介质，称为非膜过滤；而大部分微滤以及超滤、反渗透、透析、电渗析等采用各种高分子膜作为过滤介质，称为膜过滤或膜分离技术。

根据过滤介质截留的物质颗粒大小不同，过滤可以分为粗滤、微滤、超滤和反渗透四大类。表5-4列出了它们的主要特性。

表5-4 过滤的种类及特性

类别	截留的颗粒大小	截留的主要物质	过滤介质
粗滤	>2μm	酵母、霉菌、动物细胞、植物细胞、固形物等	滤纸、滤布、纤维多孔陶瓷等
微滤	0.2~2μm	细菌、灰尘等	微过滤、微孔陶瓷
超滤	2nm~2μm	病毒、生物大分子等	超滤膜
反渗透	<2nm	生物小分子、盐、离子等	反渗透膜

六、层 析 分 离

层析分离是利用混合液中各组分的物理化学性质（分子的大小和形状、分子极性、吸附力、分子亲和力、分配系数）的不同，使各组分以不同比例分配在两相中。其中一相为固定的称为固定相，另一相为流动的称为流动相。当流动相流经固定相时，各组分以不同的速度移动，从而使不同的组分分离纯化。

分离酶常用的层析方法有吸附层析、分配层析、离子交换层析、凝胶层析和亲和层析等。表5-5列出各种层析方法采用的依据。

表5-5 层析分离方法

层析方法	分离依据
吸附层析	利用吸附剂对不同物质的吸附力不同，而使混合物中各组分分离
分配层析	利用各组分在两相中的分配系数不同，而使各组分分离
离子交换层析	利用离子交换剂上的可解离基团对各种离子的亲和力不同，而达到分离的目的
凝胶层析	以各种多孔凝胶为固定相，利用流动相中各组分的相对分子质量不同，而使各组分分离
亲和层析	利用生物分子与配基之间所具有的专一而又可逆的亲和力，使生物分子分离纯化
层析聚焦	将酶等两性物质的等电点特性与离子交换层析的特性结合在一起，实现组分分离

七、电泳分离

带电离子在电场中向着与其本身所带电荷相反的电极移动的过程称为电泳。物质颗粒在电场中的移动方向为：带正电荷的颗粒向电场的阴极移动；带负电荷的颗粒则向阳极移动；净电荷为零的颗粒在电场中不移动。颗粒在电场中的移动速度主要取决于其本身所带的净电荷量，同时受颗粒形状和大小的影响。此外还受电场强度、溶液的 pH、离子强度及支持体的特性等外界条件的影响。

电泳的方法有多种。按照使用的支持体的不同，可以分为纸电泳、薄层电泳、薄膜电泳、凝胶电泳、自由电泳和等电聚焦电泳等。

在酶学研究中，电泳技术主要用于酶的纯度鉴定、酶的分子质量测定、酶等电点测定以及少量酶的分离纯化。

八、萃取分离

萃取分离是利用物质在两相中的溶解度不同而使其分离的技术。萃取中的两相一般为互不相溶的两个液相或其他流体。

按照两相的组成不同，萃取可以分为有机溶剂萃取、双水相萃取、超临界萃取等。

1. 有机溶剂萃取

有机溶剂萃取的两相分别为水相和有机溶剂相，利用溶质在水和有机溶剂中溶解度的不同而达到分离。用于萃取的有机溶剂主要有乙醇、丙酮、丁醇、苯酚等。

2. 双水相萃取

双水相萃取的两相分别为互不相溶的两个水相。利用溶质在两个互不相溶的水相中溶解度的不同而达到分离。双水相萃取中使用的双水相一般是按一定比例组成的互不相溶的盐溶液和高分子溶液或者两种互不相溶的高分子溶液。

3. 超临界萃取

超临界萃取又称为超临界流体萃取，是利用欲分离物质在超临界流体中溶解度的不同而达到分离的一种萃取技术。超临界流体的物理特性和传质特性介于液体和气体之间，具有和液体同样的溶解能力，其萃取速度很高；但其随温度和压力的变化，超临界流体转变为气体，使萃取的物质很容易从超临界流体中分离出来。在超临界流体中，不同的物质具有不同的溶解度，溶解度大的物质容易与溶解度少或不溶解的物质分离。目前在超临界萃取中最常用的超临界流体是 CO_2。CO_2 超临界点的温度为 31.3℃，超临界压力为 7.3MPa，超临界密度为 0.47g/mL。特别适合生物活性物质的提取和分离。

九、结 晶

结晶是溶质以晶体形式从溶液中析出的过程。酶的结晶是酶分离纯化的一种手段。酶在结晶之前，酶液必须经过纯化达到一定纯度和浓度。通常在 50% 以上的纯度才能结晶，纯度越高越容易结晶；同样，浓度也是结晶的一个很重要的因素，浓度过低无法析出结晶。此外，在结晶过程中还要控制好温度、pH、离子强度等结晶条件，才能得到结构完整、大小均一的晶体。

结晶的方法很多，主要有盐析结晶法、有机溶剂结晶法、透析平衡结晶法和等电点结晶法等方法。其原理与沉淀分离的原理类似。

十、干　燥

干燥是将固体、半固体或浓缩液中的水分或其他溶剂除去一部分，以获得含水分较少的固体物质的过程。酶经过干燥后，可以提高酶的稳定性，利于产品保存、运输和使用。常用的干燥方法有真空干燥、冷冻干燥、喷雾干燥、气流干燥和吸附干燥等。

【知识拓展】

纤维素酶的分离纯化

纤维素是地球上最丰富的可再生性碳源物质，其降解是自然界碳素循环的中心环节。有效利用纤维素可有效解决能源危机和环境污染等重大问题。采用纤维素酶进行水解是保证无污染地将这些纤维素物质转化成简单糖的关键，是纤维素被彻底分解的有效途径。纤维素酶来源广泛，植物、微生物、软体动物、原生动物、昆虫等都能产纤维素酶。其组分较复杂，主要有内切葡聚糖酶、外切葡聚糖酶、β - 葡萄糖苷酶三种。不同组分的分子质量和等电点大多不同，给纤维素酶分离纯化造成了一定的困难。因而，选择适宜的分离纯化方法是降低纤维素酶生产成本、提高纤维素酶活力的主要途径。

目前常用的纤维素酶的分离纯化法包括沉淀法、凝胶层析法、离子交换层析法、亲和层析法、疏水层析法、电泳分离以及萃取分离法等。这些方法可单独作用来分离纯化纤维素酶，也可组合运用，以达到更好的分离效果。下面以沉淀法和层析法为例说明从黑曲霉中分离纯化纤维素酶的过程。

1. 盐析沉淀

硫酸铵是盐析中最为常用的盐，具有不会使蛋白质变性、盐析能力强、溶解度大等优点。分段硫酸铵盐析需要确定所需硫酸铵的饱和度区间以及溶液的 pH。因此在不同 pH 的酶液中加硫酸铵固体至不同饱和度，高速离心后，测沉淀的纤维素酶活力，以此可确定最佳硫酸铵饱和度。

2. Sephadex G - 100 凝胶柱层析

取上述所得最佳相对饱和度硫酸铵盐析后的沉淀物，溶解于 pH5 的缓冲溶液中，用滴管小心缓慢加入凝胶柱。滴管口伸入液面下位于柱中央，勿扰动上层凝胶。打开出液口，使酶液慢慢渗入凝胶。待酶液刚刚渗入凝胶时，关闭出液口，用滴管在距胶面 2~3cm 处沿柱壁慢慢加入缓冲液，在距胶面 5cm 时接上洗脱管，打开出液口，开始洗脱。测各收集管中酶液的蛋白含量及内切酶酶活力，以期对纤维素酶初酶液进行初步分离。凝胶层析法是以各种多孔凝胶为固定相，利用流动相中各组分的相对分子质量不同而使各组分分离。但仅根据分子质量大小的差别很难将纤维素酶各组分完全分开。因此需要采用离子交换层析对分子质量相近的成分进一步分离。

3. DEAE-FF 弱阴离子交换柱层析

1mL 预装柱，pH5 缓冲液平衡 DEAE-FF 弱阴离子交换柱。将经过 Sephadex G-100 柱层析的内切酶峰值溶液，上阴离子交换柱。含 1mol/L NaCl 的上述平衡液进行梯度洗脱，洗脱速度为 1 mL/min，分步收集器自动收集，每管 1mL。对纤维素酶酶液进行进一步分离。离子交换层析法可进一步将凝胶层析法无法分离的酶组分进行分离，得到纯化倍数更高的酶。

纤维素酶的分离纯化工作非常重要，只有得到纯酶，才能了解其组成、性质及相互关系，并可根据纤维素酶的不同理化性质，开展纤维素酶降解机制的研究，为缓解能源危机和控制环境污染提供技术支持。

第四节　酶分子修饰

酶分子是具有完整化学结构和空间结构的生物大分子。酶的结构决定了酶的性质和功能。当酶分子的结构发生改变时，将引起酶的性质和功能的改变。

酶分子完整的空间结构给予了酶分子的生物催化功能，使其具有催化高效性、作用专一性和反应条件温和等特点。但另一方面，也是因为酶的分子结构使酶具有稳定性差、活性不高和可能具有抗原性等弱点，限制了酶的应用。因此人们需要进行酶分子修饰的研究。

所谓酶分子修饰，就是通过各种方法使酶分子结构发生某些改变，从而改变酶的某些特性和功能的技术。

酶分子修饰的方法多种多样。归纳起来，酶分子修饰主要包括金属离子置换修饰、大分子结合修饰、侧链基团修饰、肽链有限水解修饰、核苷酸链有限水解修饰、氨基酸置换修饰和酶分子物理修饰等。

一、金属离子置换修饰

将酶分子中的金属离子置换成另一种金属离子，使酶的特性和功能发生改变的修饰方法称为金属离子置换修饰。

通过金属离子置换修饰，可以了解各种金属离子在酶催化过程中的作用，阐明酶分子的催化作用机制，提高酶活力，增强稳定性，甚至改变酶的某些动力学性质。

有些酶分子中的金属离子，往往是酶活性中心的组成部分，对酶的催化功能起到非常重要的作用。如过氧化氢酶分子中的 Fe^{2+}，超氧化歧化酶分子中的 Cu^{2+}、Zn^{2+} 等。

若从酶分子中除去所含的金属离子，酶往往会丧失其催化活性。如果重新加入原有的金属离子，酶的催化活性可以恢复或者部分恢复。若用另一种金属离子进行置换，则可使酶呈现出不同的特性。有的可使酶的活性降低甚至丧失，有的可以使酶的活性提高或者增加酶的稳定性。如 α - 淀粉酶分子中大多数含有钙离子，有些含有镁离子或者锌离子，若将镁离子、锌离子置换为钙离子，则结晶的钙型 α - 淀粉酶活力比一般结晶的杂型 α - 淀粉酶活力提高 3 倍以上。

二、大分子结合修饰

采用水溶性大分子与酶的侧链基团共价结合，使酶分子的空间构象发生改变，从而改变酶的特性与功能的方法称为大分子结合修饰。大分子结合修饰具有以下作用。

（1）通过修饰提高酶活力 水溶性大分子与酶的侧链基团通过共价结合后，可使酶的空间构象发生改变，使酶活性中心更有利于与底物结合，并形成准确的催化部位，从而提高酶的活力。例如，每分子胰凝乳蛋白酶与 11 分子右旋糖苷结合，酶的活力提高 5.1 倍。

（2）通过修饰增强酶的稳定性 酶的稳定性可以用酶的半衰期表示。酶的半衰期长，说明酶的稳定性好，反之则差。不同的酶具有不同的半衰期。如超氧化歧化酶在人体血浆中的半衰期只有 $6 \sim 30min$，而通过聚乙二醇修饰后，半衰期提高到 35h。

（3）消除酶蛋白的抗原性 对人体来讲，来源于动植物或者微生物细胞的酶是一种外源蛋白，往往具有抗原性。进入人体会刺激产生抗体。抗体与抗原结合会使酶失去催化功能。通过酶分子结构修饰，可以降低甚至消除抗原性。如具有抗癌作用的精氨酸酶经过聚乙二醇结合修饰，生成聚乙二醇 - 精氨酸酶后，其抗原性消失，使精氨酸酶很好地发挥了抗癌效能。

三、侧链基团修饰

采用一定的化学方法使酶分子的侧链基团发生改变，从而改变酶分子的特性和功能的修饰方法称为侧链基团修饰。

酶的侧链基团修饰可以用于研究酶分子的结构与功能。如侧链基团对酶分子活力与稳定性的影响；对酶功能的贡献及测定某一基团在酶分子中的数量。

酶的侧链基团修饰的方法很多，主要有氨基修饰、羧基修饰、巯基修饰、胍基修饰、酚基修饰、咪唑基修饰、吲哚基修饰、分子内交联修饰等。

第五节　酶的固定化

酶的固定化可以通过多种形式实现。固定化酶、固定化细胞、固定化原生质体都是酶的固定化形式。通常将未经固定的酶或细胞称为游离酶（天然酶）或细胞，固定的酶称为固定化酶，固定的微生物细胞称为固定化细胞。固定化酶（细胞）用于发酵可称为固定化酶（细胞）发酵，或简称固定化发酵。

一、固定化的优势

将酶固定在载体上形成固定化酶具有如下优势。

（1）固定化酶（细胞）可以重复使用　游离酶（细胞）与底物作用是一次性的，非连续性的发酵罐发酵也是一次性的，而固定化酶（细胞）与反应物作用可多次使用，有的可达几十、几百次，甚至连续使用几年，尤其是固定化细胞，可以看作是固定化细胞的连续发酵，极大地提高了生产效率，如用固定化梭状芽孢杆菌厌氧条件下连续发酵生产正丁醇和异丙醇，已获得产率高出分批发酵4倍的产量。

（2）产物的分离、提纯等后处理比较容易　游离酶与产品混在一起难分离，发酵的产品与大量的菌体和非需要的产物混在一起，分离、纯化工艺难度较大，利用固定化酶和细胞的产物相对较少地含有非需要产物和菌体，产品分离容易。

（3）固定化酶（细胞）一般都做成了球形颗粒或薄片状，使产品的生产工艺操作简化，易于实行机械化和自动化操作，所需的设备和器材也较简易。

（4）固定化酶（细胞）酶活力很高或细胞密度很大，而且抗酸、碱、温度变化的性能高，酶活性较稳定。因而反应速度加快，生产周期缩短。

（5）固定化酶与固定化细胞相比，各有所长　固定化酶相对产物更单一，非需要的产物更少些，生产操作条件更易控制；而固定化细胞不需要酶的提取，减少了酶活力的损失和操作，还可以利用细胞中的多酶体系，完成需要多种酶参加的反应。此外固定的细胞可以是死的，也可以是活的。活的细胞在生产过程中可同时增殖，更有利于重复使用和加快反应速度，许多固定化的微生物活细胞，用来处理某些污水的工艺，一直运转几年，固定化细胞仍可使用。

二、固定化的类型

用不同的载体和不同的操作方法将酶或微生物细胞固定，根据固定化的主要机理，一般分成五类。

（1）吸附固定　按照正、负电荷相吸的原理，酶或细胞吸附在载体的表面而被固定［图5-3（1）］。例如，用瓷碎片、玻璃球、尼龙网、棉花、木屑、毛发等做载体，经一定操作处理后，将酶或细胞吸附固定在其表面。

117

（2）包埋固定 大分子的有机或无机聚合物，将酶或细胞包裹、载留在凝胶中而被固定［图 5 - 3（2）］。例如，可用琼脂、明胶、海藻酸钙、κ - 角叉菜聚糖、聚丙烯酰胺等做载体，经一定的操作处理后，将酶或细胞包埋在里面。

（3）共价固定 酶或细胞与载体通过共价键而被固定［图 5 - 3（3）］。例如，酶或细胞溶液与含羧酸载体（R—COOH）或氨基载体（R—NH$_2$），在缩合剂碳化二亚胺的作用下，经搅拌等处理，而制成固定化酶或细胞。

（4）交联固定 在双功能基团交联剂作用下，酶分子或细胞上的化合物基团与载体上的化合基团相互交联，呈网状结构而被固定［图 5 - 3（4）］，最常用的交联剂是戊二醛。

（5）微囊固定 用一层亲水性的半透膜将酶或细胞固定在珠状的微囊里［图 5 - 3（5）］。例如，用海藻酸钠溶液与酶或细胞混合，滴入 CaCl$_2$ 溶液中形成凝胶微珠，然后用聚赖氨酸溶液处理微珠表面，再用柠檬酸去除海藻酸钙微珠的钙离子，使微珠内海藻酸成液态，酶或细胞悬浮其中，而微珠表面由于受到聚赖氨酸的处理，钙不被去掉，从而不再溶解，形成一层微囊膜，酶或细胞包在微囊中而被固定。

有的固定化酶（细胞）的制作机理既有吸附原理，也有包埋作用或化合键的形成，根据多种原理制成的固定化酶（细胞）其附着力更强，催化效率更好。

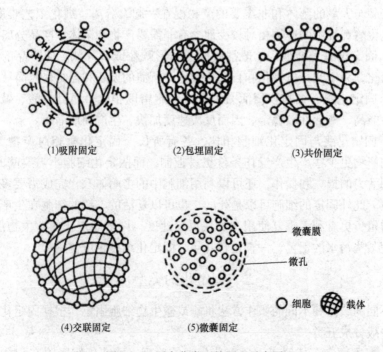

图 5 - 3 固定化类型的原理示意图

118

三、固定化酶应用存在的问题

固定化技术在微生物工业方面的应用，经以往 20 多年的研究开发，其优势越来越强，应用面越来越广。固定化酶由于研究开发较早，而且较易控制，比固定化细胞的应用更为广泛和深入。现实中固定化细胞应用于工业化生产与我们的期望还有距离，因此还需要不断拓宽应用范围和改进固定化技术。

存在的主要问题有以下几种。

（1）对好氧反应的影响　好氧反应需要充足的氧气，固定化后的细胞壁和细胞膜造成了底物或产物进、出的障碍和通气困难，往往严重影响反应速率，导致产量低下。

（2）细胞（酶）与载体的稳定问题　有的固定化细胞容易自溶或污染，或固定化颗粒机械强度差，或细胞（酶）容易从载体脱落，或细胞（酶）的活性很快被抑制，使反复利用次数少，产品质量和数量不稳定。

（3）基础条件问题　固定化酶（细胞）反应动力学及其有关机理、专用设备研究缺乏，也阻碍了该技术的应用。

随着深入的研究开发，特别是分子生物学技术手段的加强、新材料的采用、先进化工工艺的借鉴、计算机的利用，上述问题将会很快解决，微生物工业将发生巨大的变革。我国利用固定化细胞发酵生产酒精和啤酒已取得了很好的经济效益，使我们对固定化细胞的大规模应用充满信心。

四、固定化技术在食品工业中应用的前景和发展

随着生物技术的迅速发展，固定化酶在工业中的应用日益广泛，从以上例子可以看出，固定化酶在食品生产中起着举足轻重的作用。除了以上几种典型应用外，固定化酶还可应用于食品中农药残留的检测，以及作为生物传感器的重要部件，与信息科学结合，更高效地服务于我们的生活。随着生物技术以及材料、化工、信息技术等各相关学科的发展，我们可以通过发展酶的定向固定化技术，探索新型载体、建立多酶固定化系统和开发新型、高效固定化酶反应器等方法来增加酶的稳定性，提高酶的利用效率，更好地为我们的生产、生活服务。

【知识拓展】

固定化酶与我们的日常生活

酶与我们的日常生活息息相关，我们所熟知的加酶洗衣粉中的酶是固定化酶还是游离酶呢？通过前面章节的学习，我们知道固定化酶的制作方法包括包埋法、吸附法和交联法等，并且，固定化酶可重复使用。因此显而易见，加酶洗衣粉当中的酶属于游离酶。那么固定化酶在我们的日常生活中有哪些方面的应用

呢？下面主要通过固定化酶在食品工业中的应用来介绍固定化酶与我们日常生活的关系。

1. 固定化葡萄糖异构酶在高果糖浆生产中的应用

固定化葡萄糖异构酶是世界上生产规模最大的一种固定化酶，1973年就已应用在工业化生产，它可以用来催化玉米糖浆和淀粉，生产高甜度的高果糖浆。用淀粉生产高果糖浆包含三步：①用淀粉酶液化淀粉；②用糖化酶将其转化为葡萄糖，即糖化；③用葡萄糖异构酶将葡萄糖异构为果糖。由此可得到含果糖55%的高果糖浆，当与蔗糖同等甜度时，其价格要低10%～20%，因此具有经济效益。高果糖浆用于替代蔗糖，目前世界上的产量约9000kt。固定化葡萄糖异构酶是固定化酶应用得很成功的工业实例，今后几十年中它将是应用最广、市场份额最大的固定化酶。

2. 固定化酶在柑橘汁加工中的应用

柑橘加工产品出现过度苦味是柑橘加工业中较棘手的问题，苦味物质主要由两类物质组成：一类为柠檬苦素的二萜烯二内酯化合物（A和D环）；另一类为果实中多种黄酮苷，其中柚皮苷为葡萄柚和苦橙等柑橘类果汁中主要的黄酮苷。可以利用不同的固定化酶分别作用于柠檬苦素和柚皮苷，使之转化为不含苦味的物质，从而达到解决柑橘加工产品过度苦味问题的目的。

3. 固定化酶在啤酒澄清中的应用

啤酒以其清晰度高、泡沫适中、营养丰富和口感好得到人们的偏爱。但是，由于啤酒中含有一定量的蛋白质，它会与游离于啤酒中的多酚、单宁等结合产生不溶性胶体或沉淀，造成啤酒浑浊，严重影响啤酒的质量。温燕梅等采用吸附－交联法，使胰蛋白酶先吸附于磁性胶体粒子表面，后用戊二醛双功能试剂交联，形成"酶网"裹着载体形成固定化酶，该磁性酶对澄清啤酒防止冷浑浊有明显效果。赵炳超等在戊二醛作交联剂的条件下，以介孔分子筛MCM248作载体固定化木瓜蛋白酶，所得固定化酶的热稳定性有了显著提高，固定化酶的pH稳定性和储藏稳定性也有了明显改善。

4. 固定化酶用于水解牛奶中的乳糖

牛奶中含有4.3%～4.5%的乳糖。患乳糖酶缺乏症的人饮用牛奶后可能出现呕吐、腹泻、烦躁不安等症状。用乳糖酶可以将乳糖分解为组成乳糖的两个单糖：半乳糖和葡萄糖。用固定化乳糖酶反应器可以连续处理牛奶，将乳糖分解，用于连续化生产低乳糖奶，该技术已于1977年实现工业化。此外，乳糖在温度较低时易结晶，用固定化乳糖酶处理后，可以防止其在冰淇淋类产品中结晶，改善口感，增加甜度。固定化乳糖酶还可以用来分解乳糖，制造具有葡萄糖和半乳糖甜味的糖浆。

5. 固定化酶在传感器中的应用

生物传感器被认为是一种由受体、抗体或酶构成的生物感应层，与换能器紧密连接而能提供环境组成信息的感应器。如测量电流以及电位的酶电极、酶热敏电阻装置、以场效应管为基础的生物传感器，以及生物发光及化学发光为基础的纤维—光学传感器等，不同的传感器都应用不同类型的固定化酶。

第六节　生物传感器

从20世纪60年代Clark和Lyon提出生物传感器的设想开始，生物传感器的发展距今已有40多年的历史了。作为一门在生命科学和信息科学之间发展起来的交叉学科，生物传感器在发酵工艺、环境监测、食品工程、临床医学、军事及军事医学等方面得到了高度重视和发展。随着社会信息化进程的进一步加快，生物传感器必将得到越来越广泛的应用。

一、生物传感器的定义

生物传感器是使用固定化的生物分子结合换能器，用于侦测生物体内或生物体外的环境化学物质或与之起特异性交互作用后产生响应的一种装置。生物最基本特征之一就是能够对外界的各种刺激做出反应。首先是由于生物体能感受外界的各类刺激信号，并将这些信号转换成体内信息系统所能接收并处理的信号。例如，人能通过眼、耳、鼻、舌、身等感觉器官将外界的光、声、温度及其他各种化学和物理信号转换成人体内神经信息系统能够接收和处理的信号，并采取应对措施。现代和未来的信息社会中，信息处理系统要对自然和社会的各种变化做出反应，首先需要通过传感器对外界各种信息感应，并转换成信息系统中的信息处理单元（即计算机）能够接收和处理的信号。生物传感器的诞生是酶技术与信息技术结合的产物。

二、生物传感器的结构与分类

生物传感器由两个主要关键部分构成。一部分是生物传感器信号接收或产生部分，来自于生物体分子、组织部分或个体细胞的分子辨认组件；另一部分为属于硬件仪器组件部分，主要为物理信号转换组件。

可以根据感受器中所采用的生命物质不同，将生物传感器分为组织传感器、细胞传感器、酶传感器等，也可根据所监测的物理量、化学量或生物量将其命名为热传感器、光传感器、胰岛素传感器等，还可根据其用途统称为免疫传感器、药物传感器等（图5-4）。

三、生物传感器的发展历史

1. 第一代生物传感器

1962年Clark和Lyon两人首先报道了用葡萄糖氧化酶与氧电极相结合监测

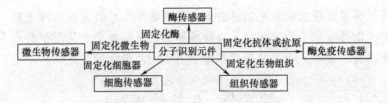

图 5 - 4　生物传感器的种类

葡萄糖的结果，1967 年 Updike 和 Hicks 将葡萄糖氧化酶固定在氧电极表面，成功研制出酶电极，被认为是世界上第一个生物传感器。但这类传感器抗干扰能力差，背景电流大，易受溶液中氧浓度变化的影响。1977 年铃木周一等发表了关于对生化需氧量（BOD）进行快速测定的微生物传感器的报道，并在微生物传感器对发酵过程的控制等方面做了详细的报道，正式提出了对生物传感器的命名。1979 年，第一代生物传感器投入医检市场，为美国 YSI 公司（维赛仪器公司）生产的血糖测试用酵素电极。YSI 公司的成功上市与 20 世纪 80 年代电子信息业的蓬勃发展有很密切的关系，并且一举带动了生物传感器的研发热潮。美国 Medisense 公司（1995 年被雅培公司收购）继续以研发第一代酶电极为主，1988 年公司成功地开发出便携式的电化学血糖仪 Exactechpen，在第一代生物传感器产品中占有 70% 以上的市场份额。目前全球每天仍有 250 万人使用 Medisense 公司生产的血糖仪。

2. 第二代生物传感器

为克服第一代生物传感器受氧分压影响和 H_2O_2 电位高、干扰多、受氧溶解度限制等，自 20 世纪 80 年代起人们开始用小分子的电子传递媒介体来代替氧沟通酶的活性中心与电极之间的电子通道，通过检测媒介体的电流变化来反映底物浓度的变化，构造了第二代生物传感器——媒介型生物传感器。第二代的生物传感器代表是 1991 年上市的瑞典 Pharmacia 公司推出的 BIAcore 与 BIAlite 两项产品。

3. 第三代生物传感器

尽管媒介型第二代生物传感器有许多优点，人们仍在追求酶与电极间的直接电子转移，因为基于这种原理制备的传感器与氧或其他电子受体无关，无需引入外加媒介体，因此固定化相对简单，无外加毒性物质，是最理想的生物传感器，人们将这种无需外加媒介体的生物传感器称为第三代生物传感器。第三代生物传感器更具携带式、自动化与实时测定功能。迄今为止，报道较多的主要是过氧化物酶传感器。

四、生物传感器主要应用领域

1. 应用于发酵工业

因为发酵过程中常存在酶的干扰物质，并且发酵液往往不是清澈透明的，不适用于光谱等方法测定。而应用微生物传感器则极有可能消除干扰，并且不受发酵液浑浊程度的限制。同时，由于发酵工业是大规模的生产，微生物传感器成本低、设备简单的特点，能够排除干扰使其具有极大的优势，所以微生物传感器在发酵工业中得到了广泛的应用。具体表现在下列几个方面。

（1）原材料及代谢产物的测定 微生物传感器可用于原材料如糖蜜、乙酸等的测定，代谢产物如头孢霉素、谷氨酸、甲酸、甲烷、醇类、青霉素、乳酸等的测定。测量的原理基本上都是用适合的微生物电极与氧电极组成，利用微生物的同化作用耗氧，通过测量氧电极电流的变化量来测量氧气的减少量，从而达到测量底物浓度的目的。

（2）微生物细胞总数的测定 在发酵控制方面，一直需要直接测定细胞数目的简单而连续的方法。人们发现在阳极表面，细菌可以直接被氧化并产生电流。这种电化学系统已应用于细胞数目的测定，其结果与传统的菌斑计数法测细胞数是相同的。

（3）代谢试验的鉴定 传统的微生物代谢类型的鉴定都是根据微生物在某种培养基上的生长情况进行的。这些实验方法需要较长的培养时间和专门的技术。微生物对底物的同化作用可以通过其呼吸活性进行测定。用氧电极可以直接测量微生物的呼吸活性。因此，可以用微生物传感器来测定微生物的代谢特征。这个系统已用于微生物的简单鉴定、微生物培养基的选择、微生物酶活性的测定、废水处理的微生物选择、活性污泥的同化作用试验、生物降解物的确定、微生物的保存方法选择等。

2. 应用于食品工业

（1）新鲜度与成熟度的检测 生物传感器可以用来检测食品中营养成分和有害成分的含量、食品的新鲜程度等。如已经开发出的酶电极型生物传感器可用来分析白酒、苹果汁、果酱和蜂蜜中的葡萄糖含量，从而衡量水果的成熟度。

（2）食品添加剂分析 食品添加剂的种类很多，如甜味剂、酸味剂、抗氧化剂等。将生物传感器用于食品添加剂的分析较为快速准确。亚硫酸盐通常作为食品工业的漂白剂和防腐剂。采用亚硫酸盐氧化酶为敏感材料制成的电流型二氧化硫酶电极，可用于测定食品中的亚硫酸含量。

（3）农药残留、重金属分析 应用电化学生物传感器检测残留农药，如对于有机磷农药和氨基甲酸酯类农药，已经开发出一系列用于胆碱酯酶的电化学生物传感器。在重金属分析中，选择合适的酶并将其固定在亲和性膜上，结合Clark 氧电极，通过计算氧的消耗量就可以推知重金属的污染程度。

3. 应用于医学领域

生物传感器在医学领域也发挥着越来越大的作用。临床上用免疫传感器等生物传感器来检测体液中的各种化学成分，为医生的诊断提供依据；在军事医学中，对生物毒素的及时快速检测是防御生物武器的有效措施。生物传感器已应用于监测多种细菌、病毒及其毒素。生物传感器还可以用来测量乙酸、乳酸、乳糖、尿酸、尿素、抗生素、谷氨酸等各种氨基酸，以及各种致癌和致突变物质。

4. 应用于环境监测

环保问题已经引起了全球性的广泛关注，用于环境监测的专业仪器市场也越来越大，如生化需氧量的测定、各种污染物（常用的重要污染指标有氨、亚硝酸盐、硫化物、磷酸盐、致癌物质与致变物质、重金属离子、酚类化合物）浓度的测定等都已经成功采用了生物传感器进行检测。

【知识拓展】

未来的生物传感器是怎样的？

近年来，随着生物科学、信息科学和材料科学发展成果的推动，生物传感器技术的发展突飞猛进。但是，目前生物传感器的广泛应用仍面临着许多困难，今后一段时间里，生物传感器的研究工作将主要围绕选择活性强、选择性高的生物传感原件；提高信号检测器的使用寿命；提高信号转化器的使用寿命；生物响应的稳定性和生物传感器的微型化、便携式等问题。可以预见，未来的生物传感器将具有以下特点。

1. 功能更加全面，朝微型化方向发展

未来的生物传感器将进一步涉及医疗保健、食品检测、环境监测、发酵工业的各个领域。当前生物传感器研究中的重要内容之一就是研究能代替生物视觉、听觉和触觉等感觉器官的生物传感器，即仿生传感器。已报道有植入体内的微小传感器实时监测血糖变化或通过脑电波监测预知癫痫的发作。而且随着微加工技术、纳米技术和芯片技术的进步，生物传感器将不断地朝着微型化方向发展，各种便携式微型生物传感器将不断地出现在人们面前。

2. 智能化和集成化程度更高

未来的生物传感器将会和计算机完美紧密结合，能够自动采集数据、处理数据，可以更科学、更准确地提供检测结果，实现采样、进样、最终形成检测的自动化系统。同时，芯片技术将越来越多地进入传感器领域，实现检测系统的集成化、一体化。

3. 充当密码使用

日前，美国加州大学伯克利分校的科学家正试图通过生物识别传感器来替代传统的密码，他们成功打造出了一款类似于传统耳机的脑电图扫描仪，在进行登录操作的时候将会根据用户的脑电波进行身份验证，从而保证唯一性。

生物识别传感器，这项技术似乎听着更加玄乎，但是却已经出现在不少手机之中，例如，支持指纹识别的手机已经层出不穷，iPhone 5S 和东芝 G500 等都已经采用了这项技术。为免除用户记忆日益增多的网络密码的烦恼，英特尔研究人员在平板电脑中集成一个生物识别传感器，能识别用户手掌上独特的纹理。让笔记本、平板电脑和智能手机负责识别用户身份，将使各个网站没有必要再次识别，避免在各个网站输入密码。

4. 联用技术

生物传感器将不断与其他分析技术联用，如流动注射技术、色谱等，互相取长补短。

总之，未来的生物传感器技术将朝着微型化、智能化、低成本、高寿命、高灵敏度、强稳定性的方向发展。另一方面，这些特性的改善也会加速生物传感器的市场化、商品化进程。相信在不久的将来，生物传感器必定会给人们的生活带来巨大的变化。

【思考题】

1. 为什么酶的生产主要来源于微生物？

2. 如何获得优良的产酶菌株？

3. 酶分离纯化的主要技术措施有哪些？

4. 酶分子修饰的含义是什么？有何意义？

5. 简述酶工程技术在食品工业、医药工业、环保行业等各领域的应用。

6. 什么是生物传感器？其工作原理是什么？

7. 谈谈酶工程技术与生物技术各个学科之间的关系。

第六章　蛋白质工程

【典型案例】

案例1. 嵌合抗体

鼠源杂交瘤抗体就是从免疫的小鼠脾脏细胞中获取B淋巴细胞，在诱导剂的作用下与骨髓瘤细胞融合，形成杂交瘤细胞，并通过体内培养或体外培养生产的单克隆抗体。单克隆抗体作为一种新型生物制剂在人类疾病的预防、诊断及治疗方面已显示出重要的作用。这种抗体与普通血清抗体相比较，具有特异性强、灵敏度高、性质单一的特点。然而，杂交瘤技术制备的单抗多为鼠源性，属于异种蛋白而具有免疫原性，故在人体内使用时可产生不同程度的人抗鼠抗体反应，从而削弱其治疗的有效性，并对清除抗体的器官产生损害。嵌合抗体是最早制备成功的基因工程抗体。它是由鼠源性抗体的可变区基因与人抗体的恒定区基因拼接为嵌合基因，然后插入载体，转染骨髓瘤组织表达的抗体分子。图6-1是嵌合抗体的改造过程，因其减少了鼠源成分，从而降低了鼠源性抗体引起的不良反应，有助于提高疗效。因此在临床上具有良好的应用前景。

案例2. 生物导弹

免疫毒素是近年来新兴的一种肿瘤导向治疗方法。它利用抗肿瘤单抗与肿瘤细胞的特异性结合，将生物毒蛋白与抗体偶联，去定向攻击肿瘤细胞，而其对正常组织的杀伤较小，故被形象地称为"生物导弹"（图6-2）。

免疫毒素由"弹头"和"载体"以一定的连接方法偶联而成。其"弹头"部分即生物毒蛋白，来自植物或微生物，为酶催化型毒素，效率很高，理论上一个分子进入胞浆即能杀死细胞。目前制备的生物毒蛋白有蓖麻毒素、白喉毒素等。理想的毒素载体应能靶向特定肿瘤细胞，并当与"弹头"偶联后不影响彼此活性。目前，单克隆抗体是主要的导向分子。

免疫毒素应用于人体的一个重要限制因素，是机体对鼠源抗体会产生中和抗体，严重的会出现免疫反应。新一代免疫毒素的制备离不开对抗体的改造。近年来，分子生物学技术的飞速发展大大地推动了抗体的研究。通过克隆改造毒素基因，再和编码与细胞表面受体或抗原特异性结合的某些配基基因或抗体基因片段重组后表达产生出新一代免疫毒素，即基因工程免疫毒素。这创造出了更理想的治疗分子，即保留（或增加）天然抗体的特异性和主要生物活性，又去除（或减少或替代）无关结构，使得用分子质量更小、免疫原性更低的抗体片段，甚至

126

完完全全的人源单抗作为载体分子成为现实。

　　用蛋白质工程对抗体进行改造，使免疫毒素的临床治疗前景更为广阔。免疫毒素经多年的研究和发展，已在乳腺癌、黑色素瘤、白血病治疗和体外骨髓移植等方面获得了一定的进展，有不少用于实体瘤治疗的制剂也进入临床Ⅰ期、Ⅱ期试验阶段。但是目前，免疫毒素的体内应用还没有人们预期的那么有效，离实用还有一段距离。因为，临床治疗毕竟与体外细胞试验、动物模型有很大区别。抗体在肿瘤中的浓度，取决于免疫学和非免疫学因素的协同作用。因此，免疫毒素作为导向治疗的主力还有待于科学家们的进一步探索，配合其他治疗方法，弥补其缺陷，以对癌症治疗做出贡献。

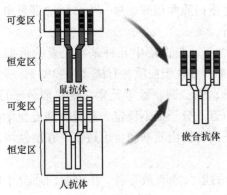

图6-1　人-鼠嵌合抗体　　　　　　　　　图6-2　生物导弹

　　上述两个案例是蛋白质工程技术在医药前沿领域的应用。我们还可以找到更多的案例，了解蛋白质工程技术，了解生物技术领域的尖端技术。

【学习指南】

　　重点掌握蛋白质工程的概念和研究内容及方法，认识蛋白质工程研究的意义，了解蛋白质的结构与功能，蛋白质工程的基本原理，明确蛋白质工程在各领域中的应用及实例。

第一节　蛋白质的研究

　　生物学是研究生命现象、生命本质、生命活动及其规律的科学。生物学发展到今天，已经在分子水平、细胞水平和整体水平三个层次上研究生命活动现象及其规律。1953年，Watson和Crick建立了DNA双螺旋模型。20世纪70年代分子生物学逐步形成，使生命科学进入了崭新的阶段，从而在本质上揭示生命活动的真谛。

一、蛋白质的定义和特征

1. 蛋白质的定义

蛋白质是动物、植物和微生物等生物细胞的主要成分，是由多种氨基酸结合而成的高分子化合物，是构成一切细胞和组织结构必不可少的成分，是人类生命活动最重要的物质基础。在人体细胞中，蛋白质约占 1/3，成年人体内平均约含蛋白质 16.3%，皮肤和骨骼肌中约占 80%，胶原约占 25%，血液中约占 5%，其总量仅次于水分。蛋白质广泛存在于各种生物组织细胞，是生物细胞最重要的组成物质，也是含量最丰富的高分子物质，约占人体固体成分的 45%。

2. 蛋白质的特征

构成生命活动最重要的物质无疑是蛋白质和核酸，每一生命活动都是由基因表达产物——蛋白质的特定群体来执行。

蛋白质是生物体的基本组成成分之一，蛋白质中几种基本元素的近似含量为：碳 50%、氢 7%、氧 23%、氮 16%；多数蛋白质含有硫（0~3%），一些蛋白质含有磷（0~3%）；有些还含有锌、铁、铜、锰等元素。蛋白质分子巨大，分子质量相差很大，一般为数万至数十万。分子很不稳定，易受物理或化学因素的影响而变性，丧失其生物活性。分子内有自由氨基和自由羧基，在酸性溶液中带正电荷，在碱性溶液中带负电荷。

自然界中蛋白质种类繁多，已发现的蛋白质有数万种。根据蛋白质分子的形状，可分为球蛋白和纤维蛋白。球蛋白分子似球形，较易溶解，如血液的血红蛋白，纤维蛋白不溶于水，如指甲、羽毛中的角蛋白，蚕丝中的丝蛋白等。根据蛋白质分子组成繁简，可分为简单蛋白质和结合蛋白质。简单蛋白质如球蛋白、谷蛋白和硬蛋白等。结合蛋白分子由简单蛋白质与非蛋白物质结合而成，如血红蛋白、糖蛋白、脂蛋白和核蛋白等。根据蛋白质在体内的作用，可分为结构蛋白和功能蛋白，结构蛋白是构成细胞和生物体结构的重要物质，如羽毛、肌肉、头发、蛛丝等；功能蛋白是一类特殊的蛋白质 – 酶，体内的绝大部分化学反应都需要酶的催化。

蛋白质是生命活动的主要承担者，综合蛋白质具有的作用包括：①许多蛋白质是构成细胞和生物体结构的重要物质，称为结构蛋白；②细胞内的化学反应离不开酶的催化，绝大多数酶是蛋白质；③有些蛋白质（如血红蛋白）具有运输的功能；④有些蛋白质起信息传递的作用，能够调节机体的生命活动，如胰岛素；⑤有些蛋白质有免疫功能，人体的抗体是蛋白质，可以帮助人体抵御病菌和病毒等抗原的侵害。

二、蛋白质结构与功能

1. 蛋白质的组成与结构

（1）蛋白质的分子组成

①蛋白质的元素组成：通过元素分析结果证明，所有的蛋白质分子都含有碳、氢、氧、氮、硫等元素，有的蛋白质还含有磷、硒或其他金属元素。蛋白质的氮元素含量较为稳定，多种蛋白质的平均含氮量约为16%。因此，测定生物样品中的蛋白质含量时，可以用测定生物样品中氮元素含量的方法间接求得蛋白质的大致含量。

②蛋白质的基本组成单位：19世纪有机化学发展后，人们才逐渐认识蛋白质的化学本质。存在于自然界的氨基酸有300余种，组成蛋白质的氨基酸有20余种，体内只能合成一部分，其余则需由食物蛋白质供给。体内不能合成或合成速度太慢的氨基酸都必需由食物蛋白质供给，故又称为必需氨基酸。体内能自己合成的氨基酸则不必由食物蛋白质供给的又称为非必需氨基酸。在体内合成蛋白质的许多氨基酸中，有8种必需氨基酸需食物供给，即赖氨酸、色氨酸、苯丙氨酸、蛋氨酸、苏氨酸、亮氨酸、异亮氨酸及缬氨酸。

蛋白质分子的物理、化学特性由氨基酸种类及排列顺序决定。蛋白质的基本组成单位是 α －氨基酸，构成天然蛋白质的20种氨基酸中除甘氨酸外，蛋白质中的氨基酸均属 L－ α －氨基酸（图6-3）。

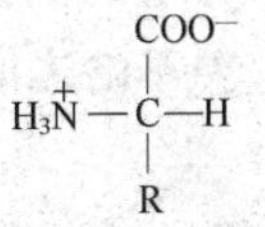

图6-3　氨基酸结构通式

（2）蛋白质的分子结构

①氨基酸在蛋白质分子中的连接方式

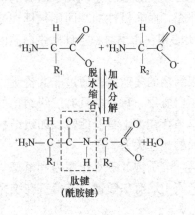

图6-4　肽与肽键

a. 肽键：蛋白质分子中氨基酸之间是通过肽键相连的，一个氨基酸的 α －羧基与另一个氨基酸的 α －氨基脱水缩合，即形成肽键（酰胺键，图6-4）。

b. 肽与多肽链：氨基酸通过肽键（—CO—NH—）相连而形成的化合物称为肽。由两个氨基酸缩合成的肽称为二肽，三个氨基酸缩合成三肽，依此类推。一般由十个以下的氨基酸缩合成的肽统称为寡肽，由十个以上氨基酸形成的肽被称为多肽或多肽链。

氨基酸在形成肽链后，氨基酸的部分基团参加肽键的形成，已经不是完整的氨基酸，称为氨基酸残基。肽键连接各氨基酸残基形成肽链的长链骨架，即…C—CO—NH—C…结构称为多肽主链。各氨基酸侧链基团称为多肽侧链。每个肽分子都有一个游离的—NH₂末端（称氨基末端或 N 端）和一个游离—COOH末端（称羧基末端或 C 端）。每条多肽链中氨基酸顺序编号从 N 端开始。书写某多肽的简式时，一般将 N 端书写在左侧端。

②蛋白质分子的结构：蛋白质是具有特定构象的大分子，为研究方便，将蛋白质结构分为四个结构水平，包括一级结构、二级结构、三级结构和四级结构。一般将二级结构、三级结构和四级结构称为三维构象或高级结构。

一级结构指蛋白质多肽链中氨基酸的排列顺序。肽键是蛋白质中氨基酸之间的主要连接方式，即由一个氨基酸的 α - 氨基和另一个氨基酸的 α - 氨基之间脱去一分子水相互连接。肽键具有部分双键的性质，所以整个肽单位是一个刚性的平面结构。

蛋白质的二级结构是指多肽链骨架盘绕折叠所形成的有规律性的结构。最基本的二级结构类型有 α - 螺旋结构和 β - 折叠结构，此外还有 β - 转角和自由回转。右手 α - 螺旋结构是在纤维蛋白和球蛋白中发现的最常见的二级结构，每圈螺旋含有 3.6 个氨基酸残基，螺距为 0.54nm，螺旋中的每个肽键均参与氢键的形成以维持螺旋的稳定。β - 折叠结构也是一种常见的二级结构，在此结构中，多肽链以较伸展的曲折形式存在，肽链（或肽段）的排列可以有平行和反平行两种方式。氨基酸之间的轴心距为 0.35nm，相邻肽链之间借助氢键彼此连成片层结构。

蛋白质的三级结构是整个多肽链的三维构象，它是在二级结构的基础上，多肽链进一步折叠卷曲形成复杂的球状分子结构。具有三级结构的蛋白质一般都是球蛋白，这类蛋白质的多肽链在三维空间中沿多个方向进行盘绕折叠，形成十分紧密的近似球形的结构，分子内部的空间只能容纳少数水分子，几乎所有的极性 R 基都分布在分子外表面，形成亲水的分子外壳，而非极性的基团则被埋在分子内部，不与水接触。蛋白质分子中侧链 R 基团的相互作用对稳定球状蛋白质的三级结构起着重要作用。

蛋白质的四级结构指数条具有独立的三级结构的多肽链，通过非共价键相互连接而成的聚合体结构。在具有四级结构的蛋白质中，每一条具有三级结构的肽链称为亚基或亚单位，缺少一个亚基或亚基单独存在都不具有活性。四级结构涉及亚基在整个分子中的空间排布以及亚基之间的相互关系。

维持蛋白质空间结构的作用力主要是氢键、离子键、疏水作用力和范德华力等非共价键，又称次级键。此外，在某些蛋白质中还有二硫键，二硫键在维持蛋白质构象方面也起着重要作用。

蛋白质的空间结构取决于它的一级结构，多肽链主链上的氨基酸排列顺序包含了形成复杂的三维结构（即正确的空间结构）所需要的全部信息。

2. 蛋白质的理化性质和生物学特性

分离、纯化蛋白质是研究单个蛋白质结构与功能的先决条件。通常利用蛋白质的理化性质，采取不损伤蛋白质结构和功能的物理方法来纯化蛋白质。常用的技术有电泳法、层析法、超速离心法等。

（1）蛋白质的两性电离　蛋白质两端的氨基和羧基及侧链中的某些基团，

在一定的溶液 pH 条件下可解离成带负电荷或正电荷的基团。

（2）蛋白质的沉淀　在适当条件下，蛋白质从溶液中析出的现象。包括：

①丙酮沉淀，破坏水化层。也可用乙醇。

②盐析、将硫酸铵、硫酸钠或氯化钠等加入蛋白质溶液，破坏在水溶液中的稳定因素电荷而沉淀。

（3）蛋白质变性　在某些物理和化学因素作用下，其特定的空间构象被破坏，从而导致其理化性质的改变和生物活性的丧失。主要为二硫键和非共价键的破坏，不涉及一级结构的改变。变性后，其溶解度降低，黏度增加，结晶能力消失，生物活性丧失，易被蛋白酶水解。常见的导致变性的因素有加热、乙醇等有机溶剂、强酸、强碱、重金属离子及生物碱试剂、超声波、紫外线、震荡等。

（4）蛋白质的紫外吸收　由于蛋白质分子中含有共轭双键的酪氨酸和色氨酸，因此在 280nm 处有特征性吸收峰，可用蛋白质定量测定。

（5）蛋白质的呈色反应

①茚三酮反应：经水解后产生的氨基酸可发生此反应。

②双缩脲反应：蛋白质和多肽分子中肽键在稀碱溶液中与硫酸酮共热，呈现紫色或红色。氨基酸不出现此反应。蛋白质水解加强，氨基酸浓度升高，双缩脲呈色深度下降，可检测蛋白质水解程度。

（6）蛋白质的生物学特性　蛋白质的生物学特性是指它的生理功能，其具有下列几种作用。

①催化作用：物质代谢过程所包括的各种化学反应，绝大多数必须由酶催化，而酶的化学本质就是蛋白质。

②调节作用：物质代谢过程必须由激素来调节，某些激素就是蛋白质或蛋白质的衍生物。

③运动：骨骼肌的收缩、肠的蠕动和食管的吞咽动作等，大都是由它们所含的蛋白质分子（肌球蛋白、肌动蛋白）的相对滑动而进行的。

④氧和二氧化碳的输送：体内氧化作用所需的氧和所生成的二氧化碳，主要是由红细胞所含的血红蛋白来输送。

⑤遗传信息的传递：现在知道遗传信息是由生物体内所含的核蛋白传递的。

⑥免疫作用：引起免疫作用的抗原和免疫过程所产生的抗体，都是蛋白质。

在临床检验方面，蛋白质的生物学特性主要是指蛋白质的抗原性。将异种蛋白注入动物体内，经一定时间后，该动物能产生相应的抗体。这种反应的特异性很高。对不同种属的同一理化性质的蛋白质，注入体内可产生不同的抗体，称为蛋白质的种属特异性。同一种动物各组织中的蛋白质抗原性也不相同，免疫动物也可产生不同的抗体，称为蛋白质的组织特异性。利用蛋白质的抗原性，通过免疫反应来测定蛋白质，具有灵敏度高、特异性强的优点，是今后临床发展的方向。

3. 蛋白质的生理功能

蛋白质是生物体内最主要的大分子物质之一。在所有的生物细胞组织中，蛋白质是除水之外含量最大和最基本的成分，具有多种重要的生理功能。归纳起来主要有以下生理功能。

（1）蛋白质是构成组织和细胞的重要成分，体内的酶、激素、抗体等活性物质都是由蛋白质组成的。人的身体就像一座复杂的化工厂，一切生理代谢、化学反应都是由酶参与完成的。生理功能靠激素调节，如生长激素、性激素、肾上腺素等。抗体是活跃在血液中的一支"突击队"，具有保卫机体免受细菌和病毒的侵害、提高机体抵抗力的作用。一切细胞的原生质都以蛋白质为主，动物的细胞膜及细胞间质也主要由蛋白质组成。

（2）用于更新和修补组织细胞　蛋白质能构成和修补身体组织。它占人体重的16.3%，占人体干重的42%~45%。身体的生长发育、衰老组织的更新、损伤组织的修复，都需要用蛋白质作为机体最重要的"建筑材料"。儿童长身体更不能缺少它。

（3）参与物质代谢及生理功能的调控，特别是可以调节渗透压　正常人血浆和组织液之间的水分不断交换并保持平衡。血浆中蛋白质的含量对保持平衡状态起着重要的调节作用。如果膳食中长期缺乏蛋白质，血浆中蛋白质含量就会降低，血液中的水分便会过多地渗入到周围组织，出现营养性水肿。这就是三年自然灾害期间不少人出现水肿的生理学原因。

（4）氧化供能　1g蛋白质在体内氧化供能约 $1.67 \times 10^4 J$，但这不是蛋白质的主要功能，我们不能拿"肉"当"柴"烧。但在能量缺乏时，蛋白质也必须用于产生能量。另外，从食物中摄取的蛋白质，有些不符合人体需要，或者摄取数量过多，也会被氧化分解，释放能量。

（5）其他功能　如多功能血浆蛋白质的生理功能。

4. 蛋白质结构与功能的关系

蛋白质特定的功能都是由其特定的构象所决定的，各种蛋白质特定的构象又与其一级结构密切相关。

（1）蛋白质一级结构与构象、功能的关系　蛋白质特定的构象和功能是由其一级结构所决定的。多肽链中各氨基酸残基的数量、种类及它们在肽链中的顺序主要从两方面影响蛋白质的功能活性。一部分氨基酸残基直接参与构成蛋白质的功能活性区，它们的特殊侧链基团即为蛋白质的功能基团，这种氨基酸残基如被置换都会直接影响该蛋白质的功能，另一部分氨基酸残基虽然不直接作为功能基团，但它们在蛋白质的构象中处于关键位置，这种残基一旦被置换就会影响蛋白质的构象，从而影响蛋白质的活性。因此，一级结构不同的各种蛋白质，它们的构象和功能自然不同；反之，一级结构大体相似的蛋白质，它们的构象和功能也可能相似。例如，来源于不同动物的胰岛素，它们的一级结构不完全一样，但其组成的氨基酸总数或排列顺序却很相似，从而使其基本构象和功能相同。又如几种来源不同的蛋白酶，其一级结构各不相同，但它们的活性部位都含有以丝氨酸残基为中心的相似排列顺序，使其分子中这一局部的构象相似，并显示出相似的催化肽键水解的活性。

但是，有些一级结构同源性较小（＜10%）的蛋白质，如不同物种的血红蛋白，其高级结构非常相似，因此具有非常相似的功能。

（2）蛋白质构象与功能的关系　蛋白质特定的构象显示出特定的功能，天然蛋白质的构象一旦发生变化，必然会影响到它的生物活性。天然构象如发生破坏性的变化，蛋白质的生物活性就会丧失，此即蛋白质的变性。除受物理、化学因素而引起的构象破坏所致的活性丧失之外，在正常情况下，有很多蛋白质的天然构象也不是固定不变的。人体内有很多蛋白质往往存在着不止一种天然构象，但只有一种构象能显示出正常的功能活性。因而，常可通过调节构象的变化来影响蛋白质（或酶）的活性，从而调控物质代谢反应或相应的生理功能。

当某种小分子物质特异地与某种蛋白质（或酶）结合后（结合部位多在远离活性部位的另一部位，通常称为别位），能够引起该蛋白质（或酶）的构象发生微妙而规律的变化，从而使其活性发生变化（活性可以从无到有或从有到无，也可以从低到高或从高到低），这种现象称为别构效应（allosteric effect，也有人译为别位效应或变构效应）。具有这种特性的蛋白质或酶称为别构蛋白质或别构酶。凡能和别构蛋白质或别构酶结合并引起此种效应的小分子物质，被称为别构效应剂。蛋白质构象的细微变化即可导致功能的改变，这充分说明了构象与功能的密切关系。

总之，蛋白质在生命活动中的重要功能取决于它的化学组成、结构与性质。

第二节　蛋白质工程的研究

一、蛋白质工程的定义

蛋白质工程是根据蛋白质的结构和生物活力之间的关系，利用基因工程的手段，按照人类需要定向地改造天然蛋白质或设计制造新的蛋白质，是以蛋白质结构功能关系的知识为基础，通过周密的分子设计，把蛋白质改造为合乎人类需要的新的突变蛋白质。蛋白质是生命的体现者，离开了蛋白质，生命将不复存在。可是，生物体内存在的天然蛋白质，有的往往不尽人意，需要进行改造。由于蛋白质是由许多氨基酸按一定顺序连接而成的，每一种蛋白质有自己独特的氨基酸顺序，所以改变其中关键的氨基酸就能改变蛋白质的性质。而氨基酸是由三联体密码决定的，只要改变构成遗传密码的一个或两个碱基就能达到改造蛋白质的目的。蛋白质工程的一个重要途径就是根据人们的需要，对负责编码某种蛋白质的基因重新进行设计，使合成的蛋白质变得更符合人类的需要。这种通过造成一个或几个碱基定点突变，以达到修饰蛋白质分子结构目的的技术，称为基因定点突变技术。

1983年，美国生物学家额尔默首先提出了"蛋白质工程"的概念。蛋白质工程的实践是依据DNA信息指导合成蛋白质。因此，人们可以根据需要对负责编码某种蛋白质的基因进行重新设计，使合成出来的蛋白质的结构变得符合人们的要求。由于蛋白质工程是在基因工程的基础上发展起来的，在技术方面有诸多同基因工程技术相似的地方，因此蛋白质工程也被称为第二代基因工程。蛋白质工程与基因工程密不可分。基因工程是通过基因操作把外源基因转入适当的生物体内，并在其中进行表达，它的产品还是该基因编码的天然存在的蛋白质。蛋白质工程则更进一步根据分子设计的方案，通过对天然蛋白质的基因进行改造，实现对其所编码的蛋白质的改造，它的产品已不再是天然的蛋白质，而是经过改造的，具有人类需要的优点的蛋白质。天然蛋白质都是通过漫长的进化过程自然选择而来的，而蛋白质工程对天然蛋白质的改造则是加快了的进化过程，能够更快、更有效地为人类的需要服务。实际上蛋白质工程是在基因重组技术、生物化学、分子生物学、分子遗传学等学科的基础之上，融合了蛋白质晶体学、蛋白质动力学、蛋白质化学和计算机辅助设计等多学科而发展起来的新兴研究领域。其内容主要有两个方面：根据需要合成具有特定氨基酸序列和空间结构的蛋白质；确定蛋白质化学组成、空间结构与生物功能之间的关系。在此基础之上，实现从氨基酸序列预测蛋白质的空间结构和生物功能，设计合成具有特定生物功能的全新的蛋白质，这也是蛋白质工程最根本的目标之一。

目前，蛋白质工程尚未有统一的定义。一般认为蛋白质工程就是通过基因重组技术改变或设计合成具有特定生物功能的蛋白质。实际上蛋白质工程包括蛋白质的分离纯化，蛋白质结构和功能的分析、设计和预测，通过基因重组或其他手段改造或创造蛋白质。从广义上来说，蛋白质工程是通过物理、化学、生物和基因重组等技术改造蛋白质或设计合成具有特定功能的新蛋白质。

二、蛋白质工程研究的基本原理

蛋白质工程是研究蛋白质的结构及结构与功能的关系，然后人为地设计一个新蛋白质，并按这个设计的蛋白质结构去改变其基因结构，从而产生新的蛋白质。或者从蛋白质结构与功能的关系出发，定向地改造天然蛋白质的结构，特别是对功能基因的修饰，也可以制造新型的蛋白质。蛋白质工程是在重组DNA方法用于操纵蛋白质结构之后发展起来的分子生物学分支。例如，将蜘蛛丝、昆虫节肢弹性蛋白等天然蛋白质的基因进行改造，前者可制造高强度的纤维或塑料；后者与胶原蛋白结合可作为新型血管的原料。

基因工程通过分离目的基因重组 DNA 分子，使目的基因更换宿主得以异体表达，从而创造生物新类型，但这只能合成自然界固有的蛋白质。蛋白质工程则是运用基因工程的 DNA 重组技术，将克隆后的基因编码序列加以改造，或者人工合成新的基因，再将上述基因通过载体引入适宜的宿主系统内加以表达，从而产生数量几乎不受限制、有特定性能的"突变型"蛋白质分子，甚至全新的蛋白质分子。

三、蛋白质工程的研究内容

1. 蛋白质工程的研究意义

人们早就知道，在催化化学方面，就其经济性、效率以及用途的多样性而言，很难有其他的化学物质能超过生物酶，而酶绝大多数是蛋白质。天然的生物酶虽然能在生物体内发挥各种功能，但在生物体外，特别是在工业条件（如高温、高压、机械力、重金属离子、有机溶剂、氧化剂、极端 pH 等）下，则常易遭到破坏。所以人们需要改造天然酶，使其能够适应特殊的工业过程；或者设计制造出全新的人工酶或人工蛋白，以生产全新的医用药品、农业药物、工业用酶和一些天然酶不能催化的化学催化剂。这一设想现在已有重大进展，最突出的实例是枯草杆菌碱性蛋白酶的蛋白质工程。目前，已成功地制备出具有耐碱、耐热以及抗氧化的各种新特性的蛋白酶。这些酶除了用作洗涤剂的添加剂外，还能有效地降低工业生产成本、扩大产品使用范围。

2. 蛋白质工程研究的核心内容

蛋白质工程的研究内容包括任何旨在将蛋白质知识转变为实践应用的理论研究和操作技术研究。近些年来，蛋白质工程研究主要包括如下 5 大类。

（1）蛋白质结构分析 蛋白质工程的核心内容之一就是收集大量的蛋白质分子结构的信息，以便建立结构与功能之间关系的数据库，为蛋白质结构与功能之间关系的理论研究奠定基础。三维空间结构的测定是验证蛋白质设计的假设，即证明是新结构改变了原有生物功能的必需手段。晶体学的技术在确定蛋白质结构方面有了很大发展，但是最明显的不足是需要分离出足够量的纯蛋白质（几毫克～几十毫克），制备出单晶体，然后再进行繁杂的数据收集、计算和分析。另外，蛋白质的晶体状态与自然状态也不尽相同，在分析的时候要考虑到这个问题。磁共振技术可以分析液态下的肽链结构，这种方法绕过了结晶、X 射线衍射成像分析等难点，直接分析自然状态下的蛋白质的结构。现代磁共振技术已经从一维发展到三维，在计算机的辅助下，可以有效地分析并直接模拟出蛋白质的空间结构、蛋白质与辅基和底物结合的情况以及酶催化的动态机理。从某种意义上讲，磁共振可以更有效地分析蛋白质的突变。国外有许多研究机构正在致力于研究蛋白质与核酸、酶抑制剂与蛋白质的结合情况，以开发具有高度专一性的药用蛋白质。

（2）结构、功能的设计和预测　根据对天然蛋白质结构与功能分析建立起来的数据库里的数据，可以预测一定氨基酸序列肽链空间结构和生物功能；反之也可以根据特定的生物功能，设计蛋白质的氨基酸序列和空间结构。通过基因重组等实验可以直接考察分析结构与功能之间的关系；也可以通过分子动力学、分子热力学等，根据能量最低、同一位置不能同时存在两个原子等基本原则分析计算蛋白质分子的立体结构和生物功能。虽然这方面的工作尚在起步阶段，但可预见将来能建立一套完整的理论来解释结构与功能之间的关系，用以设计、预测蛋白质的结构和功能。

（3）创造和改造　蛋白质的改造，从简单的物理、化学法到复杂的基因重组等有多种方法。物理、化学法：对蛋白质进行变性、复性处理，修饰蛋白质侧链官能团，分割肽链，改变表面电荷分布促进蛋白质形成一定的立体构象等；生物化学法：使用蛋白酶选择性地分割蛋白质，利用转糖苷酶、酯酶、酰酶等去除或连接不同化学基团，利用转酰胺酶使蛋白质发生胶连等。以上方法只能对相同或相似的基团或化学键发生作用，缺乏特异性，不能针对特定的部位起作用。采用基因重组技术或人工合成 DNA，不但可以改造蛋白质而且可以实现从头合成全新的蛋白质。

（4）从混杂变异体库中筛选具有特定结构－功能关系的蛋白质　有目的地在特定位点上使蛋白质产生变异，然后研究其结构－功能关系，如果有了混杂的变异体库，则可筛选出具有特定结构－功能关系的蛋白质。例如，将对热不稳定的酶的基因转移至嗜热生物体内，再利用酶的某种标志（如对卡那霉素的抗性等）选择出对热稳定的酶，既保持酶的固有性质，又增强了热稳定性。

（5）根据已知结构－功能关系的蛋白质，用人工方法合成它及其变异体，完全人为控制蛋白质的性质，目前还仅限于小分子质量的肽链。

总体来说蛋白质工程研究的具体内容很多，其中主要包括：①通过改变蛋白质的活性部位，提高其生物功效；②通过改变蛋白质的组成和空间结构，提高其在极端条件下的稳定性，如酸、碱、酶稳定性；③通过改变蛋白质的遗传信息，提高其独立工作能力，不再需要辅助因子；④通过改变蛋白质的特性，使其便于分离纯化，如融合蛋白 β －半乳糖苷酶（抗体）；⑤通过改变蛋白质的调控位点，使其与抑制剂脱离，解除反馈抑制作用等。

3. 蛋白质工程的研究方法

蛋白质工程的"施工"程序是：通过基因定位诱变，在了解蛋白质三维结构与功能的基础上，对突变后的一维线性肽链进行折叠与分子设计，从而构建全新的蛋白质分子。

（1）基因定位诱变　定位诱变蛋白质中的氨基酸是由基因中的三联体密码决定的，只要改变其中的一个或两个就可以改变氨基酸。通常是改变某个位置的氨基酸，研究蛋白质结构、稳定性或催化特性。根据三联体密码，编码 DNA

（目的基因）的确定位点，改变其组成核苷酸的顺序或种类，使基因发生定向变异，使其控制合成的氨基酸种类、顺序发生改变，合成出具有预期氨基酸序列的修饰蛋白质。基因定位诱变的基本过程是：首先使目的基因由环状载体折成单链，再对指定的位点用寡聚核苷酸诱导或置入合成的寡聚核苷酸产生定位突变基因，最后将突变基因导入适宜的表达系统（如大肠杆菌等），即可产生突变体蛋白质。例如，噬菌体 M13 的生活周期有两个阶段，在噬菌体粒子中其基因组为单链，侵入宿主细胞以后，通过复制以双链形式存在。将待研究的基因插入载体M13，制得单链模板，人工合成一段寡核苷酸（其中含一个或几个非配对碱基）作为引物，合成相应的互补链，用 T4 连接酶连接成闭环双链分子。经转染大肠杆菌，双链分子在胞内分别复制，因此就得到两种类型的噬菌斑，含错配碱基的就为突变型。再转入合适的表达系统合成突变型蛋白质。这是目前定向改造蛋白质的基本手段。基因定位诱变已经发展成为广泛使用的常规技术，可在任意位置更换、插入、删除所期望的氨基酸。

1985 年 Wells 提出的一种基因修饰技术——盒式突变，一次可以在一个位点上产生 20 种不同氨基酸的突变体，可以对蛋白质分子中重要氨基酸进行"饱和性"分析。利用定位突变在拟改造的氨基酸密码两侧造成两个原载体和基因上没有的内切酶切点，用该内切酶消化基因，再用合成的发生不同变化的双链 DNA片段替代被消化的部分。这样一次处理就可以得到多种突变型基因。

PCR 技术 DNA 聚合酶链式反应是应用最广泛的基因扩增技术。以研究基因为模板，用人工合成的寡核苷酸（含有一个或几个非互补的碱基）为引物，直接进行基因扩增反应，就会产生突变型基因。分离出突变型基因后，在合适的表达系统中合成突变型蛋白质，这种方法直接、快速和高效。

高突变率技术从大量的野生型背景中筛选出突变型是一项耗时、费力的工作。有两种新的突变方法具有较高的突变率：①硫代负链法：核苷酸间磷酸基的氧被硫替代后修饰物（$\alpha - (S) - dCTP$）对某些内切酶有耐性，在有引物和（$\alpha - (S) - dCTP$）存在下合成负链，然后用内切酶处理，结果仅在正链上产生缺口，用核苷酸外切酶Ⅲ从 $3' \rightarrow 5'$ 扩大缺口并超过负链上错配的核苷酸，在聚合酶作用下修复正链，就可以得到两条链均为突变型的基因；②UMP 正链法：大肠杆菌突变株 RZ1032 中缺少脲嘧啶糖苷酶和 UTP 酶，M13 在这种宿主中可以用脲嘧啶（U）替代胸腺嘧啶（T）掺入模板而不被修饰。用这种含 U 的模板产生的突变双链转化正常大肠杆菌，结果含 U 的正链被寄主降解，而突变型负链被保留并复制。

蛋白质融合将编码一种蛋白质的部分基因移植到另一种蛋白质基因上，或将不同蛋白质基因的片段组合在一起，经基因克隆和表达，产生出新的融合蛋白质。这种方法可以将不同蛋白质的特性集中在一种蛋白质上，显著地改变蛋白质的特性。现在研究的较多的所谓"嵌合抗体"和"人缘化抗体"等，就是采用的这种方法。

（2）蛋白质三维结构与功能关系的研究　在什么位置改变何种氨基酸才能达到预期目标，才能保证新合成的蛋白质性能更优良？这需要探讨蛋白质三维结构与其功能的关系。

测定蛋白质三维结构的经典方法是 X 射线晶体衍射分析法。现已在原子水平测定出了 300 多种蛋白质的结构，以此为契机，一些重要的生命活动的机理得以阐明，如酶分子的作用机制、机体免疫应答的分子基础、体内运输和储存的结构机理、激素作用的过程、毒物作用的机理和遗传信息的调节和控制等。

近几年迅速发展起来的二维磁共振波谱分析和分子动力学方法已经可以测定溶液状态下蛋白质结构及其动态特征。以此为基础，在设计蛋白质分子变异时，出现了将蛋白质三维结构、分子动力学过程、热力学原理连成整体展开研究的新态势。研究表明：功能上千差万别的蛋白质，结构上却只存在着有限的若干种类型，其中有些已用作蛋白质分子设计的基本模式。此外对于蛋白质结构形成和影响结构稳定的因素也有深入了解，这些对于新型蛋白质的设计和构建均有重要意义。

（3）蛋白质折叠与分子设计　要成功地设计新型蛋白质分子，就必须深入研究特定的氨基酸序列作为一维线性肽链是如何卷曲折叠形成相应特征的三维结构的，活性蛋白质都具有特定的三维结构，但基因表达首先是将氨基酸按密码顺序连接为线性多肽链，再自动折叠成特定的高级结构。但是一级结构如何决定高级结构？一级结构形成高级结构的途径、机理如何？至今尚不甚清楚。通过基因定位诱变和基因表达可以合成所预期的氨基酸序列，但尚不能把握任意设计的氨基酸序列会折叠成什么样的蛋白质结构。人类迄今还只能以天然蛋白质为基础进行局部修饰与改造。

因此，研究中通常采用的方法有：在蛋白质分子中引入二硫键以提高蛋白质的稳定性；减少半胱氨酸残基数目以避免错误折叠的可能性；置换天冬酰胺、谷氨酰胺或其他氨基酸，以修饰酶的催化特异性或增加酶的活性等。这些研究首先要对该蛋白质的精细结构和功能关系有深入的了解，具备必要的催化化学和结构化学的知识，然后才能运用基因工程的原理和技术，开展蛋白质工程的探索实验。

四、蛋白质工程与酶的研究

酶的体外定向进化又称实验分子进化，是蛋白质工程研究发展的新策略、新方向。理论上，蛋白质分子蕴藏着很大的进化潜力，许多功能有待于开发，这是酶的体外定向进化的基本先决条件。酶的体外定向进化不需事先了解酶的空间结构和催化机制，而是通过模拟自然进化机制（随机突变、重组和自然选择），人为地创造特殊的条件，以改进的诱变技术结合确定进化方向的选择方法，在体外改造酶基因，并定向选择出所需性质的突变酶。它可以在短期内在试管中完成自然界需要几百万年的进化过程，可能是发现新型酶和新的生理生化反应的重要途径。酶的体外定向进化技术属于蛋白质的非合理设计，能够解决合理设计所不能解决的问题；它适宜于任何蛋白质分子，使我们能较快、较多地了解蛋白质结构与功能之间的关系，为指导应用（如药物设计等）奠定理论基础，极大地拓展了蛋白质工程学的研究和应用范围，正在工业、农业和医药等领域逐渐显示其生命力。目前，已建立了一些酶（或蛋白质）的体外定向进化的有效方法，在一些酶（或蛋白质）、砷酸盐解毒途径、抗辐射性、生物合成途径、对映体选择性、抗体库以及DNA结合位点定向进化等的研究方面已出现可喜成果，但这些新兴的科研方向还有许多工作需要进一步提高和完善。

五、蛋白质工程与基因工程

蛋白质是生命的体现者，离开了蛋白质，生命将不复存在。可是，生物体内存在的天然蛋白质，有的往往不尽人意，需要进行改造。由于蛋白质是由许多氨基酸按一定顺序连接而成的，每一种蛋白质有自己独特的氨基酸顺序，所以改变其中关键的氨基酸就能改变蛋白质的性质。而氨基酸是由三联体密码决定的，只要改变构成遗传密码的一个或两个碱基就能达到改造蛋白质的目的。蛋白质工程的一个重要途径就是根据人们的需要，对负责编码某种蛋白质的基因重新进行设计，使合成的蛋白质变得更符合人类的需要。这种通过造成一个或几个碱基定位突变，以达到修饰蛋白质分子结构目的的技术，称为基因定位突变技术。

增加功能蛋白的稳定性、延长其体内半衰期、提高其耐酸能力，对于基因工程药物的开发具有重要意义。如目前正在开发或已投入上市的急性心肌梗死特效溶栓药物——组织血纤维蛋白溶酶原激活因子（t - PA）和尿激酶原（pro - UK），都是基因工程产品，在体内半衰期为15min左右，注射给药，若能提高其对酸的稳定性及对蛋白酶的抗性，那么这两种药物不但可用于心肌梗死病人的急救，还可口服用于心血管疾病的预防，其市场可以扩大10倍。

六、蛋白质工程的应用

蛋白质工程已被广泛用于人类生活的许多方面，如食品、饮料、医用药品、化学工业及洗涤剂的生产等，取得了很好的经济效应。

蛋白质工程在食品工业、日用品工业方面有广泛的应用前景。比如，用经过改造的稳定性好的酶，可由价格便宜的棕榈油生产出价格昂贵的可可脂，从而创造很高的经济效益。荷兰一家公司设计了一种能和漂白剂一同起作用的去污酶，并且通过对这种酶上的两个氨基酸的修改，使这种酶具有较高抵抗力，在洗涤过程中不受破坏。因此，通过蛋白质工程可实现常规酶工程手段不能实现的目标。世界上许多国家都在应用蛋白质工程技术生产新一代、稳定性好的酶。美国科宁遗传技术研究公司每年用在设计新蛋白质方面的资金将近 500 万美元，大约占它的全部研究资金的一半。他们开发的一个项目是对一种酶进行改进，使这种酶能把较便宜的棕榈油，转变成跟可可脂差不多的一种脂肪。可可脂价格很贵，是制造巧克力等高级糖果的重要成分。1987 年 3 月，这家公司已开始向客户供应这种工程酶。

在医学上，蛋白质工程也具有广泛的应用前景。比如，用人工手段去改造某些致癌基因的产物——蛋白质，使它失去致癌作用，从而开辟治疗癌症的新途径。我国的蛋白质工程具有国际先进水平，这些工程包括重组人胰岛素和溶血栓药物，重组人尿激酶等。

对动植物体内参与重要生命活动的酶加以修饰和改造，是蛋白质工程未来发展的一个重要目标。有朝一日，人们一定能够通过蛋白质工程来设计、控制那些与 DNA 相互作用的调控蛋白质，到那时，人为控制遗传、改造生命就不再是天方夜谭了。

七、蛋白质工程的现状与展望

1982 年至今已完成了几十种蛋白质分子的结构改造，在蛋白质结构－功能关系方面已获得了很多有价值的资料。例如，以寡聚核苷酸介导的 DNA 定位诱变技术为工具，精确分析了信号肽各结构区在脂蛋白跨膜分泌过程中的不同功能，通过各种特异突变的信号肽，证实了它在蛋白质分泌的环状模型中的实际功能。再如 β － 内酰胺酶的 Ser－70 对丝氨酸蛋白酶的催化性能、底物专一性、稳定性、pH 催化活性等均可通过蛋白质工程实施改造。

当前，蛋白质工程是发展较好、较快的分子工程。这是因为在进行蛋白质分子设计后，已可应用高效的基因工程来进行蛋白的合成。最早的蛋白质工程是福什特（Forsht）等在 1982~1985 年间对酪氨酰－t－RNA 合成酶的分子改造工作。他根据 XRD（X 射线衍射）实测该酶与底物结合部位结构，用定位突变技术改变与底物结合的氨基酸残基，并用动力学方法测量所得变体酶的活性，深入探讨了酶与底物的作用机制。佩里（Perry）1984 年通过将溶菌酶中 Ile（3）改成 Cys（3），并进一步氧化生成 Cys（3）－Cys（97）二硫键，使酶热稳定性提高，显著改进了这种食品工业用酶的应用价值。1987 年福什特通过将枯草芽孢杆菌蛋白酶分子表面的 Asp（99）和 Glu（156）改成 Lys，而导致了活性中心 His（64）质子 pKa 从 7 下降到 6，使酶在 pH6 时的活力提高 10 倍。工业用酶最佳 pH 的改变预示可带来巨大经济效益。蛋白工程还可对酶的催化活性、底物专一性、抗氧化性、热变性、碱变性等加以改变。由此可以看出蛋白工程的威力及其光辉前景。上述各例是通过对关键氨基酸残基的置换与增删进行蛋白工程的一类方法。另一类是以某个典型的折叠进行"从头设计"的方法。1988 年杜邦公司宣布，成功设计并合成了由四段反平行 α－螺旋组成为 73 个氨基残基的成果。这显示，按人们预期要求，通过从头设计以折叠成新蛋白的目标已是可望又可及的了。预测结构的模型法，在奠定分子生物学基础时起过重大作用。蛋白质的一级结构，包含着关于高级结构的信息这一点已日益明确。结合模型法，通过分子工程来预测高级结构，已成为人们所瞩目的问题了。

蛋白质工程汇集了当代分子生物学等学科的一些前沿领域的最新成就，它把核酸与蛋白质结合、蛋白质空间结构与生物功能结合起来研究。蛋白质工程将蛋白质与酶的研究推进到崭新的时代，为蛋白质和酶在工业、农业和医药方面的应用开拓了诱人的前景。蛋白质工程开创了按照人类意愿改造、创造符合人类需要的蛋白质的新时期。

蛋白质工程应用领域极为广泛，如可开发多元疫苗，具有免疫调节功能和直接杀死癌细胞的新抗癌制剂，具高度选择性的分离剂和附着剂，超稳定并具有多种催化活性的酶，或者扩大酶对 pH、温度及有机溶剂的适应性，使之耐酸碱、耐高温、不易变性或改变其异体蛋白的抗原性等。

蛋白质工程取得的进展向人们展示出诱人的前景。例如，科学家通过对胰岛素的改造，已使其成为速效型药品。如今，生物和材料科学家正积极探索将蛋白质工程应用于微电子方面。用蛋白质工程方法制成的电子元件，具有体积小、耗电少和效率高的特点，因此，有极为广阔的发展前景。随着蛋白质工程研究的进展，可望开发出大批性能优良的蛋白质工程制剂。例如，已将毒性肽通过基因融合进入抗体分子，制造出"导弹药物"，它可自动瞄准和攻击体内的靶组织或靶细胞（如癌细胞）。在光合作用卡尔文循环中，催化 CO_2 固定的酶（核酮糖 -1，$5-$ 二磷酸羧化酶，RuBP）的三维结构已被测定，由于它同时催化光呼吸，从而只有 50% 的光合效率。有人计划用蛋白质工程改造其光呼吸催化活性，以期显著提高光合效率。如果能通过蛋白质工程来控制和设计与 DNA 相互作用的某些调控蛋白，那么控制遗传、改造生命体就是一个实际的科学目标。美国科学家正用蛋白质工程来研究生物芯片等生物元件，以替代硅芯片，制造活的有机计算机。

【知识拓展】

蛋白质工程的崛起

蛋白质工程的崛起主要是工业生产和基础理论研究的需要。而结构生物学对大量蛋白质分子的精确立体结构及其复杂生物功能的分析结果，为设计改造天然蛋白质提供了蓝图。分子遗传学以定点突变为中心的基因操作技术为蛋白质工程提供了手段。

在已研究过的几千种酶中，只有极少数可以应用于工业生产，绝大多数酶都不能应用于工业生产，这些酶虽然在自然状态下有活性，但在工业生产中没有活性或活性很低。这是因为工业生产中每一步的反应体系中常常会有酸、碱或有机溶剂存在，反应温度较高，在这种条件下，大多数酶会很快变性失活。提高蛋白质的稳定性是工业生产中一个非常重要的课题。一般来说，提高蛋白质的稳定性包括延长酶的半衰期、提高酶的热稳定性、延长药用蛋白的保存期、抵御由于重要氨基酸氧化引起的活性丧失等。

下面举一个如何通过蛋白质工程来提高重组 β-干扰素专一活性和稳定性的例子。β-干扰素是一种抗病毒、抗肿瘤的药物。将人的干扰素的 cDNA 在大肠杆菌中进行表达，产生的干扰素的抗病毒活性为 $10^6 U/mg$，只相当于天然产品的十分之一，虽然在大肠杆菌中合成的 β-干扰素量很多，但多数是以无活性的二聚体形式存在。为什么会这样？如何改变这种状况？研究发现，β-干扰素蛋白质中有 3 个半胱氨酸（第 17 位、31 位和 141 位），推测可能是由一个或几个半胱氨酸形成了不正确的二硫键。研究人员将第 17 位的半胱氨酸，通过基因定点突变改变成丝氨酸，结果使大肠杆菌中生产的 β-干扰素的抗病活性提高到 $10^8 U/mg$，并且比天然 β-干扰素的储存稳定性高很多。

第三节　蛋白质工程的研究实例

1983 年 Ulmer 首先提出蛋白质工程，自此以后，蛋白质工程迅速发展，已成为生物工程的重要组成部分。按照严格的意义来说，蛋白质工程研究的内容是指以蛋白质结构功能关系的知识为基础，通过周密的分子设计把蛋白质改造为有预期的新特征的突变蛋白质。蛋白质的改造通常需要先经周密的分子设计，然后依赖基因工程获得突变型蛋白质，以检验其是否达到了预期的效果。如果改造的结果不理想，还需要重新设计再进行改造，往往经历多次实践摸索才能达到改进蛋白质性能的预定目标。蛋白质工程的研究已有许多成功的例子，这里举几个例子简单加以说明。

一、水蛭素改造

水蛭素是水蛭唾液腺分泌的凝血酶特异抑制剂，它有多种变异体，由 65 或 66 个氨基酸残基组成。水蛭素在临床上可作为抗血栓药物用于治疗血栓疾病。为提高水蛭素活性，在综合各变异体结构特点的基础上提出改造水蛭素主要变异体 HV2 的设计方案，将 47 位的 Asn（天冬酰胺）变成 Lys（赖氨酸），使其与分子内第 4 或第 5 位 Thr（苏氨酸）间形成氢键来帮助水蛭素 N 端肽段的正确取向，从而提高凝血效率，试管试验活性提高 4 倍，在动物模型上检验抗血栓形成的效果，提高 20 倍。

二、生长激素改造

生长激素通过对它特异受体的作用促进细胞和机体的生长发育，然而它不仅可以结合生长激素受体，还可以结合许多种不同类型细胞的催乳激素受体，引发其他生理过程。在治疗过程中为减少副作用，需使人的重组生长激素只与生长激素受体结合，尽可能减少与其他激素受体的结合。经研究发现，两者受体结合区有一部分重叠，但并不完全相同，有可能通过改造加以区别。由于人的生长激素和催乳激素受体结合需要锌离子参与作用，而它与生长激素受体结合则无需锌离子参与，于是考虑取代充当锌离子配基的氨基酸侧链，如第 18 和第 21 位 His（组氨酸）和第 17 位 Glu（谷氨酸）。实验结果与预先设想一致，但要开发作为临床用药还有大量的工作要做。

三、胰岛素改造

通常饭后 30~60min，人血液中胰岛素的含量达到高峰，120~180min 内恢复到基础水平。而目前临床上使用的胰岛素制剂注射后 120min 后才出现高峰且持续 180~240min，与人生理状况不符。实验表明，胰岛素在高浓度（大于 10~5mol/L）时以二聚体形式存在，低浓度（小于 10~9mol/L）时主要以单体形式存在。设计速效胰岛素原则就是避免胰岛素形成聚合体。类胰岛素生长因子－Ⅰ（IGF－Ⅰ）的结构和性质与胰岛素具有高度的同源性和三维结构的相似性，但 IGF－Ⅰ不形成二聚体。IGF－Ⅰ的 B 结构域（与胰岛素 B 链相对应）中 B28－B29 氨基酸序列与胰岛素 B 链的 B28－B29 相比，发生颠倒。因此，将胰岛素 B 链改为 B28Lys－B29Pro，获得单体速效胰岛素。该速效胰岛素已通过临床实验。

四、治癌酶的改造

癌症的基因治疗分两个方面：药物作用于癌细胞，特异性地抑制或杀死癌细胞；药物保护正常细胞免受化学药物的侵害，可以提高化学治疗的剂量。疱疹病毒（HSV）胸腺嘧啶激酶（TK）可以催化胸腺嘧啶和其他结构类似物如 GANCICLOVIR 和 ACYCLOVIR 无环鸟苷磷酸化。GANCICLOVIR 和 ACYCLOVIR 缺少 $3'-OH$，就可以终止 DNA 的合成，从而杀死癌细胞。HSV－TK 催化 GANCICLOVIR 和 ACYCLOVIR 的能力可以通过基因突变来提高。从大量的随机突变中筛选出一种，在酶活性部位附近有 6 个氨基酸被替换，催化能力分别提高 43 倍和 20 倍。O^6－烷基－鸟嘌呤是 DNA 经烷基化剂（包括化疗用亚硝基药物）处理以后形成的主要诱变剂和细胞毒素，所以这些亚硝基药物的使用剂量受到限制。O^6－烷基－鸟嘌呤－DNA 烷基转移酶 O^6－Alkylguanine－DNAalkyltransferase（AGT）能够将鸟嘌呤 O^6 上的烷基去除掉，起到保护作用。通过反向病毒转染，人类 AGT 在鼠骨髓细胞中表达并起到保护作用。通过突变处理，得到一些正突变 AGT 基因，且活性都比野生型的高，经检查发现一个突变基因中的第 139 位脯氨酸被丙氨酸替代。HSV－TK 催化能力可以通过基因突变来提高。从大量的随机突变中筛选出一种酶，在酶活性部位附近有 6 个氨基酸被替换，催化能力达 20

倍以上。

五、胰蛋白酶的改造

胰蛋白酶属于丝氨酸蛋白酶类，是一条具有 223 个氨基酸残基和以异亮氨酸为 N 末端的单肽链。胰蛋白酶即使在温和条件下，也很容易产生自溶作用。自溶产物经层析分离后，得到 4 个具有胰蛋白酶活性的片段。N 末端残基分析表明这些活性产物是由于 Arg^{117} – Val^{118}、Lys^{145} – Ser^{146} 及 Lys^{159} – Ala^{160} 处发生了断裂，通过蛋白质工程的手段，完成了 Arg^{117} 位自溶点的缺失突变，得到缺失突变体，其结果表明该突变体的稳定性明显提高。此外，通过将酶分子表面的正电荷改变成负电荷，以提高胰蛋白酶催化活性中心 His^{57} 的 pK_a，从而在 pH 较高的条件下显示出对精氨酸具有更高的专一性。

六、金属硫蛋白的改造

金属硫蛋白（MT）是一类富含半胱氨酸的小分子蛋白质，其 61 个氨基酸残基中含有 20 个半胱氨酸，可以通过半胱氨酸的巯基结合大量的金属元素。MT 一般由两个大小相近，结构与功能类似的结构域组成——α – 结构域和 β – 结构域。为了提高植物对重金属的抗性，并从土壤中富集重金属元素，将含有 α – 结构域或更多拷贝串联的 α – 结构域（α_{12}）的基因分别转移到烟草中，获得的转基因植株具有比野生型植株更高的对于 Cd、Hg、Pb、Cu 等重金属的抗性。

七、人白细胞介素 – 2 的改造

天然人白细胞介素 – 2（IL – 2）由 133 个氨基酸残基组成，共有三个半胱氨酸，其中有一个半胱氨酸（Cys^{125}）以游离方式存在，而另两个半胱氨酸（Cys^{58} 和 Cys^{105}）形成活性所必需的二硫键。二硫键的错误配对将降低其生物学活性并对人具有抗原性。用基因定点突变法可将 IL – 2 的 125 位 Cys 改为丝氨酸（Ser）或丙氨酸（Ala），避免错误配对的产生，而且其热稳定性等方面也有较明显的改善。

八、组织纤维蛋白溶酶原激活因子的改造

组织纤维蛋白溶酶（纤溶酶）原激活因子（t – PA）是一种血浆糖蛋白，其功能是将单链无活性形式的血纤溶酶原（Plg）激活，转变成纤溶酶。纤溶酶不仅发挥纤溶作用而溶解血栓，而且参与体内一系列与蛋白质水解有关的生理、病理过程。t – PA 的这种特性使其用于急性心血管栓塞的溶栓制剂。用 DNA 重组技术改变 t – PA 的氨基酸序列，可以改善 t – PA 功能，目前进行 t – PA 蛋白质工程的研究主要是构建长半衰期的 t – PA 突变体。天然 t – PA 的某些位点是糖基化的。t – PA 的糖基化对 t – PA 的活性影响不大，但会影响其半衰期。病人服用带

糖基化的 t – PA，5min 后血液中的 50% 以上的 t – PA 会被清除掉。通过改变 t – PA 分子中的某些糖基化的氨基酸而减少或避免糖基化，可减缓在血浆中被清除的速率，从而获得具有更长半衰期的治疗药剂。

九、枯草芽孢杆菌蛋白酶的改造

枯草芽孢杆菌蛋白酶是重要的工业用酶，但该酶很容易被氧化，氧化后的蛋白酶很快失去活性。为了适应工业生产的需要，采用基因工程技术对它进行基因定点突变或随机突变结合表型筛选，可获得符合生产要求的蛋白酶变体。例如，枯草芽孢杆菌蛋白酶的 222 位是易被氧化的 Met，也是酶的活性中心。将 Met[222] 突变为 Ala，得到了抗氧化能力较强并保留较高活性的突变体；在碱性蛋白酶 E 上引入 Met[222] 的相同突变也得到了相似的结果；Chen 等人用随机突变方法筛选到突变的碱性蛋白酶 E（Gln[103] 突变为 Arg，Asp[60] 图变为 Asn），发现此突变使酶的 K_{cat}/K_m 值增加，稳定性也随之增加。朱榴琴等人采用定点突变和随机突变的方法，对枯草芽孢杆菌碱性蛋白酶 E 基因进行改造，突变后的基因插入大肠杆菌 – 枯草芽孢杆菌穿梭质粒中，在碱性和中性蛋白酶缺陷型的枯草芽孢杆菌 DB104 中进行表达，得到突变的碱性蛋白酶，各种突变酶具有抗氧化和增加稳定性的特点，具备了工业用酶的条件。

十、提高蛋白质的稳定性

葡萄糖异构酶（GI）在工业上应用广泛，为提高其热稳定性，朱国萍等人在确定第 138 位甘氨酸（Gly138）为目标氨基酸后，用双引物法对 GI 基因进行体外定点诱变，以脯氨酸（Pro138）替代 Gly138，含突变体的重组质粒在大肠杆菌中表达，结果突变型 GI 比野生型的热半衰期长一倍，最适反应温度提高 10～12℃，酶比活相同。据分析，Pro 替代 Gly138 后，可能由于引入了一个吡咯环，该侧链刚好能够填充于 Gly138 附近的空洞，使蛋白质空间结构更具刚性，从而提高了酶的热稳定性。

十一、融合蛋白质

脑啡肽（Enk）N 端 5 肽线形结构是与 δ 型受体结合的基本功能区域，干扰素（IFN）是一种广谱抗病毒抗肿瘤的细胞因子。黎孟枫等人化学合成了 Enk N 端 5 肽编码区，通过一连接 3 肽编码区与人 α I 型 IFN 基因连接，在大肠杆菌中表达了这一融合蛋白。以体外人结肠腺癌细胞和多形胶质瘤细胞为模型，采用 3H – 胸腺嘧啶核苷掺入法证明该融合蛋白抑制肿瘤细胞生长的活性显著高于单纯的 IFN，通过 Naloxone 竞争阻断实验证明，抑制活性的增高确由 Enk 导向区介导。

蛋白质工程的发展很快，研究工作很多，以上仅介绍了几个例子。蛋白质工程除了用于改造天然蛋白质或设计制造新的蛋白质外，其本身还是研究蛋白质结构功能的一种强有力的工具，它在解决生物理论方面所起的作用，可以和任何重大的生物研究方法相提并论。

第四节　蛋白质组学

蛋白质组学是一个新的概念，恐怕知之者甚少，而在略知一二者中，部分人还抱有怀疑态度。2001年的《科学》杂志已把蛋白质组学列为六大研究热点之一，其"热度"仅次于干细胞研究，名列第二。蛋白质组学的受关注程度如今已令人刮目相看。随着人类基因组计划研究的进展，生物医学研究已进入到后基因组时代，工作重心开始转向从蛋白质的整体水平去研究生命现象。

一、蛋白质组学产生的历史背景和研究意义

生物功能的主要体现者是蛋白质，其组成、表达水平、存在方式（修饰形式）、功能和相互作用等直接与生物功能有关。DNA芯片技术虽然能给出生物体所启动基因的信息，但并不能反映蛋白质的特性。因此，要深入揭示生命现象，从蛋白质的整体水平出发就有着极其重要的意义。

蛋白质组（proteome）一词，源于蛋白质（protein）与基因组（genome）两个词的结合，是澳大利亚Macquarie大学的两位科学家Wikins和Williams于1994年在意大利Siena召开的第一次国际蛋白质组学专题研讨会上提出的，是指细胞内所表达的全套蛋白质，后引申为一种基因组全部蛋白质的存在及其活动方式。虽然第一次提出蛋白质组概念是在1994年，但相关研究可以追溯到20世纪90年代中期甚至更早，尤其是20世纪80年代初期，在基因计划提出之前，就有人提出过类似的基因组计划，当时称为Human Protein Index计划，旨在分析细胞内的所有蛋白质。但由于种种原因，这一计划被搁浅。20世纪90年代初期，各种技术已比较成熟，在这样的背景下，经过各国科学家的讨论，才提出蛋白质组这一概念。

国际上蛋白质组研究进展十分迅速，不论基础理论还是技术方法，都在不断进步和完善。相当多种细胞的蛋白质组数据库已经建立，相应的国际互联网站也层出不穷。1996年，澳大利亚建立了世界上第一个蛋白质组研究中心：Australia Proteome Analysis Facility（APAF）。丹麦、加拿大、日本也先后成立了蛋白质组研究中心。在美国，各大药厂和公司在巨大财力的支持下，也纷纷加入蛋白质组的研究阵容。后来在瑞士成立的GeneProt公司，是由以蛋白质组数据库"SWIS-SPROT"著称的蛋白质组研究人员成立的，以应用蛋白质组技术开发新药物靶标为目的，建立了配备有上百台质谱仪的高通量技术平台。而当年提出Human Protein Index的美国科学家Normsn G. Anderson也成立了类似的蛋白质组学公司，继

续其多年未实现的梦想。2001年4月，在美国成立了国际人类蛋白质组研究组织（HUPO），随后欧洲、亚太地区也成立了区域性蛋白质组研究组织，试图通过合作的方式，融合各方面的力量，完成人类蛋白质组计划。但生物体内这样的蛋白质组是不存在的，因为蛋白质组中蛋白质的数目总是少于基因组中开放读框的数目，而修饰后蛋白质的数目又远远多于基因组中开放读框的数目，所以又提出了功能蛋白质组的概念，它是指在特定时间、特定环境和实验条件下基因组活跃表达的蛋白质，功能蛋白质只是总蛋白质组的一部分。

随着人类基因组计划的实施和推进，生命科学研究已进入了后基因组时代。在这个时代，生命科学的主要研究对象是功能基因组学，包括结构基因组研究和蛋白质组研究等。尽管现在已有多个物种的基因组被测序，但在这些基因组中通常有一半以上基因的功能是未知的。目前功能基因组中所采用的策略，如基因芯片、基因表达序列分析（SAGE）等，都是从细胞中 mRNA 的角度来考虑的，其前提是细胞中 mRNA 的水平反映了蛋白质表达的水平。但事实并不完全如此，从DNA、mRNA、蛋白质，存在三个层次的调控，即转录水平调控、翻译水平调控、翻译后水平调控。从 mRNA 角度考虑，实际上仅包括了转录水平调控，并不能全面代表蛋白质表达水平。实验也证明，组织中 mRNA 丰度与蛋白质丰度的相关性并不好，尤其对于低丰度蛋白质来说，相关性更差。更重要的是，蛋白质复杂的翻译后修饰、蛋白质的亚细胞定位或迁移、蛋白质－蛋白质相互作用等几乎无法从 mRNA 水平来判断。毋庸置疑，蛋白质是生理功能的执行者，是生命现象的直接体现者，对蛋白质结构和功能的研究将直接阐明生命在生理或病理条件下的变化机制。蛋白质本身的存在形式和活动规律，如翻译后修饰、蛋白质间相互作用以及蛋白质构象等问题，仍依赖于直接对蛋白质的研究来解决。虽然蛋白质的可变性和多样性等特殊性质导致了蛋白质研究技术远远比核酸技术要复杂和困难得多，但正是这些特性参与和影响着整个生命过程。

传统的对单个蛋白质进行研究的方式已无法满足后基因组时代的要求。这是因为：①生命现象的发生往往是多因素影响的，必然涉及到多个蛋白质；②多个蛋白质的参与是交织成网络的，或平行发生，或呈级联因果；③在执行生理功能时蛋白质的表现是多样的、动态的，并不像基因组那样基本固定不变。因此要对生命的复杂活动有全面和深入的认识，必然要在整体、动态、网络的水平上对蛋白质进行研究。因此在 20 世纪 90 年代中期，国际上产生了一门新兴学科——蛋白质组学，它是以细胞内全部蛋白质的存在及其活动方式为研究对象。可以说蛋白质组研究的开展不仅是生命科学研究进入后基因组时代的里程碑，也是后基因组时代生命科学研究的核心内容之一。

二、蛋白质组学的研究技术和研究内容

蛋白质组学技术的发展已经成为现代生物技术快速发展的重要支撑，并将引

领生物技术取得关键性的突破。蛋白质组学技术包括双向凝胶电泳、等电聚焦、生物质谱分析（飞行时间质谱、电喷雾质谱）。

1. 研究技术

（1）双向凝胶电泳　双向凝胶电泳的原理是第一项基于蛋白质的等电点不同用等电聚焦分离，第二项则按分子质量的不同用 SDS – PAGE 分离，把复杂蛋白混合物中的蛋白质在二维平面上分开。由于双向电泳技术在蛋白质组与医学研究中所处的重要位置，它可用于蛋白质转录及转录后修饰研究、蛋白质组的比较和蛋白质间的相互作用、细胞分化凋亡研究、致病机制及耐药机制的研究、疗效监测、新药开发、癌症研究、蛋白纯度检查、小量蛋白纯化、新替代疫苗的研制等许多方面。近年来经过多方面改进已成为研究蛋白质组最有使用价值的核心方法。

（2）等电聚焦　等电聚焦（IEF）是 20 世纪 60 年代中期问世的一种利用有 pH 梯度的介质分离等电点不同的蛋白质的电泳技术。等电聚焦凝胶电泳依据蛋白质分子的静电荷或等电点进行分离，等电聚焦中，蛋白质分子在含有载体两性电解质形成的一个连续而稳定的线性 pH 梯度中电泳。载体两性电解质是脂肪族多氨基多羧酸，在电场中形成正极为酸性、负极为碱性的连续的 pH 梯度。蛋白质分子在偏离其等电点的 pH 条件下带有电荷，因此可以在电场中移动；当蛋白质迁移至其等电点位置时，其静电荷数为零，在电场中不再移动，据此将蛋白质分离。

（3）生物质谱分析　生物质谱技术是蛋白质组学研究中最重要的鉴定技术，其基本原理是样品分子离子化后，根据不同离子之间的荷质比（M/E）的差异来分离并确定分子质量。对于经过双向电泳分离的目标蛋白质用胰蛋白酶酶解（水解 Lys 或 Arg 的 C 端形成的肽键）成肽段，对这些肽段用质谱进行鉴定与分析。目前常用的质谱包括两种：基质辅助激光解吸电离 – 飞行时间质谱（MALDI – TOF – MS）和电喷雾质谱（ESI – MS）。

①飞行时间质谱：MALDI 的电离方式是 Karas 和 Hillenkamp 于 1988 年提出的。MALDI 的基本原理是将分析物分散在基质分子（尼古丁酸及其同系物）中并形成晶体，当用激光（337nm 的氮激光）照射晶体时，基质分子吸收激光能量，样品解吸附，基质 – 样品之间发生电荷转移使样品分子电离。它从固相标本中产生离子，并在飞行管中测定其分子质量，MALDI – TOF – MS 一般用于肽质量指纹图谱，非常快速（每次分析只需 3～5min）、灵敏（达到 fmol 水平），可以精确测量肽段质量，但是如果在分析前不修饰肽段，MALDI – TOF – MS 不能给出肽片段的序列。

②电喷雾质谱：电喷雾质谱（ESI – MS）是利用高电场使质谱进样端的毛细管柱流出的液滴带电，在 N_2 气流的作用下，液滴溶剂蒸发，表面积缩小，表面电荷密度不断增加，直至产生的库仑力与液滴表面张力达到雷利极限，液滴爆

裂为带电的子液滴，这一过程不断重复使最终的液滴非常细小呈喷雾状，这时液滴表面的电场非常强大，使分析物离子化并以带单电荷或多电荷的离子形式进入质量分析器。ESI－MS 从液相中产生离子，一般说来，肽段的混合物经过液相色谱分离后，经过偶联的与在线连接的离子阱质谱分析，给出肽片段的精确的氨基酸序列，但是分析时间一般较长。

目前，许多实验室两种质谱方法连用，获得有意义的蛋白质的肽段序列，设计探针或引物来获得有意义的基因。随着蛋白质组研究的深入，又有多种新型质谱仪出现，主要是在上述质谱仪的基础上进行改进与重新组合。

2. 研究内容

（1）蛋白质研究

①蛋白质鉴定：可以利用一维电泳和二维电泳并结合 Western 等技术，利用蛋白质芯片和抗体芯片及免疫共沉淀等技术对蛋白质进行鉴定研究。

②翻译后修饰：很多 mRNA 表达产生的蛋白质要经历翻译后修饰，如磷酸化、糖基化、酶原激活等。翻译后修饰是蛋白质调节功能的重要方式，因此对蛋白质翻译后修饰的研究对阐明蛋白质的功能具有重要作用。

③蛋白质功能确定：如分析酶活性和确定酶底物，细胞因子的生物分析/配基－受体结合分析。可以利用基因敲除和反义技术分析基因表达产物－蛋白质的功能。另外对蛋白质表达出来后在细胞内的定位研究也在一定程度上有助于蛋白质功能的了解。Clontech 的荧光蛋白表达系统就是研究蛋白质在细胞内定位的一个很好的工具。

④对人类而言，蛋白质组学的研究最终要服务于人类的健康，主要指促进分子医学的发展。如寻找药物的靶分子。很多药物本身就是蛋白质，而很多药物的靶分子也是蛋白质。药物也可以干预蛋白质－蛋白质相互作用。

在基础医学和疾病机理研究中，了解人不同发育、生长期和不同生理、病理条件下及不同细胞类型的基因表达的特点具有特别重要的意义。这些研究可能找到直接与特定生理或病理状态相关的分子，进一步为设计作用于特定靶分子的药物奠定基础。

（2）细胞甚至亚细胞研究 不同发育、生长期和不同生理、病理条件下不同的细胞类型的基因表达是不一致的，因此对蛋白质表达的研究应该精确到细胞甚至亚细胞水平。可以利用免疫组织化学技术达到这个目的，但该技术的致命缺点是通量低。激光捕获显微切割 LCM 技术可以精确地从组织切片中取出研究者感兴趣的细胞类型，因此 LCM 技术实际上是一种原位技术。取出的细胞用于蛋白质样品的制备，结合抗体芯片或二维电泳－质谱的技术路线，可以对蛋白质的表达进行原位的高通量的研究。很多研究采用匀浆组织制备蛋白质样品的技术路线，其研究结论值得怀疑，因为组织匀浆后不同细胞类型的蛋白质混杂在一起，最后得到的研究数据根本无法解释蛋白质在每类细胞中的表达情况。虽然培养细胞可以得到单一类型细胞，但体外培养的细胞很难模拟体内细胞的环境，因此这样研究得出的结论也很难用于解释实际情况。因此在研究中首先应该将不同细胞类型分离，分离出来的不同类型细胞可以用于基因表达研究，包括 mRNA 和蛋白质的表达。

LCM 技术获得的细胞可以用于蛋白质样品的制备。可以根据需要制备的总蛋白，或膜蛋白，或核蛋白等，也可以富集糖蛋白，或通过去除白蛋白来减少蛋白质类型的复杂程度。相关试剂盒均有厂商提供。

（3）二维电泳分离蛋白质　蛋白质样品中不同类型的蛋白质可以通过二维电泳进行分离。二维电泳可以将不同种类的蛋白质按照等电点和分子质量差异进行高分辨率的分离。成功的二维电泳可以将 2000 到 3000 种蛋白质进行分离。电泳后对胶进行高灵敏度的染色如银染和荧光染色。如果是比较两种样品之间蛋白质表达的异同，可以在同样条件下分别制备两者的蛋白质样品，然后在同样条件下进行二维电泳，染色后比较两块胶。也可以将两者的蛋白质样品分别用不同的荧光染料标记，然后两种蛋白质样品在一块胶上进行二维电泳的分离，最后通过荧光扫描技术分析结果。

胶染色后可以利用凝胶图像分析系统成像，然后通过分析软件对蛋白质点进行定量分析，并且对感兴趣的蛋白质点进行定位。通过专门的蛋白质点切割系统，可以将蛋白质点所在的胶区域进行精确切割。接着对胶中蛋白质进行酶切消化，酶切后的消化物经脱盐/浓缩处理后就可以通过点样系统将蛋白质点样到特定材料的表面（MALDI – TOF）。最后这些蛋白质就可以在质谱系统中进行分析，从而得到蛋白质的定性数据，这些数据可以用于构建数据库或和已有的数据库进行比较分析。

LCM – 二维电泳 – 质谱的技术路线是典型的一条蛋白质组学研究的技术路线，除此以外，LCM – 抗体芯片也是一条重要的蛋白质组学研究的技术路线。即通过 LCM 技术获得感兴趣的细胞类型，制备细胞蛋白质样品，蛋白质经荧光染料标记后和抗体芯片杂交，从而可以比较两种样品蛋白质表达的异同。Clontech 开发了一张抗体芯片，可以对 378 种膜蛋白和胞浆蛋白进行分析。该芯片同时配合了抗体芯片的全部操作过程的重要试剂，包括蛋白质制备试剂、蛋白质的荧光染料标记试剂、标记体系的纯化试剂、杂交试剂等。

对于蛋白质相互作用的研究，酵母双杂交和噬菌体展示技术无疑是很好的研究方法。Clontech 开发的酵母双杂交系统和 NEB 公司开发的噬菌体展示技术可供研究者选用。

关于蛋白质组学的研究，也可以将蛋白质组的部分或全部种类的蛋白质制作成蛋白质芯片，这样的蛋白质芯片可以用于蛋白质相互作用研究、蛋白表达研究和小分子蛋白结合研究。2001 年《科学》杂志发表了一篇关于酵母蛋白质组芯片的论文。该文主要研究内容为：将酵母的 5800 个 ORF 表达成蛋白质并进行纯化点样制作芯片，然后用该芯片筛选钙调素和磷脂分子的相互作用分子。

　　有必要指出的是，传统的蛋白质研究注重研究单一蛋白质，而蛋白质组学注重研究参与特定生理或病理状态的所有蛋白质种类及其与周围环境（分子）的关系。因此蛋白质组学的研究通常是高通量的。适应这个要求，蛋白质组学相关研究工具通常都是高度自动化的系统，通量高而速度快，配合相应分析软件和数据库，研究者可以在最短的时间内处理最多的数据。

　　目前围绕蛋白质组学的研究工作部分是建立模式生物或人类的正常或病变细胞的蛋白质组数据库，而更多的研究是在蛋白质组的变化或差异的基础上，也就是通过对蛋白质组的分析比较，发现并鉴定在不同生理或病理条件下、不同外界条件下蛋白质组中有差异的蛋白质组分，以期真正揭示发生某种生理或病理改变的分子机制。

三、蛋白质组学在疾病研究中的应用

　　目前蛋白质组学已广泛用于疾病研究，应用较广的是有关肿瘤的研究，如寻找新的肿瘤标志物、鉴定肿瘤的组织病理学类型、研究肿瘤的发生及演进机制等。另外，蛋白质组学还可用于研究神经病理学、心血管病理学及微生物学等。总之，蛋白质组学的出现为我们研究生物学或病理学过程的分子机制提供了新思路，从而将对最终解决重大的生物学和病理学问题产生极大的推动作用。

四、蛋白质组学发展趋势

　　在基础研究方面，近两年来蛋白质组研究技术已被应用到各种生命科学领域，如细胞生物学、神经生物学等。在研究对象上，覆盖了原核微生物、真核微生物、植物和动物等范畴，涉及各种重要的生物学现象，如信号转导、细胞分化、蛋白质折叠等。在未来的发展中，蛋白质组学的研究领域将更加广泛。

　　在应用研究方面，蛋白质组学将成为寻找疾病分子标记和药物靶标最有效的方法之一。在对癌症、早老性痴呆等人类重大疾病的临床诊断和治疗方面，蛋白质组技术也有十分诱人的前景，目前国际上许多大型药物公司正投入大量的人力和物力进行蛋白质组学方面的应用性研究。

　　在技术发展方面，蛋白质组学的研究方法将出现多种技术并存、各有优势和局限的特点，而难以与基因组研究一样形成比较一致的方法。除了发展新方法外，更强调各种方法间的整合和互补，以适应不同蛋白质的不同特征。另外，蛋白质组学与其他学科的交叉也将日益显著和重要，这种交叉是新技术新方法的活水之源，特别是蛋白质组学与其他大规模科学如基因组学、生物信息学等领域的交叉，所呈现出的系统生物学研究模式，将成为未来生命科学最令人激动的新前沿。虽然蛋白质组学还处在一个初期发展阶段，但我们相信随着其不断地深入发展，蛋白质组（学）研究在提示诸如生长、发育和代谢调控等生命活动的规律上将会有所突破，对探讨重大疾病的机理、疾病诊断、疾病防治和新药开发将提

供重要的理论基础。

尽管蛋白质工程的发展历史很短,但由于它在理论上对生命科学发展的贡献,以及商业上可能带来的巨大价值,使得它的发展异军突起,迅猛异常。总之,由于蛋白质工程能按人的意愿定向地改造蛋白质和酶,必然有着无限广阔的发展前景。

【知识拓展】

人类蛋白质组计划

2003 年 4 月,历时 13 年的"国际人类基因组计划"正式完成。但仅仅测绘出基因组序列,并非这一计划的最终目的,必须对其编码产物——蛋白质组进行系统深入的研究,才能真正实现基因诊断和基因治疗。2001 年,国际人类蛋白质组组织宣告成立。2003 年 12 月 15 日,该组织正式提出启动两项重大国际合作行动:一项是由中国科学家牵头执行的"人类肝脏蛋白质组计划";另一项是以美国科学家牵头执行的"人类血浆蛋白质组计划",由此拉开了人类蛋白质组计划的帷幕。截至 2013 年年底已有 16 个国家和地区的 80 余个实验室报名参加。由于中国在蛋白质研究方面的雄厚实力,因而成为"人类肝脏蛋白质组计划"(HLPP) 的牵头国,国家生物医学分析中心主任贺福初院士被推选为执行主席。这是中国领导的第一项重大国际合作计划,也是第一个人类组织/器官的蛋白组计划。它的科学目标是揭示并确认肝脏的蛋白质,为重大肝病预防、诊断、治疗和新药研发的突破提供重要的科学基础。

首次由中国科学家领导的国际重大科研合作项目——人类肝脏蛋白质组计划,被宣告取得阶段性新进展。2005～2008 年以来围绕人类肝脏蛋白质组的表达谱、修饰谱及其相互作用的连锁图等九大科研任务,中国科学家已经成功测定出 6788 个高可信度的中国成人肝脏蛋白质,系统构建了国际上第一张人类器官蛋白质组"蓝图";发现了包含 1000 余个"蛋白质－蛋白质"相互作用的网络图;建立了 2000 余株蛋白质抗体。

肝病是一种几乎肆虐了大半个地球的人类公敌,全球以每年新增肝炎病患者约 5000 万人的速度递增。中国和大多数亚洲国家一样是个肝脏病多发国,有超过 1 亿人患肝病,是肝病多发的国家之一,每年死于肝病的人有数十万之多,乙型肝炎病毒携带者占人口的比例相当高。全国一年所花费的防治经费高达 1 千亿元以上,数额巨大。

人类肝脏蛋白质组计划的实施,将极大地提高肝病的治疗和预防水平,降低医疗费用。同时,将使中国在肝炎、肝癌为代表的重大肝病的诊断、防治与新药研制领域取得突破性进展,并不断提高中国生物医药产业的创新能力和国际竞争力。

【思考题】

1. 什么是蛋白质？什么是蛋白质工程？两者的关系如何？
2. 简述蛋白质工程与基因工程的关系。
3. 阐述蛋白质一级结构与功能的关系，并举例说明。
4. 阐述蛋白质空间结构、结构与功能间的关系，并举例说明。
5. 阐述蛋白质变性的概念及其实际应用，蛋白质的变构概念及特点，蛋白质变构和变性的区别。
6. 蛋白质工程的基本原理是什么？
7. 蛋白质工程研究的主要内容是什么？
8. 蛋白质组学的概念是什么？
9. 蛋白质组学的关键技术有哪些？

第七章 生物技术与农业

【典型案例】

案例1. 岳池打造"全国白色农业第一县"

四川省岳池县位于四川盆地东部，渠江和嘉陵江汇合处的三角台地，岳池县为进一步加快该县农业结构调整步伐，推动传统农业向现代农业的转变，促进农业增效、农民增收，实现农业的可持续发展，决定大力发展"白色农业"。该县已建设成为全国白色农业示范样板，"全国白色农业第一县"，实现了农业由二维结构（动物、植物）向三维结构（动物、植物、微生物）转变（图7-1）。

白色农业突破了传统农业的局限，把传统绿色农业向光（阳光）要粮、向地要粮的生产方式，转变为向草（秸秆）要粮、向废弃物要粮的生产方式。它不仅成本低廉，节约水土资源，不受气候和季节限制，而且能够变废为宝，实现对资源的综合利用，经济效益也会成倍增长，是推动农业产业结构调整、保护和改善农业生态环境、提高农（畜）产品品质、改善农村能源状况、提高人民生活水平的重要手段，是我国目前比较可行的农业发展新路子。

岳池县主要建立了四种发展模式：①果菌套作模式，利用果园林地发展食用菌；②稻菇连作模式，利用水稻收割后空闲地种植食用菌；③生态养殖模式，利用微生物饲料和微生态技术，促进畜禽生长，实现粪便无害化处理；④沼气模式，利用充足的农作物秸秆和人畜粪便，大力建设小型户用沼气池，配套改厨改厕，改善农村生活环境。

岳池发展白色农业一年以来，收获颇丰。一是增收，2005年，全县共发展稻田蘑菇2400亩，亩平均纯收入3000元左右，仅此一项帮助农民增收720余万元。二是降低生活成本，沼气池为农户提供70%的生活用能，户平均减少燃料支出500余元，沼液浸种、喂猪、杀虫等新技术，每户平均减少农药和化肥支出100元等。三是农产品单产和质量提高，使用微生物饲料，畜禽发病率降低，日均增重提高，使用微生物肥料，玉米、水稻等农作物单产增加，且产品无抗生素等有害物质。

案例2. 关于转基因玉米品种对大鼠肾脏和肝脏毒性事件

2009年，《国际生物科学杂志》发表的论文称三种转基因玉米 MON 810，MON 863 和 NK603 对哺乳动物大鼠肾脏和肝脏造成不良影响（图7-2）。欧洲食品安全局转基因小组对论文进行了评审，重新进行了统计学分析，认为文中提供的数据不能支持作者关于大鼠肾脏和肝脏毒性的结论，其所提出的有关肾脏和肝脏影响的显著性差异，在欧洲食品安全局转基因生物小组当初对三个转基因玉米的安全性做出判断时，就已经被评估过了，不存在任何新的有不良影响的证据，不需要对这些转基因玉米的安全性重新进行评估。

原论文作者的研究并未提供任何新的毒理学效应证据，其所用的方法存在以下缺陷：①所有的结果都是以每个变量的差异百分率表示的，而不是用实际测量的单位表示的；②检测的毒理学参数的计算值与有关的物种间的正常范围不相关；③检测的毒理学参数的计算值没有与用含有不同参考品种的饲料饲喂的实验动物间的变异范围进行比较；④统计学显著性差异在端点变量和剂量上不具有一致性模式；⑤原作者单纯依据统计学分析得出的结论，与器官病理学、组织病理学和组织化学相关的三个动物喂养试验结果没有一致性，而作者在论文中并没提及这一点。

图7-1 岳池县风光

图7-2 关于转基因玉米品种对大鼠肾脏和肝脏毒性事件

上述案例都是日常新闻中的常见案例，看后我们不禁要思考，生物技术尤其是微生物技术和转基因技术在农业生产中究竟起到怎样的作用？它的发展现状和趋势又将如何？希望通过本章的学习，可以找到答案。

【学习指南】

本章主要介绍生物技术在农业生产中的应用，重点阐述三大农业生物技术关注热点，即动植物转基因技术、植物细胞工程和白色农业的发展现状和趋势。

第一节　动植物转基因技术的应用

农业生物技术的主要任务就是培育转基因动植物的新品种，赋予它们高产、优质和有强劲的抗逆性。转基因技术是现代生物技术的核心，运用转基因技术培育动植物新品种，能够降低农药、肥料投入，对缓解资源约束、保护生态环境、改善产品品质、拓展农业功能等具有重要作用。

目前，发达国家纷纷把转基因技术作为抢占科技制高点和增强农业国际竞争力的战略重点，发展中国家也积极跟进，全球转基因技术研究与产业快速发展。

我国是一个人口大国，解决吃饭问题是头等大事。在工业化、城镇化快速发展的过程中，突破耕地、水等资源约束，保障国家粮食安全和农产品长期有效供给，归根结底要靠科技创新和应用。推进转基因技术研究与应用，是着眼于未来国际竞争和产业分工的重大发展战略，是确保国家粮食安全的必然要求和重要途径。

转基因技术自诞生以来，争论就从未间断过，在世界各地无处不在。美国在激烈争论中逐渐形成了基本共识，抓住技术发展机遇，抢占产业发展先机，迅速成为转基因产业的全球霸主。欧盟对转基因的态度曾一度比较消极，但近年来趋向积极，一方面加紧研究，一方面放宽转基因食品进口，2010 年还批准了转基因马铃薯商业化种植。在激烈争论中，世界转基因技术研究与应用一直保持快速发展态势。据统计，从 1996 年到 2010 年，种植转基因作物的国家由 6 个发展到 29 个；种植面积由 170 万公顷发展到 1.48 亿公顷，增长了 86 倍。

在我国，有关转基因的争论也一直存在。概括起来，主要是质疑转基因技术本身的安全性。有的担心转基因产品食用不安全，有的担心转基因作物种植会带来环境安全问题，担心我国批准转基因应用，会失去转基因技术的专利控制权，受制于人。出现上述情况的原因是多方面的，主要是科学认知和技术认同问题。

一、植物基因工程的成就

植物基因工程是 20 世纪末迅速发展起来的新兴生物技术，自 1983 年首例转基因植物——转基因烟草问世以来，转基因成功的植物种类迅速增加，国际上获得转基因植株的植物已达 100 种以上。2013 年世界有 27 个国家种植转基因作物，种植面积 1.752 亿公顷。美国批准的转基因作物种类最多，根据美国农业部的数据，2013 年美国各种转基因作物种植面积 10.26 亿亩，约占美国农田总面积的一半。

自上世纪 80 年代以来，我国转基因技术取得了显著进展。2012 年农业部公布农业转基因生物审批情况称，2004 年至 2011 年期间，我国批准进口用作加工原料的转基因作物共 79 种。根据农业部网站 2013 年 4 月公布数据，目前，我国共批准发放 7 种转基因植物的农业转基因生物安全证书。迄今为止，我国批准商业化种植的转基因作物有棉花和番木瓜，批准进口用作加工原料的有大豆、玉米、棉花、油菜和甜菜 5 种转基因作物。现今只有转基因棉花得到大规模种植，2010 年种植面积为 330 多万公顷，转基因番木瓜有少量种植。

我国转基因技术研发和应用在以下三个方面取得了积极进展：①生物育种产

业蓄势待发：转基因抗虫棉花品种培育和产业化取得巨大成效；转基因抗虫水稻、转植酸酶基因玉米获得安全证书，具备产业化条件；抗旱、抗除草剂作物品种培育步伐加快；抗病、高产、品质改良等动物新品种培育进展顺利。②自主创新能力显著增强：获得营养品质、抗旱、耐盐碱、耐热、养分高效利用等重要性状基因 300 多个，筛选出具有自主知识产权和重要育种价值的功能基因 46 个。③生物安全保障能力持续提升：建立了我国转基因生物环境安全、食用安全评价和检测监测技术平台，研制高通量精准检测新技术 30 余项，开发了一批检测试剂盒和专用检测设备，颁布了转基因安全技术标准 80 余项，大幅度提高了我国的生物安全保障能力。

目前，植物基因工程技术集中体现在提高植物抗性、改良植物品质及提高植物产量三个方面。

1. 提高植物抗性

（1）培育抗虫转基因植物　虫害是造成农业减产的重要因素之一，据不完全统计，全世界每年因虫害引起的作物减产达总产量的 15%，损失达 60 亿～100 亿元。喷施化学农药、生物杀虫剂是主要的防治方法，但化学农药长期、大量的使用会造成环境污染，导致许多害虫产生耐受性，化学农药滥用甚至还会直接威胁人、畜的安全，而生物杀虫剂防治法的成本较高。随着现代生物技术特别是植物基因工程的迅速发展，为防止害虫提供了一条新的途径。

利用植物基因工程手段培育抗虫新品种具有其独特的优点：①基因资源非常丰富，可利用其他植物的抗虫基因，甚至还可利用某些动物、微生物中的抗性基因；②该保护作用具有连续性和完整性，即可控制任何时期、植物的任何部位（如叶的下表面、根等农药难以作用的部位）发生的病虫害；③与常规培育抗虫作物品种技术和试管培养技术相比，育种周期短、成本低、目的性强；④与化学试剂杀虫法相比，具有特异性高、不污染环境、危险性小的优点；⑤不易受环境因素影响。

目前人们已经从微生物及植物体内分离得到了一些有效的抗虫基因，有的抗虫基因已导入植物体内而获得了转基因抗虫植物，如表 7-1 所示。目前全世界最常改良的性状中抗虫占第 2 位，植物抗虫基因工程已成为植物基因工程研究和应用的热点，有一些转基因抗虫作用已进入商品化生产，并展现出了巨大的应用前景。

苏云金杆菌毒蛋白基因，即 Bt 基因，是目前世界范围内使用得最广泛的抗虫基因。转 Bt 基因抗虫棉就是利用基因工程技术，将 Bt 基因导入棉花植株体内而培育出来的棉花新品种。转 Bt 基因抗虫棉在棉花的整个生长季节都能不断产生杀虫蛋白，这种杀虫蛋白遍布植株的各个部位，棉铃虫等鳞翅目害虫取食抗虫棉后，其消化系统会受到破坏而停止进食，致使全身软腐，最终因脱水而死亡，另外抗虫棉还能产生令多种害虫讨厌和难受的气味，因而可免受或减轻害虫的危害。由于 Bt 基因表达生成的毒蛋白只有在鳞翅目昆虫肠道中特定的蛋白酶存在的情况下，才有毒性，所以鱼类、鸟类、哺乳类动物及人都不会受到它的影响。转 Bt 基因抗虫棉因为自身能产生杀虫蛋白，对棉铃虫等鳞翅目害虫有较好的抗性，减少了化学农药的用量和使用次数，降低了植棉成本，减少了农药对农田生态系统的破坏，因而受到了普遍欢迎。1987 年比利时科学家又将 Bt 毒蛋白基因导入烟草后，转基因烟草同样也表现出了抗虫特性，自此，国内外许多实验室都相继获得了抗虫转基因棉花、番茄、水稻、杨树、马铃薯等。

表 7 - 1　　　　　　　　　　　植物抗虫基因工程的成就

植物抗虫基因	抗虫机制	研究结果
苏云金杆菌（Bt）毒蛋白基因	诱导细胞膜产生非特异性小孔，扰乱细胞的渗透平衡，引起细胞膨胀、裂解，导致昆虫死亡	玉米、棉花、烟草、水稻、番茄、马铃薯、大豆等
蛋白酶抑制剂（PI）基因	与昆虫消化道内的蛋白酶形成酶 - 抑制剂复合物，导致蛋白酶不能对外源蛋白质正常消化	烟草、水稻、棉花
淀粉酶抑制剂基因（α - AI）	抑制昆虫消化道内的淀粉酶，使之不能消化淀粉，从而阻断昆虫的主要能量来源	烟草
外源凝集素基因	在消化道中与肠道周围细胞膜上的糖蛋白结合，影响营养的吸收	烟草、玉米、莴苣
昆虫毒素基因	作用于昆虫细胞膜离子通道，使之紊乱，不能正常进行离子交换，导致昆虫死亡	烟草
几丁质酶基因	作用于昆虫的围食膜，影响昆虫的正常消化	烟草
胆固醇氧化酶基因	催化胆固醇氧化酶氧化成类固醇，破坏膜的完整性，导致细胞裂解和死亡	马铃薯

（2）培育抗病转基因植物　植物病害一直是农业生产中难以防治的，据联合国粮农组织（FAO）估计，全世界粮食生产每年因病害的发生而导致的损失占 10%，而在某些作物如甘蔗则可高达 50%，严重时甚至绝收。目前植物病害主要是由病毒、真菌和细菌等引起的。

1986 年 Powell Abel 等首次将烟草花叶病毒（TMV）外壳蛋白基因导入烟草，获得首例抗病毒转基因烟草后，植物抗病毒基因工程的研究日趋活跃，研究成果见表 7 - 2。1999 年美国已批准转基因抗病毒的马铃薯、西葫芦、番木瓜等品种进行生产，我国的转基因抗病毒烟草、番茄和甜椒也被批准商业化应用。

抗真菌病、抗细菌病的植物基因工程技术较抗病毒病落后，目前研究还主要处在基因分离阶段，转化的也只是一些与抗病有关的基因。如从烟草野火病中克隆了对病菌体本身的毒素有解毒作用的抗性基因，该基因编码一种乙酰转移酶，导入烟草后，也使烟草获得了对该病的抗性。

表 7 - 2　　　　　　　　　　植物抗病毒基因工程的成就

研究对象	研究方法	研究成果
病毒外壳蛋白（CP）介导的抗性	利用原无毒的病毒外壳蛋白抑制病毒的复制	烟草花叶病毒（TMV）、豆花叶病毒（SMV）
病毒卫星 RNA（Sat - RNA）和缺损干扰 RNA（DL - RNA）介导的抗性	利用 Sat - RNA 和 DL - RNA 干扰病毒复制和扩散	黄瓜花叶病毒（CMV）
病毒的反义 RNA 介导的抗性	利用病毒的反义 RNA 与外援 RNA 病毒形成互补，组织病毒复制	马铃薯卷叶病毒基因的反义序列
病毒复制酶介导的抗性	利用源于病毒复制酶基因干扰病毒复制	黄瓜花叶病毒（CMV）烟草花叶病毒（TMV UI）
移动蛋白介导的抗性	利用编码失活性的病毒移动蛋白的基因，干扰病毒的扩散和转移	烟草脆裂病毒（TRV）花生褪绿线条病毒（PCSV）
植物体失活蛋白介导的抗性	抑制无细胞蛋白质生物合成的蛋白	商陆抗病毒蛋白（PAP）

（3）培育抗逆（抗寒、干旱、盐碱）转基因植物　非生物胁迫因子如干旱、盐渍、低温是制约植物生长，降低农作物产量与质量的重要因素。水资源短缺以及土壤盐渍化是目前农业生产的一个全球性问题，全球 20% 的耕地受到盐害威胁，43% 的耕地为干旱、半干旱地区。自然环境下温度是决定植物地域分布的主要限制因子，在栽培条件下更影响着农作物及园艺植物等产量和品质。

对植物抗逆性或适应性的研究是当前植物基因工程研究的一个热点。基因工程用于抗逆性育种首先要找到植物基因组中控制抗性的基因，目前应用于抗逆性研究的基因有以下几类：①逆境诱导的植物蛋白激酶基因；②防止细胞蛋白在逆境下变性的基因；③超氧化物歧化酶基因，可消除植物在逆境下产生的活性氧基；④编码细胞渗透压调剂物质基因。另外，小分子化合物如脯氨酸、葡萄糖、甜菜碱等，与植物忍受环境胁迫的能力也有关，将与这些分子合成有关的酶的基因克隆后转入作物，同样可提高作物对逆境的抗性。

植物在生长发育过程中，一旦遇到外界环境的突然变化（即为逆境，如旱涝、盐碱、强光、冷热等），就会有一些抵抗逆境的生理反应出现。如将常温下生长的大豆放到 42℃ 下，它的叶片细胞里很快会出现一些能在一定温度范围内起保护作用的蛋白质，此类蛋白质在通常状态下是不表达的。现在已将大豆的抗热基因分离，并成功地转入烟草。Hhomashow 等将 CBF1 基因导入拟南芥，诱导了一系列低温调节蛋白的表达，使未经低温驯化的植株具有较强的抗寒能力，从而能够抵御比较寒冷的天气。科学家们发现极地的鱼体内有一些特殊蛋白可抑制冰晶的增长，从而免受低温的冻害，将这种抗冻蛋白基因从鱼体内分离，导入植物体内，获得转基因植物，目前这种基因已被成功地转入番茄和黄瓜当中。

我国在抗盐基因工程研究方面已取得了一些进展，克隆了脯氨酸合成酶、山菠菜碱脱氢酶、磷酸甘露醇脱氢酶等与耐盐相关的基因，通过遗传转化获得了耐盐的转基因苜蓿、草莓和烟草，并且这些转基因植物已进入了田间试验阶段。

（4）培育抗除草剂的转基因植物　农业上因杂草危害而造成的减产，由20世纪40年代的8%上升为现在的12%。而目前广泛使用的除草剂大部分为非选择性除草剂，因而只能在播种前使用。通过植物基因工程手段可培育出抗除草剂的作物，见表7-3，为降低杂草对作物生长的影响，提高作物产量做出了巨大的贡献。

表7-3　植物抗除草剂基因工程的成就

抗除草剂类型	已商品化抗除草剂转基因作物	推出公司
抗草甘膦	玉米、油菜、甜菜、大豆、向日葵	Monsato
抗草铵膦	玉米、油菜、甜菜、大豆、棉花、水稻	AgiEVO
抗溴苯腈	烟草、棉花	Rhone - Poulence
抗咪唑啉酮类	小麦、油菜、甜菜、玉米	Cyanamid

目前世界上主要采用以下几种方法来获得对除草剂的抗性：①将靶酶基因导入作物细胞，从而获得高效表达的靶酶或靶蛋白的植株。只要除草剂的浓度不足以全部破坏植物体内的这种酶或蛋白，它就不能将转基因植株杀死，而杂草则因为此种酶或蛋白被除草剂破坏而被杀灭。第一个成功的例子是抗除草剂草甘膦的转基因植物，草甘膦是一种高效、广谱、灭生性除草剂，其选择性差，常对许多农作物造成伤害。研究发现，EPSPS合酶是草甘膦的作用靶酶，草甘膦是通过抑制EPSPS合酶的活性，来抑制植物体内芳香族氨基酸的生物合成，进而破坏了植物的正常生长。1987年，美国科学家成功从矮牵牛中克隆出EPSPS合酶基因，并转入油菜细胞的叶绿体中，转基因油菜叶绿体中EPSPS合酶活性大大提高了，使其对草甘膦的抗性提高了4倍。②把降解除草剂的蛋白质编码的基因导入宿主植物，从而保证宿主植物免受其害。该方法已经成功地用于选育抗磷酸麦黄酮的工程植物。磷酸麦黄酮是谷氨酸的类似物，它作为除草剂的一种有效成分破坏了谷氨酰胺合酶的正常作用，从而阻断氨基酸的生物合成。比利时科学家已经将乙酰转移酶基因导入烟草、番茄和马铃薯中，发现转基因植物能在相当高的磷酸麦黄酮溶液中生长，主要是因为该化学物质进入植物细胞后立即被乙酰化而失去功能。③用基因突变的方法改造除草剂作用底物特定位点上相应的氨基酸残基，这种突变阻止了除草剂与酶的结合，影响其功能的正常发挥。有实验分离了一个EPSPS合酶的变构基因，导入番茄和油菜中发现，转基因植物抵抗除草剂的能力

提高了 10 倍以上。

发达国家对培育抗除草剂转基因作物这项技术非常重视，目前已获得实验成功的作用有抗大豆、棉花、甜菜和水稻等 20 多种。我国在抗除草剂基因工程方面的研究起始于 20 世纪 80 年代，由中科院遗传所与中国农科院作物所合作研究培育的转基因抗阿特拉津大豆，是我国获得的最早的转基因抗除草剂作物。

2. 改良植物品质

近年来，农作物转基因技术的研究重点从目前的抗性向品质转移。利用植物基因工程技术，可按照人们的营养需求进行植物品质改良，从而提高人们的健康水平。品质改良包括水果蔬菜的延熟保鲜、增加营养价值、富含抗癌蛋白质等方面。

近几年，品质改良主要体现在改善植物中储藏蛋白、淀粉、油脂、氨基酸等成分的含量和组成。改良的措施主要有：①将某些蛋白质亚基基因导入植物，如将高分子质量谷蛋白亚基（HMW）基因导入小麦，以提高其烘烤品质等；②将与淀粉合成有关的基因导入植物，如将支链淀粉酶基因导入水稻，以改善其蒸煮品质等；③将与脂类合成有关的基因导入植物，如将脂肪代谢相关基因导入大豆、油菜，以改善其油脂品质等；④将编码广泛的氨基酸或富含硫氨基酸的种子储藏蛋白基因导入植物，如将玉米醇溶蛋白基因导入烟草、马铃薯等，以改良其蛋白质的营养品质等。这些研究成果已在有些国家获得商业化生产。

1999 年，日本的科学家们为了增加稻米的铁质含量，从大豆芽中分离出铁蛋白基因，并导入到亚洲稻谷的一个普通品系中，结果发现转基因稻谷储存了相当于普通稻谷 3 倍甚至更多的铁质。吃一顿这种富铁大米饭，摄入的铁质就相当于成人每天需铁量的一半，目前这种铁蛋白的基因改良技术已运用到 30 多种水稻品种中。澳大利亚科学家则将豆类蛋白基因转移到牧草中，吃这种转基因牧草的奶牛所产的奶中含有较多的人体必需氨基酸。美国科学家从大豆中获取蛋白质合成基因，成功地导入到马铃薯中，培育出高蛋白的马铃薯品种，其蛋白质的含量接近大豆，大大提高了营养价值。

3. 提高植物产量

光合作用对植物的生长发育至关重要，提高植物的光合效率是提高作物产量的有效途径之一。提高光合效率，即增加植物 CO_2 的固定速度，可通过两条途径来实现：其一是提高空气中的 CO_2 浓度，这种方法显然只适用于实验室而不是大田生产；其二就是提高二磷酸核酮糖羧化酶（Rubisco）的活性，Rubisco 酶存在于植物叶绿体中，催化羧化反应，用于固定 CO_2。科学家们通过向植物体内导入 PEPCase 基因，增加植物与 CO_2 的亲和力，增加维管束鞘细胞 CO_2 的浓度，从而使 Rubisco 酶保持其最大活性，提高光合效率，增加了作物产量。

氮元素是作物获得高产的基本元素之一，化学氮肥对作物产量的提高起到了重要作用，但化学氮肥却污染环境，增加了生产成本。而生物固氮作用能在常温、常压下利用空气中游离的氮气合成氮肥，克服了化学氮肥的弊端，受到了科研人员的关注。目前，科学家已经把固氮基因从细菌向植物转移，扩大了共生体系的宿主范围，增加了共生细菌的固氮效率。如中国科学院遗传研究所已将带有固氮基因的质粒从大肠杆菌导入到无固氮能力的水稻根系菌中，使水稻表现出较强的固氮能力。

二、动物基因工程的成就

转基因动物技术与克隆动物技术是目前动物基因工程领域研究的热点，具有巨大的科学意义和广泛的应用价值。而把转基因技术与克隆技术结合，创建转基因克隆动物是 21 世纪培育遗传工程动物的主导性技术途径。

自从 1982 年美国科学家 Palmiter 等将大鼠的生长激素基因导入小鼠受精卵中，获得转基因超级小鼠以来，世界各国都争相开展此项技术的研究，转基因技术已成为当今生命科学中一个发展最快、最热门的领域。至今已制备出小鼠、大鼠、兔、鸡、鱼、牛、猪、羊等多种动物的转基因品系。

目前，动物基因工程技术集中体现在动物育种中的应用、制备非常规畜牧产品和保护动物种质资源三个方面。

1. 在动物育种中的应用

动物基因工程育种，主要目的是改造动物的遗传本质，从基因水平上改良动物的农业性状，以适应人类的需要。随着分子生物学各学科研究的发展，基于生物遗传密码的通用性和碱基互补配对的一致性，这就有可能通过遗传工程技术绕过远缘有性杂交和基因库的局限性，实现动物、植物和微生物之间的基因交流，从而创造新的遗传变异，改良农业生产中畜类、禽类等动物的某些性状，创造新的品种和生物类型。

（1）提高动物的抗病能力　对一些种属特异性的疾病，如果从抗该病的动物体中克隆出有关的基因，并将其转移给易感动物品种，则有希望培育出抗该病的转基因动物。1992 年，Berm 将小鼠抗流感基因导入猪体内，使转基因猪增强了对流感病毒的抵抗能力。Clement 等将 Visna 病毒的衣壳蛋白基因转入绵羊，获得了抗病能力明显提高的转基因羊。湖北省农科院畜牧所与中国农科院兰州兽医所合作，将抗猪瘟病毒的核酶基因导入猪中，获得抗猪瘟病毒的转基因猪。

（2）提高动物的抗寒能力　1988 年 Fletcher 将美洲拟鲽的抗冻蛋白基因导入大西洋鲑鱼中，1991 年 Shears 等将冬季比目鱼中的抗冻蛋白基因同样导入鲑鱼体内，他们各自培育出的转基因大西洋鲑鱼的抗寒能力均得到了明显的提高，这为南鱼北养、扩大优质鱼种的养殖范围提供了新的有效途径。

（3）提高动物的品质　1991 年 Nancarrow 把来自于优质羊毛的一种蛋白的主要成分半胱氨酸的基因导入绵羊的原核期胚胎中，得到的转基因羊的产毛率明显提高。1995 年 Bulcock 将人类胰岛素生长因子基因转入受体羊的原核胚，得到的转基因羊的产毛率也有明显增加。目前，澳大利亚、新西兰和英国等主要产羊毛国家正努力开发可以生产彩色羊毛的转基因羊。

（4）提高动物的生长率　1985 年，中科院水生生物所的朱作言等首次用人生长激素构建了转基因金鱼，子代转基因鱼的生长速度为非转基因鱼的 2 倍。同期，Hammer 将人的生长激素基因导入猪的受精卵，转基因猪与同窝生长的非转基因猪相比，生长速度和饲料利用效率都明显提高。Merk Sharp 等已获得转牛生长激素基因鸡，转基因鸡的生长速度比对照鸡显著加快。

2. 制备非常规畜牧产品

通过转基因技术可以制备出非常规畜牧产品，如不同特性的牛奶、羊奶，以满足更多人的需求。我国科学家成功地培育了乳汁中含有活性人凝血因子的转基因绵羊，2004 年中国农业大学又先后成功地获得了转有人乳清蛋白、人乳铁蛋白、人岩藻糖转移酶的基因奶牛，这些成就都为我国"人源化牛奶"的产业化奠定了重要的基础。

3. 保护动物种质资源

应用动物基因克隆技术能够有目标地均衡扩繁群体或特异性地扩繁群体中的某些个体，以保证遗传多样性不至于丢失。对于那些很难得到胚胎的珍稀濒危动物，可采用体细胞为核供体，进行细胞核移植的方法来获得后代。日本、澳大利亚、中国等国家已经开始着手应用体细胞克隆技术进行濒临灭绝的动物如老虎、熊猫、恒河断尾猴、名贵宠物的繁殖研究。

中国科学院动物研究所采用异种克隆技术，即将大熊猫的体细胞的细胞核植入到去核后的兔细胞中，已经培育出大熊猫的囊胚期胚胎，由此证明异种属动物之间的胚胎克隆是可能的，异种动物克隆技术的成功，将意味着生物技术领域的又一次技术革命，它不仅会对扩繁一些珍稀物种产生巨大的作用，还能创造出符合人类需要的新物种。

三、转基因技术产业发展特点

目前，转基因技术产业的发展主要呈现以下特点。

1. 技术创新日新月异

转基因技术研究手段、装备水平不断提高，基因克隆技术突飞猛进，新基因、新性状、新方法和新产品不断涌现。

2. 品种培育呈现出代际特征

国际上转基因生物新品种已从抗虫和抗除草剂等第一代产品，向改善营养品质和提高产量等第二代产品，以及工业、医药和生物反应器等第三代产品转变，多基因聚合的复合性状正成为转基因技术研究与应用的重点。

3. 产业化应用规模迅速扩大

截至 2010 年年底，全球已有 24 种植物的转基因产品通过了安全性评估，批准用于商业化种植或食用。这些植物包括棉花、玉米、大豆、白菜型油菜、欧洲型油菜、番木瓜、水稻、小麦、马铃薯、番茄、甜菜、玫瑰、矮牵牛、甜椒、烟草、亚麻、苜蓿、康乃馨、菊苣、杨树、李子、西葫芦、甜瓜等。

2010年，全球已有29个国家批准了转基因作物的商业化种植，种植面积超过1500万亩（1亩=666.67平方米）的国家有10个，从大到小依次为美国、巴西、阿根廷、印度、加拿大、中国、巴拉圭、巴基斯坦、南非和乌拉圭。巴西、阿根廷、印度、中国和南非等五个发展中国家转基因作物的种植面积占全球转基因作物的43%。

1996年至2010年，全球转基因作物种植面积增加了86倍，累计面积已经超过150亿亩。全球大豆种植面积的四分之三（77%）、棉花总面积的近一半（49%）、玉米总面积的四分之一（26%）、油菜总面积的五分之一（21%）均为转基因品种。

4. 生态效益、经济效益十分显著

1996年至2012年，全球转基因作物累计收益高达440亿美元，累计减少5.03亿千克农药喷洒，杀虫剂和除草剂对环境的影响减少了18.7%，使用耐除草剂转基因作物还可保护土壤水分，减少燃料的使用。转基因作物还有利于增加作物产量，降低生产成本，减少耕作、农药喷洒等劳动。1996年至2012年全球通过种植转基因作物使农场增收1169亿美元。

5. 国际竞争日益激烈

美国、加拿大、澳大利亚正在加快转基因小麦的研究和安全评价进程。印度转基因抗虫棉种植规模已超过我国。巴西由于种植转基因大豆，大豆产业国际竞争力大幅提升。

第二节　植物细胞工程的应用

植物细胞工程是以植物组织和细胞的离体操作为基础，在细胞水平上研究改造植物的遗传特性和生物学特性，使植物细胞的某些特性按人们的意志发生改变，从而获得特定的细胞、细胞产品或新生物体。

目前此项技术的应用领域主要在农业和药物的生产，本节就植物细胞工程在农业上的应用作一简单介绍。

一、在遗传育种上的应用

植物细胞工程应用于作物的遗传育种的意义在于能将有利基因转移到需要改良的作物中；能克服有性杂交中不同品种、种属之间的不亲和障碍，实现远缘杂交；能加速育种进程，提高选择效率；能筛选抗性突变体，进行抗性育种等。

1. 单倍体育种

自从 1964 年印度科学家 Guha 和 Mahesiwari 通过培养毛叶曼陀罗的花药首次获得单倍体植株以来，迄今至少有 250 种以上的植物利用花药培养获得了单倍体植株。单倍体育种的突出优点是易于得到雌、雄系等特殊的育种材料，使基因表达充分，隐性基因不受抑制，加速杂种后代的纯合，缩短育种周期，节省大量的土地和人力等。单倍体育种方法可采用雌、雄配子或单倍体细胞作为外植体进行离体培养。

花粉和花药培养技术在育种上的应用研究，亚太地区一直处于领先的地位。日本培育了具有耐寒性和口味较好的水稻品种、具有耐寒性和形状一致的花茎甘蓝品种及橙色的卷心菜品种等。我国于 1970 年开始这方面的研究，在该领域的研究一直处于国际先进水平，现已培育了 40 多种植物的单倍体植株，其中小麦、黑麦、小冰麦、玉米、橡胶树、杨树、辣椒、甜菜、白菜、油菜、柑橘、甘蔗、大豆、葡萄和苹果等的单倍体植株均为我国首创，培育的水稻、小麦、烟草、青椒等花培品种已在生产上大面积推广。

2. 多倍体育种

应用物理、化学因素使外植体的染色体加倍成为多倍体，是一种新的育种途径。无籽西瓜即是该技术的应用成果。将加倍技术应用于靠无性繁殖的花卉上则更有价值，因为多倍体花卉往往具有粗壮、叶大、花大、颜色更妖艳等特征，增加了花卉的观赏价值和商业价值，这项技术应用在百合、马蹄莲、萱草等花卉上均获成功。

3. 原生质体培养

原生质体是指用特殊方法脱去细胞壁的、裸露的、有生活力的原生质团，如图 7-3 所示。就单个细胞而言，除了没有细胞壁外，它具有活细胞的一切特征。

1971 年日本的 Takebe 和 Nagata 首次利用烟草叶片分离原生质体并获得再生植株。20 世纪 90 年代初期原生质体再生植株种类达到了 100 多种。日本和我国在这一领域做出了很大的贡献，日本成功进行了 70 个植物品种的原生质体培养，我国科学家完成了 30 多个粮食作物、经济作物、蔬菜和中草药植物

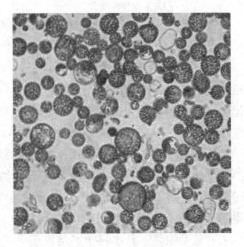

图 7-3　原生质体的显微图片

品种的原生质体再生植株工作，其中玉米、大豆、谷子、高粱 20 多种植物的再生植株在世界上均属首次。

165

据统计，目前已有 49 个科、146 个属的 320 多种植物经原生质体培养得到了再生植株。其趋势仍以农作物和经济作物为主，但从一年生向多年生、草本向木本、高等植物向低等植物扩展。

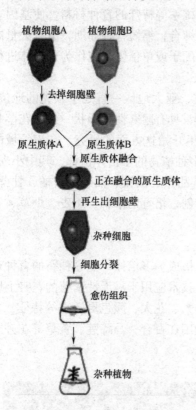

图 7-4 植物体细胞杂交过程示意图

4. 体细胞杂交（原生质体融合）

植物体细胞杂交，又称原生质体融合，是指用两个来自不同植物的体细胞融合成一个杂种细胞，并且把杂种细胞培育成新的植物体的方法。植物体细胞杂交的过程如图 7-4 所示。

第一步是去掉细胞壁，分离出有活力的原生质体。去除细胞壁的常用方法是酶解法，即用纤维素酶和果胶酶等分解植物细胞的细胞壁。

第二步是将两个具有活力的原生质体放在一起，通过一定的技术手段进行人工诱导实现原生质体的融合。常用的诱导方法有两大类：物理法和化学法。物理法是利用离心、振动、电刺激等促使原生质体融合。化学法是用聚乙二醇（PEG）等试剂作为诱导剂诱导融合。

第三步是将诱导融合得到的杂种细胞用植物组织培养的方法进行培育，就可以得到杂种植株。

植物体细胞杂交的最大优点是可以克服植物远缘杂交不亲和的障碍，大大扩大了可用于杂交的亲本基因组合的范围。理论上，体细胞杂交可在种内、种间、属间、科间甚至是界间的任何原生质体间进行。

1972 年，美国的 Carlson 诱导粉蓝烟草和郎氏烟草的原生质体融合，获得了第一棵体细胞杂种植株。有性杂交不亲和的番茄与马铃薯通过体细胞杂交方法，1978 年获得了杂种植株。1985 年通过马铃薯的栽培品种与野生种的体细胞杂交，得到了抗晚疫病和卷叶病的体细胞杂种。1986 年油菜与甘蓝的体细胞杂交，得到了甘蓝型油菜。日本科学家培育获得了世界上第一个商品烟草雄性不育系。我国科学家利用烟草与黄花烟草和粉蓝烟草的体细胞杂交开发出新的烟草商品品种。

5. 离体受精

离体受精是把精细胞、卵细胞从母体上分离，运用精、卵细胞融合技术形成人工合子，并将合子进行离体培养，使其发育为完整植株的过程。

从离体受精的过程来看，它可能克服孢子体型不亲和性，还可能克服体细胞杂交中存在的亲本染色体间相互排斥和染色体减半的现象。另外，植物的离体受精过程有利于雌、雄配子的识别融合机制以及合子胚胎发生机制的研究。

1991年Kranz等首次在玉米上采用电融合方法实现了离体受精的突破，创建了玉米离体受精这一模式系统，并且进行了异种植物精卵细胞的融合实验，在玉米卵细胞与高粱、小麦、大麦精细胞的融合实验中，分别得到了50%、23%、43%的杂种多细胞团结构。离体受精作为一种全新的细胞水平的远缘杂交，在作物育种中具有巨大的潜在利用价值。

6. 体细胞无性系变异

常规诱变育种存在着诱变效率不高、筛选时间长和田间工作量大等困难，与其相比，体细胞无性系变异的优点在于缩短育种时间，变异范围广泛，费用低，通过向培养基中加入诱变剂或给予冷、热等处理能实现定向育种。

近20年来的研究表明，无性系变异为作物改良开辟了一条新途径，是一种实用化的细胞工程育种方法，此方法可对作物的株高、成熟期、抗病性、品质等性状进行改良。印度从芥菜和芸苔属中诱导出早熟性、株高、成熟度都较好的变异体。我国的凌定厚等以水稻胡麻叶斑病菌毒素为筛选压力获得了抗病突变体，这是水稻上应用植物病毒素及组织培养技术离体筛选抗病种质的首次成功事例。我国已经培育出赖氨酸、甲硫氨酸、异亮氨酸、丝氨酸和酪氨酸含量高于亲本系的水稻变异体，还选育出一批蛋白质含量高和白粒的小麦新品系。

二、在植物快速繁殖和脱毒及种质保存中的应用

1. 在植物快速繁殖中的应用

众所周知，植物在自然界中是由特定的营养器官进行有性或无性繁殖的。伴随着我国农业事业的飞速发展，除最基本的植物繁殖技术外，现在还可以利用一种新的生物技术，即植物组织培养。植物组织培养就是利用植物组织的一部分，在特定的条件下进行繁殖，从而达到所需的目的。作为植物营养繁殖的一个新手段，植物组织培养技术现正日益普及。

利用植物组织培养技术，在无菌条件下对外植体进行离体培养，使其短期内获得遗传性一致的大量再生植株的方法称为植物离体无性繁殖。植物离体无性繁殖又称植物快速繁殖或微繁，它是植物组织培养技术在农业生产中应用最广泛、产生经济效益最大的研究领域，涉及的植物种类繁多，技术日益成熟并程序化，繁殖速度突破了植物自然繁殖的界限，成就了工厂化育苗的梦想。

植物快速繁殖与传统营养繁殖相比，其特点表现如下。

（1）繁殖效率高　由于不受季节和灾害性气候的影响，材料可周年繁殖。生长速度快，材料能以几何级数增殖，因此对一些繁殖系数低、不能用种子繁殖

的名、优、特植物品种的意义尤为重大。

（2）培养条件可控性强　培养材料完全是在人为提供的培养基质和小气候环境条件下生长，便于对各种环境条件进行调控。

（3）占用空间小　一间 $30m^2$ 的培养室可同时存放 1 万多个培养瓶，培育数十万株苗木，图 7 – 5 为陕西师范大学建设的西北濒危药用植物培养快速繁育基地。

（4）管理方便，利于自动化控制　培养材料在人为环境中生长，省去了田间栽培的一些繁杂劳动，并可利用仪器进行自动化控制，便于工厂化生产。

（5）便于种质保存和交换　通过抑制生长或超低温储存的方法，使培养材料长期保存，并保持其生长活力，既节约了人力、物力和土地，还防止了有害病虫的传播，更便于种质资源的交换和转移。

（6）可脱去病毒、植物生长整齐一致等优点。

图 7 – 5　西北濒危药用植物培养快速繁育基地

1960 年法国科学家首次以茎尖为植物材料，成功地培养出兰花组织培养苗，此项技术很快应用于生产，形成了离体组织培养法快繁兰花工业，目前可用组织培养繁殖的兰花就有 200 种以上。在现代花卉新品种的选育中，利用植物组织培养参与辅助或直接培育的新品种所占比例超过 80％。迄今为止，研究发现可通过离体培养获得植株并且具有快速繁殖潜力的植物已有 100 多科、1000 种以上，有的植物品种已经发展成为工业化生产的商品。用于快繁的植物种类也由以观赏植物为主逐渐发展到果树、林木、蔬菜和大田作物。

植物快速繁殖技术已有几十年的发展历史，现已基本成熟，但对于某种特定植物而言，尤其是新试验的植物材料，仍需做大量的研究工作，如摸索愈伤组织诱导和分化的条件等。在大规模的工厂化栽培中，还有一系列的工业技术性问题，均有待克服。

2. 在植物脱毒中的应用

农作物中有很多带有病毒，严重地影响了作物的产量和品质，组织培养脱毒复壮使这一难题得到解决。

我国的无病毒种苗生产技术在 20 世纪 70 年代得到了快速的发展。马铃薯无毒种薯（图 7－6）和甘蔗种苗已在生产上大面积种植。在山东、辽宁和陕西等地也已建立了苹果无毒苗种苗基地。此外在葡萄、菠萝、菊花、草莓、甘蔗、无籽西瓜、月季、香石竹和香荚兰等植物上也有应用。兰花、香石竹、月季、菊花等已进行规模化生产或中间试验阶段。试管苗的年产量已由 20 世纪 90 年代初期的 2000 万株左右发展到现在的 1 亿株以上。此外一些生产上适用的技术也不断被开发出来，如微型脱毒马铃薯生产技术、马铃薯脱毒小薯的喷雾无基质栽培技术等。

图 7－6　马铃薯脱毒试管苗

3. 人工种子技术

人工种子技术是在植物离体培养基础上发展起来的一门新兴技术，也可用于植物快速繁殖。

人工种子是模拟天然种子的基本结构，将人工胚包裹在含有养分的人工胚乳中，然后再用人工种皮包装以防止机械损伤，从而形成具有一定硬度、在适宜条件下能够发芽出苗的颗粒体，如图 7－7 所示。

人工种子内的人工胚是由体细胞培养或组织培养所获得的胚状体或类似物（不定芽、小鳞茎、短枝、毛状根等），是离体培养而来的，而非受精卵发育而来，因而人们可以通过基因工程技术使人工种子具有优良特性。人工胚乳是人工配制的能供胚良好生长的培养基，含有胚生长所需的各种养分。

人工种子与试管苗都具有不受季节限制、繁殖快、省时省地、具有相对的遗传稳定性、能固定杂交优势、保持品种的优良性状、能获得无病毒植株等优点；

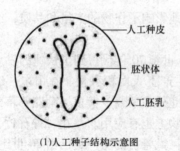 

(1)人工种子结构示意图   (2) 马铃薯人工种子

图 7-7 植物人工种子

且人工种子具有比试管苗体积小、繁殖快、发芽成苗快、运输及保存方便、生长所用培养基量少、成本低等优点。人工种子直接播种于田间能成株，对大田生长的适应性比试管苗强得多。

从 1977 年 Murashige 第一次提出人工种子的设想后，美、日、法等国相继开展了人工种子的研究，并在胡萝卜、苜蓿、芹菜、花椰菜、莴苣等植物上获得了初步的成功。我国对黄连、云杉、西洋参等十几种材料也进行了系统的研究。人工种子目前的应用较少，尚处于初试阶段，相信随着一些技术难点的突破，人工种子总有一天会实现工业化生产，给农业生产带来根本性的变革。

4. 在植物种质保存中的应用

种质是决定生物遗传性状，并将遗传信息从亲代传递给子代的遗传物质，含有种质并能繁殖的生物体即为种质资源。种质资源是物种进化、遗传学研究及植物育种的物质基础，是人类赖以生存与持续发展的根本。然而，随着生态平衡的破坏和高产品种单一化的日益明显，植物遗传基础已越来越窄。因此植物种质资源保存已成为全球性关注的课题。

目前保存植物种质资源的主要手段是原境保存或在异境建立种质基因库及种子库。前者需要大量的土地和人力资源，成本高，且易受自然条件的影响；后者对于保存易脱水敏感的种子和有性繁殖困难的植物无能为力。植物细胞全能性的发现和证实，为植物的种质资源的长期保存开辟了一条新途径，许多不能用常规种子保存的植物已采用离体保存的方法，离体保存的材料可以是愈伤组织、悬浮细胞、原生质体或花粉，也可以是胚状体、幼胚、芽或茎尖（根尖）分生组织、茎段、种子等，许多的离体植物材料在液氮中超低温保存以后，仍然能保持很高的存活率，并且能再生出新植株和保持原来的遗传特性。

常用的离体保存方法有缓慢生长保存和超低温保存，前者适合中短期保存，后者适用于长期保存。如4℃的黑暗条件下可将离体培养的50多个草莓品种的茎培养物保持其生长活力长达6年之久，期间需每几个月加入新鲜的培养液。

第三节 水稻基因组计划

基因组是指生物的全部基因和染色体的组成，即生物全部遗传物质的总和，它包含了生物的进化、遗传和生命的奥秘。基因组学则是指对所有基因进行基因组作图（包括遗传图谱、物理图谱、转录图谱）、核苷酸序列分析、基因定位和基因功能分析的一门科学。因此，基因组研究应该包括两方面的内容：以全基因组测序为目标的结构基因组学和以基因功能鉴定为目标的功能基因组学。结构基因组学代表基因组分析的早期阶段，以建立生物体高分辨率遗传、物理和转录图谱为主；功能基因组学代表基因分析的新阶段，是利用结构基因组学提供的信息系统地研究基因功能，它以大规模实验方法以及统计与计算机分析为特征。

水稻是最重要的粮食作物之一，也是世界二分之一以上人口的主食，与其相关的遗传学和分子生物学研究一直备受研究者的重视。同时，水稻因其基因组较小，重复序列少，易于体外操作，许多品种还具备有效的再生分化系统，目前已成为分子生物学研究的禾本科模式植物。水稻共有 12 对染色体，约有 5 万多个基因，4 亿个碱基对，其基因组在粮食作物中是最简单的，比小麦大约少 37 倍，比玉米约少 6 倍。确定水稻中的各种基因位置有助于发现与其他禾谷类作物相似的基因，同时可以找到高产抗病的水稻基因。破译的水稻基因组就像一个庞大的图书馆或资料库，以后的水稻基因工程研究都可以到这里来查资料，寻找我们所需要的各种水稻的功能基因。

实施水稻基因组计划的战略意义不仅是指导和帮助水稻的研究，也将成为所有禾谷类植物基因组的"参照图"，为禾本科其他物种基因定位创造条件，也可为基因及其调控区的研究提供准确信息。水稻基因组的研究成功将有助于为全人类的食物安全提供保障。

1998 年，由日本人领导，十个国际财团公开资助，七个国家参与，创立了国际水稻基因组测序计划 IRGSP，计划用 8 年的时间花费 2 亿美元完成水稻的基因组计划，在水稻栽培种中，IRGSP 将粳稻品种日本晴确立为研究材料。通过各研究机构和私营公司的共同努力，IRGSP 于 2002 年 12 月提前 3 年完成了水稻日本晴 12 条染色体的碱基测序工作。目前，世界闻名的美国生命科学公司孟山都公司已于 2000 年 4 月第一次公布了粳稻的所有染色体的基因组序列，并同意将已构建的水稻基因组序列草图转让给 IRGSP，大大加速了水稻基因组测序工作的进程。2001 年瑞士的新基达公司也宣布他们完成了粳稻的基因组测序，但他们没有公布基因数据。我国科学家于 2001 年构建了"籼稻 9311"基因组工作框架图和低覆盖率的"培矮 64S"草图，并最先向全世界公布了水稻 9311 全基因组框架图。2002 年 12 月，中国又领先完成了籼稻基因组的序列精细图的绘制工作。

中国杂交水稻研究发展中心于 2000 年 5 月启动了杂交水稻基因组研究与开

发计划，该计划的第一期工作是以袁隆平院士培育的超级杂交稻的父本——"籼稻9311"为材料进行分析和研究，包括基因组测序、基因表达和蛋白质表达图谱等系列研究，探寻其高产、优质、抗逆的分子机理；第二期工作是对超级杂交稻的母本——"培矮64S"的基因组进行测序和功能研究，重点探讨杂交优势的机理。2001年10月，我国用相当于国际同类项目10%的经费，完成了中国籼稻基因组工作框架图的绘制工作，并向全球公布了相关数据库。这一成果的公布，国际权威专家给予了高度评价，认为这是继人类基因组计划之后，中国科学家为基因组学做出的又一里程碑式的重大贡献。2002年4月《科学》杂志以封面文章的形式发表了中国水稻基因组工作框架图的论文。中国基因组科学在激烈的国际竞争中脱颖而出，成为低投入、高产出的典范。在基因组测序的基础上，我国还完成了水稻生长发育全过程蛋白质组图谱的绘制工作；设计并研制成功了世界上第一个覆盖水稻全基因组的基因芯片，正在进行与蛋白质表达图谱相对应的基因表达研究工作。"中国杂交水稻基因组计划"的阶段性成果证明了中国在基因组学领域的生物技术和生物信息处理方面具有领先国际的实力和地位，展示了中国科学家问鼎世界科技前沿的信心。

随着基因组全序列的完成和公布，重要基因功能的鉴定已经成为当前研究的主要方向和竞争目标，建立高效、准确的研究方法将为重要农业性状基因的克隆奠定坚实的基础。完成水稻基因组测序仅仅是基因组计划的第一步，更大的挑战在于弄清基因组顺序中所包含的全部遗传信息是什么，基因组作为一个整体又是如何行使其功能的，即"后基因组计划"，又可称为功能基因组学。功能基因组学研究将更具现实意义，优异基因的发掘和利用，将大大促进水稻新品种的选育。随着生物技术的发展，未来的科学家们将可能采用"分子设计育种"，只要在屏幕上触摸任何发育阶段的水稻细胞就能看到所有表达的蛋白质以及它们之间的相互作用，在电脑上制定出"保护水稻整个生命周期一切活动所需的最佳基因"研究方案。

第四节 白色农业

一、白色农业概述

白色农业是指微生物资源产业化的工业型新农业，包括生物技术领域的发酵工程和酶工程。白色农业生产环境高度洁净，生产过程不存在污染，其产品安全、无毒副作用，加之人们在工厂车间穿戴白色工作服帽从事劳动生产，故形象化地称之为"白色农业"。

白色农业的概念最早产生于中国，它是把传统农业的动植物资源利用扩展到微生物新资源利用，创建以微生物产业为中心的新型工业化农业。白色农业还能改善农、牧业产品的品质、减轻环境污染、提高农产品的产值，这是农民增收的一个新途径。

自 20 世纪 70 年代以来，发达国家迅速发展了以机械化、化学化和能源化为主要标志的现代化农业。机械、化肥、农药、除草剂等的大量使用，极大地提高了土地生产率和劳动生产率，在很大程度上满足了人口膨胀对粮食的需求。但是，现代化农业也带来了一系列不良的后果，如环境污染、耕地退化、土壤板结、作物病虫害加重、生态条件恶化，投资成本增加，产品质量下降等，致使农业和社会的持续发展陷入困境。因此，发达国家纷纷行动起来，寻求可持续发展的出路。

中国作为农业大国，人口增长、环境恶化、资源缺乏等问题也日益严峻。1986 年中国学者包建中研究员提出了"发展高科技应创建三色农业——绿色农业、白色农业、蓝色农业"的新观点。绿色农业指传统的植物种植业；蓝色农业指蓝色海洋的水生农业；白色农业是指微生物资源产业化的工业型新农业，其科学基础是微生物学，技术主体是生物技术中的发酵工程和酶工程。

目前，白色农业已形成 6 大产业，它主要包括微生物农药、生物肥料、生物饲料、微生物食品、微生物能源和微生物环境保护剂等六个产业。本节只对与农业相关的生物农药和生物肥料做一简单介绍。

二、生 物 农 药

据统计，全世界每年被病虫害夺去的谷物为收成的 20% ～ 40%，由此造成的经济损失每年达 1200 亿美元。为了对付病虫害，每年要生产 200 多万吨农药，其中主要是化学农药，销售额每年高达 160 亿美元。化学农药带来许多问题，包括环境污染、人畜中毒。全世界每年约有 200 万人农药中毒，其中大约有 4 万人死亡。而且长期使用某些化学农药，会使害虫产生抗药性。20 世纪 50 年代以来，抗药性害虫已从 10 种增加到目前的 417 种。世界各国针对化学农药的种种弊端，已研制出一系列选择性强、效率高、成本低、无污染、对人畜无害的无公害农药——生物农药。

生物农药的开发及应用起始于 20 世纪早期，60 年代应用范围逐渐扩大，70 年代掀起开发高潮，90 年代发展最快。目前全世界生物农药的产品已经超过 100 多种，其中有 10 余种为生物技术产品，已实现商品化的生物农药约 30 种，每年涉及有关天然产物新农药的技术专利约 100 个。生物农药替代化学农药是世界农药发展的方向。据统计，我国已取得注册登记的生物农药产品达到 696 个，生物农药研究机构 30 多家，生物农药生产企业约 200 家，它们对促进我国无公害化农业生产、发展绿色食品产业方面起到了重要的推动作用。

1. 生物农药的概念

生物农药是指利用生物活体、由生物体产生的活性成分或化学合成的具天然化合物结构的物质，制备出的可防治植物病虫害、杂草或能调节植物生长的制剂。近年来也将具有调节抗逆抗病虫害的转基因植物列为生物农药。

2. 生物农药的特征

目前应用较为广泛的农药主要有化学农药和生物农药，两者在对生态的影响、见效时间、抗药性、使用成本、经济效益及市场容量等方面差异较大，见表7-4。生物农药具有对人畜安全、无毒、与环境兼容性好、不杀伤天敌昆虫、选择性强、效率高、残留量小、不易使害虫产生抗药性等优点，因而生物农药更符合现代社会对农业生产和农药的要求，它的发展具有广阔的前景，将是今后农药发展的新动向。生物农药已越来越多地用于农作物防病、治虫、除草等方面，对控制和消灭农作物病虫害，提高作物品质和产量发挥着重要作用。

表7-4 生物农药和化学农药特征对比

项目	生物农药	化学农药
作用机理	让昆虫致病，使其病死	毒死害虫，以毒杀为主
对生态的影响	生产原料和有效成分天然，保证可持续发展；对人畜安全无毒、不污染环境、无残留、标靶性强、不伤害有益生物	危害土壤、水体、大气、农副产品以及其他有益生物，破坏生态平衡，易助长虫害，倒逼大量的施用量和频度，引发恶性循环
见效时间	一般为3~10天，不太适用突发性和毁灭性病虫害	见效快，适合用于突发性和毁灭性病虫害
抗药性	多种因素和成分发挥作用，不易使虫害和病菌产生抗药性	长期、大量使用易产生抗药性，使得施用浓度和剂量不断提高，造成农药残留较高
使用成本	单次成本较高，综合成本较低	单次成本较低，综合成本较高
经济效益	广泛用于绿色无公害食品、有机食品的生产，提高农作物的品质，解决食品安全问题，提升商品价值	在国内外重视食品安全的趋势下，易遭受多重安全壁垒，难以提升农副产品价值
市场容量	我国生物农药行业市场规模约60亿元，真菌源生物农药约25亿元	我国农药原药及制剂销售额约1000亿元（包含对外出口原药），国内农药销售额约600亿元
政策倾向	大力扶持、鼓励发展	有保有压

3. 生物农药的分类及应用

根据我国农业部批准的《农药登记资料要求》中规定，可将生物农药分为四大类：微生物农药、生物化学农药、转基因生物农药和天敌生物农药。

（1）微生物农药

①昆虫病毒农药：我国迄今已发现报道的昆虫病毒杀虫剂近220种，已有20多种昆虫病毒进入大田试验推广。由于生产昆虫病毒杀虫剂需要大量的饲养宿主昆虫，使生产规模发展受到了一定的限制，多年来以小规模的研究评价、应用示范为主。1993年国内第一个昆虫病毒杀虫剂棉铃虫核型多角体病毒完成了产品注册登记，标志着我国昆虫病毒杀虫剂的研究开始从实验室走向实用化。但目前生产昆虫病毒农药仍然采用传统方法，需耗用大量的人力物力，因此如何解决机械化生产技术，降低产品成本，将是今后扩大昆虫病毒商品化生产的重要课题。

②真菌农药：在真菌杀虫剂的商品化研究开发方面，国外近10年来已有50多种产品登记注册，最常用的真菌杀虫剂是白僵菌属和绿僵菌属，前者能防治190多种害虫，后者能防治200多种害虫。如球孢白僵菌在国内外大规模用于松毛虫和玉米螟的防治，取得了较大成效。但是真菌杀虫剂商品化的产品相对较少，究其原因主要是真菌杀虫剂的工业化程度低、生产周期长、田间应用效果不稳定等因素造成的，因此只有突破真菌杀虫剂工业化生产的技术瓶颈，才能实现大规模的商业化和产业化。

③细菌农药：在各类防治植物病害的生物农药中，细菌农药是较多的一类，目前研究最深入、使用最广泛的是苏云金芽孢杆菌（简称Bt），它可杀死150多种鳞翅目昆虫而对人畜无害，其商品化的制剂为苏云金杆菌可湿性粉剂或悬浮剂，它占据了微生物农药90%以上的市场，是世界上生产量最大的微生物农药。

④原生动物农药：原生动物杀虫剂中主要为微孢子虫，约有200种，常用的有蝗虫微孢子虫、玉米螟孢子虫等。我国在20世纪80年代中期从美国Colorado天敌公司引进蝗虫微孢子虫及大量繁殖技术。经过研究建立起一套利用东亚飞蝗大量增殖微孢子虫的生产技术，生产的微孢子虫制剂用于防治新疆、内蒙古草原的蝗虫，带来了明显的社会效益和生态效益。

（2）生物化学农药 生物化学农药通常包括植物源生化农药、动物源生化农药、微生物源生化农药。

①植物源生化农药：植物的多种次生代谢产物对昆虫有拒食、麻醉、抑制生长发育、干扰正常行为的活性。植物源生化农药就是指这些次生代谢产物，它们主要包括生物碱、萜烯类物质、植物精油、黄酮类物质等。国外研究较多的有印楝、番荔枝、巴婆、万寿菊等植物。其中最成功的当属已商品化的印楝。我国在这一领域的研究涉及楝科、卫矛科、柏科、豆科等植物，已成功开发出多种植物源农药，不少已进入工业化生产，如已商品化的植物源杀虫剂鱼藤酮和苦参素、植物源杀菌剂小檗碱和混合脂肪酸等。

②动物源生化农药：动物源生化农药包括动物源毒素、昆虫激素和昆虫信息素等。研究最为活跃的是昆虫信息素，据统计全世界已合成昆虫信息素1000多

种，商品化的有 280 多种。我国在棉铃虫、棉红铃虫、梨小食心虫等信息素的分离鉴定、人工合成及田间应用等方面，取得了可喜成绩。

③微生物源生化农药：由微生物产生的抗生素和毒素均属于此类，抗生素历来都是生物农药研究与发展的重点，可用于杀虫、防病、除草及调节植物生长发育等。

我国研究开发农用抗生素历史悠久且处于国际先进水平。在 20 世纪 90 年代后研发工作进展迅猛，国内登记的品种有 20 余种，产品 170 个，生产企业达到 253 家，年产量 8 万多吨，占到我国生物农药市场的 2/3。其中上海农药所研制开发的井冈霉素是我国生物农药产业化开发中最为成功的范例，其产量、质量和应用面积均为世界第一，它是我国生物农药工业化水平的标志。20 世纪 90 年代中期开发投产的阿维菌素发展最为迅速，成为我国生物杀虫剂的后起之秀，它可抑制无脊椎动物神经传导物质而使昆虫麻痹致死，其杀虫范围广且具内吸性，被认为是农业生产最有潜力的抗生素，它最早是由美国默克公司开发成功，目前国内已有 200 多家企业进行生产，是占据市场份额较大的生物农药之一。双丙氨膦是第一个商品化的抗生素除草剂，最早由日本开发成功，它可抑制谷氨酰胺合成，用于非耕地和果园杂草的防治。

（3）转基因生物农药　转基因生物农药即转基因植物，是指将作物中引入一个目的基因，而使植物产生一种原来不具备的、对病虫害有抵御作用的或可免受某些有毒物质损害的物质基因重组作物。

基因重组作物主要可分为两类：一类为具有农药作用的转基因作物，也可以说是具有杀虫、抗病活性的转基因作物，如北京大学的抗病毒甜椒和抗病毒番茄、中国农科院生物工程中心的抗虫棉花（Bt 棉）等；另一类为抗农药作用的转基因作物，其中以耐除草剂的转基因作物的开发最为普遍，如美国孟山都公司推出的草苷膦系列抗除草剂系列作物。近年来，人们在积极开发上述两类转基因作物的同时，又把苏云金杆菌基因和抗除草剂基因同时嵌入作物中，培育出既具抗虫又能耐除草剂的双重作用的转基因作物。

据悉，我国目前从事农业生物基因工程研究的单位有 80 多家，转基因植物达 60 种，并有 6 种已被批准商业化生产。

（4）天敌生物农药　天敌是自然界中天然存在的能抑制害虫生存繁衍的生物，它们在不同环境、不同季节对害虫的不同虫态发挥各自独特的抑制作用，成为田间生态系统中不可忽视的一类重要的自然调控因子。

在天敌利用上我国有很多成功的例子，如利用瓢虫、草蛉防治蚜虫危害，利用丽蚜小蜂控制白粉虱的发生，利用寡节小蜂和小茧蜂防除危害番茄和黄瓜的潜叶蝇，此外蜘蛛、瓢虫、螳螂等均是多种害虫的克星，应加以保护利用。但只有成为商品、能在市场上销售的、有针对性的天敌才能称为生物农药。国际上已商品化生产的天敌昆虫约有 130 种，主要种类为捕食螨、丽蚜小蜂、草蛉、瓢虫、螳螂等，但在我国还未实现农药登记。我国生产上常规使用、可称为商品的天敌昆虫目前只有赤眼蜂，其中以松毛虫赤眼蜂和螟黄赤眼蜂的应用规模最大。

三、现代微生物肥料

随着我国加入 WTO，在农业生产中重视发展与推广使用微生物肥料已成为当务之急。20 世纪中后期全球出现化肥热，不到 30 年的时间化学肥料就明显地暴露出它的弊端，化肥的滥用致使土壤板结、肥力下降、影响了农产品品质，更重要的是污染了环境，造成土壤中强致癌物硝酸盐和亚硝酸盐的含量大幅度增加、水体富营养化、气候变暖以及地下水和饮用水的致癌物超标等。因此，随着人们环保意识的增强以及现代生态农业、绿色农业、有机农业的蓬勃发展，为微生物肥料提供了广阔的舞台。

1. 微生物肥料的概念

微生物肥料又称为菌肥、生物肥料、接种剂等，是由具有特殊效能的微生物经过发酵（人工培养）而生成的含有大量有益活菌体，对作物有特定肥效（或有肥效又有刺激作用）的特定微生物制品。

2. 微生物肥料的特点

与化学肥料相比，微生物肥料具有以下特点：

（1）不破坏土壤结构、不污染环境，对人、畜和植物无毒无害。

（2）与作物共生，肥效持久。

（3）一般不能与杀虫剂、杀菌剂混用。

（4）原料为可再生资源，降低了一次性矿物资源的消耗。

（5）有些种类的微生物肥料对作物具有选择性。

（6）对环境条件较敏感，使用效果常受到土壤条件（如养分、有机质、水分、酸碱度等）和环境因素（如温度、通气、光照等）的制约。

3. 微生物肥料的种类

（1）根据微生物肥料中所含微生物类别不同分类　根据微生物肥料中所含微生物类别不同可分为：细菌肥料，如根瘤菌肥、固氮菌肥；放线菌肥料，如抗生菌类肥料；真菌类肥料，如菌根真菌等。

这种分法简单便于理解，但很难从名称上熟悉其作用，不利于实际应用。

（2）根据微生物肥料作用机理的不同分类　根据微生物肥料作用机理的不同可分为：根瘤菌肥料、固氮菌肥料、解磷菌类肥料、解钾菌类肥料等。

这种分类方法明确指出肥料的功能，便于推广，目前较为普及。

（3）根据微生物肥料制品中所含成分的不同分类　根据微生物肥料制品中所含成分的不同可分为：单一的微生物肥料和复合（或复混）微生物肥料。

单一菌种肥料有根瘤菌肥、固氮菌肥等，它可用于实行配方施肥或单缺某种元素的土壤上，可节约肥料的投入和减少施肥禁忌。

复合（或复混）微生物肥料有菌和菌复合，也有菌和各种添加剂复合两种。目前常用的复合微生物肥料有微生物－微量元素复合生物肥料、联合固氮菌复合微生物肥料、多菌株多营养生物复合肥等，此种类型微生物肥料可同时提供多种养分，适用于贫瘠的土壤施用。

4. 微生物肥料的作用及应用

（1）改良土壤营养结构，提高土壤肥力 微生物肥料中的微生物在代谢反应中可分泌多糖类物质，它与菌根的根外菌丝网、植物黏液、有机胶体相结合，有助于土壤形成稳定的团粒结构，提高土壤保肥、保水的能力。各种固氮微生物肥料如根瘤菌肥料、固氮菌肥料、固氮蓝细菌肥料等，能将空气中的游离氮气还原为可被作物吸收利用的含氮化合物，从而增加土壤中的氮素来源。有一些微生物肥料还能分解土壤中的有机质，释放出其中的营养物质供植物吸收，此类型的肥料有有机磷细菌肥料（包括解磷大芽孢杆菌及解磷极毛杆菌制剂）、综合细菌肥料（如 AMB 细菌肥料）等。一些微生物还能分解土壤中难溶性的矿物，将其转化成易溶性的化合物，从而提高了土壤肥力，使作物生长环境中的矿质元素的供应量增加，含有此种类型微生物的生物肥料主要有解钾菌类肥料、硅酸盐细菌肥料和解磷菌类肥料等。

（2）促进和调节作物生长发育 生物肥料中的许多微生物都能产生一些植物激素类物质，如生长素、吲哚乙酸、赤霉素等刺激和调节作物生长，促进作物对营养元素的吸收，刺激植物的细胞分裂，增加植物细胞的叶绿素含量，提高代谢酶活性。

（3）增强植物的抗病能力 生物肥料中的微生物在作物根际大量生长繁殖，可形成优势种群，抑制或减少病原微生物的繁殖，在一定程度上减轻作物病害的发生。有时有些微生物对病原微生物具有拮抗作用，有些能诱导植物的系统性抗性，这些都抑制了植物病害的发生。

（4）提高植物的抗逆性 有些微生物肥料可提高作物抗旱性、抗盐碱性和抗重金属的能力。如泡囊－丛枝菌根（VA 菌根）真菌肥料，由于 VA 菌根根外菌丝的渗透压高于根毛，且吸收面积增大，此类真菌如果在作物根部大量生长，菌丝除了吸收有益于作物的营养外，还能增加土壤对水分的吸收和保持，因而提高了作物的抗旱能力。

（5）提高作物产量、改善和提升植物品质 微生物肥料可使水稻、玉米、小麦等粮食作物增产 9% ~20%，使蔬菜作物增产 10% ~30%。微生物肥料中的增产菌就是从植物体内筛选的一类微生物菌群，目前所有的增产菌都主要是由蜡质芽孢杆菌、短芽孢杆菌及坚强芽孢杆菌组成，其中以蜡质芽孢杆菌占绝对优势，大约占菌株组成的 65%，实验证明作物使用增产菌后，产量会有所提高。微生物肥料对作物品质改良的研究目前主要集中在经济作物上，而对粮食作物研究的较少，从已有的研究成果可以看出，微生物肥料可降低蔬菜的硝酸盐含量，提高蔬菜和水果的含糖量以及维生素 C 的含量，提高纤维类作物纤维的长度和强度等。如使用酵素菌肥料种植的蔬菜及水果，产量高且原味浓，口感好，叶绿素含量高。

（6）提高化学肥料有效养分的利用率，减少化肥的使用 随着化肥的大量使用及长期不合理使用，肥料中氮、磷、钾等主要营养元素被作物直接吸收利用的量减少，主要是被土壤固定和淋失。微生物肥料在提高化肥利用率方面有独到之处，如微生物肥料中所含有的多种溶磷、解钾的微生物能活化被土壤固定的磷、钾等矿物营养，使之能被植物吸收利用，使用根瘤菌肥后由于固氮的增加可相应减少化肥的施用量。根据我国作物的种类和土壤条件，采用微生物肥料与化肥配合施用，既能保证增产，又减少了化肥的使用量，降低成本，减少污染，同时还能改善土壤条件及农产品品质。

（7）保护环境 作为对环境友好、高效、无毒、无污染、无公害的新型肥料，微生物肥料对于城市垃圾、大型养殖场的畜禽粪便、城市污水进行无害化处理也都有重要意义。

5. 微生物肥料的应用展望

微生物肥料在现代化生态农业中的应用前景广阔。目前国际上已有 70 多个国家生产、应用和推广微生物肥料，我国目前也有大约 500 家企业从事微生物肥料的生产，这虽与同期化肥产量和用量不能相比，但确已开始在农业生产中发挥作用，并取得了一定的经济和社会效益。

微生物肥料的功效已得到人们的承认，但由于微生物肥料的肥效较不稳定性，且目前人们对它的作用机理了解较少，这在一定程度上限制了微生物肥料的推广和应用。相信随着微生物学、肥料学等研究工作的深入以及应用的需要，微生物肥料必将由单一菌种向复合菌种发展，由单纯生物菌剂向复合生物肥发展，由小型粗放型产业化向综合集约型的产业化方向发展。

【知识拓展】

生态农业需解决五个层次难题 生物技术当此重任

万物生长靠太阳，能动抗逆促生存。这是所有植物与环境和谐进化发展、能动抗逆绝境逢生的根本动力。超高产优质生态农业继承创新辩证唯物观、结合现代科学技术，以深层自然规律为师，从而既符合自然法则，又不盲从自然条件，是能动地激发作物潜性功能、以和谐外界自然规律为基础，可不断深化、接近自然真理，又造福人类的新理念、新理论的农业新模式。

这是可不断提升"向光能要高产优质，促抗逆、保安全持续，用超敏应激可逆防治病虫，让耕地蓄水生态调节旱涝，自修复活土、肥水高效系统生态良循环"的能力和水平为科技新平台，必将革命性地解决舶来现代农业"化肥替能、增肥保产、以毒攻毒防病虫"的不可持续难题。达到农业超高产、优质、高效、安全、土、水、气、生态良循环。

粮食总量不足，导致现代化农业双刃剑正效应总量增加，迅速替代了中国数千年的生态农业模式，仅三十年左右，其增产正效应已几乎走到尽头，而其负效应却越来越显著，在中国已成恶性循环之势。

中国农业既要保总量，又要可持续保证中华民族安全生存和发展需要，就必须解决现在已日益严重的五个层次恶性循环系列重大难题：①粮食总量不足与低肥效比矛盾日益突出的不安全性难题；②长期大量农药化肥造成的粮食不安全难优质难题；③土壤破坏污染、能量物质索取大于输入等造成的地力衰竭、水、气污染的不安全性；④资源性、水质性缺水、失控地域性降雨不均衡，加人为因素等导致水循环受阻的农业用水日益紧缺与晴旱雨涝加剧的农业命脉不安全难题；⑤农业生态土、水、植被、空气全面衰退、破坏、污染的不安全性。

粮食安全问题，归根结底就是农业安全问题。农业安全就是高产、优质、可持续良性循环，并且要不断有所进步的问题。这是现代农业已无法逾越、生物技术的旁枝末节不可能问津的难题。只有以真正的生物技术核心即诱导调控为核心基础的高效生态农业，才可能担当此重任，解决中国农业五个层次的艰难问题。

表型诱导调控表达技术（Gene Phenotype Induction Technique，简称 GPIT）对农业发展的传统理念实现了九大突破：①提高光合效能突破高产优质难题；②提高肥水效率突破少施化肥不高产；③突破盐碱地不高产；④突破高寒山区不能高产；⑤突破果树大小年难题；⑥突破作物生长所需温度范围悖论；⑦突破作物抗旱耐涝悖论；⑧突破作物防治病虫害必须以毒攻毒；⑨突破遗传学基因转座不可分离、不能稳定、不可获得性遗传。

GPIT 以提高光合效能为核心，强化双向抗逆性为保障，将潜性功能部分激活为表型功能，从而大幅度提高光合效能（包括光肥、水效应）。生产中不仅可表现出明显的自然逆境双向抗性，如既耐旱又耐涝，既耐冷又耐热，既节肥又增产，既耐阴又耐光氧化……还难以置信地产生可控超敏应激可逆人工无害防治病害、强超敏应激非毒性机理快速湿触击杀害虫等科技新平台。不仅使农作物早熟、高产、优质，还能抗逆高光效节省水、肥，基本不用化学农药，高活性大根系的强根面效应既能向土壤提供更多的碳氢能量，又能激促大群体高活性的微生物，使土壤保持活性、促进自修复良循环，且能发挥作物多态性潜能治理高盐碱地。强化获得性优势，产生超大穗新种质，是农业超高产与生态和谐途径的创新科技平台。

【思考题】

1. 现代农业生物技术的发展热点有哪些方面？
2. 植物转基因技术主要用于改良植物的哪性特性？

3. 基因工程抗虫棉已大面积种植，同时也造成食棉昆虫的耐受性，如何看待这个问题？并尝试提出解决问题的途径。

4. 动物转基因技术主要应用于哪些领域？

5. 试述开展水稻基因组计划的意义。

6. 什么是白色农业？它有何特点？

7. 什么是生物农药？与化学农药相比，它具有哪些优点？生物农药可分为哪些种类？

8. 什么是微生物肥料？与化学肥料相比，它具有哪些优点？微生物肥料可分为哪些种类？

第八章　生物技术与食品工业

【典型案例】

案例1. 螺旋藻类食品

微生物食品有着悠久的历史，酱油、食醋、饮料酒、蘑菇等都属于这个领域，它们与双歧杆菌饮料、酵母片剂、乳制品等微生物医疗保健品一样，有着巨大的发展潜力。微生物生产食品有着独有的特点：繁殖过程快，在一定的设备条件下可以大规模生产；要求的营养物质简单；食用菌的投入与产出比高出其他经济作物；易于实现产业化；可采用固体培养，也可实行液体培养，还可混菌培养；得到的菌体既可研制成产品，还可提取有效成分，用途极其广泛。

螺旋藻是一类古老的单细胞水生藻类，其蛋白质优于植物性蛋白。螺旋藻内含有10%～20%的藻兰素，具有多种酶和激素的功能，已用于食品和化妆品的着色剂，还可用于癌症治疗，是一种新的抗癌药。人们还发现螺旋藻中含有类胰岛素、SOD，富含多种维生素。科学家认为，螺旋藻是人和动物理想的纯天然的优质蛋白食品，眼下，螺旋藻正以其营养成分齐全、价值高的特点逐渐成为一种食物资源（图8-1）。

案例2. 食用虫草花

虫草花并非花，它是人工培养的虫草子实体，培养基是仿造天然虫子所含的各种养分，包括谷物类、豆类、蛋奶类等，属于一种真菌类。与常见的香菇、平菇等食用菌很相似，只是菌种、生长环境和生长条件不同。为了跟冬虫夏草区别开来，商家起了一个美丽的名字，把它称作冬虫夏草花，冬虫夏草花外观上最大的特点是没有了"虫体"，而只有橙色或者黄色的"草"（图8-2）。

冬虫夏草花性质平和，不寒不燥，对于多数人来说都可以放心食用。虫草花含有丰富的蛋白质、氨基酸以及虫草素、甘露醇、SOD、多糖类等成分，其中虫草酸和虫草素能够综合调理人机体内环境，增强体内巨噬细胞的功能，对增强和调节人体免疫功能、提高人体抗病能力有一定的作用。有益肝肾、补精髓、止血化痰的功效，主要用于治疗眩晕耳鸣、健忘不寐、腰膝酸软、阳痿早泄、久咳虚喘等症的辅助治疗。

冬虫夏草花是生物技术的产物，它的菌种来源于蛹虫草，它们存在着许多相似之处。有些地方把蛹虫草作冬虫夏草的代用品使用。测定结果显示，人工培植的蛹虫草子实体，虫草素、虫草酸、虫草多糖以及氨基酸、维生素、微量元素等成分与冬虫夏草、蛹虫草的含量相似。虫草花也与它们有许多相似的地方。冬虫夏草花是一种颇受欢迎的食材，多用于做汤料和药膳，是药膳中的新宠，备受医生、营养师、厨师和家庭主妇的青睐。

图 8 - 1　螺旋藻类食品　　　　　图 8 - 2　食用虫草花

上面的案例是生物技术在食品工业领域新的发展及应用。通过本章的学习，可以了解更多的关于生物技术在食品领域的应用情况。

【学习指南】

本章主要介绍生物技术在食品工业中的发展概况，掌握食品生物技术的基本概念及内涵，重点掌握基因工程、酶工程以及发酵工程在食品领域的应用，认识研究食品生物技术的目的与意义，了解现代生物技术在食品领域的应用前景。

第一节　食品生物技术概述

一、食品生物技术的基本概念

纵观生物技术的发展史，它起源于传统的食品发酵，并首先在食品加工中得到应用。例如，造酒、制酱、制作面包、奶酪、酸乳等，至今这类产品的产量和产值仍占生物技术产品的首要位置，由此可见，生物技术在食品领域中应用源远流长。而自 20 世纪 70 年代末至 80 年代初发展起来的现代生物技术更是渗透至食品行业的方方面面，从加工原料的改良，到生产工艺的改进；从分析检测技术的扩展，到食品保鲜技术的开发，都离不开基因工程技术、蛋白质工程技术、酶工程技术、发酵工程技术等现代生物技术。

食品生物技术是现代生物技术在食品领域中的应用，是指以现代生命科学的研究成果为基础，结合现代工程技术手段和其他学科的研究成果，用全新的方法和手段设计新型的食品和食品原料。它已成为现代生物技术的重要组成部分。

二、食品生物技术研究的内容

食品生物技术是生物技术在食品原料生产、加工和制造中应用的一个学科。

它包括食品发酵和酿造等最古老的生物技术加工过程，也包括应用现代生物技术来改良食品原料的加工品质的基因、生产高质量的农产品、制造食品添加剂、植物和动物细胞的培养以及与食品加工和制造相关的其他生物技术，如酶工程、蛋白质工程和酶分子的进化工程等。

第二节　基因工程在食品工业中的应用

一、改良食品加工原料的性状

随着科学的进步以及生物技术的广泛应用，食品原料的改进已取得了丰硕的成果。应用转基因技术将有特殊经济价值的基因引入动、植物体内，对家畜、家禽及农作物进行品种改良，从而获得高产、优质抗病害的转基因动、植物新品种，这对于促进现代食品工业的发展、提高食品的品质均起到了积极的推动作用。

1. 利用基因工程改良动物性食品性状

利用基因工程生产的动物生长激素（PST）已投入批量生产，可以加速动物的生长、提高饲养动物的效率、改善畜产动物及鱼类的营养价值，进而提高动物性食品原料的品质。例如，将采用基因工程技术生产的牛生长激素（BST）给母牛注射，在不增加饲料消耗的情况下，可提高奶牛产奶量15%～20%，同时还可保证乳的质量。再如，很多人都喜爱吃瘦肉，这不仅有利于健康且能满足口感的需求，将采用基因重组的猪生长激素注射到猪身上，便可改良猪肉的品质，使其瘦肉型化。通过基因工程还可在肉的嫩化方面取得良好的效果。

2. 利用基因工程改良植物性食品性状

（1）改良植物食品蛋白质的品质　大部分作物中的蛋白质由于氨基酸数量有限，相互之间比例不符合人体需要，大多不属于完全蛋白质，即蛋白质品质不高，这影响了植物性食品的营养价值。采用基因工程首先可以使植物性食品原料中氨基酸的含量得以提高。例如，某些谷物赖氨酸含量偏低，主要原因是在其代谢过程中两种起重要作用的酶——天冬氨酸激酶、二氢吡啶二羧酸合成酶受到它们所催化的反应终产物——赖氨酸产物的抑制，因此可对天冬氨酸激酶、二氢吡啶二羧酸合成酶进行修饰或加工，可使谷物细胞积累较高含量的赖氨酸。目前利用基因工程已经从玉米等植物中克隆到了对赖氨酸抑制作用不敏感的二氢吡啶二羧酸合成酶的基因。还可有针对性地将富含某种特异性氨基酸的蛋白质利用基因工程转入目的植物，提高特定氨基酸的含量。例如，甲硫氨酸是豆类植物种子中缺乏的，通过将富含甲硫氨酸的玉米 β - phaseolin 蛋白基因转入豆类种子中，即可弥补这一缺陷，进一步提高豆类植物种子的品质。

通过基因工程还可提高蛋白质的含量和质量，起到改良植物性食品蛋白品质的作用。例如，秘鲁"国际马铃薯培育中心"培育出的一种薯类，其蛋白质含量与肉类相当。我国在此方面也有不小的突破，如山东农业大学将小牛胸腺 DNA 导入小麦系 814527，在第二代出现了蛋白质含量高达 16.51% 的小麦变异株等。

（2）改良油料作物的品质　食品加工离不开油脂，植物性食用油脂由于较动物性脂肪含有更丰富的不饱和脂肪酸而具有较高的营养价值。因此，利用基因工程改善植物脂质的品质具有较大的经济效益和社会效益。在大豆、向日葵、油菜、油棕榈四大油料作物中，对油菜进行的基因转化技术已较为成熟。目前，在世界范围内，种植的良种油菜有 31% 以上是经基因转化技术改造的品种。这些转基因油菜种子在食品、化工、医药等领域均有重要的用途。利用基因工程改造的大豆，可使植物油组成中含有较高的不饱和脂肪酸，提高了油品的品质。采用 FDA2 反义基因技术构建的芥花菜种子油中油酸含量已达 80%，这项技术已完成大田实验。利用反义基因技术或共抑制技术能很好地解决植物油脂在生物体内或体外的氧化稳定性，延长产品的货架期。例如，普通大豆油的稳定时间为 10～20h，而高油酸含量的转基因大豆油稳定时间为 140h，目前这种转基因大豆在美国已种植 80 千万 m^2 以上，这种转基因大豆将成为一种重要的大豆油来源。

（3）改良果蔬采摘后的品质　果蔬成熟采摘后的品质直接影响食品的保藏性、加工性以及感官性。利用转基因技术在延缓果蔬产品后熟与老化、改良产品风味与品质、延长储藏期与货架期方面已取得了良好的成效。

多聚半乳糖醛酸酶（简称 PG）是一种在果实成熟过程中合成的酶，在果实的软化中起着重要作用。美国 Colgene 公司研制的转基因 PG 番茄，采收时果色已转红，但果实保持坚硬，并可维持 2 周，在储运过程中也无需冷藏，解决了通常果蔬采摘后的问题。1994 年经美国 FDA 批准上市，成为第一个商业化的转基因食品。目前，已从桃、苹果、黄瓜、马铃薯、玉米、水稻、大豆、油菜等多种植物中克隆到 PG 的编码基因。

此外，乙烯生物合成也直接影响着果实采摘后的品质。采用基因工程利用转基因技术，如导入反义 ACC 合成酶基因、导入反义 ACC 氧化酶基因等手段可以控制果实中乙烯合成，进而调控果实的成熟性状及采摘后的品质。中国农业大学罗去波、生吉萍等人于 1995 年在国内首次培育出反义 ACC 合成酶的转基因番茄，果实在室温下储藏 3 个月仍具有商品价值。总之，利用基因工程改善、调控果蔬采摘后的品质会带来巨大的经济效益，因此具有广阔的应用前景。

（4）改良植物性食品原料的加工品质　目前，世界各国的科学家利用现代生物技术培育出了自身带有咸味和奶味的且适于膨化加工的玉米新品种；开发不含无脂氧化酶的大豆，使大豆的豆腥味减轻或不带豆腥味；Reter. R shewry 等通过转基因小麦控制一种谷蛋白亚基的数量和合成，大大改善了面粉的黏弹性；日本大内成志教授还应用转基因技术培育出新品种的香瓜，其根部与果实一样有香味，这为提取香料开辟了一条新途径；中国农业大学的科研人员，经过十几年的探索，利用转基因手段培育出 SOD 新品番茄，从而改变了从牦牛血液中提取 SOD 的传统方法，大大降低了生产成本。

（5）利用基因工程生产带疫苗的食品　利用基因工程使食品转变成疫苗方面也取得了可喜的成果。如已研发出含乙肝疫苗的转基因马铃薯；含霍乱疫苗的香蕉；含麻疹疫苗的莴苣等。最近，德国吉森大学的研究人员成功培植出一种可释放出大量乙肝疫苗成分的转基因胡萝卜，该方法简单，且成本低廉。

二、改造食品微生物菌种

1. 改善微生物菌种性能

在生产发酵食品时，微生物菌种的性能对产品的质量、工艺流程、生产效率等方面均有较大影响。采用普通微生物菌种进行加工生产，可能存在生产工艺复杂、生产周期较长、产品质量难以保证等问题。利用基因工程可改善微生物菌种性能，从而解决上述问题，提高产品质量，满足消费者需求。例如，将具有优良特性的酶基因转移至面包酵母中，可提高其麦芽糖透性酶及麦芽糖酶含量，用这种经基因工程改良的面包酵母菌焙烤出的面包膨发性能好、口感松软，同时由于在焙烤过程中该菌在高温条件下被杀死，所以食用也很安全。再如，运用基因工程技术可将大麦中的 α - 淀粉酶基因转入啤酒酵母中并实现高速表达，这种啤酒酵母可直接利用淀粉进行发酵，而无需传统啤酒生产工艺中的制麦芽工序，实现了缩短生产周期、简化工序的目的。此外，用基因工程技术把糖化酶引入啤酒酵母中还可生产干啤酒和染色啤酒。目前，利用基因工程技术在改造其他微生物菌种方面，也取得了较大进展。表 8 - 1 中列举了部分基因工程改良的微生物菌种——基因工程菌。

表 8 - 1　　　　　　　　基因工程改良的基因工程菌

产物/产品	宿主菌	菌体密度/（gDCW/L）	培养基	产物产量
β - 半乳糖苷酶	JM103	84	合成	4600U/OD
人 α - 干扰素	AM - 7	68	合成	5.6g/L
蛋白 A - β - 半乳糖苷酶	KA197	77	合成	19.2g/L
Mini - 抗体	RV308	50	合成	1.04g/L
蛋白 A - β - 半乳糖苷酶	TG1	95.5	合成	2.85×10^6U/L
β - 异丙基苹果酸脱氢酶	C600	63	合成	16U/g
聚羟基丁酸	XL1 - Blue	101.4	复合	81.2g/L
聚羟基丁酸	XL1 - Blue	175.4	半合成	65.5g/L
聚羟基丁酸	W	124.6	合成	34.3g/L

续表

产物/产品	宿主菌	菌体密度/（gDCW/L）	培养基	产物产量
苯基丙氨酸	AT2471	36	合成	46g/L
大肠杆菌氨酸合成酶	LFO3301	102	合成	1.6×10^5 U/g
人骨形成蛋白－2A	YK537	$OD_{600} = 53$	半合成	2.78g/L
人白介素－3	YK537	$OD_{600} = 53$	半合成	3.3g/L
人肿瘤坏死因子	YK537	$OD_{600} = 120$	半合成	6g/L
人肿瘤坏死因子	YK537	$OD_{600} = 60$	半合成	5.12g/L
γ干扰素	DH5α	10	合成	1.1×10^{10} U/L

2. 改善乳酸菌遗传特性

在食品工业中，利用乳酸菌生产的发酵制品可谓种类繁多，如酸奶、干酪、酸奶油、乳酸酒等，广受消费者青睐，尤其适宜作婴幼儿辅助食品以及老年食品。乳酸菌是一类对人体健康非常有益的功能因子，很有必要通过食品途径补充这一活性成分。但是目前应用的乳酸菌基本上为野生菌株，有的携带抗药因子，有的本身就能抗药，从食品安全角度出发，作为发酵食品的菌株应选择没有或含有尽可能少的可转移耐药因子的乳酸菌。通过基因工程技术可选育无耐药基因的菌株，也可去除已应用菌株中含有的耐药质粒，从而保证乳酸菌的安全性。此外，利用基因技术还可选育风味物质产量高的乳酸菌菌株，从而改良产品的感官特性。

3. 利用基因工程菌生产酶制剂

酶制剂在食品工业中的地位举足轻重。近年来，在利用基因工程技术改造的基因工程菌发酵生产的食品酶制剂方面取得了显著的成效。例如，凝乳酶是第一个利用基因工程技术把小牛胃中的凝乳酶基因转移至细菌或真核微生物生产的一种酶。在奶酪生产中，需要大量凝乳酶，传统来源是从小牛的雏胃液中提取，全世界每年大约要宰杀5000万头小牛，致使凝乳酶成本不断升高。而利用基因工程技术生产的凝乳酶，不但降低了成本，而且由于这种酶生产寄主基因工程菌不会残留在最终产物上，被认定是安全的，早在1990年美国FDA已批准使用这种酶生产奶酪。

另有报道：基因工程应用于生产高果葡糖浆的葡萄糖异构酶的基因克隆入大肠杆菌后，获得了比原菌高好几倍的酶产率。此外，利用基因工程菌发酵生产的α－淀粉酶、葡萄糖氧化酶、脂肪酶、溶菌酶以及碱性蛋白酶分别在酿造业、葡萄糖酸生产、特种脂肪生产、食品保藏以及大豆制品加工等方面有着广泛的用途。

三、利用基因工程改进食品生产工艺

1. 改善牛奶加工特性

牛奶由于其营养丰富早已成为饮食中的重要一员。而清毒奶和灭菌奶因其食用方便更受消费者喜爱。但是在生产过程中，其蛋白质易出现受热沉淀的现象，这是由于牛奶中的酪蛋白分子含有丝氨酸磷酸，它能结合钙离子而使酪蛋白沉淀。因此在牛奶加工过程中，如何提高其热稳定性已成为核心问题。采用基因操作增加 κ - 酪蛋白编码基因的拷贝数和置换，κ - 酪蛋白分子中 Ala^{53} 被丝氨酸所置换，便可提高其磷酸化，使 κ - 酪蛋白分子间斥力增加，提高牛奶的热稳定性，从而起到防止消毒奶沉淀和炼乳凝结的作用，改善牛奶的加工特性。

2. 改善啤酒大麦的加工特性

大麦是啤酒酿制过程中的主要原料。在啤酒酿制过程中对大麦醇溶蛋白含量有一定的要求，若其含量过高会影响发酵，使啤酒产生浑浊。采用基因工程技术，使另一蛋白基因克隆至大麦中，便可相应地降低醇溶蛋白含量，提高啤酒澄清度，适应产品的质量要求。

3. 改进果糖和乙醇生产方法

乙醇和果糖的生产通常以谷物为原料，这需要使用淀粉酶等分解原料中糖类物质。但是传统的酶造价高，而且只能使用一次，生产成本较高。利用基因工程技术对这些酶进行改造，例如，改变编码 α - 淀粉酶和葡萄糖淀粉酶的基因，使其具有相同的最适温度和最适 pH，即可减少生产步骤；再如，利用 DNA 重组技术可获得直接分解粗淀粉的酶，可节省明胶化过程中所需的大量能量，从而降低成本。

4. 改进酒精生产工艺

利用基因工程技术将霉菌的淀粉酶基因转入大肠杆菌，并将此基因进一步转入单细胞酵母中，使之直接利用淀粉生产酒精。这样可以简化酒精生产工艺中的高压蒸煮工序，从而达到节省能源的目的，据统计，可节约 60% 的能源。

四、生产食品添加剂及功能性食品的有效成分

1. 生产氨基酸

氨基酸作为增味剂、抗氧化剂、营养补充剂，在人们的日常生活以及食品加工行业中起着重要作用。采用传统工艺制备氨基酸效率低、费时费工。利用基因工程，用 DNA 重组技术调控某一个特定代谢途径中的某一个特定的成分，可提高氨基酸产量。迄今为止，世界上已克隆和表达了十几种氨基酸的基因，已有五种用重组技术生产的氨基酸达到工业化水平，它们是苏氨酸、组氨酸、脯氨酸、丝氨酸和苯丙氨酸。我国谷氨酸等氨基酸已投入工业化生产。

2. 生产黄原胶

黄原胶是一种高分子的胞外多糖，在食品工业中常作为稳定剂、乳化剂、加浓剂、悬浮剂使用。运用基因工程以奶酪生产过程中产生的副产品乳清为原料，就可以高水平地生产黄原胶。

3. 生产功能性食品的有效成分

功能性食品是指除能满足人体营养与感官需求外，还能调节人体生理机理，预防疾病促进康复的加工食品。其发展有赖于基因工程这门新技术。采用转基因手段，在动植物或其细胞中使目的基因得到表达而制造有益于人类健康的功能因子或功效成分。Shara. M. T 等利用细菌载体以口服的方式使目的基因在体内的靶细胞中得到表达并被检出。总之，随着基因工程技术的深化和发展，含有具有各种治疗、免疫作用基因的功能性食品也将陆续问世。

第三节　酶工程在食品工业中的应用

酶的应用可以说是生物技术在食品工业中应用的典型代表。酶制剂为食品工业带来了新的活力，开辟了新的发展途径，极大地推动了食品工业的发展。目前有多达几十种酶被广泛地应用于食品加工过程中，达到工业生产规模的有二十多种。主要有淀粉酶、糖化糖、蛋白酶、葡萄糖异构酶、果胶酶、脂肪酶、纤维素酶、葡萄糖氧化酶等。其应用领域包括淀粉糖类的生产，蛋白质制品的加工、果蔬加工、食品保鲜以及改善食品品质等。酶的应用不仅改善了食品的色、香、味，还可提供一些富有营养的新产品。

一、酶在制糖工业中的应用

淀粉糖种类繁多，有葡萄糖、饴糖、高麦芽糖、超高麦芽糖、果葡糖、麦芽糊精、低聚糖、全糖、糖醇等。

1. 酶法生产葡萄糖

葡萄糖的制造方法很多，以前惯用酸水解法生产葡萄糖浆。20 世纪 50 年代末，国内外开始使用酶法生产葡萄糖，并迅速推广普及。

该方法是以淀粉为原料，先经 α - 淀粉酶的作用将淀粉液化成糊精，再经糖化酶催化生成葡萄糖。

2. 果葡糖浆的生产

果葡糖浆是一种以果糖和葡萄糖为主要成分的混合糖浆。国际上按果糖含量将果葡糖浆分为三类，目前已发展至果糖含量在90%以上、浓度为79% ~ 80%的第三代果葡糖浆，其甜度高，是蔗糖的 1.4 倍。不仅如此，它还具有甜而不腻、纯口爽口等独特口感，吸湿吸潮性能好等加工特性。此外，果糖在人体糖代谢过程中不需要胰岛素辅助，摄入后血糖不易升高。因具有糖尿病患者可食用的特殊功用，广受人们喜爱。果葡糖浆可代替蔗糖用作饮料和食品的甜味剂，仅美国的可口可乐和百事可乐两个饮料公司，每年就消耗果葡糖浆 500～600 万吨。目前我国已有 20 多家果葡糖浆厂，年生产力逐步提高。果葡糖浆在饮料、焙烤制品、糖果制品中广泛应用。

酶法生产果葡糖浆的工艺流程包括淀粉液化、糖化、葡萄糖异构、果糖与葡萄糖的分离等工序，图 8－3 是酶法生产果葡糖浆的工艺流程。淀粉液化是利用 α－淀粉酶将玉米中淀粉浆水解成糊精和低聚糖液化液，后采用葡萄糖淀粉酶将其进一步水解成葡萄糖，经处理得到的精制葡萄糖液，再利用葡萄糖异构酶进行异构化处理，最后通过分离技术得到含果糖 90% 以上的果葡糖浆。

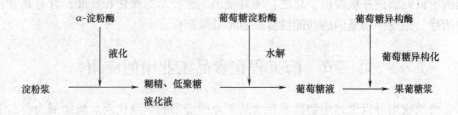

图 8－3　酶法生产果葡糖浆的工艺流程

1966 年日本首先用游离的葡萄糖异构酶工业化生产果葡糖浆，随后国内外纷纷采用固定化葡萄糖异构酶进行连续生产。

3. 超高麦芽糖浆的生产

以淀粉为原料经 α－淀粉酶和 β－淀粉酶作用形成麦芽糖，按制法和麦芽糖含量的不同得到不同的产品，如饴糖、麦芽糖浆、高麦芽糖浆及超高麦芽糖。表 8－2 为各种麦芽糖浆的麦芽糖含量及糖化方法。

表 8－2　　　　　　　　各种麦芽糖浆的麦芽糖含量及糖化方法

糖浆名称	麦芽糖含量/%	糖化方法
饴糖	45～50	麦芽
酶法饴糖（高麦芽糖浆）	50～60	细菌 α－淀粉酶＋细菌 β－淀粉酶
超高麦芽糖浆	75～85	细菌 α－淀粉酶＋脱枝酶＋β－淀粉酶

麦芽糖是由两分子葡萄糖通过 α－1，4 糖苷键构成的双糖，其甜度为蔗糖的 30%～40%，在人体内不参与胰岛素调节的糖代谢，同时具有热稳定性好、防腐性强以及吸湿性低等特点，在食品行业的需求量日益增加。例如，糖果制造业中添加高麦芽糖浆制作的硬糖，不仅甜度适中，且硬糖透明度好，还具有抗砂和抗烊性，可延长产品保质期。利用高麦芽糖浆的抗结晶性，可用于生产果酱、果冻等产品；利用其良好的发酵性，可应用于面包、糕点及啤酒制造。全酶法生产超

高麦芽糖浆的工艺流程如图8-4所示。

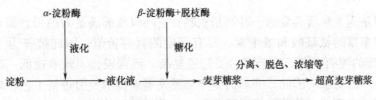

图8-4 全酶法生产超高麦芽糖浆的工艺流程

此外，酶法在生产低聚果糖、帕拉金糖、异麦芽寡糖、低聚丰乳糖、大豆低聚糖等新型低聚糖方面，起着重要作用。

二、酶法应用于蛋白制品的生产

蛋白质是一类人体所需的重要营养素，以蛋白质为主要成分的制品称为蛋白制品，主要有蛋制品、鱼制品和乳制品等。酶在蛋白制品加工中能起到改善组织、嫩化肉类的作用，还能变废为宝，转化废弃蛋白质成为供人类使用或作为饲料的蛋白浓缩液。在蛋白制品生产中应用的酶包括动、植物以及微生物来源的蛋白酶，除蛋白酶外，溶菌酶、乳糖酶、葡萄糖氧化酶等也有广泛的用途。酶在蛋白制品生产中的应用见表8-3。

表8-3　　　　　　　　　　酶在蛋白制品生产中的应用

蛋白制品种类	应用的酶	酶的用途
乳制品	凝乳蛋白酶	制奶酪
	乳糖酶	水解乳中乳糖，生产低乳糖奶，防止乳糖不耐症；防止其在炼乳、冰淇淋中呈砂样结晶析出
	过氧化氢酶	去除杀菌时残留在牛奶或奶酪中的过氧化氢
	脂肪酶	干酪、黄油增香
	溶菌酶	添加于婴儿奶粉，防止肠道感染
蛋制品	葡萄糖氧化酶	去除全蛋粉、蛋黄粉中存在的少量葡萄糖，防止产品褐变或产生异味，保持产品色、香、味
鱼制品	蛋白酶	生产鱼蛋白粉等
	三甲基胺氧化酶	脱腥除味
肉制品	木瓜蛋白酶	生产嫩肉粉
	蛋白酶	生产明胶、制造肉类蛋白水解物（蛋白胨、氨基酸等）
	溶菌酶	肉类制品保鲜、防腐
	转谷氨酰胺酶	生产重组肉制品，提高制品的口感和风味，提高产品附加值

三、酶在啤酒工业中的应用

啤酒是为大众所喜爱的一种酒精饮料，它不仅能够满足人的感官需求，同时它还含有丰富的氨基酸和维生素，具有一定的营养价值，因此被誉为"液体面包"。传统的啤酒生产工序繁多、工艺较复杂、流程较长、效率较低，难以适应现代化生产的要求。因此，啤酒的生产需要发展新技术、引进新工艺。外加酶制剂的应用为啤酒工业的革新提供了条件。各种酶制剂的使用贯穿了啤酒生产的全过程。现在啤酒生产已实现了无麦芽糊化，成为现代啤酒技术进步的一个显著标志。

将耐高温 α - 淀粉酶应用于糊化，可达到无麦芽糊化、节粮、节能。利用固定化酶与固定化细胞结合起来，研制的新型固定化生物催化剂用于啤酒酿制，改进啤酒酿造工艺，缩短发酵时间。发酵完毕后在啤酒中添加木瓜蛋白酶等蛋白酶，水解其中蛋白类物质，防止出现浑浊，可使啤酒保持澄清。表 8 - 4 列举了在啤酒酿制过程中使用的主要酶制剂及其作用。

表 8 - 4　　　　　　啤酒酿制过程中使用的主要酶制剂及其作用

酶制剂种类	主要作用
耐高温 α - 淀粉酶	辅料液化，达到无麦芽糊化
蛋白酶	啤酒澄清；提高啤酒稳定性；增加 α - 氨基氮
葡萄糖氧化酶	防止氧化变质；防止老化；保持原风味；延长保质期，提高稳定性
β - 葡聚糖酶	提高啤酒的持泡性；加快过滤速度
α - 乙酰乳酸脱酸酶	降低双乙酰含量，加快啤酒成熟
糖化酶	增加可发酵性糖，用于生产干啤

四、酶在果蔬加工中的应用

在果蔬加工过程中，也经常需要借助酶制剂的处理，以提高产品的产率，保证产品的质量。主要应用于生产加工果蔬汁、果蔬汁饮料、果蔬罐头、干燥果蔬制品等过程中。

果汁加工中最常用也是最重要的酶是果胶酶。水果中常常含有一定量的果胶类物质，如苹果、山楂、葡萄、草莓、樱桃、柑橘、树莓等。因果胶在酸性或高浓度糖存在下可形成凝胶，给压榨、澄清果汁带来困难。在取汁过程中利用果胶酶可降低汁液黏度，提高出汁率；新压榨出的果汁，黏度大且浑浊，加入果胶酶处理后，可加速浑浊颗粒凝聚，促进果汁澄清。果酒经果胶酶澄清处理可保持其稳定性，在红酒中加入果胶酶还可增加良好的色泽。

葡萄糖氧化酶可除去果汁、饮料、罐头食品和干燥果蔬制品中的氧气。防止产品氧化变质，防止微生物滋生，延长食品保质期。

黑曲霉能生产一种具有脱苦作用的诱导酶，称为柚苷酶，用这种酶可分解柑橘类果肉和果汁中的柚皮苷，从而脱除苦味，改善产品感官性能。

纤维素酶可将传统加工中果皮渣等废弃物综合利用，促进果汁的提取与澄清，提高可溶性固形物含量。另外纤维素酶在制备脱水蔬菜，如马铃薯、胡萝卜时，可改善其烧煮性和复原性。

五、酶在焙烤食品加工中的应用

酶制剂在焙烤食品中的应用，主要用于改良淀粉和蛋白质。制作面包时，向面粉中添加 α - 淀粉酶，可调节麦芽糖生成量，使 CO_2 产生与面团气体保持力相平衡，面团发酵更丰满、气孔细而均匀、发酵效果更好。添加蛋白酶可改善面筋的特性，促进其软化，增加延伸性，减少揉面时间与动力，改善发酵效果。

在美国、加拿大等国家制作白面包时，还广泛使用脂肪氧化酶。目的是使面粉中不饱和脂肪氧化同胡萝卜素等发生共轭氧化作用而使面粉漂白，同时伴随该酶的氧化，不饱和酸会生成芳香的羰基化合物使面包增加风味。此外，乳糖酶可分解乳糖生成发酵性糖，促进酵母发酵，改善面包色泽，可用于脱脂乳粉的面包制造中。

在饼干和薄饼的生产中，添加蛋白酶，可弥补面粉中谷蛋白含量低的不足。在糕点制作中，添加 β - 淀粉酶可强化面粉，防止糕点老化。若用淀粉作糕点馅心的填料，还可改善馅心的风味。

六、酶法用于食品保鲜

食品保鲜是广大食品生产企业及相关研究人员十分关注的一个问题，也是直接关系到消费者健康的重要问题。随着生产技术的发展，酶法保鲜正在崛起。由于酶具有专一性强、催化效率高、作用条件温和，在较长时间内保持食品原有品质与风味等特点，保鲜效果好，是传统保鲜方法无法比拟的。目前在酶法保鲜中应用较多的酶制剂是葡萄糖氧化酶和溶菌酶。

1. 利用葡萄糖氧化酶保鲜

葡萄糖氧化酶是一种氧化还原酶，在 pH3.5 ~ 6.5 条件下，稳定性好，在低温条件下也具很好的稳定性。

储藏过程中食品变质的主要原因是氧化和褐变，以及微生物繁殖导致的食品腐败，这些都与氧的存在有关。因此去除氧是防止食品变质的关键。葡萄糖氧化酶可催化葡萄糖与氧反应，生成葡萄糖酸和 H_2O_2，从而有效防止食品中成分氧化褐变，同时减少微生物的繁殖，起到保鲜作用。葡萄糖氧化酶的保鲜作用可应用于啤酒、果汁、罐头、茶叶、乳制品、蛋制品、焙烤制品、油炸食品等多种食品。

目前，设计有各种各样的片剂、涂层、吸氧袋等用于不同的产品中除氧。例如，将葡萄糖氧化酶、过氧化氢酶和葡萄糖、中和剂琼脂等制成凝胶，封入聚乙烯膜小袋，放入包装中吸除容器中残氧，对于饮料直接加入其中，可吸去瓶颈空隙的残氧。

2. 利用溶菌酶保鲜

溶菌酶对人体无害，可有效防止细菌对食品的污染。目前已应用于水产品、干酪、鲜奶、奶粉等乳制品，以及香肠等肉制品和清酒的保鲜。但是溶菌酶只对革兰阳性菌有溶菌作用，而对革兰阴性菌无杀菌作用。人们正致力于研究溶解革兰阴性菌及真菌细胞壁的微生物酶。

第四节　发酵工程在食品工业中的应用

数千年前，人类在没有亲眼见到微生物的情况下，就开始凭借智慧和经验，巧妙地利用自然发酵来获得食品及饮料，在西方有啤酒、葡萄酒、面包及干酪，在东方有酱油、酱及清酒，在中东和近东有乳酸等发酵产品。自然发酵时代使用的微生物往往是混合菌种，而目前，人们已从自然发酵步入纯种液体深层发酵技术新阶段，将单一的微生物菌种用于各种发酵工业，对提高产品生产效率、稳定产品质量及防腐等方面均起到了重要作用。发酵工程在食品领域中的应用主要在以下几个方面。

一、发酵工程在单细胞蛋白生产中的应用

1. 单细胞蛋白的概念

目前世界上面临的主要问题之一是人口爆炸，传统农业将不能提供足够的食物来满足人类的需求，尤其是蛋白质短缺。因此人们在不懈地寻求新的蛋白质资源，研究开发和应用推广微生物生产单细胞蛋白成为一条重要的途径，日益受到普遍关注。单细胞蛋白（SCP）也称微生物蛋白，是指用细菌、真菌和某些低等藻类生物发酵生产的高营养价值的单细胞或丝状微生物个体而获得的菌体蛋白。目前生产出的单细胞蛋白既可供人食用，也可供饲料用。

2. 发酵工程生产单细胞蛋白的优势

与传统动植物蛋白质生产相比，发酵技术生产的单细胞蛋白有以下优点：①生产效率高，一些微生物的生产量每隔 0.5～1h 便增加一倍。②微生物中的蛋白质含量极为丰富，一般细菌含蛋白质 60%～80%，酵母为 45%～65%，霉菌为 35%～50%，藻类为 60%～70% 等，且还含有丰富的维生素和矿物质。③微生物在相对小的连续发酵反应中大量培养，占地小，不受季节气候及耕地的影响和制约。④微生物的培养基来源广泛且价格低廉，可利用农业废料、工业废料作原料，变废为宝。⑤微生物比动植物更容易进行遗传操作，它们更适宜于大规模

筛选高生长率的个体，更容易实施转基因技术。

3. 生产单细胞蛋白的菌种

酵母菌是进行商业化生产单细胞蛋白最好的材料。前苏联利用发酵法大量生产酵母，最高产量曾达到每年 60 万吨，成为世界上最大的单细胞蛋白生产大国。用于生产 SCP 的微生物还有微型藻类，藻体所含主要营养成分明显优于人类主要食物如稻谷、小麦等，现在许多国家都在积极开发球藻及螺旋藻的单细胞蛋白，如 20g 小球藻所含维生素、必需氨基酸和矿质元素大约相当 1kg 的普通蔬菜，成年人每天食用 20g 小球藻干粉就可满足正常需要。螺旋藻含有极为丰富全面的营养成分，蛋白质含量高达 59% ~71%，并且含有多种生理活性物质，是目前所知食物营养成分最全面、最充分、最均衡的食品，因而被联合国世界食品协会誉为"明天最理想的食品"，联合国粮农组织（FAO）已将螺旋藻正式列为 21 世纪人类食品资源开发计划。

二、发酵工程在食品添加剂生产中的应用

食品添加剂过去采用从动植物中提取或化学合成法生产，从动植物中萃取食品添加剂的成本较高，且来源有限，化学合成法生产食品添加剂虽成本较低，但化学合成率较低，周期长，且有可能危害人体健康。因此，生物技术，尤其是发酵工程技术成为生产食品添加剂的首选方法，首先可采用基因工程及细胞融合技术生产出工程菌，继而进行发酵工艺，可使其生产成本下降、污染减少，产量成倍增加。

利用发酵工程可以生产多种甜味剂。目前国内外重点研究开发的微生物发酵法生产的食品添加剂有甜味剂中的木糖醇、甘露糖醇、阿拉伯糖醇、甜味多肽等；酸味剂中的苹果酸、乳酪、柠檬酸等；增稠剂中的黄原胶、热凝性多糖等；鲜味剂中的氨基酸和核苷酸；食用色素中的红曲色素和 β – 胡萝卜素；风味添加剂中的脂肪酸酯、异丁醇；维生素中的维生素 C、B 族维生素等；防腐剂中的乳酸链球菌素。

1. 发酵工程在氨基酸生产中的应用

作为鲜味剂或营养添加剂的氨基酸主要用于食品调味和营养强化，如谷氨酸及天冬氨酸的钠盐是烹调所必备的鲜味剂，甲硫氨酸、赖氨酸、色氨酸、半胱氨酸及苯丙氨酸等是重要的营养添加剂。目前，除甘氨酸及蛋氨酸由化学合成外，氨基酸主要由发酵法生产。氨基酸发酵所用的菌种主要是谷氨酸棒杆菌及黄短杆菌或类似菌株。谷氨酸（钠）即味精，是世界上生产量最大的商品氨基酸，使用双酶法糖化发酵工艺取代传统的酸法水解工艺生产味精，可提高原料的利用率10% 左右。

2. 发酵工程在黄原胶生产中的应用

黄原胶是食品工业中的稳定剂、乳化剂及增稠剂，是用黄单胞杆菌发酵生产

的细胞外杂多糖。生物技术的发展使黄原胶的发酵产率、糖转化率、发酵液浓度等指标大大提高，发酵周期大大缩短，生产成本降低，生产日趋大型化。江南大学和山东食品发酵所协作，开发了适应于黄单孢杆菌多糖发酵的新型反应器，即外循环气升式发酵罐，使发酵效率比传统发酵罐提高了近30%，能耗大大降低。

三、发酵工程在调味品生产中的应用

调味品的种类很多，发酵性调味品中产量最大的是酱油和食醋。酸味剂食醋是利用米、麦、高粱和酒糟等发酵酿造而成的含有乙酸、乳酸、柠檬酸、氨基酸、微量酒精及多种营养元素的一种水溶性液体。发酵菌通常是醋酸菌。国内中小型食醋企业大多采用传统的固态发酵法酿造食醋，此法简便易行，但具有发酵时间长，淀粉利用率及食醋生产率低等缺点。近年来，一种新型的制醋法——固定化醋酸菌发酵法可有效缩短发酵延缓期，醋化能力提高 9 ~ 25 倍。利用优选的微生物菌群发酵，可缩短发酵周期，提高原料利用率，改良风味及品质。利用纯种曲霉酿造酱油，原料中蛋白质的利用率高达85%。

四、发酵工程在功能性食品工业中的应用

功能性食品是指其在某些食品中含有某些有效成分，它们具有对人体生理作用产生功能性影响及调节的功效，实现医食同源，具有良好的营养性、保健性和治疗性，达到健康及延年益寿的目的。

1. 应用发酵工程生产大型食用或药用真菌

灵芝、冬虫夏草、银耳、香菇等大型食用或药用真菌含有提高人体免疫功能、抗癌或抗肿瘤、防衰老的有效成分，因此真菌是功能性食品的一个主要的原料来源。一方面可通过传统农业栽培真菌实体然后提取其有效成分，另一方面可通过发酵途径实行工业化生产，在短时间内得到大量的真菌菌丝体，这些菌丝体的化学组成或生理功能，经分析表明与农业栽培得到的真菌实体是很相似的。因此从发酵菌丝体中提取的真菌多糖、真菌蛋白质及其他活性物质，可用来生产功能性食品。发酵法生产真菌的最大优点是易于实现工业化连续生产、规模大、产量高、周期短和效益高等。如河北省科学院微生物研究所等筛选出繁殖快、生物量高的优良灵芝菌株，应用于深层液体发酵研究取得成功，建立了一整套发酵和提取新工艺，为研制功能性食品提供更为广阔的药材原料源。

2. 应用发酵工程生产功能性油脂

功能性油脂的主要代表是 γ - 亚麻酸油脂。γ - 亚麻酸是人体不能合成必须从食物中摄取的一种人体必需的不饱和脂肪酸，它对人体的许多组织特别是脑组织的生长发育至关重要，具有降血压、降低胆固醇、改善糖尿病并发症、抑制癌细胞繁殖等功效。过去 γ - 亚麻酸是从月见草的种子中提取，此法生产效率低，周期长，成本高，且原料受到气候、产地等条件的影响，不能满足日益增长的市

场需要。利用微生物发酵法生产 γ - 亚麻酸油脂是 20 世纪 80 年代发展起来的一项先进的生物技术。此技术利用蓄积油脂较高的鲁氏毛霉及少根根霉等菌株为发酵剂，以豆粕、玉米粉、麸皮等为培养基，经液体深层发酵法制备 γ - 亚麻酸，干燥菌体中 γ - 亚麻酸含量为 12% ~ 15%，与植物源相比具有产量稳定、生产周期短、成本低、工艺简单等优越性。

3. 应用发酵工程生产超氧化物歧化酶

超氧化物歧化酶，简称 SOD，能清除人体内过多的氧自由基，延缓衰老，提高人体免疫能力。利用 SOD 制品或富含 SOD 原料可加工出富含 SOD 的功能性食品，目前上市的 SOD 功能性食品已有 SOD 泡泡糖、SOD 饮料、SOD 啤酒等。国内 SOD 的制品主要是从动物血液（如猪血、牛血、马血等）的红细胞中提取的，受到了血源和得率的限制。微生物具有可以大规模培养的优势，故利用微生物发酵法制备 SOD 具有更大的实际意义，能制备 SOD 的菌株有酵母、细菌和霉菌。日、美等国家现今已能生产 SOD 基因工程菌发酵产品，中国也已进行了构建 SOD 基因工程菌的研究，但这方面的工作有待进一步深入和加强。

五、发酵工程在饮料生产中的应用

近年来发酵饮料日益受到消费者的青睐，发酵饮料主要包含两大类，一类是酒精饮料如啤酒、葡萄酒、白兰地、威士忌等，另一类是非酒精饮料如乳制品及植物蛋白饮料等。

1. 酒精饮料的生产

酿酒工业是当前商业中最具稳定经济效益的行业。酒精饮料的原材料主要包括两种：糖类物质（果汁、蜂蜜等）和淀粉类物质（谷类等），后者需在发酵前水解成单糖。原材料与适当的微生物混合后，提供发酵条件，最终会得到含有不同含量酒精的饮料，还可通过进一步蒸馏来提高酒精的浓度，酒精含量最终可高达 70%。最常用的发酵微生物是酵母菌，它可吸收并利用单糖，如葡萄糖或果糖，将它们代谢成乙醇。目前，现代的原生质体融合和重组 DNA 技术被用来改进发酵中所使用的酵母菌品系，如将枯草芽孢杆菌淀粉水解酶的基因克隆到酒精酵母中，使原来只能依赖其他微生物水解淀粉而获取碳源的酵母，变成能分解淀粉进行酒精发酵的酵母。

啤酒主要是由淀粉类物质为原料发酵制成的，需要经历制麦芽、制浆、发酵、加工和成熟五个主要步骤。在啤酒生产中，国外采用固定化酵母的连续发酵工艺进行酿造，可明显缩短发酵时间，且酵母连续发酵 3 个月，活力不降低。

2. 乳制品的生产

发酵乳制品是以哺乳动物的乳为原料，通过接种特定的微生物进行发酵作用，生产出具有特殊风味的乳制品。从世界范围看，发酵乳制品占所有发酵食品的 10%。发酵乳的产品品种非常多，常见的有酸乳、发酵酪乳、双歧杆菌乳、酸牛乳酒、酸马奶酒等。发酵乳制品通常具有良好的风味和较高的营养价值，其营养成分对维持肠道内菌群平衡、调节胃肠功能、促进人体健康具有十分重要的作用，因而深受广大消费者的欢迎。发酵乳制品所用的乳酸菌品种繁多，主要有乳酸链球菌、乳脂链球菌、双歧杆菌、保加利亚乳杆菌、乳酸杆菌等数十种。

3. 发酵型植物蛋白饮料的生产

植物蛋白饮料是利用蛋白质含量较高的植物种子和各种核果类为主要原料，经加工制成的乳状饮料。目前，植物蛋白饮料主要有调制型及发酵型两大类，前者是将原料经预处理后制浆，再经适当调制而成，后者是在原料制浆后，加入少量的奶粉或某些可供乳酸菌利用的糖类作为发酵促进剂，经乳酸菌发酵而成，乳酸菌可对植物蛋白进行适度降解，提高植物蛋白的营养价值，因此发酵型植物蛋白饮料兼有植物蛋白饮料和乳酸菌饮料的双重优点。大豆含有较高的蛋白质、维生素、矿物质和大量的亚油酸、亚麻酸等营养成分，且不含胆固醇，长期食用不会造成血管壁胆固醇的沉积，因此以豆乳为主的植物蛋白饮料，近年来得到了较快的发展，制备的方法是将乳酸菌在脱脂乳与豆奶组成的混合培养基中进行传代培养，在培养过程中，逐步降低培养基中脱脂乳的用量比例，使乳酸菌逐渐适应豆奶的营养环境。

第五节　生物技术促进食品工业进入证券市场

我国已有 8 家食品行业上市公司公开宣称涉足生物工程领域，其方式主要有三种。第一种是主业经营与生物技术有关的，从事螺旋藻饮料生产的道博股份和梅雁股份属于这一类。第二种是主业转型，即在原来的主业基础上同时投资生物医药或其他生物工程，这些公司有重庆啤酒、拉萨啤酒、古越龙山、广东甘化等。第三种是在主业的基础上自然地延伸到生物工程领域，其对生物工程的投资与原来的主业有一定的联系，这样的公司有青岛啤酒、燕京啤酒等。

古越龙山公司确定"以黄酒主业为基础，积极发展黄酒相关产业，开发黄酒延伸产品，涉足高新技术，重点培育生物化工工程"的发展规划，青岛啤酒与中国科学院微生物研究所合作研究"利用基因克隆技术构建青岛啤酒酵母工程菌"项目，该项目的开发研究，将填补我国啤酒行业在分子生物学上的空白，开创啤酒酵母生产的新天地。啤酒酵母是啤酒质量高低的关键所在，其优劣直接影响到啤酒的口味、质量。传统的酵母优选方法大多数采用分离复壮的手段来防止酵母退化，保持其优良品质。但是，随着啤酒生产规模的扩大、啤酒品种的增多，传统方法优选酵母已逐渐适应不了生产的需要。近年来，国外大型啤酒生产企业已开始着手研究新的菌种培育方法，其中克隆技术在分子生物学水平上构建适用的工程菌，被认为是最理想、最能够保证酵母优良品质的方法。

【知识拓展】

现代生物技术与人类生活

现代生物技术是当今世界发展最快、潜力最大、影响最深远的一项高新技术。被视为是 21 世纪人类彻底解决人口、资源、环境三大危机，实现可持续发展的有效途径之一。所以世界各国都将生物技术确定为增强国力和经济实力的关键技术之一。我国也十分重视生物技术，并组织力量追踪和攻关。现代生物技术为什么会引起世界各国如此普遍的关注和重视呢？首先，生物技术是解决全球经济问题的关键技术，在迎接人口、资源、能源、食物和环境五大危机的挑战中将大显身手。其次，生物技术将广泛地应用于医药卫生、农林畜牧、轻工业、食品、化学工业、能源和环境等领域，促使传统产业的改造和新兴产业的形成，对人类社会将产生深远的影响。所以生物技术是现实生产力，也是具有巨大经济效益的潜在生产力，是 21 世纪高新技术的核心。

【思考题】

1. 食品生物技术的内涵与研究的主要内容是什么？
2. 基因工程在食品工业中的应用有哪些方面？
3. 在食品工业中酶制剂的应用主要在哪些方面？
4. 发酵工程在食品工业中的作用是什么？
5. 生物技术在食品检测方面有哪些应用？
6. 预测食品生物技术的发展趋势。

第九章　生物技术与化学工业

【典型案例】

案例 1. 加酶日用化学品广泛使用

从 20 世纪 80 年代开始，加酶洗衣粉进入了老百姓的生活，时至今日，几乎所有的洗衣粉都添加了酶这种活性成分，淀粉酶、蛋白酶、脂肪酶、纤维素酶等的加入，使洗衣粉的洗涤效果日益提升（图 9-1）。随着科技进步，各种日化产品添加酶的现象越来越多，早期出现的大宝 SOD 蜜及蓝天生物酶牙膏的广告宣传相信大家记忆犹新，在护肤品中添加超氧化物歧化酶以达到抗氧化的作用，在牙膏中添加溶菌酶和蛋白酶以有效去除牙齿上的细菌及残留蛋白，这些通过加酶提高效能的方法，在现代日用化学品的生产中已普遍使用。

图 9-1　生物技术在日用品中的应用

案例 2. 可生物降解塑料产品已逐步进入市场

2008 年由国务院下发《关于限制生产销售使用塑料购物袋的通知》，指出今后各地人民政府、部委等应禁止生产、销售、使用超薄塑料购物袋，并将实行塑料购物袋有偿使用制度。从 2008 年 6 月 1 日起，各超市不再提供免费购物袋，有偿使用的购物袋为可生物降解塑料袋，这项措施在很大程度上缓解了日益严重的白色污染问题，可生物降解塑料产品也日益走进了人民生活。除塑料袋外，可生物降解材料在医疗器械方面也发挥着举足轻重的作用，可降解手术缝合线、可降解支架、可降解输液袋、可降解烧杯、可降解一次性手套等已被广泛使用。

案例 3. 精油产品潜入百姓生活

日用品中添加或直接使用生物活性物质已不是个别现象，各大日化品牌都开发了含有生物活性物质的产品，各种维生素、辅酶、活性肽等成分经常出现在产品配方中，近年来纯天然提取物备受关注和喜爱，在各个商场，我们都很容易看到精油产品专柜，精油产品已经悄然进入了百姓生活。精油是从植物中提取得到的天然活性物质，精油得到大家的青睐，不仅是因其香气迷人，更重要的是其对人体的调理作用。各种不同配方的精油能够调节人的情绪，改善体内血液循环，调理脏器功能，达到保健美容之效。目前在香皂、护手霜、洁面乳、润肤乳、润肤霜、沐浴露、洗发产品等中均有多种添加精油的产品在销售，更有各种单方或复方精油产品直接销售。

上述案例都是日常生活中的常见案例，通过案例可以看到，传统的化工产品正在受到日益严重的冲击，天然、绿色、环保的生物化工产品在逐渐取代传统化工产品。生物技术是如何与化学工业融合的，希望通过本章的学习，可以帮你找到答案。

【学习指南】

通过本章的学习，了解生物化工的发展概况；掌握发酵工程、细胞工程、酶工程等生物技术在化工领域的应用。在了解技术原理的基础上，留意生活中生物技术对化学工业产生影响的实例，理论结合实践，有利于综合技能的提高。

第一节 生物化工发展概述

随着生物技术的不断发展，人们逐渐认识到生物技术的发展离不开化学工程，如生物反应器以及目的产物的分离、提纯技术和设备都要靠化学工程来解决，因此，生物化工应运而生。生物化工是以应用基础研究为主，将生物技术与化学工程相结合的学科。作为生物技术下游过程的支撑学科，生物化工对生物技术的发展和产业的建立起着十分重要的作用，它是基因工程、细胞工程、发酵工程和酶工程走向产业化的必由之路。生物化工的发展，无可置疑地将会推动生物技术和化工生产技术的变革和进步，从而带来巨大的经济效益和社会效益。

一、生物化工的特点

传统的化学工业是以化学理论为基础进行工业生产，在生物化工产生以后，传统的化学工业正在受到生物化工的挑战，与传统化学工业相比，生物化工具有以下几个突出的优点。

（1）原料可再生　生物化工以生物物质作为生产原料，不再依赖于地球上的有限资源，为经济的可持续发展提供了可能性。

（2）反应条件温和　利用生物体而进行的生物加工过程一般都是在常温、常压下进行，不需要剧烈的反应条件，而传统化工过程往往需要高温、高压以及强酸、强碱的剧烈条件才能进行生产，因此，生物化工提高了生产过程的安全性。

（3）反应专一性强，副反应少　生物化工过程是由生物催化剂催化反应发生的，对底物有很强的专一性，生产过程中副反应极少。

（4）生产工艺简单，可实现连续化操作，可节省能源，并且可以减少环境污染。

（5）可解决传统生产方法和技术中难以解决的问题。

（6）可以按照需要利用现代生物技术手段创造新物种、新产品以及其他有经济价值的生命类型。

二、生物化工发展现状

1. 世界生物化工发展现状

生物化工自出现起，世界各国就竞相开展相关的研究。西方国家许多较大的化工企业，如美国杜邦、道化学、孟山都公司，英国的 ICI，德国的拜尔、赫斯特公司等都投入了巨大的财力和人力进行生物化工技术的研究，并且取得了显著的成就。能源方面，纤维素发酵连续制乙醇已开发成功；农药方面，许多新型的生物农药不断问世；环保方面，固定化酶处理氯化物已达实用化水平；生物技术支撑产业中的生物反应器已经进入第二代、第三代生物反应器的研究；高分子高性能膜、生物可降解塑料等技术不断成熟；高纯度生物化学品制造技术不断完善；反应器向多样化、大型化、高度自动化方面发展。生物技术已成为化工领域战略转移的目标，并掀起了新世纪生物化工产业发展的新浪潮。

2. 国内生物化工发展现状

我国生物技术的研究开发起步较晚，但在传统工业发酵方面有一定的基础。随着现代生物技术的不断发展，20世纪80年代以后，我国生物化工产品得到了大力发展。目前，生物化学法生产的产品品种主要有酒精、丙酮、丁醇、柠檬酸、乳酸、苹果酸、氨基酸、酶制剂、生物农药、微生物多糖、丙烯酰胺、甘油、黄原胶、单细胞蛋白、纤维素酶、胡萝卜素等。为了推动我国生物化工产业的发展，近年来，国家投入了大量的人力、物力，在传统产业技术改造、生物化工新产品开发、生物反应器、分离技术的设备、生物传感器、计算机在线控制等方面取得了一系列成果，如纤维素原料水解、柠檬酸新型反应器、L-乳酸研制、固定化生物催化剂载体等，不少已在工业生产中产生了很大的经济效益，推进了生物化工技术的发展。

三、生物化工的应用前景

根据生物化工的特点以及其目前的发展状况，今后生物化工发展的主要方向可以概括为以下几个方面。

1. 生物高技术医药产品

生物医药产品是新世纪最重要的生产产业，第二代生物技术医药产品需要大规模生产，放大技术至关重要，因而生物化工的发展是生物技术产品大规模生产的必要条件。

2. 农产品及天然生物工程制品

用生物化工技术通过大规模过程集成，使农业、林业及其他可再生资源得以充分利用，该领域涉及食品、饲料、农药、保健品、食品添加剂等。天然产物的全价综合利用已成为生化工程的热点问题，以玉米综合利用加工业为突破口，生产无水酒精、木糖醇、甘油、乳酸、苹果酸、单细胞蛋白等衍生物。

3. 能源、燃料及溶剂产品

目前，能源日趋减少，且燃烧生成的气体严重污染环境，二次能源的研制开发已成为能源开发热点。研究表明，氢因其储量丰富及分布广泛而成为未来最佳的二次能源，利用生物体特有的可再生性，通过光合作用进行能量转换，为简便有效地制取氢提供了崭新的途径。

4. 环境生物技术可再生资源生物加工工程

生物技术在环境治理上可发挥其不可替代的作用。我国21世纪初确定的环境生物技术重点开展的方向：利用酶制剂和固定化菌体处理废水、利用基因工程和细胞融合技术对微生物进行变异处理、利用工程微生物处理原煤脱硫的工业化工艺、无污染能大量生产的生物能源的开拓性研究、高效多抗转基因微生物农药的研制以及生物来源的可降解的透明膜材料等。

5. 动植物细胞培养的工艺与工程

动植物细胞培养工程是通过连续培养和细胞固定化技术，改变物理化学因素调节细胞产物的合成，通过诱变产生高产细胞株，使动植物细胞加速生长。其材料来源日趋扩大，培养技术逐渐完善。

第二节　发酵工程与化学工业

发酵工程是生物技术的重要组成部分，是目前生物技术产业化的主要形式。目前能够通过发酵法生产的化工产品主要有有机酸、氨基酸、生物可降解塑料等。

一、发酵法生产有机酸

有机酸发酵工业是生物工程领域中的一个重要且较为成熟的分支，在世界经济发展中，占有一定的地位。有机酸在传统发酵食品中早已得到广泛应用，以微生物发酵法生产并且达到工业生产规模的产品已达十几种。由于食品、医药、化学合成等工业的发展，有机酸需求骤增，发酵生产有机酸逐渐发展成为近代重要的工业领域。

我国是世界上最早利用和发酵生产有机酸的国家之一，近40年来，有机酸工业从无到有，尤其是近20年出现了蓬勃发展的趋势。柠檬酸和乳酸系列产品已进入国际市场，从质量及产量两方面皆具有较强的市场竞争能力；苹果酸和衣康酸已进入市场开发和大规模生产；葡萄糖酸的发酵生产已进入成熟阶段；其他新型有机酸产品的研究开发正受到国家和相关企业的高度重视，新产品和新用途将会不断出现。

1. 发酵法生产柠檬酸

（1）柠檬酸的应用　柠檬酸无毒性，水溶性好，酸味适度，容易被吸收，并且价格低廉，因此，在食品、医药、化工、化妆品行业及其他工业部门有着广泛的应用（图9-2）。其中应用最广的是食品和饮料行业，其次是医药行业和化学工业。

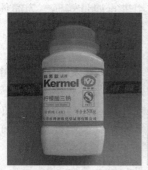 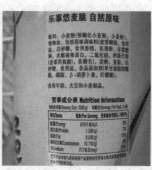 

(1)柠檬酸试剂　　　　　(2)食品中的柠檬酸　　　　　(3)柠檬酸除垢剂

图9-2　柠檬酸的用途

在食品工业中，柠檬酸由于其适度的酸味可增进食品味道，并能抑制微生物生长而使食品保鲜，是常用的一种酸味剂。同时柠檬酸还是一种螯合剂，能够螯合钙、镁、铁等微量元素，从而防止饮料的浑浊。在医药工业中，作为抗凝血剂，柠檬酸可以防止血液中凝血酶的生成。柠檬酸还可用于生产柠檬酸钠作输血剂，生产柠檬酸铁铵作补血药。在化学工业中，柠檬酸三乙酯、三丁酯可作无毒增塑剂，用于制作食品包装塑料薄膜，还可作肥皂或香皂的添加剂；柠檬酸锌可作为微量元素肥料及复合肥料使用；另外柠檬酸还可用于制造表面活性剂、皮革加脂剂等。在洗涤剂工业中，柠檬酸在无磷酸盐洗衣粉、液体洗涤剂等配方中使用，可代替三聚磷酸钠，增强洗涤剂的去污能力。在建筑工业中，可作混凝土缓凝剂，提高工程抗拉、抗压、抗冻性能，防治龟裂。在化妆品业中，可作抗氧剂和发泡剂（图9－2）。

（2）柠檬酸的生产　柠檬酸最初是由瑞典化学家scheere于1784年从柠檬果汁中提取制成的。1891年德国微生物学家Wehmer发现青霉菌能生产柠檬酸，其中以黑曲霉产量最高。1923年美国弗兹公司研制成功，以废糖蜜为原料浅盘发酵生产柠檬酸，柠檬酸开始进入工业生产新时期。1952年美国迈尔斯公司首先采用深层发酵法大规模生产柠檬酸，此后深层发酵生产工艺得到迅速发展。目前，柠檬酸生产主要有固体发酵法、浅盘发酵法和深层发酵法三种。

①固体发酵法：固体发酵法又称曲法，我国及日本的部分柠檬酸是以薯渣为原料，采用固体发酵法生产的，其工艺流程如图9－3所示。

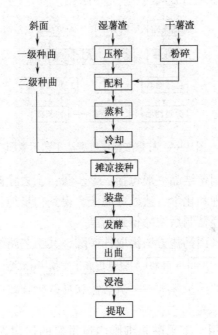

图9－3　固体发酵法生产柠檬酸的工艺流程

②浅盘发酵法：浅盘发酵法又称表面发酵法，是将培养基盛于浅盘中接种，再进行发酵。浅盘置于发酵室的固定架上。浅盘法土建投资大，劳动生产率低，但设备投资小、耗电少，因而其总的生产费用仍低于深层发酵法，目前，德国、俄罗斯仍有部分工厂采用浅盘法大规模生产柠檬酸，我国已很少采用。

③深层发酵法：深层发酵是在发酵罐（一般为搅拌式）内进行接种、培养和发酵，过程需通气，搅拌式发酵罐容积一般为50～150m³，大的可到200m³。也有采用发酵塔生产。常用的原料为玉米淀粉，用酸法或酶法使之变为碳源——糖，糖蜜也可用作原料。我国以薯干为原料深层发酵柠檬酸的菌种都是黑曲霉，是从土壤中分离得到的野生菌经过诱变处理得到的产酸高的纯种，生产菌种的制

备要经历斜面、麸曲和摇瓶试验。发酵过程一般包括原料（薯干）粉碎处理、种子罐培养及发酵罐培养，其工艺过程如图9-4所示。

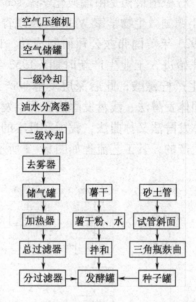

图9-4 柠檬酸深层发酵法工艺示意图

从柠檬酸发酵液制备结晶一般包括三个步骤：①去除菌丝体和其他固形物得到滤液；②用各种物理和化学方法处理滤液，得到初步纯化的柠檬酸溶液；③初步纯化的柠檬酸溶液经精制后浓缩得到结晶。

目前，国内主要采用钙盐方法提取柠檬酸，其工艺路线：

发酵液→发酵滤液→中和→酸解→脱色、离子交换→浓缩→结晶→干燥

对不易达到的两项质量标准——硫酸盐和易碳化合物应重点检查。

2. 发酵法生产苹果酸

（1）苹果酸的应用 苹果酸是细胞内最重要的代谢途径三羧酸循环中的中间产物，人体、动物、植物和微生物细胞中均存在苹果酸，其存在形式均为L-苹果酸。L-苹果酸在人体内容易被代谢，对人体无毒性，因此L-苹果酸具有较好的应用前景。

L-苹果酸主要应用于食品工业，它是一种优良的酸味剂和保鲜剂，用L-苹果酸配制的饮料更加酸甜可口，接近天然果汁的风味，其在食品工业上的应用已逐渐取代柠檬酸。在临床上，L-苹果酸可用于治疗贫血、肝功能不全和肝衰竭等疾病。此外，L-苹果酸在日化保健业和建筑业上也有广泛的应用前景（图9-5）。因此，国际市场上对L-苹果酸的需求量与日俱增。

（2）L-苹果酸生产工艺 微生物法生产苹果酸经历了直接发酵法、混合发酵法和酶合成法。

206

(1)苹果酸片　　　　　(2)苹果酸减肥产品　　　　(3)苹果酸泡腾片

图9-5　苹果酸的应用

①直接发酵法：能同化碳水化合物直接发酵产生 L-苹果酸的微生物主要有根霉，此外，黄曲霉、寄生曲霉、米曲霉、顶青霉、普通裂褶霉和出芽短梗霉也能同化碳水化合物直接发酵合成 L-苹果酸。我国收藏的产酸菌株有黑根霉、日本根霉等。能同化正烷烃直接发酵产生 L-苹果酸的微生物主要是假丝酵母。用直接发酵法虽可制备苹果酸，但由于产酸水平不高，未能实现工业生产。

②混合发酵法：采用两种具有不同功能的微生物，一种同化葡萄糖或正烷烃等合成反丁烯二酸；另一种将反丁烯二酸进一步转化为 L-苹果酸。产反丁烯二酸的微生物有各种根霉，如少根根霉和华根霉。能转化反丁烯二酸为 L-苹果酸的微生物有膜醭毕赤酵母、普通变形菌、芽孢杆菌和掷孢酵母等。此法比用少根根霉直接发酵法的苹果酸转化率有较大提高。

③酶合成法：此法以化学合成的反丁烯二酸为原料，以反丁烯二酸酶或富含该酶的微生物细胞作为催化剂，将反丁烯二酸专一地转化为 L-苹果酸。由于固定化技术的发展，这一方法已实现了工业化生产，该法工艺简单，转化率高。

游离的反丁烯二酸酶、含反丁烯二酸酶的细胞器及含反丁烯二酸酶的完整微生物细胞，均可作为固定化的酶原。国内外普遍采用完整的微生物细胞作为酶原。反丁烯二酸酶活力高，被用于固定化的微生物主要有产氨短杆菌、黄色短杆菌、假单胞菌、膜醭毕赤酵母、皱褶假丝酵母、马棒杆菌、大肠杆菌、普通变形杆菌、荧光假单胞菌、枯草芽孢杆菌和八叠球菌等。

通过超声破碎及丙酮处理等方法得到的无细胞制备物及部分提纯的反丁烯二酸酶，也可作为制备 L-苹果酸的酶原。固定化一般采用包埋法，所用载体有聚丙烯酰胺、角叉菜胶、海藻酸钙、三醋酸纤维素、光敏交联预聚物，其中研究最多、效果较好的是角叉菜胶。

固定化全细胞合成 L-苹果酸的主要技术障碍是细胞透性差，已发现先用表面活性剂处理细胞可以消除透性障碍，从而提高固定化细胞合成苹果酸能力。

3. 发酵法生产乳酸

（1）乳酸的应用　乳酸是一种常见的结构简单的羟基羧酸，广泛存在于自然界。1881 年 Avery 在美国马萨诸塞州的 Littleton 进行乳酸发酵生产性试验。1895 年德国的 Ingelheim 建立了第一家乳酸生产工厂，并将此技术传至欧洲其他国家。美国每年消费乳酸 2.3 万吨，日本每年需乳酸约 4500 吨，一半用于食品，其他用于塑料、乳化剂、医药和化妆品等行业。

（2）乳酸的生产工艺　生产乳酸的主要原料是淀粉质原料，如玉米、大米、淀粉等，辅料为硫酸、盐酸、活性炭等。其简要生产流程如下：

原料→ 处理 → 发酵 → 过滤 → 除杂 → 酸解 → 脱色 → 过滤 → 浓缩 → 脱色 → 离子交换 → 浓缩 →成品

4. 发酵法生产衣康酸

（1）衣康酸的应用　衣康酸是目前化工行业的一种紧缺物资，是化学合成工业的重要原辅材料，是化工原料生产中的重要中间体，具有十分广泛的用途。它是制造合成纤维、合成树脂、橡胶、塑料、润滑油添加剂、锅炉除垢剂等产品的原料。还可用于生产洗涤剂、除草剂、造纸工业用胶剂等。也可用于特种玻璃钢、特种透镜、人造宝石等制造行业。衣康酸在化学合成新材料、造纸、食品等领域应用范围不断扩大，世界各国对衣康酸的需求量也在迅速增长，目前，国际上呈现产品供不应求的状况，据预测，世界衣康酸的需求量每年将增长 12%。

（2）衣康酸的工业制法　衣康酸的工业制法有合成法和发酵法，工业上目前采用发酵生产的较多。衣康酸发酵是以蔗糖或淀粉等农副产品为原料，一般是用糖类（葡萄糖或砂糖）作培养基，加氮源和无机盐，以土曲霉为菌种，在 38℃条件下发酵 2d，发酵后过滤、浓缩、脱色、结晶、干燥即得成品。目前国内的衣康酸生产主要集中在云南、四川、江苏、山东等省。

衣康酸生产的主要工艺流程如下：

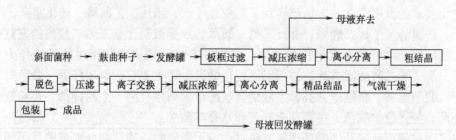

二、发酵法生产氨基酸

氨基酸是构成蛋白质的基本单位，是人体及动物的重要营养物质，氨基酸产品广泛应用于食品、饲料、医药、化学、农业等领域。以前氨基酸主要是用酸水解蛋白质来制得，现在氨基酸生产方法有发酵法、提取法、合成法、酶法等，其中最主要的是发酵法生产，用发酵法生产的氨基酸已有 20 多种。

1. 谷氨酸发酵生产

谷氨酸是一种重要的氨基酸，味精的主要成分即是谷氨酸，除此以外谷氨酸还可以制成对皮肤无刺激性的洗涤剂——十二烷基谷氨酸钠肥皂，能保持皮肤湿润的润肤剂——焦谷氨酸钠，质量接近天然皮革的聚谷氨酸人造革以及人造纤维和涂料等。谷氨酸是目前氨基酸生产中产量较大的一种。谷氨酸发酵生产工艺是氨基酸发酵生产中最典型、最成熟的。

（1）谷氨酸发酵生产的菌种 谷氨酸发酵生产菌种主要有棒状杆菌属、短杆菌属、小杆菌属以及节杆菌属的细菌。除节杆菌外，其他三属中有许多菌种适用于糖质原料的谷氨酸发酵。这些菌都是需氧微生物，都需要以生物素为生长因子。我国谷氨酸发酵生产所用菌种有北京棒杆菌 AS1299、钝齿棒杆菌 AS1542、HU7251 及 7338、B9 等。

（2）谷氨酸发酵生产的原料制备 谷氨酸发酵生产以淀粉水解糖为原料。淀粉水解糖的制备一般有酸水解法和酶水解法及酸酶结合法三种。

（3）种子扩大培养 种子扩大培养的工艺流程如下：

$$\boxed{斜面培养} \rightarrow \boxed{一级种子培养} \rightarrow \boxed{二级种子培养} \rightarrow \boxed{发酵}$$

一级种子培养一般采用液体培养基摇瓶培养，培养基由葡萄糖、玉米浆、尿素、磷酸氢二钾、硫酸镁、硫酸铁以及硫酸锰等组成，pH 为 6.5～6.8；培养时间在 12h 左右。

二级种子培养使用种子罐，培养基除用水解糖代替葡萄糖外，其他与一级种子培养基基本相同。制得的种子要求无杂菌及噬菌体感染，菌体大小均匀，二级种子培养结束时要求活菌数为 $10^8 \sim 10^9$ 个细胞/mL。

（4）谷氨酸发酵生产过程 发酵初期，菌体生长迟滞，2～4h 后即进入对数期，代谢旺盛，糖耗快，这时必须流加尿素以供给氮源，并调节培养液的 pH 至 7.5～8.0，同时保持温度在 32℃。对数期阶段主要是菌体的生长，几乎不产酸，随后转入谷氨酸合成阶段，此时菌体浓度基本不变，糖与尿素分解后产生的 α-酮戊二酸和氨主要用来合成谷氨酸，这一阶段应及时流加尿素以提供氨及维持谷氨酸合成最适 pH7.2～7.4，需大量通气，并将温度提高到谷氨酸合成最适温度 34～37℃。发酵后期，菌体衰老，糖耗慢，残糖低，需减少流加尿素量。当营养物质耗尽、谷氨酸浓度不再增加时，及时放罐，发酵周期在 30h 左右。

（5）谷氨酸提取 谷氨酸提取有等电点法、离子交换法、金属盐沉淀法、盐析法和电渗析法，以及将上述方法结合使用的方法。国内多采用的是等电点－离子交换法。谷氨酸的等电点是 3.22，这时它的溶解度最小，所以将发酵液用盐酸调节到 pH3.22，谷氨酸就可结晶析出。通过等电点法可提取发酵液中的大部分谷氨酸，剩余的谷氨酸可用离子交换法，进一步进行分离提纯和浓缩回收。

2. L－赖氨酸生产

L－赖氨酸是人和动物生长发育所必需的一种氨基酸。动物体内不能合成，必须从外界获取，在蛋白质营养中起着举足轻重的作用，若缺乏会引起蛋白质代谢障碍及功能障碍，导致生长障碍。在医药工业方面可作复合氨基酸输液用，也可作治疗用氨基酸，在食品工业方面可用作食品强化剂、增香剂、调味剂。

目前，赖氨酸的工业生产以直接发酵法为主，其次是酶法。

（1）直接发酵法　直接发酵法是利用微生物的代谢调节突变株、营养要求性突变株，以淀粉水解糖、糖蜜、乙酸、乙醇等原料直接发酵生成 L－赖氨酸。

（2）酶法　酶法是日本东丽公司发展起来的，他们在高分子化学产品的生产中有大量副产品环己烯生成，利用化学方法以环己烯合成外消旋 DL－氨基酸己内酰胺，再由微生物产生的 D－氨基酸己内酰胺外消旋酶和水解酶的联合作用生成 L－赖氨酸。

目前世界赖氨酸的消费量以每年 10% 左右的速度增长，生产技术和菌种主要被日本味之素集团和协和发酵集团所垄断。我国赖氨酸工业起步较晚，但发展较快，目前已在广西、福建、吉林、武汉等地建立了多家赖氨酸生产厂，赖氨酸应用前景十分广阔。

3. L－苯丙氨酸的生产

L－苯丙氨酸是人体的一种必需氨基酸，可作为营养补充剂，同时它也是重要的医药和食品中间体。由于抗癌药物制剂和氨基酸输液的发展以及低热量甜味二肽产量的迅速增加，促进了 L－苯丙氨酸生产的发展。

L－苯丙氨酸的制备方法主要有三种：直接发酵法、化学合成法和酶法。三种方法中化学合成法生产线路长、成本高而且副产物多，得到的产物是光学消旋体，需再进行光学拆分，因而生产方法多以苯丙酮酸或反式肉桂酸为原料，通过生物转化法生产，或者用直接发酵法生产。以苯丙酮酸为原料生产时，使用固定化细胞可提高产率，直接发酵法可通过基因工程改造生产菌种，使其可以利用更廉价的原料，降低生产成本。

自 20 世纪 70 年代以来，几乎所有氨基酸的发酵法生产都进行了开发、改进，已经获得工业化生产的除上述 3 种氨基酸外，还有精氨酸、谷氨酰胺、亮氨酸、异亮氨酸、脯氨酸、丝氨酸、苏氨酸及缬氨酸。

获得高产菌种始终是发酵法生产氨基酸的关键。除了从野生型菌株出发，通过筛选、诱变等方法获得营养缺陷型或调节突变型菌株的传统方法外，利用基因重组技术获得氨基酸高产菌种已经成为新的发展方向。生产氨基酸的基因工程菌的研究还在深入进行，这必将为提高氨基酸的发酵水平做出贡献。

三、发酵法生产可生物降解塑料

生物可降解塑料是指能够被自然界存在的微生物如细菌、真菌和藻类等作用而引起降解的一类塑料。根据降解机理和破坏形式，可分为生物破坏性塑料和完全生物降解塑料两种。

生物破坏性塑料是一种不能完全生物降解的塑料，它是在通用塑料中混入具有生物降解特性的组分，其制品消费后可部分降解，以很小的粒子或碎片分散在自然界，避免了宏观污染，但微观影响依然存在。这类塑料主要有淀粉基塑料、纤维基塑料、蛋白质基塑料等。

完全生物降解塑料是能够完全生物降解的塑料，包括：①人工合成的完全生物降解塑料，即使用合适的单体和催化体系，经化学合成法制得的可生物降解塑料，如聚乳酸；②天然的完全可生物降解的高分子，即利用动植物体内的多糖类物质制造的生物降解塑料，最典型的例子是牌号为 Novon 的热塑性淀粉；③微生物合成的完全生物降解塑料，利用微生物体内的新陈代谢过程，产生可生物降解的高分子材料，典型例子如聚 β - 羟丁酸（PHB）。

目前，国外已商品化的完全生物降解塑料主要有脂肪族聚酯（如 Biopol）、热塑性淀粉（如 NOVON）、聚乳酸和聚己内酯（PCL）等，其生产能力从几千到几万吨不等。其中采用发酵法生产脂肪族聚酯（PHAs），除了具有高分子化合物的基本特征外，还具有生物可降解性及生物可相容性，可用于各种容器、袋、薄膜以及医药方面，受到国内外重视。目前，PHAs 中具工业化前景的是聚 β - 羟丁酸（PHB），聚羟基戊酸酯（PHV）以及两者的共聚物（PHBV）。

1. 脂肪族聚酯

英国 Zeneca 公司和奥地利的林茨化学集团是生产 PHB 和 PHBV 的两个大公司，生产牌号为 Biopol 的 PHB 产品是生产规模国际领先的。目前世界各国所用的 PHB 生产菌种主要是真养产碱杆菌、固氮菌和假单胞菌。不同的微生物合成 PHB 的途径不同，基质不同，其合成途径也有差异，用于 PHB 生物合成的碳源有糖类、有机酸（乙酸、丁酸等）、甲醇、二氧化碳等多种含碳化合物，这些碳源在细胞内通过各种代谢途径转化为乙酰辅酶 A（$CH_3Co \sim SCoA$），在微生物细胞内乙酰辅酶 A 积累过剩时将转变成 PHB。

PHB 生产现已工业化，它是一种热塑性塑料，其某些力学性质与聚丙烯相似。PHB 可用注塑或吹塑的方法制造洗头膏瓶等化妆品容器以及外科手术用针、缝线等医用材料，还可用于包裹医药、杀虫剂和除草剂等缓释体系药剂，以及开发一次性使用的盘子、尿布和薄膜等产品。

目前，对发酵生产 PHB 的研究已成为热门课题，一些国家进行了细菌发酵的工业化生产。我国 PHB 的研究工作起步较晚，但很受国家重视，目前也取得了突破性的进展，已有不少单位完成了小试生产。有些单位，如中科院微生物所、清华大学生物系和化工系均已有批量生产技术。但在 PHB 的提纯方面，目前尚未达到应用水平。而微生物制备 PHB 或 PHBV 的价格偏高，是限制其大量应用的一个主要原因。重组 DNA 技术将对 PHB 生产的进一步研究工作产生较大的影响，通过基因改造，有望使 PHB 的生产有更大改善。

2. 聚乳酸

聚乳酸（PLA）是一种性能极佳的生物降解材料。以聚乳酸为原料可生产全降解塑料，其在环保、医疗、日常包装等领域具有广阔的应用前景，是一种新型可循环再生材料，符合现代环保趋势。

聚乳酸在自然环境中首先发生水解，然后，微生物进入组织内，将其分解成二氧化碳及水。在堆肥的条件下（高温和高湿度），水解反应可轻易完成，分解的速度也较快。在不容易产生水解反应的环境中，分解过程是循序渐进的。传统石化原料会增加二氧化碳的释放，但聚乳酸不会有此现象，在分解过程中产生的二氧化碳，可再次被使用成为植物进行光合作用所需的碳分子。

聚乳酸的合成主要有三种方法：直接法、间接法以及共聚法。

（1）直接法　利用乳酸直接脱水缩合反应合成聚乳酸，主要特点是合成的聚乳酸不含催化剂，但反应条件相对苛刻。

（2）间接法　乳酸脱水缩合后将得到的低聚物在三氧化锑、三氟化锑、四氯化锡等催化剂作用下解聚制得丙交酯，然后再加入催化剂使其发生环聚反应而制得相对分子质量更高的聚乳酸。相对分子质量可由催化剂浓度及聚合体系的真空度来控制。但因有些催化剂有毒，影响其应用范围。

（3）共聚法　由于聚乳酸的降解速度很快，本体侵蚀后强度下降很快，影响了其应用。共聚改性是通过调节乳酸和其他单体的比例来改变聚合物的性质，或由各种第二单体提供聚乳酸以特殊性能。

近年来，国外聚乳酸技术开发和工业化生产取得了突破性进展。美国、日本都有大规模的化工企业投资生产聚乳酸，如美国的卡吉尔公司与陶氏化学公司、日本的三井化品公司。随着聚乳酸生产成本逼近传统塑料成本、市场应用的大力拓展，普及使用将进入高峰期，聚乳酸建设热潮将在全球展开。

四、发酵法生产其他化工产品

除前述几种化工产品外，目前还可以通过发酵法生产功能性食品添加剂，如功能性低聚糖、多元不饱和脂肪酸、抗自由基添加剂、L－肉碱、核酸、黄原胶等；生产生物农药、生物肥料、生物药物及其他生物产品，如甘油、壳聚糖等。

第三节　酶工程与化学工业

一、酶制剂现状

酶工程是基于生物技术学科的发展而开发的应用技术，利用生物催化剂——酶的催化特性，解决酶在医药、化工、轻工、食品、能源和环境工程方面的应用技术。目前，酶催化在精细化学品、药物及食品工业中都已有较多应用。

我国酶制剂工业起步于 1965 年，当时在无锡建立了第一个专业化酶制剂厂，总产量只有 10 吨，而品种只有普通淀粉酶。经过多年的发展，我国酶制剂已形成一定规模，但与世界发达国家相比，还存在着较大差距，主要表现如下。

（1）剂型少、品种少，产品结构不合理　国内外酶制剂产品结构对比详见表 9-1。

表 9-1　　　　　　　　　　国内外酶制剂产品结构对比

酶制剂品种	国外/%	国内/%	酶制剂品种	国外/%	国内/%
蛋白酶	37	11	果胶酶	9	少量
糖化酶	11	68	葡萄糖异构酶	11	少量
淀粉酶	15	18	其他	8	3
凝乳酶	9	0			

（2）总体技术水平比较低　我国酶制剂生产从总体上看提取手段落后，造成产品粗糙、杂质多、质量差，影响了下游过程产品质量的提高及产品用途的扩大，同时也不利于环境保护。虽然在逐渐改善，但从行业总体水平看，还有较大差距，发展不平衡。

（3）应用的深度和广度不够，新产品开发能力差　国外酶制剂公司的研究、开发经费一般占产品销售额的 10% 以上，我国在这方面的投入不够，研究、开发的全部经费不到产品销售额的 1%，因此新产品的开发受到很大制约，新酶种和新用途的研制开发速度缓慢，跟不上工业发展的需要，某些酶种还需依靠进口。

二、商品化的酶制剂

酶的催化作用，自古以来就被人类应用于日常生活。19 世纪前后，建立了酶的概念，1897 年，发现了酶不仅由活细胞产生，而且从细胞分离以后仍可以继续发生作用，促进了酶的商品化生产。1949 年日本开始采用深层培养法生产细菌 α-淀粉酶后，微生物酶制剂的生产进入了大规模工业化的阶段。1959 年酶法生产葡萄糖成功，带来了酶制剂工业的新发展。

1. 淀粉酶

淀粉酶是水解淀粉和糖原的酶类的统称，是最早实现工业生产，并且是迄今为止用途最广、产量最大的一个酶制剂品种。由于酶法生产葡萄糖，以及用葡萄糖生产异构糖浆的大规模工业化，淀粉酶的需要量不断增大，其产量在酶制剂总产量中所占的比例不断提高。

目前，淀粉酶主要可分为四大类：α-淀粉酶、β-淀粉酶、葡萄糖淀粉酶以及解支酶（异淀粉酶），除此之外，还有一些与工业有关的环式糊精生成酶，如 G_4、G_6 生成酶，α-葡萄糖苷酶等。α-淀粉酶最早发现产生于枯草芽孢杆菌，它可从淀粉分子内部切开 α-1，4 糖苷键而将淀粉降解成糊精和还原糖，目前主要用于食品、酿造、制药、纺织以及石油开采等领域；葡萄糖淀粉酶即糖化酶，主要来源于根霉、红曲霉、黑曲霉，目前大量用于淀粉糖化剂；异淀粉酶能分解 α-1，6 糖苷键，主要用于分解支链淀粉。

2. 蛋白酶

蛋白酶是催化肽键水解的一群酶类，是研究得比较深入的一种酶。按酶的来源可分为动物蛋白酶、植物蛋白酶和微生物蛋白酶。蛋白酶在工业上有不同的用途，如丝绸脱胶、皮革工业中脱毛和软化皮板、水解蛋白注射液的生产及啤酒澄清等。按蛋白酶作用的最适 pH，可分为酸性、中性和碱性蛋白酶。

蛋白酶商品化生产开始于 20 世纪初，1908 年德国 Röhm 等人开始用胰酶鞣革；1911 年美国华勒斯坦公司生产木瓜酶作为啤酒澄清剂；20 世纪 30 年代微生物蛋白酶开始用于食品和制革工业。到目前为止，国际市场上商品蛋白酶在 80～100 种以上。我国已陆续选育了一批优良产酶菌株，包括中性蛋白酶生产菌如枯草杆菌、放线菌、栖土曲霉和碱性蛋白酶生产菌株地衣芽孢杆菌、短小芽孢杆菌等，以及酸性蛋白酶生产菌黑曲霉、宇佐美曲霉变异株、肉桂色曲霉和酱油工业用的米曲霉等。

3. 葡萄糖异构酶

葡萄糖异构酶能够催化 D-木糖、D-葡萄糖等醛糖转化为相应的酮糖，是工业上大规模以淀粉制备高果糖浆的关键酶。葡萄糖异构酶工业化生产的早期是利用热处理细胞直接作为酶进行生产，随后固定化葡萄糖异构酶工业化成功，现在异构糖全部使用固定化酶生产。

由于异构糖浆制造方便，生产成本和设备投资远比甜菜制糖低（约 50%），各国竞相生产。我国是食糖缺乏的国家，发展异构糖意义重大，自 1965 年以来，对各种产葡萄糖异构酶的菌种进行了研究，目前已有利用固定化异构酶细胞进行果糖浆生产的技术。

4. 纤维素酶

纤维素酶是降解纤维素生成葡萄糖的一组酶的总称，它不是单种酶，而是起协同作用的多组分酶系。大多数由微生物产生的纤维素酶至少包括三类性质不同的酶：一是 C_1 酶，它是纤维素酶系中的重要组分，它在天然纤维素的降解过程中起主导作用；二是 β-1，4-葡聚糖酶，也称 C_x 酶，它是水解酶，能水解溶解的纤维素衍生物或膨胀和部分降解的纤维素，但不能作用于结晶的纤维素；三是 β-葡萄糖苷酶，它能水解纤维二糖和短链的纤维寡糖生成葡萄糖，又称为纤维二糖酶，实际上它能作用于所有的葡萄糖 β-二聚物。

20 世纪 60 年代后，由于分离技术的发展，推动了纤维素酶的分离纯化工作，对于纤维素酶的组分、作用方式以及诱导作用等方面的研究进展比较快，并且实现了纤维素酶制剂的工业生产，在应用上也取得一定成绩。目前已有许多国家在进行纤维酶的研究，以纤维素转化成糖作为主要目标。纤维素酶制剂的产量逐年增加。用于食品、饲料加工、酿造的纤维素酶来源于木霉和青霉。纤维素酶在食品加工、制酒、饲料、培养菌体蛋白和纤维素糖化等方面的应用取得了一定成绩。

5. 其他酶制剂

除前述几种酶制剂外，常见的酶制剂还有果胶酶、脂肪酶、葡萄糖氧化酶、L－天冬酰胺酶、天冬氨酸酶、5′－磷酸二酯酶、多核苷酸磷酸化酶、青霉素酰化酶、α－半乳糖苷酶、右旋糖苷酶、细胞壁溶解酶、链激酶、氨基酸脱羧酶等。世界各国对各种酶制剂的生产与应用仍在不断地研究和开发，技术进步及投入力度的加大将会推进酶制剂行业的进一步发展。

三、酶制剂在化工领域中的应用

随着新酶种的发现和对已知酶的催化功能的发掘以及酶固定化技术的进步，近年来生物催化技术在化工行业的多方面得到了应用。

1. 酶在大宗化学品方面的应用

虽然酶目前主要是用于医药和精细化学品的制造，但已出现应用于大宗化学品生产的趋势。例如，杜邦公司和国际公司联合开发利用微生物进行生物催化生产 1，3－丙二醇，并进一步生产 PTT 树脂。美国能源部研究成功利用遗传修饰大肠杆菌突变种，使玉米葡萄糖发酵生产丁二酸，以丁二酸为原料可加工成 1，4－丁二醇、四氢呋喃和 N－甲基吡咯烷酮等工业产品，成本比其他方法低 20% ~50%。

日本研究者发现红球菌产生的腈水解酶可将丙烯腈水解成丙烯酰胺，而在此之前使用化学催化法需要昂贵的铜催化剂，反应温度为 100℃，产生大量废物会使产品发生聚合。日本已建成采用此酶法每年生产丙烯酰胺 1 万吨的大型装置，俄罗斯也建成了酶法生产丙烯酰胺 2.4 万吨/年的大型生产装置。

美国明尼苏达大学化学家鉴定出一种甲烷单加氧酶，它能生物氧化甲烷成甲醇的"反应性中间体 Q"，基于这一发现可能设计成功烷烃氧化的生物催化剂供化学工业使用。

酶在轻工业中的用途广泛，主要表现在：用于洗涤剂制造以增强去垢力；用于制革工业原料皮的脱毛、裘皮的软化；用于明胶制造以代替原料皮的浸灰减少污水；用于造纸工业作用于淀粉以制黏接剂；用于化妆品生产用于去除肤屑洁净体肤；用于感光片生产以回收银粒与片基；用于处理废水废物，作为饲料添加剂等。

此外，酶能在有机溶剂中进行催化反应，从而开辟了非水酶学这一崭新的研究领域，大大扩展了酶的应用范围，也为酶学研究注入了新的生机和活力。近年来，非水酶学研究取得了不少令人可喜的成果，为酶在精细化工、材料科学、医药等方面的应用展示了广阔的前景。

2. 酶在氨基酸生产上的应用

酶在氨基酸生产上的用途主要有两种，一是用于 DL - 氨基酸的光学拆分，合成法生产的氨基酸都是消旋体，其中只有 L - 型氨基酸具有生理活性，可用酶法拆分将 DL - 氨基酸转化为 L - 型氨基酸；另一种用途是合成氨基酸，首先利用化学方法合成分子结构简单的化合物作为前体，通过酶反应合成所需要的氨基酸，这是结合化学合成与酶反应的长处而建立的一种有效的生产手段，能够廉价、高效地生产氨基酸。

不少氨基酸可用酶法合成，如 L - 天冬氨酸、L - 赖氨酸、L - 色氨酸、5 - 羟基色氨酸、D - 对羟基苯酚甘氨酸、L - 异亮氨酸及 L - 酪氨酸，此外还可生产一些天然不存在的氨基酸，如构成 β - 内酰胺抗生素侧链的一些 D - 氨基酸以及作为医药的 D - 苯丙氨酸、D - 天冬氨酸等。L - 天冬氨酸、L - 赖氨酸、L - 丙氨酸等都可用酶法合成且已实现大规模工业化。

酶法拆分是利用酰化酶（主要来自曲霉、青霉、假单胞杆菌、酵母以及动物肾脏等）只作用于酰化 DL - 氨基酸的 L - 体而对 D - 体无作用的原理，先将 DL - 氨基酸进行酰化，然后用酶水解，经结晶而将 L - 氨基酸同酰化 D - 氨基酸分开，余下的酰化 D - 氨基酸可用化学或酶法消旋化后，继续拆分，直到几乎全部 DL - 氨基酸转变成 L - 型。这种方法在丙氨酸、甲硫氨酸、色氨酸、缬氨酸的生产上已广泛使用。

3. 酶在有机酸合成中的应用

（1）酶法合成 L - 酒石酸　L - 酒石酸在医药和化工上用途广，为食用酸，化学法只能生产 DL - 型，水溶性差，用酶法可生产光学活性的 L - 酒石酸，以顺丁烯二酸产生的环氧琥珀酸为原料，用环氧琥珀酸水解酶开环而成 L - 酒石酸，环氧琥珀酸水解酶为胞内酶，可由假单胞杆菌、产碱杆菌、根瘤菌、诺卡氏菌等产生。

（2）酶法合成 L - 苹果酸　L - 苹果酸在食品工业为优良的酸味剂，在化工、印染，医药品生产上也有不少用途，可用发酵法和酶法生产，工业上以富马酸为原料，通过微生物富马酸酶合成。富马酸酶来自产氨短杆菌（用聚丙烯酰胺包埋）。

（3）酶法生产长链二羧酸　长链二羧酸是树脂、香料、合成纤维的原料，由正烷烃 $C_{9~18}$ 经加氧酶和脱氢酶来生产。

（4）酶法水解腈生产有机酸　例如，用腈水解酶将乳腈（2 - 羟基丙腈）水解，最后生产的乳酸可用于食品、医药。腈水解酶可由芽孢杆菌、短杆菌、无芽孢杆菌、小球菌等产生。

用酶法或微生物法合成的有机酸还有光学活性的 α – 羟基羧酸及 β – 羟基羧酸及其衍生物，它是重要的手性化合物原料。如 D – （ - ） – β – 羟基异丁酸的 L – （ + ）对映体，可合成维生素 E（生育酚）、麝香酮、拉沙里菌素 A 等药物，D – 对映体用于合成血管紧张肽转化酶抑制剂。又如，D – 泛解酸内酯是一种重要的合成维生素——D – 泛酸的手性原料。用化学法生产过程繁杂冗长，而用假丝酵母及红球菌以葡萄糖作为 NADPH 再生能源及酮解酸内酯作底物则可得到纯度高、产量高的泛解酸内酯。

4. 有机溶剂中酶催化的应用

有机溶剂中的酶由于能催化各种各样的反应，特别是水溶液中不能进行的反应，因而极大地扩展了酶的实用范围。

（1）外消旋拆分和不对称合成　现已发现有机溶剂中酶可催化酯基转移作用（用来拆分外消旋醇）、酯化作用（用于拆分外消旋酸）。具有工业意义的非水催化工艺的例子是通过立体选择性酯化来拆分手性 2 – 卤丙酸。

（2）内酯和聚酯的合成　大环内酯是抗生素的中间体，其衍生物是香味添加剂，用于香料及食品工业，有机相中的脂肪酶可催化 ω – 羟基羧酸的甲酯分子内缩合，形成大环内酯，产率可高达 80%。

脂肪酶催化反丁烯二酸酯与 1, 4 – 丁二醇在四氢呋喃和乙腈中缩合，形成全反式构象的聚酯，具有可生物降解性，可生物降解聚酯，可用于控制药物释放体系，用作包装材料可消除白色污染，用于农用地膜及肥料、杀虫剂、除草剂的释放控制材料等。

（3）油脂水解、脂合成和酯交换　脂肪酶可水解天然油脂，产生脂肪酸、甘油和甘油单酯，利用这些反应可把廉价的油酯改造成具有食用和医用价值的特殊油脂。例如，利用脂肪酶在微水溶剂系统中催化的酯交换反应，可制备类似可可脂的油脂；日本人用脂肪酶选择性地水解鱼油，使其中的高不饱和脂肪酸含量由原来的 15% ~30% 提高到 50%；脂肪酶催化人造奶油与不饱和脂肪酸的酯交换反应降低了人造奶油的熔点，从而改善人造奶油的质量。

第四节　细胞工程与化学工业

随着生物技术的不断进步，细胞工程已不断向产业化方向发展，利用动植物组织培养或细胞培养技术已能生产多种产品。在化工领域，细胞工程的应用一方面体现在应用固定化细胞技术生产某些化工产品，另一方面体现在通过植物组织培养获得次级代谢产物以获得某些化工产品。

一、固定化细胞技术的应用

固定化细胞技术是在固定化酶技术的基础上发展起来的，虽然起步较晚，但应用范围较固定化酶技术要广泛。作为细胞工程的一个重要组成部分，近几十年来固定化细胞技术发展十分迅猛，其应用涉及各个技术领域。

目前，尽管大量的固定化细胞工作还局限在固定化技术和应用的研究阶段，但世界各国都把固定化细胞研究的成果很快运用到工业生产过程中，其在化工领域的应用主要体现在以下几个方面。

1. 固定化细胞技术用于氨基酸生产

L-天冬氨酸是最早用固定化细胞在工业上大规模生产的氨基酸，用于固定化的细胞是大肠杆菌，载体是聚丙烯酰胺，使用此种方法使生产成本降低了40%。日本田边制药厂用 κ-角叉菜糖凝胶包埋菌体，并用戊二醛、己二胺进行硬化处理，制得的固定化菌体半衰期达630d，生产能力比聚丙烯酰胺凝胶包埋的菌体提高了14倍。我国上海工业微生物研究所应用固定化细胞生产的L-天冬氨酸产品已有出口。除L-天冬氨酸外，目前许多氨基酸都能利用固定化细胞技术进行生产，见表9-2。

表9-2 可利用固定化细胞技术生产的氨基酸

氨基酸	底物	微生物细胞	载体
L-天冬氨酸	反丁烯二酸 葡萄糖 反式肉桂酸	大肠杆菌、德阿昆哈假单胞菌 棒杆菌 深红酵母	卡拉胶 聚丙烯酰胺 卡拉胶
L-苯丙氨酸	乙酰胺肉桂	棒杆菌	海藻酸钙
L-丝氨酸	甘氨酸	大肠杆菌	海藻酸钙
L-色氨酸	吲哚+丙酮酸 吲哚+L-丝氨酸	大肠杆菌 大肠杆菌	聚丙烯酰胺 聚丙烯酰胺
L-赖氨酸	葡萄糖	枯草芽孢杆菌	海藻酸钙
L-异亮氨酸	葡萄糖	黏质沙雷氏菌	卡拉胶
L-精氨酸	葡萄糖	黏质沙雷氏菌	卡拉胶

2. 固定化细胞技术用于高果糖浆的生产

如前节所述，高果糖浆可作为蔗糖的替代糖源满足人类对糖类物质的需要。1966年日本在工业规模上利用微生物菌体生产高果糖浆获得成功并投入生产。1969年又采用菌体热固法制成固定化细胞，实现了生产的连续化，产品达11万吨，1978年产量达到100万吨以上。目前我国也已具有了利用固定化异构酶细胞进行高果糖浆生产的技术。

3. 固定化细胞技术用于L-苹果酸的生产

从1972年起，千畑一郎等就利用聚丙烯酰胺凝胶包埋含有延胡索酸酶的产氨杆菌，制成固定化细胞反应器，实现了 L - 苹果酸的连续、高效、大量、廉价的工业化生产。目前认为黄色短杆菌用角叉菜凝胶包埋效果比较好，固定化时加入添加剂还可提高其稳定性、延长半衰期。中科院微生物研究所和黑龙江省应用微生物研究所也用聚丙烯酰胺包埋法固定了 L - 苹果酸生产菌，实现了 L - 苹果酸的固定化细胞生产。

二、植物组织培养技术的应用

1. 次生物质与植物细胞的大量培养

人类的衣食住行处处离不开植物。在化学工业兴起之前，所有植物性药物、食用香料或化妆用品都是直接从植物中取得的。这些来源于植物的有效成分，乃是它们体内积累的一些代谢中间分子。由于这些分子不参与植物的基本生命过程，常被称为次生代谢物或天然产物。植物天然产物对于人类的健康有着重大意义。据资料统计，现用的药品中有四分之一来自植物，而且绝大多数仍是化学合成所不可代替的。为了战胜危及人类生命的癌症、艾滋病、心脏病等严重疾病，人们正在不断地从植物中寻找新的药源。探索利用植物组织培养的方法来生产人类所需的植物产品，近十年来已受到各国政府和科学工作者的极大重视。

2. 植物细胞能够产生的次级代谢产物

植物细胞能够产生的次级代谢产物主要包括：①酚类化合物，包括黄酮类、单酚类、醌类等；②萜类化合物，包括三萜皂苷、甾体皂苷等；③含氮化合物，包括生物碱、胺类、非蛋白质氨基酸等；④多烃类、有机酸。

植物组织全能性的证实为植物组织培养工作奠定了理论基础，1956 年首次提出用植物组织培养生产有用次级代谢产物，以后的几十年间，研究工作得到迅速发展。1983 年日本培养硬紫草细胞获得紫草宁及其衍生物产品。人参根的培养在日本也已商业化，一些植物组织培养已逐步走向中试和工业化规模，如长春碱、毛地黄等。

3. 通过植物组织培养获得次级代谢产物的应用

近年来通过植物组织培养获得次级代谢产物主要应用在医药、食品和轻化工等领域，尤其集中在制药工业中一些价格高、产量低、需求量大的化合物上，如紫杉醇、长春碱、人参、三七、紫草、黄连等化合物的生产。其中，从红豆杉树皮中提取的紫杉醇对治疗卵巢癌和乳腺癌有特效。因此，在国外，植物细胞培养用的反应器已从实验室规模放大到工业性试验规模。目前植物组织培养技术还在进一步的发展过程中，技术问题的解决将使植物组织培养大规模生产有用产品成为可能。

生物化工是将生物技术与化学工程相结合的学科，是基因工程、细胞工程、发酵工程和酶工程走向产业化的必由之路，对生物技术的发展和产业的建立起着十分重要的作用。生物化工与传统化学工业相比具有其突出的优点，生物化工的发展，必将在医药、农副业产品、能源、细胞培养以及环境的可持续发展方面做出较大的贡献。

目前可通过发酵法生产有机酸、氨基酸、可生物降解塑料等化工产品，有机酸如柠檬酸、苹果酸、乳酸等，氨基酸如谷氨酸、赖氨酸等。生物技术应用于传统发酵过程，可提高其产量、提高产品质量，同时可简化生产过程、降低生产成本，有助于实现传统化工向绿色化工的转变。

生物技术的发展可推动酶制剂工业的前进，目前商业化生产的酶制剂有淀粉酶、蛋白酶、葡萄糖异构酶、纤维素酶等。酶制剂在化工领域广泛应用，如化学品的生产、氨基酸生产以及有机酸合成等。

细胞工程在化工领域的应用，一方面是应用固定化细胞技术生产某些化工产品；另一方面是通过植物组织培养获得次级代谢产物以得到某些化工产品。

【知识拓展】

生物化工产业拥有广阔的发展前景

当前，由于煤炭、石油和天然气属于不可再生资源，使得能源紧张和环境保护的问题日益突出，我国经济的可持续发展受到限制。因此，迫切需要选择补充替代能源。而生物能源由于具有可再生、对环境污染小、分布范围较广和储量丰富的特点，备受人们关注。目前，生物能源居于世界能源消费总量的第四位，仅次于煤炭、石油和天然气，在整个能源系统中占有重要地位。

中投顾问化工行业研究员常轶智指出，随着人们对发展生物能源的重视，世界各国对生物化工产业的发展都十分重视，使得生物化工产业具有广阔的发展前景。目前，一些国家不仅成立了专门的研究组织，还制定了生物化工产业发展的中长期规划，在相关政策以及资金等方面都给予了支持。而且，世界上的许多大型的化工巨头生产企业，也都投入大量的人力物力进行生物化工技术的研究。例如，杜邦、陶氏化学、孟山都、拜耳等企业。

常轶智指出，由于人们对生物化工产业发展的重视，目前生物技术以及生物化工产业的发展十分迅猛。例如，微生物法生产丙烯酰胺、己二酸、透明质酸、天门冬氨酸等产品的生产已具有一定的工业生产规模；纤维素制乙醇技术已开始应用；生物法生产高性能高分子、高性能膜、高性能液晶、生物可降解塑料等技术也在不断完善等。

而在我国，生物化工产业也得到了大力发展。据中投顾问发布的《2010～2015年中国生物技术产业投资分析及前景预测报告》显示，目前，我国柠檬酸的产量已居世界前列，工艺技术基本达到世界先进水平；赖氨酸和谷氨酸在生产工艺和产量方面也具有一定的优势；微生物法生产丙烯酰胺实现了工业化生产，已形成生产规模；此外，在生物农药、食品工业等方面也都取得了一定的进展。

常轶智指出，由于生物化工产业的发展与传统化工相比优势明显，目前国家对生物化工产业的发展十分重视，尤其是在生物化工技术方面，如生物技术下游国家重点实验室和国家生物化工研究开发中心的建设等，为我国生物化工产业提供了较好的技术支持。因此，常轶智认为，今后，随着国内生物技术水平的提高以及相关技术产业化进程的加快，我国生物化工产业的发展前景将十分广阔。

生物能源的开发利用

生物能源或生物质能，是太阳能以化学能形式储存在生物中的能量形式，即以生物为载体的能量。它直接或间接地来源于绿色植物的光合作用，可转化为常规的固态、液态和气态燃料，取之不尽、用之不竭，是一种可再生能源，同时也是唯一一种可再生的碳源。生物能源既不同于常规的矿物能源，又有别于其他新能源，兼有两者的特点和优势，是人类最主要的可再生能源之一。生物能源的开发主要体现在以生物燃料替代传统能源物质为人类生活提供能量，实现资源的循环利用和可持续发展。

20世纪70年代以来，受传统能源价格、环保和全球气候变化的影响，世界各国日益重视生物燃料的发展。尤其是巴西、美国、欧盟等积极发展生物燃料技术，目前，美国和巴西分别是世界第一、第二生物燃料生产国。我国20世纪末为消化陈化粮和为丰产的玉米寻找新出路开始推广燃料乙醇。目前为促进生物燃料行业的健康发展，我国研发的重点主要集中在以木薯、甜高粱等淀粉质或糖质非粮作物以及木质纤维素为原料的生物液体燃料技术。

1. 生物能源的优势

（1）生物燃料的多样性　首先是原料的多样性，生物燃料可以利用作物秸秆、林业加工剩余物、畜禽粪便、食品加工业的有机废水废渣、城市垃圾，还可利用低质土地种植各种各样的能源植物。其次是产品上多样性，能源产品有液态的生物乙醇和柴油，固态的原型和成型燃料，气态的沼气等多种能源产品。既可以替代石油、煤炭和天然气，也可以供热和发电。

（2）生物燃料的物质性　生物燃料可以像石油和煤炭那样生产塑料、纤维等各种材料以及化工原料等物质性的产品，形成庞大的生物化工生产体系。这是其他可再生能源和新能源不可能做到的。

（3）生物燃料的可循环性和环保性　生物燃料是在农林和城乡有机废弃物的无害化和资源化过程中生产出来的产品；生物燃料的全部生命物质均能进入地球的生物学循环，连释放的二氧化碳也会重新被植物吸收而参与地球的循环，做到零排放。物质上的永续性、资源上的可循环性是一种现代的先进生产模式。

（4）生物燃料具有对原油价格的抑制性　生物燃料的出现可增加原油生产国的数量，通过自主生产燃料，抑制进口石油价格，并减少进口石油花费，使更多的资金能用于改善人民生活，从根本上解决粮食危机。

（5）带动性　生物燃料可以拓展农业生产领域，带动农村经济发展，增加农民收入；还能促进制造业、建筑业、汽车等行业发展。在中国发展生物燃料，还可推进农业工业化和中小城镇发展，缩小工农差别，具有重要的政治、经济和社会意义。

（6）生物燃料可创造就业机会和建立内需市场　巴西的经验表明，在石化行业1个就业岗位，可以在乙醇行业创造152个就业岗位；石化行业产生1个就业岗位的投资是22万美元，燃料行业仅为1.1万美元。联合国环境计划署发布的"绿色职业报告"中指出，到2030年可再生能源产业将创造2040万个就业机会，其中生物燃料1200万个。

2. 生物能源的开发类型

（1）生物乙醇　生物质生产燃料乙醇的原料主要有剩余粮食、能源作物和农作物秸秆等。利用粮食等淀粉质原料生产乙醇是工艺很成熟的传统技术。用粮食生产燃料乙醇虽然成本高，价格上对石油燃料没有竞争力，但由于近年来我国粮食增收，已囤积了大量陈化粮，我国政府于2002年制定了以陈化粮生产燃料乙醇的政策，将燃料乙醇按一定比例加到汽油中作为汽车燃料，已在河南和吉林两省示范。国内外燃料乙醇的应用证明，它能够使发动机处于良好的技术状态，改善不良的排放，有明显的环境效益。

（2）生物柴油　生物柴油是清洁的可再生能源，它是以大豆和油菜籽等油料作物、油棕和黄连木等油料林木果实、工程微藻等油料水生植物以及动物油脂、废餐饮油等为原料制成的液体燃料，是优质的石化柴油代替品。其特点是有优良的环保性、较好的低温发动机启动性能、较好的安全性能，具有可再生性能以及无需改动柴油发动机。

（3）生物沼气　生物沼气是指利用城市生活垃圾、农作物废料甚至污泥等分解产生的气体，主要成分为甲烷和二氧化碳，可用于发电和供热。

（4）生物丁醇　生物丁醇是以生物为原料，通过与乙醇相似的发酵工艺制备而成的可再生能源。特点是碳排放量较低、蒸气压力较低。

（5）微藻制油　微藻即指是生长在海中的藻类，是植物界的隐花植物，通过有效的利用太阳能，进行光合作用固定二氧化碳，将无机物转化为氢、高不饱和烷烃、油脂等能源物资。微藻生物是可再生的，生长速度快、对大气二氧化碳没有净增加、人工培养资源占用少。

（6）生物质发电　生物质发电是指利用生物质所具有的生物质能进行的发电，是可再生能源发电的一种，包括农林废弃物直接燃烧发电、农林废弃物气化发电、垃圾焚烧发电、垃圾填埋发电、沼气发电等。

3. 生物能源的开发前景

用大豆或其他植物油作柴油汽车的燃料已不是幻想，目前世界上许多国家正大力开发这种生物柴油技术并推进其产业化进程。生物柴油是用含油植物或动物油脂作为原料的可再生能源,是优质的石油柴油代用品。它和传统的柴油相比,具有润滑性能好,储存、运输、使用安全,抗爆性好,燃烧充分等优良性能。目前世界各国大多使用20%生物柴油与80%石油柴油混配,可用于任何柴油发动机和直接利用现有的油品储存、输运和分销设施。近年来,欧美国家政府大力推进生物柴油产业,给予巨额财政补贴和优惠税收政策支持,使生物柴油价格与石油柴油相差无几,从而使之具有较强的市场竞争力。加拿大、巴西、日本等国家也在积极发展生物柴油。

发展生物柴油产业对中国意义重大。2006年～2008年中国农村出现了卖粮难、卖果难。种植油料作物生产生物柴油,走的是农产品向工业品转化之路,产品市场广阔,是一条强农富农的可行途径,它还可创造大量就业机会,带动农村及区域的经济发展,为国家和地方增加税收。

发展生物柴油产业可增强中国石油安全。2013年中国的原油产量为5.48亿吨,而中国进口原油约2.8亿吨,今后长期大量进口石油已成定局。发展立足于本国的生物柴油替代液体燃料,是保障中国石油安全的重大战略措施之一。中国柴油消费在2013年达1.6亿吨,大于汽油消费量,专家预测,二者差距将继续扩大。发展生物柴油在近期能够缓解柴油供应紧张的局面,长期可大量替代进口。生物柴油是资源永续的可再生能源,而石油资源是可耗尽的。

发展生物柴油有益于保护生态环境。生产生物柴油的能耗仅为石油柴油的1/4,可显著减少燃烧污染排放;生物柴油无毒,生物降解率高达98%,降解速率是石油柴油的两倍,可大大减轻意外泄漏对环境的污染;生物柴油和石油柴油相比,可减少燃烧时主要污染物的排放;生物柴油生产使用的植物还可将二氧化碳转化为有机物,固化在土壤中,因此,可以减少温室气体排放;利用废食用油生产生物柴油,可以减少肮脏的、含有毒物质的废油排入环境或重新进入食用油系统;在适宜的地区种植油料作物,可保护生态,减少水土流失。

【思考题】

1. 试述生物化工的特点及其发展前景。
2. 简述发酵技术在化工领域的应用。
3. 简述我国酶制剂的现状及主要酶制剂的种类。
4. 简述细胞固定化技术在化工行业中的应用。

第十章 生物技术与环境

【典型案例】

案例1. 高碑店污水处理厂

北京排水集团高碑店污水处理厂是北京市规划的 14 座城市污水处理厂中规模最大的二级污水处理厂，如图 10-1 所示，它承担着市中心区及东部工业区总计 $9.6 \times 10^7 m^2$ 流域范围内的污水收集与治理任务，服务人口 240 万，厂区总占地 $6.8 \times 10^5 m^2$，总处理规模为每日 100 万 m^3，约占北京市目前污水总量的 40%。

高碑店污水处理厂采用传统活性污泥法二级处理工艺：一级处理包括格栅、泵房、曝气沉砂池和矩形平流式沉淀池；二级处理采用空气曝气活性污泥法。污泥处理采用中温两级消化工艺，消化后经脱水的泥饼外运作为农业和绿化的肥源。消化过程中产生的沼气，用于发电可解决厂内 20% 用电量。高碑店污水处理厂再生水回用设施处理能力为 47 万 m^3/d，每日为厂内生产及绿化浇灌提供 1 万 m^3，向华能热电厂提供 3 万 m^3 作为工业冷却用水，向水源六厂及高碑店湖供水 30 万 m^3 工业冷却用水和旅游景观用水及城区绿地浇灌用水；2007 年建成 30 多千米再生水管线，将高碑店厂再生水源源不断地输送到了石景山和高井两大电厂，使高碑店再生水系统服务范围延伸到了京西流域，至此，北京市 2/3 的电厂是由高碑店污水处理厂提供循环冷却水，不仅改善了水环境，还有效地节约了水资源，体现了循环经济所带来的经济和环境效益，为缓解北京市的水资源紧张状况起到了积极作用。另外，经处理后的水注入通惠河，对还清通惠河也具有重要的作用。

随着城市建设的高速发展和人们环保意识的不断提高，高碑店污水处理厂越来越受到社会各界的关注。各国官员、专家、友好团体、海外侨胞及国内社会团体、同行、学校纷纷来到高碑店污水处理厂进行参观、交流、培训，每年大约接待 1 万余人，已成为北京市重要的环保教育基地。

案例2. 韩国良才川水质生物修复设施

良才川是韩国汉江的一条支流，位于韩国汉城的江南区。由于河流地处住宅区，加之治理不善，良才川的水质受到较大污染，也影响了韩国汉江的水质。1995 年起决定主要采用生物-生态方法治理良才川，如图 10-2 所示。

水质净化设施主体是设于河流一侧的地下生物-生态净化装置。采用卵石接触氧化法，即强化自然状态下河流中的沉淀、吸附及氧化分解现象，利用微生物的活动将污染物转化为二氧化碳和水。净化设施日处理能力为32000t/d。净化的工作流程：拦河橡胶坝将河水拦截后引入带拦污栅的进水口，水流经过进水自动阀，经污物滤网进入污水管，污水管连接有污水孔墙，污水孔墙两侧各有一座接触氧化槽。污水从孔墙的孔中流入接触氧化槽，氧化槽中放置卵石，污水通过氧化槽得到净化后分别流入清水孔墙，再汇集到清水出水管中，由清水出口排入橡胶坝下游侧。污水在接触氧化槽内被净化产生的主要作用是：接触沉淀作用、吸附作用和氧化分解作用。

除接触氧化槽以外，良才川的环境治理工程还包括恢复河流自然生态的方法，即用石块、木桩、芦苇、柳树等天然材料进行护岸，形成类似野生的自然环境，同时种植菖蒲等植物，恢复鱼类栖息环境，适于鳜鱼等鱼类生长，也为白鹭、野鸭等禽类群落生存创造条件，又开辟散步、自行车小路和木桥等，为居民提供与水亲近的自然环境。

图10-1　高碑店污水处理厂

图10-2　韩国良才川水质生物修复设施

上述案例都是日常新闻中的常见案例，看后我们不禁要思考，微生物在环境污染治理中起到怎样的作用？又是如何来作用的？希望通过本章的学习，可以帮你找到答案。

【学习指南】

本章主要介绍生物技术在环境领域的应用，具体内容包括环境生物技术特点、应用和发展、"三废"生物处理的方法、城市污泥的概念及利用和生物修复的特点、类型和应用。

环境污染问题是当前世界所面临的四大难题之一，我国也将环保作为基本国策之一，主要应用于环境污染治理的环境生物技术也得到了与时俱进的发展。生物技术作为高新技术之一已经具有悠久的历史，最早的应用是农村中利用农业废弃物沤制堆肥，即利用微生物发酵技术，将固体废弃物转化为可再利用资源，如沼气、酒精等。而由环境工程技术与现代生物技术相互结合所形成的新兴学科即环境生物技术，只是在 20 世纪末期才在欧美发达区域萌芽，但其能在短时期内得到飞速的发展，成为了兼具环境效益、经济效益，并能有效解决当前复杂环境污染问题的方式之一。

环境生物技术就是将现代生物技术与环境工程技术相结合，直接或间接地利用生物体或生物体的某些组成部分或某些机能，对环境进行监控、治理或修复，将有机污染物资源化，开发新的生物材料和能源等。

环境生物技术的核心是微生物学的过程，即主要采用现代分子生物学和分子生态学的原理和方法，充分利用环境微生物的生物净化、生物转化和生物催化等特性，进行污染治理、环境监测和可再生资源的利用。

与化学、物理等其他治理技术相比，环境生物技术具有效率高、成本低、反应条件温和、无二次污染、可增强自然环境的自我净化能力等显著优点。大量的实践也证明，利用生物技术治理环境污染、遏制生态环境恶化、促进自然资源的可持续利用是一条十分有效的途径。因此说环境生物技术是最安全和最彻底消除污染的方法。

近 30 年来，随着环境问题的持续出现，人们对环境问题认识的深入，以及细胞融合技术、基因工程技术、分子生物学技术的发展，人们越发地感受到环境生物技术是人类解决环境问题的希望所在。目前，国际上许多环境生物技术成果已进入商品化、产业化发展，生物技术在国外的环保产业中一直是市场占有量最大的，环境生物技术及其相关产业已成为中国乃至全球经济发展中一个新的经济增长点，新技术、新工艺及新设备的不断涌现，成为环境保护的重要支柱。

现阶段，我国环境生物技术的重点研究领域包括工业及生活三废（废水、废气、废渣）中污染物的微生物降解技术、生态环境的生物防治和生物修复技术、以生物传感器为代表的环境污染监控技术、环境友好可再生材料和能源的生物合成技术等。本章将主要对现代生物技术在环境污染处理中的应用进行简单论述。

第一节 废水的生物治理

淡水资源短缺、水污染加剧是世界五大环境问题之一。我国是个严重缺水的国家，人均淡水资源仅为世界平均水平的 1/4，是全球 13 个人均水资源最贫乏的国家之一。到 20 世纪末，全国 600 多座城市中，已有 400 多个城市存在供水不足问题。在 20 世纪初，由于全球人口密度还不高，现代大工业也未普遍出现，因而那时的污水浓度很低、数量也较少。这些污水排放到环境中，自然生态系统能够正常地发挥它们的调节功能，靠自然界微生物的分解就可以达到自动处理。但在人口密度提高、工业发达后，污水的浓度和排放量都在不断增加。目前我国各种废水的年排放量已经达到 400 亿吨，这样巨大数量的废水排放到江河湖海中，靠自然界微生物的分解自动处理已经不可能了，这就必须进行人工处理。

水的处理方法主要可归结为三类：物理法、化学法和生物法。目前普遍使用生物法或生物法与其他方法结合，全世界总排水量约65%都是用生物法处理，城市污水生物法处理的水量则高达95%，微生物在废水处理中已经发挥了巨大作用。

虽然用于废水处理的生物反应器及工艺流程的类型很多，但其基本原理都是充分发挥各种微生物的代谢作用，对废水中的污染物进行转移和转化，将其转化为微生物的细胞物质以及简单形式的无机物。我国现有的污水处理厂采用的生物处理法主要有活性污泥法，生物膜法、氧化塘法、土地处理法及厌氧微生物处理法等。此外，国外为提高废水处理的效率和降低运行成本，采用现代生物技术手段对强化生物降解作用的环保制剂进行了研究开发与应用，这是目前废水生物处理技术最具发展潜力的方向之一。

一、活性污泥法

活性污泥法是最传统的生物处理技术，是处理生活污水和工业废水最广泛使用的方法。活性污泥法是由英国的克拉克（Clark）和盖奇（Gage）于1912年发明，迄今为止，它已衍生出了多种多样的工艺流程。活性污泥法及其衍生改良工艺是处理城市污水最广泛使用的方法。目前我国已建及在建的城市污水处理厂所采用的工艺中，活性污泥法为主流，占到90%以上。

1. 活性污泥的概念及特性

活性污泥是指微生物利用废水中的有机物进行生长与繁殖所形成的絮凝体，另外还包含一些无机物和分解中的有机物。好氧微生物是活性污泥中的主体生物，其中又以细菌最多，同时还有酵母菌、放线菌、霉菌、原生动物和后生动物等，如图10-3所示。

活性污泥是一种绒絮状小泥粒，外观呈黄褐色，有时也呈深灰、灰褐、灰白等颜色，正常的活性污泥几乎无臭味，略有土壤的气味，颗粒直径为0.02~0.2mm，有较大的表面积，相对密度为1.002~1.006。这一絮凝物质具有两个基本特性：一是具有较强的吸附与分解有机物质的能力，二是具有较好的自身凝聚与沉降性能。

2. 活性污泥法的概念

活性污泥法是利用含有大量好氧微生物的活性污泥，在强力通气的条件下使污水净化的生物学方法。此法的工作原理就是在有机废水中通过曝气供氧，促进微生物生长形成活性污泥，利用活性污泥的吸附、氧化分解、凝聚和沉降性能，净化废水中的有机污染物。在处理过程中，有机降解是依赖活性污泥吸附与氧化分解的能力，而泥水分离则是利用活性污泥凝聚和沉降的性能。

3. 活性污泥法的基本工艺流程

普通活性污泥法处理系统示意图如图10-4所示，主要由初沉池、曝气池

（又名好氧反应池，生物反应器）、二沉池组成。污水首先进入初沉池，初步沉淀去除各种大块颗粒，之后送到曝气池，在曝气池中污水与活性污泥混合，通过曝气供给氧气，并且曝气还有搅拌的作用，使污水与活性污泥形成"混合液"，在此过程中完成有机污染物的吸附和代谢分解，最后流入二次沉淀池中，完成水与污泥的分离，其上清液即净化后的水被排出厂外，沉淀的活性污泥，一部分回流到曝气池中与污水重新混合，其目的是维持曝气池中较高的微生物密度和活性，另一部分剩余污泥另行排出，并要施以净化处理，处理的方法是厌氧消化、填埋或干燥。干燥后的处理物可用作农业肥料或其他用途，污泥的再利用途径详见本章的第四节。活性污泥法是一个连续的处理过程，易于采用计算机控制，而实现监控的自动化。

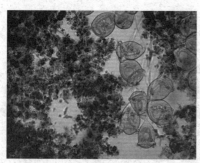

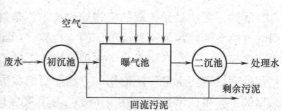

图 10 - 3　活性污泥镜检照片　　　图 10 - 4　普通活性污泥法处理系统

二、生 物 膜 法

1. 生物膜的概念

生物膜是指附着或固定于特定固体（称为载体或填料）上的结构复杂的微生物共生体。与活性污泥相比，生物膜为微生物提供了更稳定的生存环境，单位体积内生物膜中所含的微生物的种类更多、数量更高、比表面积更大，因而生物膜具有更强的吸附能力和降解能力。

2. 生物膜法的概念

生物膜法就是利用在固体载体表面附着生长的微生物所形成的生物膜来处理废水的一类方法，又称为生物过滤法、固着生长法。生物膜法对废水净化作用原理如图 10 - 5 所示。

生物膜法对废水的净化过程是生物膜对废水中污染物的吸附、污染物从废水向生物膜内的传递和微生物对污染物的氧化分解过程。

用生物膜法处理废水的构筑物有生物滤池（图 10 - 6）、生物转盘和生物接触氧化池等。

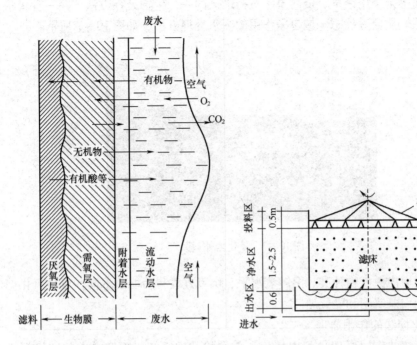

图 10 - 5 生物膜对废水的净化作用　　图 10 - 6 生物滤池的结构示意图

3. 生物膜法的类型

当前在世界各国推广应用的生物膜法大致可分为三类。

（1）润壁型生物膜法　废水沿固定或转动的接触介质表面的生物膜流过，如生物滤池和生物转盘。

（2）浸没型生物膜法　接触滤料完全浸没在废水中，采用鼓风供氧，如接触氧化法。

（3）流化床型生物膜法　附有生物膜的介质在曝气充氧过程中悬浮流动，如生物移动床和生物流化床等。

4. 生物膜法的特点及应用

和活性污泥法相比，生物膜法具有速度快、效率高、动力消耗较小、无需污泥回流、运转管理较方便等特点，因而具有广阔的发展前景。

目前，生物膜法较多应用于特殊行业的废水处理中，如印染、医药、农药、食品、制革等工业废水的处理。

三、氧 化 塘 法

1. 氧化塘法的概念和类型

利用水体的自净作用去除污染物的自然生物处理系统称为氧化塘，又名稳定塘或生物塘。

氧化塘法是应用最早、最简单、负荷最低的一种生物处理方法，是一种模拟自然界湖泊、池塘等静态水域自净作用的废水处理方法，如图 10 - 7 所示。

图 10 - 7　氧化塘外观图

按氧化塘内微生物种类、溶解氧水平、供氧方式和功能的不同，可将氧化塘分为好氧塘、兼氧塘和曝气塘。

2. 氧化塘法的作用原理

氧化塘法的作用原理是利用细菌和藻类的共生系统，降解水中的有机污染物，使水得以净化。氧化塘法作用原理如图 10 - 8 所示。水中污染物主要由塘中的细菌氧化分解，形成各种无机物，如 NH_4^+、PO_4^{3-}、CO_2 等，藻类可利用这些无机物作养料，通过光合作用释放大量氧气，供好氧微生物所用。此外在氧化塘底层，还存在厌氧微生物的活动，通过无氧呼吸降解污染物。只要这个过程的各个环节保持良好的平衡，此生态系统就能相对稳定，污水得以不断净化。

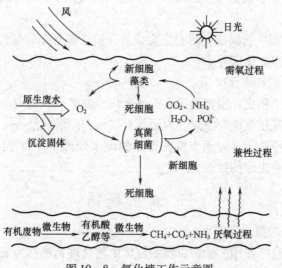

图 10 - 8　氧化塘工作示意图

3. 氧化塘法的特点及应用

氧化塘污水处理技术的特点是结构简单，不需要特殊的技术，就可连续处理污水，但此法占地面积大，效率低，只适用于轻度污染且较少量的污水处理。

目前，瑞典、美国等40多个国家都采用了稳定塘系统处理造纸、制糖、纺织印染、制革、食品等工业废水。

四、土地处理法

1. 土地处理法的概念

污水土地处理系统是将污水投配到土壤中，凭借土壤－植物－微生物系统的物理、化学与生物的作用，使水质得到净化的一种污水生态处理技术。土壤既是污染物的载体，也是污染物的净化剂。土壤是微生物最适宜的生存场所，土壤微生物在污水净化过程中起着主导作用，此外，植物还可吸收利用污水中的氮、磷、钾等无机污染物，土壤本身还可吸附铬、铜、锌等金属污染物。

2. 人工湿地法的概念及作用原理

最常用的土地处理法是人工湿地法，此法是20世纪70年代末发展起来的污水净化技术。

湿地处理系统是将污水有控制地投配到水分处于饱和状态、生长有芦苇和香蒲等沼泽生植物的土地上，污水在沿一定方向流动的过程中，经耐水植物和土壤微生物的联合作用，得到净化的一种土地处理系统。

人工湿地是人工建造的模拟湿地功能的系统，综合和强化了物理、化学和生物三种作用，湿地不仅是一个吸附过滤系统，也是各类无机与有机物质进行多种化学反应的场所，土壤孔隙间、湿地填料表面和植物根际都提供了微生物的生长空间，微生物可在填料表面形成生物膜，也可与有机污染物、根系分泌物、土壤微粒形成不同形状的聚合体（类似于活性污泥颗粒），污水的间歇渗透使湿地处于干湿交替状态，加上根系传递输氧的功能，湿地各层将呈现好氧、缺氧和厌氧的交错分布，形成相当于多个组合的好氧和厌氧微处理单元，植物的收获可从湿地系统中带走大量污质，维持系统的物流平衡和污水净化功能。

3. 人工湿地法的特点及应用

人工湿地法具有投资小、能耗低、运行管理方便等特点。自德国1974年首次建立人工湿地系统以来，该工艺已在世界得到推广和应用，当前世界各地建造人工湿地的主要目的是保护水资源和改善水生态环境。

五、厌氧微生物处理法

1. 厌氧微生物处理法的概念

厌氧微生物处理法是在厌氧条件下或缺氧条件下，利用厌氧性微生物（包括兼性微生物）分解污水中的有机物，有机物最终被转化为甲烷、二氧化碳、水及少量硫化氢和氨，此方法也称厌氧消化或厌氧发酵法。

2. 厌氧微生物处理法的发展

厌氧发酵工艺在其他领域如酿酒、制酱等具有悠久的历史，但直到 1881 年英国 Louis Mouras 开发了处理污水污泥的自动净化器，这项技术才在水环境保护中得到应用和发展，随后世界各国设计研制了多种早期的厌氧装置，如化粪池、双层沉淀池、专用消化池等，用于下水道污液处理和污水厂污泥消化中。20 世纪 70 年代起，厌氧消化工艺由于兼备产能和低能耗的双重优点引起人们的重视，继而研制和开发出一大批类似好氧降解技术的厌氧反应器，如厌氧生物滤池、升流式厌氧污泥床、厌氧流化床等。近年来，厌氧技术的应用范围已扩展到高、中、低浓度的多类工、农、养殖业有机废水和生活污水的处理。

3. 厌氧微生物处理法的特点

与好氧生物处理法相比，厌氧生物处理法的优点：能耗低（不需供氧），运转费用低，可处理高浓度的有机物，有机物容积负荷大，反应时间短（由原来数天、数十天缩短至数十小时，甚至数小时），产物的可利用性高，可获得清洁能源（如甲烷）、菌体蛋白（如光合菌）或有用的有机物（如乙醇）。

厌氧生物处理技术存在的主要缺陷是出水水质难以达到直接排放标准，即有机物的降解具有不彻底性，还需做进一步处理。

六、废水处理的环境生物制剂

用于废水处理的生物制剂包括微生物菌剂、生物吸附剂、微生物絮凝剂、生物工程菌种等。图 10－9 所示为污水处理厂投菌剂现场。

1. 微生物菌剂

微生物菌剂是由细菌、酵母菌、光合菌、放线菌等几十种微生物按一定比例构建的生物聚合体，它们互利共生，厌氧好氧兼存，处于一个复杂而又稳定的微生态体系中，其活菌含量为（1～2）$\times 10^9$ 个/mL。不同的微生物菌剂是针对不同水质筛选出的针对性优势菌种，经过优化比例，复合培养得到，最后加入营养物质制成的。

20 世纪 80 年代美国克里夫兰大学的洪永哲教授与俄亥俄州的环境科学总公司共同研制了由七种细菌组成的微生物活菌液，

图 10－9　污水处理厂投菌剂现场

将这种混合菌液投入曝气池中处理城市污水，可大大降低水中有机污染物的含量。此外宾夕法尼亚州的亚林敦细菌公司、新泽西州的悉尼公司和西郎斯公司等都出售具有特殊功能的微生物菌剂，此菌剂可为污水处理厂提供有效的微生物种子，提高污染的降解率。

我国从 20 世纪 70 年代至今，各研究院所和高等院校先后分离出治理电镀废水的硫酸盐还原菌、酚的降解菌、氰和脯的降解菌、合成染料的高效脱色降解菌、多种农药的降解菌等，并已应用于石油化工、印染、农药、制药等工厂的废水治理工程中，效果显著。

2. 生物吸附剂

目前用于生物吸附剂的材料有藻类、细菌、真菌等。

自 1979 年起，美国、加拿大就利用藻类作生物吸附剂处理含金属离子的矿山废水。真菌生物吸附剂主要应用于放射性元素、重金属及碱土金属的处理。

3. 微生物絮凝剂

微生物絮凝剂是由微生物产生的絮凝活性的次生代谢产物，是通过细菌、放线菌、真菌等微生物的发酵培养、浸取、精制而得到的含蛋白质和多聚糖类生物聚合体的微生物制剂。

微生物絮凝剂主要包括利用微生物细胞壁提取物的絮凝剂，利用微生物细胞代谢产物的絮凝剂和直接利用微生物细胞的絮凝剂。

传统的絮凝剂一类是无机絮凝剂，如硫酸铝、氯化铁等，一类是有机高分子絮凝剂，如聚丙烯酰胺、聚丙烯酸钠等，但合成这些聚合物的化合物单体有强致癌性，易对环境造成二次污染。微生物絮凝剂作为一种天然高分子絮凝剂，具有高效、安全、价廉、不污染环境等优点，这是许多传统的无机和有机絮凝剂难以比拟的，因此，生物絮凝剂在废水处理中具有广阔的应用前景。

美国、日本、英国、德国、芬兰、韩国、中国等国家的学者对絮凝剂的开发都进行了大量的研究，迄今已发现的絮凝性微生物达 25 种以上，但目前的研究还主要停留在实验室阶段，要达到大规模的工业应用，还需进行深入的研究，实现大规模产业化的主要问题是如何降低生产成本。

4. 生物工程菌

运用现代生物技术手段如基因工程、细胞工程等构建生物工程菌，用于治理环境污染起始于 20 世纪 80 年代，此技术能提高微生物的降解速率，拓宽底物的专一性范围，维持低浓度下的代谢活性，增强降解微生物耐受不良环境因素的能力，改善有机污染物降解过程中的生物催化稳定性等。

采用的方法是从环境中筛选分离出特异性的菌种，利用基因工程或细胞工程手段，实现质粒转移、基因重组、原生质体融合，构建出具有特殊降解功能的生物工程菌。1983 年 Stewart 将分解纤维素和木质素的基因组建到酵母菌体中，用于处理有机废水，生产乙醇。我国中山大学生物系将假单胞杆菌的抗镉基因转入大肠杆菌中，使大肠杆菌获得抗镉特性。美国生物学家 Chakra Barty 在 1975 年，利用质粒转移技术将能够分别降解芳烃、萜烃、多环芳烃的三种降解性质粒成功地转移到能够降解脂烃的假单胞菌属中，获得了能够同时降解四种烃类的"超级菌"，此菌可用于治理石油污染的水体。利用自然菌种分解海面浮油污染要花费一年以上的时间，而利用超级菌却只需要几个小时。采用原生质体融合技术，也可将多个细胞的优势集中到一个细胞内，如将来自于乙二醇降解菌和甲醇降解菌的 DNA，转化至降解苯甲酸和苯菌株的原生质体中，获得的融合菌株可同时降解这四种有机物，此融合菌株可用于化纤污水处理，对有机污染的去除率高于三种亲株混合培养的降解能力。

第二节　大气的生物净化

随着现代工业的快速发展，进入大气环境中的污染物日益增多，不仅影响了生态环境的质量，而且许多有机污染物具有一定的致癌性，对人体健康造成严重危害，因而大气污染的治理日益引起人们的广泛关注，各国纷纷寻求有效的废气控制和净化技术。

对于高浓度废气大多采用吸收法、吸附法、焚烧法、氧化法等物化法处理，而此类方法对于低浓度的废气（<3mg/L）净化处理难度较大，生物处理法以其高效、运行费用低、设备及操作简单、无二次污染等特点显示出明显的优越性。

一、废气生物净化的发展

生物法处理废气的研究可追溯到20世纪50年代，1957年，美国出现了第一个微生物处理废气的专利。20世纪80年代，德国、日本、荷兰等国家也有相当数量工业规模的废气生物净化装置投入运行。而在我国这方面工作尚处于起步阶段，有关的理论研究还不够深入，许多处理工作只停留在实验室水平，与国外有较大差距，亟待研究开发出具有独立知识产权的适合中国工业废气的生物处理工艺技术。

二、废气生物净化的原理

大气污染物生物净化的实质是利用微生物代谢作用将废气中污染物分解，转化为无害或少害的物质。由于大气具有营养物缺乏和水分不足的特点，不是微生物生活的良好场所，因而微生物氧化分解污染物难以在气相中进行。因此，废气的生物处理要经过两个阶段：一是污染物由气相转入液相或固相表面，二是污染物在液相或固相表面被微生物降解。

三、废气生物净化的类型

目前常用的大气污染物生物净化法有生物过滤法、生物吸收法和生物滴滤法三种类型。

1. 生物过滤法

生物过滤法是研究最早且技术较成熟的处理方式。

此法的基本工艺流程示意图如图
10-10所示，首先要将废气中的颗粒
物用过滤器去除，再经加压调湿后，
从底部进入生物滤池，滤池中填充了
具吸附性的滤料，废气中污染物与滤
料上附着生长的生物膜接触，被其吸
收降解为水及二氧化碳或其他成分，
处理过的气体从生物滤池的顶部排出。

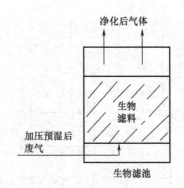

图10-10　生物过滤法的工艺流程示意图

生物过滤法的优点是所需设备少、
能耗低、操作简单、投资和运行费用
少，但占地较大。此法大多用于气态
无机污染物的处理，如对于大流量低
浓度的含硫废气的处理效率较高，也适宜处理低浓度（0.5~1.0g/m³）挥发性
的有机物。生物过滤法已在欧洲和美国得到广泛应用。

2. 生物吸收法

生物吸收法一般由废气吸收段和悬浮液再生段两部分组成，相应的装置为吸
收设备和再生反应器。

此法的工艺过程如图10-11所示，废气从吸收设备下部进入，向上流动，
吸收设备顶部的喷淋柱将生物悬浮液逆着气流向下喷洒成微小的水珠，废气中的
污染物与水珠相接触，即被转入液相，净化后的气体从上部排出，吸收了废物的
悬浮液从下部进入再生反应器，通过空气充氧及微生物的氧化分解作用，将污染
物去除，再生后的悬浮液又从吸收设备顶部喷淋，依此反复循环进行。再生反应
器常采用活性污泥法或生物膜法。

与生物过滤法相比，生物吸收法的优点是反应条件易控制，但所用设备多、
成本较高。此法适于处理污染物浓度较高（1~5g/m³）、水溶性较强的气体。目
前已广泛用于屠宰厂、食品加工厂、禽畜饲养场、污水处理厂及一些化工厂的废
气脱臭处理。

3. 生物滴滤法

生物滴滤法工艺是介于生物过滤法与生物吸收法之间的一种处理技术，生物
吸收和生物降解同时发生在一个反应器中，如图10-12所示。生物滴滤池内装
有填料，在填料上方喷淋循环液，循环液中接种微生物及添加氮、磷等营养物
质，循环液不断喷洒在填料上，在填料表面形成几毫米厚的由微生物构成的生物
膜，废气从生物滴滤池的底部进入填料层，气体中的污染物就会被循环液中的微
生物降解。

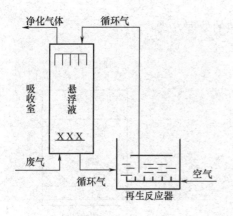
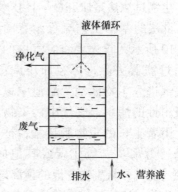

图 10-11　生物吸收法的工艺流程示意图　　图 10-12　生物滴滤法的工艺流程示意图

生物滴滤法的优点是单一反应器，设备较简单，投资和运行成本低，条件易于控制，适用于处理化肥厂、污水处理厂及农业产生的污染物质量浓度低于 $0.5g/m^3$ 的废气，特别是处理含硫、含氮污染物的废气时，效率比较高。

第三节　固体垃圾的生物处理

一、固体垃圾的概念及危害

固体垃圾，即废渣，是指人类在生产建设、日常生活和其他活动中产生的，在一定时间和地点无法利用而被丢弃的，以固态和泥状存在的物质。由于人类活动，每天都会有大量的固体废弃物，如矿业废物、工业废物、城市垃圾、污水处理厂污泥、农业废物和放射性废物等，特别是大城市的固体垃圾产量更是惊人。

固体废物对人类环境危害很大，其主要危害主要有以下几个方面：①占用大量土地；②污染土壤和水源：废渣中的有害物质由于降水淋溶，可随地面径流和渗透，不仅会污染土壤，改变土质和土壤结构，而且可进入地表水和地下水，造成水源的污染和水产品产量和质量的下降，如果将固体废物直接倾入江河湖海等自然水体中，其危害则更大；③污染大气：固体废物可通过多种渠道污染大气，如生活垃圾及粪便中的病原体进入大气，可造成疾病的传播及流行，废渣中有机物腐烂可使空气中弥漫着臭味等。

二、固体垃圾生物处理的概念及特点

固体废弃物的生物治理技术，是指依靠自然界广泛分布的微生物的作用，通过生物转化，将固体废物中易于生物降解的有机组分转化为腐殖质肥料、沼气或其他转化产品，如饲料蛋白、乙醇或糖类，从而达到固体废弃物无害化的一种处

236

理方法。

该方法主要适用于固体废物中的有机物，因此处理之前应尽可能对固体废物做预处理，使其中的有机物富集起来，以利于集中处理。这一技术的最大优点是可以回收利用最后产品，达到固体废物的资源化利用。

三、固体垃圾生物处理的类型

该方法主要包括堆肥法及卫生填埋法等。

1. 堆肥法

堆肥法是指在人工控制条件下，依靠自然界广泛存在的真菌、放线菌、细菌等微生物或蚯蚓等动物，使固体废物中可生物降解的有机物分解转化为比较稳定的腐殖质的生物化学过程。堆肥法的产物称为堆肥。

适用于堆肥法处理的废物主要有城市垃圾、粪便、城市及某些工业废水处理过程中产生的污泥、农林废物等。

此法的优点是可使垃圾达到无害化，而且还可使垃圾变废为肥料，缺点是占地面积较大，卫生条件较差，处理费用也相应高。

现代化的堆肥工艺，特别是城市垃圾堆肥工艺大多是好氧堆肥，即以好氧菌为主对废物进行氧化、吸收与分解。而在厌氧堆肥系统中，由于不设通气系统，将有机废弃物进行厌氧发酵，制成有机肥料，使固体废弃物无害化的过程。厌氧堆肥工艺堆制温度低，成品肥中氮素保留较多，无害化处理所需时间较长，有机废物分解不够充分，且异味强烈，但此法简便、省工，在不急需用肥或劳力紧张的情况下可以采用。

近年来，国外又出现了蚯蚓堆肥法这项新的生物处理技术，蚯蚓堆肥是根据蚯蚓在自然生态系统中具有促进有机物分解转化的功能的基础上发展起来的一项处理技术。蚯蚓可吞食大量有机物，并将其与土壤混合，通过砂囊的机械研磨作用和肠道内的生物化学作用促进有机质的分解转化，研究表明，蚯蚓还对致病菌，如粪大肠杆菌、沙门菌、肠道病毒、蛔虫卵等，具有明显的抑制作用。

2、卫生填埋法

卫生填埋法始于20世纪60年代，它是在传统的堆放基础上，从环境免受二次污染的角度出发，而发展起来的一种较好的固体废弃物处理法。它利用凹地或平地等各种天然屏障和工程屏障，经防渗、排水、导气等防护措施处理后，将垃圾分区，按填埋单元进行堆放，在填埋单元通过微生物的活动实现有机废弃物的降解（图10-13）。

卫生填埋法的优点是投资少、见效快、容量大，一次性处理，无需补充处理，因此广为各国采用。

卫生填埋法主要有厌氧、好氧和半好氧三种。目前，厌氧填埋操作简单，施工费用低，可回收沼气，但降解垃圾不彻底且时间长，有时长达数十年。好氧和

图 10 – 13　卫生填埋厂实景图

半好氧填埋技术使固体废弃物的分解速度快，垃圾稳定化时间短，近年来日益受到各国的重视，但由于其工艺要求较复杂，费用较高，故尚处于研究阶段。卫生填埋厂工作流程如图 10 – 14 所示。

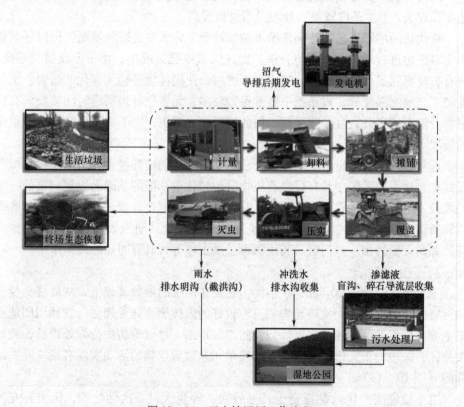

图 10 – 14　卫生填埋厂工作流程

第四节　城市污泥的利用

一、城市污泥的概念

城市污泥是城市污水处理的副产物，是一种由各种微生物及有机、无机颗粒组成的极其复杂的非均质体。

二、城市污泥的危害

目前，我国城市污水处理厂每年排放干泥大概 500～600 万吨，且以每年 10% 的速度递增。城市污泥的体积非常庞大，而且含有大量的病原菌、寄生虫、致病微生物以及砷、铜、铬、汞等重金属和放射性核素等难以降解的有毒有害物质，因此如果处理不当或处理不规范，如随意弃置、农地滥用等，都将对环境造成严重的污染。如何合理地处置城市污泥以及实现污泥的稳定化、无害化和资源化已成为日益突出的问题。

三、城市污泥的利用途径

城市污泥综合利用的主要途径有农业利用、建材利用和其他利用。

1. 农业利用

（1）堆肥　城市污泥中含有丰富的有机质和氮、磷、钾、微量元素等农作物生长所需的营养成分，施用于农田能够改善土壤结构，提高土壤的保水能力和抗侵蚀性能，增加土壤肥力，促进作物生长，是良好的土壤改良剂。污泥的肥效高于一般农家肥，也不像化肥会使土壤板结，因此施用城市污泥既可肥田，又有利于土壤质量的改良，减少农业生产的成本。但是由于污泥中也含有一些有害成分，因此必须在利用前进行无害化处理，如好氧堆肥处理等，人为地促进可生物降解的有机物转化为稳定的腐殖质，同时杀死细菌及寄生虫卵。

目前污泥的堆肥多采用高温快速发酵工艺。通过堆肥污泥中有机物得到进一步降解，污泥体积减少 1/4，不断通风可使污泥的臭味降低，持续 5～7d，以大于 55℃ 的堆内温度，可杀死一般致病菌和寄生虫卵，最终达到减容、无害和资源化的目的。

污泥的土地利用具有投资少、能耗低、运行费用低等优势。英、法等发达国家污泥的农用率在 70% 左右，有的高达 80% 以上，对于我国这样一个发展中国家而言，此方法也是最为可行、最为现实的城市垃圾的利用方法。

（2）生产有机肥　利用污泥制造有机肥的过程是首先将污泥高温烘干，用于杀灭致病菌及虫卵，并保存有机成分不受破坏，继而接入有益菌培养，消除污泥的臭味，增加污泥中的营养元素，再添加氮、磷、钾等营养成分，增加污泥中的养分含量，再经粉碎、造粒、低温烘干等工艺将污泥制成具有生物活性、全营养、无公害的有机复合肥。

如 2005 年，山东邹平污水处理厂研发的污泥深度处理工艺可将污泥制成有机肥，此厂日处理污水 6 万 t，每天排放污泥 125t，可生产干污泥 25t，相当于 8t 多碳酸氢铵或 3t 多尿素，能提供 100 多亩土地的年用量。

（3）生产动物饲料　污泥中含有大量有价值的物质，如粗蛋白、灰分、纤维素、脂肪酸等。有学者利用净化的污泥或活性污泥加工成含蛋白质的饲料用来喂鱼，可提高产量。还有研究者用污泥制成的饲料和一般饲料混合（混合比例为 9∶1）来饲养家禽，经过一段时间的饲养实验，发现用这种饲料饲养的动物与完全由一般饲料饲养的动物相比，体重有所增加，鸡的产蛋率也有所提高。

2. 建材利用

（1）制砖　污泥制砖的方法有两种：一种是用干污泥直接制砖，另一种是用污泥焚烧的灰渣制砖。

台湾学者发现，下水道污泥可压制成普通的建筑用"污泥生态砖"，这种生态砖是在黏土砖中混入 10% 污泥，并在 900℃ 条件下烧制，即可达到最佳效果。这种方法不仅处理了污泥，还在烧制过程中将有毒重金属都封存在污泥中，杀死了所有的有害细菌，并且消除了污泥的异味。

浙江大学的翁焕新教授利用污泥资源具有高热值、轻质地的特点，成功地开发出了一种轻质砖，该砖体的主要指标达到普通烧结砖的国家标准，并具有高抗压强度、能耗低、重量轻、节省原材料等优点，既实现了废物利用，又减轻了污泥处理的负担。

（2）制水泥　我国水泥企业多数用黏土作为硅质原料，污泥的化学成分与黏土相似，故可部分或完全替代黏土来炼制水泥。

日本自 1994 年就开始了以污泥、垃圾的焚烧灰为原料，生产"生态水泥"的研究。2001 年建成世界上第一条以处理利用各类废弃物为目的的生态水泥生产线，生态水泥的制作工艺与普通水泥基本相同，其原材料中约 60% 为废料，燃料耗用量和 CO_2 的排放量都较低，因此该类型水泥又被称为"环境水泥"。

（3）制轻质陶粒　污泥制轻质陶粒的方法按原料不同可分为两种：一是用生污泥或厌氧发酵污泥的焚烧灰制粒后烧结，此种方法需单建焚烧炉，而且污泥中的有机成分得不到充分利用；二是直接用脱水污泥制陶粒的新技术。目前国内研究者研制了污泥－粉煤灰陶粒、污泥－黏土超轻陶粒等。

（4）制生化纤维板　活性污泥中含有 30% ~ 40% 的粗蛋白，蛋白质在碱性条件下，加热、干燥、加压后会发生变性作用。利用蛋白质的变性作用能制成活性污泥树脂，又名蛋白胶，然后使其与纤维胶混合，压制成板材。生化纤维板的物理力学性能可达到国家三级硬质纤维板的标准，能用来作建筑材料或制造家具。

3. 其他利用

（1）燃烧发电　美国 Hyder 环保公司开发出一种将脱水热干燥后的污泥在沸腾炉中燃烧，产生的高压蒸汽可推动蒸汽机发电的综合系统。这种在脱水污泥中加入引燃剂、催化剂、疏松剂和固硫剂等添加剂制成合成燃料的污泥处置方法，目前已引起了人们的重视，该合成燃料可用于工业和生活锅炉，燃烧稳定，热能测试和环保测试均良好，是污泥有效利用的一种理想途径。

（2）低温热解制燃料油　近年来，国内外发展了一种新的热能利用技术——污泥低温热解制油法，即在常压、缺氧、400～500℃条件下，借助污泥中所含物质，尤其是铜的催化作用，将污泥中的有机质，如脂类、蛋白质等，转变为碳氢化合物。污泥转变的最终产物为燃烧特性优越的油、炭、可燃气及反应水等。该过程所需的能量由产生的低级燃料（炭、可燃气和水）的燃烧来提供，从而实现了能量的循环利用，剩余能量则以燃料油的形式回收，此法制备的燃料油在质量上类似于中号燃料油。此技术是一个能量自给有余的过程，并可有效地控制重金属的排放，具有可观的应用前景。

第一座工业规模的污泥炼油厂在澳大利亚柏斯，处理干污泥量每天可达 25t。

（3）制吸附剂　生化污泥中含有较多的炭，可以生化污泥为原料，通过高温化学法制得含炭吸附剂。

含炭吸附剂处理有机废水，有机污染物去除率可达 80% 左右，是一种性能良好的、用于有机废水处理的吸附凝聚剂。

中国科学家还成功地利用生化污泥，制备了用于回收水表面溢油的吸附剂，并已申请专利，按美国 ASTM 标准，这种由污泥制备的吸附剂属于回收水表面溢油最好的一种。

（4）制黏结剂　我国有数千家小型合成氨厂，其中绝大多数采用黏结性较强的白泥或石灰做气化型煤的黏结剂，此类型煤被称为白泥型煤及石灰炭化型煤。白泥型煤生产工艺简单，但汽化反应性差；石灰炭化型煤汽化反应好，但成型工艺复杂，成本高。为此，寻找一种黏结性高、成本低、型煤汽化性好的黏结剂一直是一个重要课题。活性污泥本身含有机物，如蛋白质、脂肪和多糖，具有一定的热值，又有一定的黏结性。以它作黏结剂，可改善高温下型煤的内部孔结构，提高型煤的汽化反应性，提高炭转化率，同时，污泥的热值也得到了有效利用。

（5）制可降解塑料　聚羟基烷酸（PHA）是一类可完全生物降解、具有良好加工性能和广阔应用前景的新型热塑材料。1974 年有人从活性污泥中提取到 PHA，为利用活性污泥生产 PHA 奠定了基础。

第五节 污染环境的生物修复

一、生物修复的概念

生物修复，也称生物整治、生物恢复、生态修复或生态恢复，是指利用处理系统中的生物，特别是微生物，催化降解土壤和水体中的有机污染物或使其转化为无害物质的过程，从而使污染生态环境修复为正常生态环境的工程技术体系，这种技术的最大特点是可以对大面积的污染环境进行治理。

广义的生物修复是指一切以利用生物为主体的环境污染的治理技术；而狭义的生物修复即微生物修复，是指利用微生物将环境中的污染物降解或转化为其他无害物质的过程。因为就原理来讲，微生物的作用方式与污染物的生物净化是一致的，即通过微生物的降解和转化。目前研究及应用最广泛的也是微生物修复。因此，本节主要介绍此种类型的生物修复技术。

二、生物修复的特点

与化学、物理修复方法相比，生物修复技术具有以下优点：污染物可在原地被降解清除；修复时间较短；操作简便，对周围环境干扰少；费用低；无二次污染。

三、生物修复的发展

从 20 世纪 80 年代中期起，欧洲各发达国家就对生物修复进行了初步研究，并完成了一些环境处理工程，该技术的萌芽阶段主要应用于环境中石油烃污染的治理，结果表明生物修复技术是可行、有效和优越的。目前德国、丹麦、荷兰在此领域处于领先地位。近年来，根据不同环境的污染特点，又研究开发出以微生物为主，联合动植物，并配合物理、化学措施的综合修复技术。

目前我国微生物技术在环境修复上的应用还处在起步阶段，我们对于微生物的研究开发利用还是冰山一角，随着我国经济的进一步发展，我国将面临越来越严峻的环境污染问题，所以进一步深入研究微生物的环境修复功能不仅具有很大潜力，而且还具有重要意义。微生物处理技术必将为我国的环境修复提供更多可行、可用、有效的方法。

四、生物修复的类型

1. 根据修复处理位置是否改变分类

根据修复处理位置是否改变，生物修复技术可划分为原位生物修复、异位生物修复、原位－异位联合生物修复。

（1）原位生物修复　所谓原位生物修复是指对受污染的介质（土壤、水体）不做搬运或输送，而在原污染地进行的生物修复处理，其修复过程主要依赖于被污染地自身微生物在人为创造的合适降解条件下的自然降解能力。

原位生物修复的优点是运行成本较低，一般作为优先采用的方法，但较难严格控制。

美国密执安一个空军基地柴油储罐破裂，造成地下水高浓度污染的生物修复治理工程，就是一个成功的例证。

（2）异位生物修复　所谓异位生物修复是指被污染介质（土壤、水体）搬动或输送到另一处，通过采用固相法或泥浆反应器处理，处理过程中有更多的人为调控和优化，这会增加费用，但处理过程便于控制。

（3）原位－异位联合生物修复　原位－异位联合生物修复，可充分发挥两种技术的优势，更高效地去除环境中的污染物。常见方法有冲法－生物反应器法，是先用水冲洗土壤中的污染物，并将含有该污染物的废水经回收系统引入生物反应器中，同时连续供给营养、氧气和降解菌以清除污染物，达到净化土壤的目的。

2. 根据修复所利用的主体生物的不同分类

根据修复所利用的主体生物的不同，生物修复技术可划分为微生物修复、植物修复及动物修复。

（1）微生物修复　微生物修复技术是利用土著菌、外来菌、基因工程菌等功能微生物群，在适宜环境条件下，促进微生物代谢功能，从而达到降低有毒污染物活性或者降解成无毒物质的生物修复技术，其修复原理如图 10 – 15 所示。该项技术在污染土壤原位及异位修复过程中均可应用。

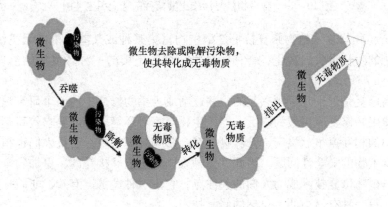

图 10 – 15　微生物修复原理图

微生物修复具有以下优点：①成本低，其处理费用为物化处理的 1/3 ~ 1/2；②对环境影响小，能有效地降低污染物浓度，不会带来二次污染；③修复处理方式多样，可以与物理、化学修复技术进行联合修复；④修复方法操作简单，不破坏土壤环境；⑤适用于在其他技术难以应用的场地，能同时处理受污染的土壤和地下水。

　　针对不同污染土壤（重金属污染、有机污染）类型，将污染土壤投入到培养基中，富集筛选能够去除或降解该污染物的菌株或菌系，随后将微生物工业化扩繁生产，利用微生物修复的不同方法，有针对性地将其应用到污染土壤生物修复治理中，达到去除土壤污染物的目的，如图 10 - 16 所示。

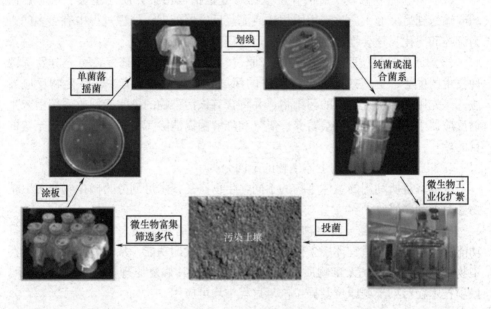

图 10 - 16　微生物修复污染土壤菌种筛选应用工艺图

　　（2）植物修复　　植物修复技术是指植物富集某种或某些有机或无机污染物，利用植物的生长吸收、转化、转移污染物而修复土壤的一种环境污染治理技术，如图 10 - 17 所示。

　　植物修复是近十几年刚兴起的，并逐渐成为生物修复中的一个研究热点。目前虽然微生物修复应用最为广泛，但微生物降解对环境条件的要求较苛刻，微生物群落间的相互竞争、温度、营养物等都会影响处理效果，而且人们也担心工厂生产的微生物的安全性问题。因此，一种人们普遍能够接受的、更加安全可靠的方法——植物修复技术成为人们的关注点，它是一种经济、有效、非破坏型的修复方式，是一种有潜力的、自然的修复技术。

　　植物修复优点很多，如操作简单，费用低，可进行大面积处理，原位实施可减小对土壤性质的破坏及对周围生态环境的影响，与微生物相比，植物对有机污染物的耐受能力更强，且对重金属污染治理具有特殊的优势，通过生长吸附积累重金属，然后通过收获植物，移走重金属污染。

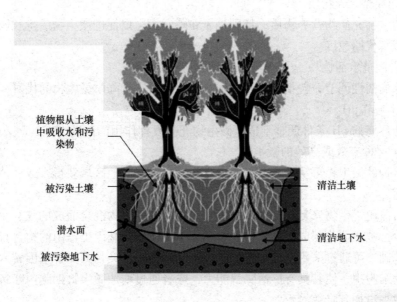

图 10 – 17　植物修复技术示意图

　　植物修复技术也具有一些自身的不足，其局限性主要表现在以下几点：①对于污染程度过重或污染物分布为植物根系所达不到，甚至不适于植物生长的污染土壤或水体的修复并不适用；②对于复合污染土壤或水体，采用一种修复植物或几种修复植物相结合的修复方式往往也难以达到修复要求；③修复周期较长，难以满足快速修复污染环境的需求。

　　（3）动物修复　动物修复是指通过土壤动物群的直接（吸收、转化和分解）或间接作用（改善土壤理化性质，提高土壤肥力，促进植物和微生物的生长）而修复土壤污染的过程。

　　土壤中的一些大型动物如蚯蚓，是土壤中最常见的杂食性环节动物，能吸收或富集土壤中的残留农药，并通过其代谢作用，把部分农药分解为低毒或无毒产物，利用养殖蚯蚓可实现污水的土地处理，目前该法已在法国、智利和国内成功进行了中型实验和生产性规模的应用。同时土壤中还生存着丰富的小型动物群，如线虫、跳虫、螨、蜈蚣、蜘蛛、土蜂等，均对土壤中的农药有一定的吸收和富集作用。

五、生物修复的措施

1. 通气

　　通过土壤翻耕、加入氧发生剂如 H_2O_2 等方法以保证氧的供应量。这一点在石油污染的生物修复中尤显重要，因为石油污染只有在供氧充足的条件下才能被迅速降解。

2. 补充营养物质

适量补充矿物营养物质，特别是氮和磷元素，以促进微生物的生长及提高它们的降解代谢速度。

3. 调节水活性

水的活性调节，包括含水量的调节，使其最适合降解微生物的代谢。

4. 调节 pH

把环境的 pH 条件调整到适合微生物充分发挥作用的范围内。

5. 接种有效或高效的微生物

接种的微生物可从土著微生物中富集，也可从其他区域获得，或者使用基因工程菌。

目前用于生物修复的高效降解菌大多是多种微生物混合而成的复合菌群，其中不少已被商业化制成产品。另外，现代生物技术为基因工程菌的构建打下了坚实的基础，可通过采用基因工程的手段将降解多种污染物的降解基因转入到一种微生物细胞中，使其具有广谱降解能力，或者通过增加微生物细胞内降解基因的拷贝数来增加其降解能力。

六、生物修复的应用

目前生物修复技术在美国和欧洲主要处于实验室初试和中试阶段，实际应用的成功例子也有一些。我国的一些大学和科研机构从 20 世纪 90 年代起开始对生物修复技术进行研究，并进行了一些小试和中试，目前处于刚刚起步阶段，大面积应用的例子还较少。

1. 石油污染的生物修复

石油是链烷烃、环烷烃、芳香烃及少量非烃化合物的复杂混合物，是古代未能进行降解的有机物质积累，经地质变迁而成的。当今世界石油工业飞速发展，在石油的开采、运输、加工过程中都可能对环境产生污染。全世界每年有 10 亿吨原油经海上运输，其中约有 320 万吨因泄漏污染海洋，同时油库、输油管泄漏造成土壤污染事件也时有发生。20 世纪 80 年代以来生物修复技术就开始应用于石油污染的治理。微生物降解是石油污染去除的主要途径，治理方法主要有加入高降解能力的菌株、改变环境因子、促进微生物代谢能力。

1989 年，美国油轮 Exxon Valdez 撞上了在阿拉斯加的威廉王子湾的礁石，泄漏原油 $42000m^3$，在 5h 内污染了 2100km 的海岸线，这是美国历史上最大的一起泄漏事故。事故发生后，由于常规的净化方法已不起作用，美国国家环保局与 Exxon 公司随后开始了著名的"阿拉斯加研究计划"，主要采用生物修复技术来消除溢油的污染，这也是到目前为止规模最大的生物修复工程。修复工程采取了以下措施：添加氮、磷、硫等营养物，加入了两种亲油菌，定时翻耕海岸土壤，以增加氧气供应等方法。结果极大地促进了石油降解微生物的生长，原油的降解速度提高 6～9 倍，16 个月内降解率达 60%～90%，营养物的加入也并未对海水养分、藻类生长造成影响。至 1992 年，原油污染基本清除，治理时间由原先估计的 10～20 年缩短至 2～3 年。

目前我国研究人员采用苜蓿草与微生物的共同作用，对矿物油和多环芳烃污染的土壤进行修复，结果表明在植物存在时，土壤微生物降解功能得到明显的提高。

近年来，生物修复正朝着构建能够快速降解某些特定污染物的基因工程菌的方向发展。科学家利用基因工程把不同的降解基因移植到同一菌株中，创造出了具有多种降解功能的超级微生物。如 Charabarty 等人发现假单胞杆菌属中许多菌株的细胞里，具有调控多种性状的质粒，这些质粒基因控制着分解烃类化合物酶系的合成，为消除海上的石油污染，将不同菌株中能分别降解芳烃、多环芳烃、萜烃的质粒都接合到降解酯烃的细菌体内，创造出一种具有多质粒多功能的"超级细菌"。该细菌在消除石油污染中，不仅能把 60% 的烃降解，而且只在几小时内就可达到自然菌种要用一年多时间的净化效果，该菌已取得美国专利，在污染降解工程菌的构建历史上是第一块里程碑。

2. 重金属污染的生物修复

重金属具有长期性、非移动性、不能被生物降解等特点，因此解决土壤及水体中的重金属污染是一个难点问题，人们不断寻找去除环境中重金属的新技术。

微生物与重金属具有很强的亲和性，能富集很多种类的重金属，有毒重金属被储存在细胞的不同部位或被结合到胞外基质上，通过代谢作用，这些金属离子被沉淀，或被轻度螯合在可溶或不溶性生物多聚物上。如可采用白腐真菌处理金属废水，这种微生物处理法要比传统物化法降低成本且更省力。

生物不能降解金属，只能通过吸收作用去除环境中的重金属，微生物对金属的吸收量小，而植物具有生物量大且易于后处理的优势，因此常利用植物修复技术解决环境中重金属污染问题。1983 年，美国科学家 Chaney 首次提出了利用某些能够富集重金属的植物清除土壤重金属污染的设想，即植物修复技术的思想。美国 Edenspace 公司已成功地开展了铅、锌、镉、铀和砷污染的植物修复工作。美国依阿华大学利用杂交杨树，同时施用氮、磷、钾肥料，修复了位于南达科他州的一块砷污染的土地。我国的一些科学家正在开发香根草生态工程，香根草对铬、镍、砷、镉的忍耐积累程度远高于一般植物几十倍到上百倍，生物量大，短时间内通过根系吸收可去除土壤中相当一部分有毒物质。

3. 富营养化水体的生物修复

水体富营养化是由于大量氮、磷等营养物质进入水体，引起蓝细菌、微小藻类及其他浮游生物恶性增殖，最终导致水质急剧下降的一种污染现象，这种现象发生在海洋中称为赤潮，发生在淡水中称为水华。

水体富营养化破坏了水体自然生态平衡，其危害主要有消耗水中的溶解氧，致使水生生物大量死亡，某些恶性增殖的藻类体内及其代谢产物含有生物毒素，引起鱼、贝类中毒病变或死亡，如果水体是饮用水的水源，还会对人类具有毒害作用，另外它还会破坏水环境景观，使水体产生浓重的水色（蓝绿色或红色）及不良气味，大大降低或完全失去水体的旅游观光价值。近20年来，我国的有害赤潮事件多达300多起，仅1998年全年发生赤潮22起，直接经济损失达10亿元以上，对我国的海洋渔业资源造成了严重的危害。治理水体的富营养化，引起了环境工作者的极大关注（图10–18）。

图10–18　山东省青岛黄海富营养化

非生物的理化措施在处理此类水体有许多成功的范例，但忽视了水生生态系统中生物之间的相互作用，造成大量的水生生物消失和食物链被打乱。生物修复技术利用生态学观点，从生态系统整体优化的角度出发，逐步修复受损的生态系统、提高水体自净能力。

在富营养化水体中投加混合微生物制剂的方式应用较多。国际上目前使用的制剂有日本琉球大学发明的EM，美国prbbiotic Solutions公司研制的Bio–energizer和美国Alken–Murry公司开发的Clear–flo等。以EM为例，其主要是由光合细菌、乳酸菌、酵母菌等类群中的多种微生物组成，这些微生物可提高水中的溶解氧，有利于水生生物的生长，还可抑制藻类的生长，使水质得到改善。江苏省海洋水产研究所从自然界分离出降解养殖水体中氮的硝化细菌和能对致病菌有裂解作用的噬菌蛭弧菌，并加以筛选，得到了能有效改善养殖水体环境的微生态制剂。

另外，高等水生植物在富营养化水体的水质净化中的作用，也已经引起许多国家学者的关注。高等水生植物净化水体的特点是以大型植物为主体，植物与其根区的微生物产生协同效应，经植物吸收、微生物转化、物理吸附与沉降作用除去氮、磷等营养物质。目前利用大型水生植物进行富营养化水体的净化也已经成为一项重要措施。中科院南京地理与湖泊研究所等单位曾利用大型高等水生植物，如喜旱莲子草、菱等对富营养化的大湖水域和上海内河进行水质净化，该技术主要是通过水生植物对氮、磷等营养物质的吸收、植物叶冠的覆盖遮光、根系分泌物质对藻类的杀伤作用等途径来净化水体，取得了较好的效果。中科院上海植物生理研究所在上海曹洋环浜中建立了一个多层次、立体交叉的水体净化系统，对富营养化水体进行治理，系统是由大型水生植物如凤眼莲、水浮莲、水花生、金鱼藻、菱、荷花、睡莲等多种浮水、沉水、挺水植物与一定数量的鱼、蚌、螺蛳等水生动物构成的，取得了十分明显的治理效果，藻类生长受到了抑制，水体的透明度增加。

【知识拓展】

华北制药：以生物技术推进环保工作

作为世界 500 强企业冀中能源集团"一体两翼"发展战略的制药之翼，华北制药瞄准国际标准，正集全集团之力在打造国内领先、世界一流制药强企的征程上阔步前进。目前华药已是国内最早实施电子监管码、较早通过新版 GMP 认证的企业，并且形成新头孢、新制剂、青霉素、抗肿瘤、生物药五大新的产业化体系，更加开放的多方位合作，为其跨越发展奠定了坚实的基础。

作为"共和国医药长子"及一家以"人类健康至上，质量永远第一"为企业宗旨的大型企业，华药在快速发展，惠及职工的同时，始终不忘社会责任的履行，它依托其在生物技术方面的前沿研发成果，在废水、废气和固废治理方面，已走在同行业前列。

1. 首创"生物脱硫——厌氧发酵"新工艺

在废水治理方面，华药依托自主研发技术，全国首创"生物脱硫——厌氧发酵"新工艺，行业领先。据悉，华药早在二十世纪八十年代，就引进国外技术治理丙丁溶剂生产废水，积极开展制药废水治理技术的研发，并于 1990 年成立了专门致力于制药工业污染控制技术研究的环保研究所，经过二十多年的发展，已奠定了雄厚的环保科研开发工作基础，先后成功地研发了 22 项专有技术，并多次获得省部级科技进步奖。2004 年，环保所与河北省环境科学研究院联合申办的"国家环境保护制药废水污染控制工程技术中心"通过了国家环保局的验收。

华北制药是行业内最早开展制药工业废水治理工作的研究，在传统高效厌氧技术的基础上，自主开发了环流式好氧生化池专利技术，并完成集降解 COD、脱色、脱氮功能的超低排放成套工艺技术探索，去除 COD、氨氮效果显著，氨氮去除 95% 以上，实现了工业化示范工程的建设与稳定运行。伴随着华药新工业园区的建成，与其生产能力相配套的华药园区污水处理厂也同步投入使用。污水处理厂由华药规划设计院总体设计，厂区及硬件设施均按照现代化企业发展需要规划设计，可以完全满足新头孢工厂和新制剂项目全部投产后的废水处理需要，处理后排放指标优于国家相关标准要求。

2. 行业内最早采取异味控制措施生物过滤

由于制药生产过程中使用大量的挥发性有机物（VOCs），废水处理过程中还会有氨和硫化氢挥发出来，这些物质都会导致异味产生。华药是最早采取措施进行废气处理、控制异味的制药企业，除采用化学洗涤、高效吸附、低温等离子等多项技术对废气进行处理，华药还依托其最核心的生物发酵技术进行生物过滤，消除异味。在生产环节，还采用了冷凝、活性炭纤维吸附、离子液吸收等技术控制挥发性有机物的排放，取得了显著的效果。其中依托华药自身生物发酵优势生物过滤及低温等离子技术处理污水站异味，处理效果在行业内居领先水平。

3. 菌渣安全处置方案上亿元投建抗生素药渣处理厂

以生物发酵为主的原料药企业产生的固废主要为抗生素菌渣，华北制药遵循循环经济理念，正在依托现代生物技术，进行厌氧固体发酵处理菌渣的中试研究，旨在消除菌渣药物残留后制肥、生产沼气作为生物质能加以利用，实现菌渣的无害化、减量化和资源化。在此基础上，精心谋划建立发酵制药循环经济模式。据悉，华药以制药行业环保技术及资源再利用研究平台为依托，正在积极开展废溶媒回收、废活性炭再生、制药废渣资源化应用、危废焚烧处置、废气燃烧后热能再利用等综合利用项目，华药集团承担了河北省重大技术创新专项"抗生素菌渣无害化、资源化成套技术集成"课题，以倍达公司的青霉素和头孢菌素菌渣为研究对象，已形成了"高温灭活＋厌氧发酵＋沼渣干燥处理"为主体工艺路线的菌渣安全处置方案。同时与高校联合开展环保部环保公益专项课题"微生物制药菌渣资源化与处置污染控制技术规范与政策研究"，已列入国家环保部2012年公益项目。华药不仅将彻底解决菌渣等固废的环境污染问题，而且还可以通过社会服务给企业创造利润，真正做到环境效益、社会效益与经济效益的统一。

4. 产业、产品结构调整转型升级，走循环型绿色环保之路

产品、产业结构调整，技术升级，实现绿色生产，是实现环保新目标的基础。

近年来，华药新项目、新技术动作频频。投巨资建设的新头孢、新制剂、人血白蛋白、免疫抑制剂、抗癌药等一系列新项目，标志着华药从原料药为主向制剂为主、从抗生素为主向新治疗领域转变的产品结构调整战役已经打响；酶法代替化学法、一步发酵代替多级发酵、直通工艺、菌种改良等一系列以生物技术为主导的技术升级也已经展开，这些转变将直接从源头控制能源消耗和污染产生量，从而实现源头的节能减排，为华药打造绿色企业奠定基础。

在华药人眼里，环保像药品的质量一样，是企业的生命，它不仅关乎企业的健康发展，也影响着整个社会的可持续发展。在二次创业、再度腾飞的进程中，

华药将更加注重资源节约、环境友好企业的创建，把华药建设成为一个现代化、高科技、可持续发展的循环经济示范企业。

【思考题】

1. 什么为环境生物技术？它主要应用于哪些领域？

2. 与化学、物理等环境污染治理技术相比，生物治理技术具有哪些特点？

3. 生物法处理废水有哪些常见方法？

4. 什么是活性污泥？活性污泥处理系统主要包括哪几部分？

5. 什么是生物膜？用于废水处理的生物膜法具有哪些特点？

6. 什么是氧化塘？氧化塘污水处理技术具有哪些特点？

7. 用于废水处理的环境生物制剂有哪些种类？

8. 废气生物净化的原理是什么？

9. 废气生物净化的常见类型有哪些？各有何特点？

10. 固体垃圾生物处理的主要类型有哪些？各有何特点？

11. 什么是城市污泥？试举例说明其利用价值。

12. 什么是生物修复？与化学、物理修复方法相比，生物修复技术具有哪些优点？

13. 生物修复的常见类型有哪些？

第十一章　生物技术与人类健康

【典型案例】

案例1. 基因疗法成功治愈了生活在无菌隔离帐中的腺苷脱氨酶缺乏症患儿

腺苷脱氨酶缺乏症是一种严重的免疫缺陷症，腺苷脱氨酶的缺乏可使 T 淋巴细胞因代谢产物的累积而死亡，从而导致严重的联合性免疫缺陷症（SCID）。通常导致婴儿在出生几个月后死亡。

腺苷脱氨酶（ADA）基因位于 20q13 – qter，编码一条含 363 个氨基酸残基的多肽链。而基因疗法，就是利用健康的基因来填补或替代基因疾病中某些缺失或病变的基因。先从患者身上取出一些细胞，然后利用对人体无害的逆转录病毒当载体，把正常的基因嫁接到病毒上，再用这些病毒去感染取出的人体细胞，让它们把正常基因插进细胞的染色体中，使人体细胞就可以"获得"正常的基因，以取代原有的异常基因。

美国医学家安德森等人对 ADA 缺乏症的基因治疗，是世界上第一个基因治疗成功的范例。1990 年 9 月 14 日，安德森对一例患 ADA 缺乏症的 4 岁女孩进行基因治疗。这个 4 岁女孩由于遗传基因有缺陷，自身不能生产 ADA，先天性免疫功能不全，只能生活在无菌的隔离帐里（图 11 – 1）。他们将含有这个女孩自己的白细胞的溶液输入她左臂的一条静脉血管中，这种白细胞已经过改造，有缺陷的基因已经被健康的基因所替代。在以后的 10 个月内她又接受了 7 次这样的治疗，同时也接受酶治疗。患儿经治疗后，免疫功能日趋健全，能够走出隔离帐，过上了正常人的生活，并进入普通小学上学。

案例2. 非洲儿童正在接种脊髓灰质炎疫苗

2010 年 11 月，非洲爆发脊髓灰质炎疫情，造成 226 人瘫痪，97 人死亡。世界卫生组织在联合国儿童基金会的支持下，组织在非洲的医疗援助机构为 300 万非洲人紧急接种疫苗（图 11 – 2）。疫苗接种工作将首先在刚果共和国的港口城市黑角进行，并逐步推进到与之相邻的安哥拉和刚果民主共和国。

脊髓灰质炎通常是通过粪便传播的，主要影响 5 岁以下的儿童。但是此次爆发的疫情易感人群是 15 岁到 29 岁之间，意味着将有更多人陷入危险之中。

此次疫情爆发是对全球根除脊髓灰质炎努力的一次重创。在刚果疫情爆发前，全球脊髓灰质炎的病例已经下降到 760 个，包括刚果共和国在内的多个非洲国家已经多年没有发现感染病例。可见，人类与传染病的斗争从未结束过。

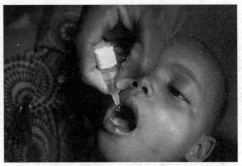

图11 - 1　利用基因疗法医治生活在无菌隔离　　图11 - 2　非洲儿童正在接种脊髓灰质炎疫苗
　　　　　帐中的腺苷脱氨酶缺乏症患儿

上述案例是生物技术在医药领域应用的新闻中的常见案例，看后我们不仅要思考，人类面临着多少已知和未知的疾病？如何通过生物技术帮助人类治愈这些疾病，还人类健康？希望通过本章的学习，可以帮你找到解决这些问题的思路。

【学习指南】

本章主要介绍生物技术在医药领域的应用，从而帮助人类抵御疾病，保持健康。具体包括：生物技术与疫苗、生物技术与生物制药、生物技术与医学诊断、生物技术与疾病治疗和人类基因组计划。

医药卫生领域是现代生物技术最先登上的舞台，也是目前现代生物技术应用最广泛、成效最显著、发展最迅速、潜力最大的一个领域。据统计，国际上生物技术领域已取得研究成果的60%以上集中在医学领域。

第一节　生物技术与疫苗

疫苗的最初概念的提出可以追溯到罗马时代，老普里尼（Primo）认为疯狗的肝具有防治狂犬病的功能。而在亚洲，公元前10世纪，在宋真宗时代我国就有利用种痘术即用天花的干痂来预防天花的记载。到1796年，英国乡村医生爱德华·琴纳（Edward Jenner）在实验中发现，用一种比较温和的奶牛的疾病牛痘感染过的人不会再被天花所感染，从而第一次获得了真正意义上的疫苗。之后，琴纳医生把从牛痘脓疮中得到的渗出液注射到8岁男孩詹姆斯·菲普斯（James Phipps）的体内，经过3次注射后，这个男孩对天花有了完全的抵抗力，从而发现了疫苗的基本原则（图11 - 3）。1980年5月，第三十三届世界卫生大会庄严宣布全世界已经消灭了天花这一烈性传染病。

到19世纪中叶，法国科学家路易斯·巴斯德（Louis Pasteur）发明了细菌的纯种培养技术以及减毒疫苗的制备技术（图 11 -4），用于牛、羊炭疽病的预防，并获得了成功。到 19 世纪末巴斯德又研制成功狂犬病疫苗，成功的救治了一个被疯狗咬伤的男孩的生命。之后，利用巴斯德的减毒疫苗的制备理论，Von Beh-ring 和 Kitasato Shibasaburo 分别研制成功了白喉和破伤风疫苗等。随着更多种类疫苗的获得，疫苗得到了极为广泛的应用，从而控制和消灭了天花、麻疹、白喉、百日咳、破伤风、脊髓灰质炎等多种传染病的发生和死亡。

图 11 -3　英国医生爱德华·琴纳于 1796 年首次给　图11 -4　法国科学家路易斯·巴斯德
　　　一名男童接种牛痘病毒用于预防天花　　　　　　　研究细菌培养和减毒疫苗

随着社会的进步，科学技术的发展，当前疫苗已经远远超出了原先仅预防和控制特定传染病的传统范畴，而扩大到预防、控制和治疗等多个领域，包括寄生虫病、肿瘤、遗传性疾病、异体免疫病或自体免疫病等非传染性疾病的防治。

一、疫苗的简介

疫苗可以说是目前在医学上最有潜力的防御物质，它可以在其接受者体内建立起对入侵物质感染的免疫抗性，从而保护疫苗接受者免受疾病侵染。接受者在注射或口服疫苗后，他们的免疫系统被激活，从而被诱导产生致病物质的抗体。这样，如果以后再遇到同样的致病物质侵入，那么免疫系统仍会被激活，使感染的致病物质中和失活或致死，这样病原物质的繁殖受到抑制，致病性降低或消失。

疫苗按其功能可分为两类：预防性疫苗和治疗性疫苗。对疾病起预防作用的疫苗，称为预防性疫苗。包括牛痘苗、麻疹减毒活疫苗、卡介苗、人用狂犬病纯化疫苗、脊髓灰质炎灭活疫苗、流行性乙型脑炎活疫苗、白、百、破联合疫苗等。预防性疫苗对健康人群起到了很好的免疫保护作用，但对于已经感染了的机体，特别是长期带菌或携带病毒的慢性感染者往往不能诱发有效的免疫应答。因此，对一些病因不明又难以治疗的慢性感染、肿瘤、自身免疫病、移植排斥、超敏反应等疾病的治疗就用到了治疗性疫苗。治疗性疫苗是对疾病起治疗作用的疫苗，包括感染性疾病的治疗性疫苗（包括由病毒、细菌、原虫、寄生虫等病原体感染疾病）、肿瘤治疗性疫苗（如前列腺癌、肾癌、黑色素瘤、乳腺癌、膀胱癌等）、自身免疫性疾病治疗疫苗（如红斑狼疮、类风湿关节炎、自身免疫脑脊髓炎等）、移植用治疗性疫苗（通过封闭协同刺激分子，诱导对移植物的免疫耐受来延长移植物的存活期）、变态反应治疗疫苗（如各类过敏和哮喘病等）。

疫苗按其生产工艺又可分为：传统疫苗和新型疫苗。用病原体灭活或减毒以保留免疫原性，去除其传染性或毒性的方法制作的传统疫苗，有效地控制了多种传染病，但传统疫苗存在着很多的局限性：①有些治病物不能在培养基上生长，所以很多种疾病都没有办法得到疫苗；②病毒需要在动物细胞中培养，操作成本高；③培养的病毒其生长速度和产量一般很低，使得疫苗的生产成本很高；④需要对实验室以及参加实验的操作人员采取保护措施，以保证不被病毒物质污染；⑤疫苗中的致病物质在疫苗生产过程中有可能没有完全杀死或充分减毒，这会导致疫苗中含有高度性致病物质，进而使得疾病在更大的范围内传播；⑥减毒菌株可能发生毒力回升或突变，因此必须连续不断地对减毒菌株进行毒性检测，以保证该菌株不变成强致病性菌株；⑦有些疾病（如艾滋病）用传统疫苗防治收效甚微；⑧绝大多数的现行疫苗的有效期都很短，且需要冷冻保存，从而限制了它的推广应用。

到了 20 世纪 80 年代中期，研究人员将基因工程等生物技术应用于疫苗的生产，产生了一系列的新型疫苗（如重组疫苗），这些新型疫苗的应用克服了传统疫苗的一些缺陷，为疫苗的应用提供了更广阔的发展前景。

1. 疫苗的概念

疫苗的概念在发展前期曾被简单定义为针对疾病产生免疫力灭活的或减毒的病原体，即疫苗是由病原体制成的。随着人们对病原体致病因素的深入了解，疫苗的定义也发生了变化。现在认为，疫苗是致病原的蛋白质（多肽、肽）、多糖或核酸，以单一成分或含有有效成分的复杂颗粒形式，或通过活的减毒病原体或载体进入机体后能产生灭活、破坏或抑制病原的特异性免疫应答。

2. 疫苗的作用机制

要理解疫苗的作用机制，首先要学习人体免疫系统作用机制。人体免疫系统主要分为两大类，即体液免疫和细胞免疫。所谓体液免疫也就是通过形成抗体而产生的免疫能力，抗体是由血液和体液中的 B 细胞产生，主要存在于体液中，它可与入侵的外来抗原物质相结合，使其失活。所谓细胞免疫是指主要有各种淋巴细胞来执行的免疫功能，它可以分为两类，即 MHC I 型和 MHC II 型。MHC I 型是指抗原经过一系列复杂的传递过程由 MHC I 型分子（主要组织相容性抗原 I 型）加工后，产生一些传递信号的小肽激活 CD8 T 细胞，而 CD8 T 细胞可以通过释放水解酶和其他化合物把受病原物感染或变异的细胞杀死。MHCⅡ型是指外源抗原通过细胞内吞噬，经MHCⅡ型分子（主要组织相容性抗原Ⅱ型）加工后，激活 CD4 T 细胞。激活的 CD4 T 细胞可辅助激活抗原专一性的 B 细胞，它能产生杀伤性 T 细胞，并进一步激活更多种类的 T 细胞，从而杀死外来病原体。

二、灭活疫苗

灭活疫苗相对于其他疫苗而言，是最传统和最经典的疫苗。最基本的生产方法就是用灭活的病毒或病原体刺激人体免疫系统。它具有研制周期短、生产成本低、使用效果好的优点，其开发应用也有望首先获得成功，如在 SARS 疫苗研制时，首先想到的就是灭活疫苗。2004 年，经过我国科研人员的共同努力，SARS病原灭活疫苗已经审批完毕，这是世界上首次批准进入人体临床研究的 SARS 病毒灭活疫苗，为人类最终战胜 SARS 带来了希望。

2008 年，我国第一支人用 H5N1 禽流感疫苗仍然是病毒灭活疫苗（图11 - 5），通过了国家食品药品监督管理局审批并获准生产。

但是灭活疫苗存在缺点：要确保疫苗中的病毒全部被杀死而又保持刺激人体免疫系统产生抗体的能力，确是比较棘手的问题。

三、减毒活疫苗

这种疫苗是让病原体在人体内存活较长一段时间，刺激人体免疫系统产生反应，但又不至于发病。当前使用的病毒疫苗多数是减毒活疫苗，如脊髓灰质炎、麻疹、风疹和腮腺炎等活疫苗及近年来开发的甲型肝炎和乙型脑炎活疫苗（图11 -6）。活疫苗具有可诱发全身的免疫应答反应（体液免疫和细胞免疫）、免疫力持久等优点。但其缺点是减毒病原体可以通过基因突变成为致病病毒，因此减毒活疫苗要防止毒力恢复。

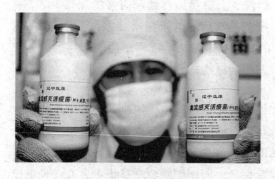

图 11 - 5　H5N1 禽流感病毒灭活疫苗

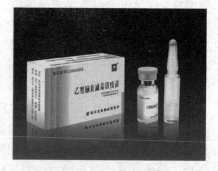

图 11 - 6　武汉生物制品研究所生产的
乙型脑炎减毒活疫苗

四、重组亚单位疫苗

重组亚单位疫苗是指分离提取病原体中具有免疫功能的蛋白或利用DNA重组技术使重组体表达这类蛋白、多肽或合成肽制成的疫苗。由于这类疫苗不是完整的病毒，是一部分物质，故称亚单位疫苗。这类疫苗成分单一，效果明显，无致病性，乙肝亚单位疫苗是这一代疫苗的典型代表。重组亚单位疫苗同样存在由人类的免疫压力而引起病毒基因组的变异，使其所产生的免疫保护受到很大的限制。目前，国际上已进入临床观察的亚单位疫苗有巨细胞病毒、EB病毒、人乳头瘤病毒等。

五、核 酸 疫 苗

传统的疫苗主要是灭活的和减毒的致病物质，存在很大的局限性。20世纪90年代初以生物技术为基础，从基因治疗领域发展起来了一种全新的疫苗——核酸疫苗，又称DNA疫苗，是目前疫苗研究领域中的热点，核酸疫苗是将编码免疫原或与免疫原相关的外源基因克隆到真核质粒表达载体上，然后将重组的质粒DNA直接注射到动物体内，使外源基因在动物体内表达，产生的抗原激活机体的免疫系统，引发免疫反应，从而达到预防和治疗疾病的目的。与传统的灭活或减毒疫苗、亚单位疫苗相比，核酸疫苗以具有高效性、安全性和制备简单、易于储存运输等优点，而受到全世界的普遍关注，具有广阔的发展前景。专家认为核酸疫苗的出现开创了疫苗学的新纪元，被誉为"第三代疫苗"。

【知识拓展】

疫苗的种类

目前使用的主要有10种疫苗，可预防12种传染病。

（1）麻疹疫苗 麻疹疫苗是一种减毒活疫苗，接种反应较轻微，免疫持久性良好，婴儿出生后按期接种，可以预防麻疹。

（2）脊髓灰质炎疫苗（简称脊灰糖丸） 脊灰糖丸是一种口服疫苗制剂，白色颗粒状糖丸，接种安全。婴儿出生后按计划服用糖丸，可有效地预防脊髓灰质炎（小儿麻痹症）。

（3）百白破制剂 是将百日咳菌苗、精制白喉类毒素及精制破伤风类毒素混合制成的，可同时预防百日咳、白喉和破伤风。

（4）卡介苗 采用无毒牛型结核杆菌制成，安全有效。婴儿出生后按计划接种，是预防结核病的一项可靠措施。

（5）乙脑疫苗 乙脑疫苗是将流行性乙型脑炎病毒感染地鼠肾细胞，培育后收获病毒液冻干制成减毒活疫苗，用于预防流行性乙型脑炎。

（6）流脑疫苗　是用 A 群脑膜炎双球菌，以化学方法提取多糖抗原冻干制成。专供预防 A 群脑膜炎球菌所引起的流行性脑脊髓膜炎之用。

（7）乙肝疫苗　目前使用的有乙肝血源疫苗和基因工程乙肝疫苗两种，均用于预防乙型肝炎。乙型肝炎血源疫苗是由无症状乙型肝炎表面抗原（HBsAg）携带者血浆提取的 HBsAg 经纯化灭活及加佐剂吸附后制成。基因工程乙肝疫苗是一种乙型肝炎亚单位疫苗，是采用现代生物技术将乙肝病毒中表达表面抗原的基因克隆进入酵母菌中，通过培养这种重组酵母菌来获取 HBsAg 亚单位，经纯化加佐剂吸附后制成。这种新一代乙肝疫苗具有安全、高效等优点。

（8）甲肝疫苗　是将对人无害、具有良好免疫原性的甲型肝炎病毒减毒株接种于人二倍体细胞，培养后经抽提和纯化溶于含氨基酸的盐平衡溶液，用于预防甲型病毒性肝炎。

（9）流行性腮腺炎活疫苗　是将流行性腮腺炎病毒减毒株接种到鸡胚细胞，经培育，收获病毒液后冻干制成。用于预防流行性腮腺炎。

（10）风疹疫苗　是用风疹病毒减毒株 BPD Ⅱ 感染人二倍体细胞培养制成，冻干疫苗溶解后呈澄明橘色，用于预防风疹。

第二节　生物技术与生物制药

随着人们生活水平的提高和自我保健意识的增强，保健食品和药品市场将逐渐扩大。人们利用现代生物技术从动物、植物、微生物等生物体中提取天然活性物质，或利用现代生物技术从天然生物活性物质出发，人工合成或半合成天然物质的类似物，从而生产出一系列的生物药物，如单细胞蛋白、氨基酸、维生素等有较高的营养价值，可通过发酵工程大量生产。英国成功地把抗胰蛋白酶基因转入羊，生产出具有该酶的羊奶，有效减少了肺气肿的发病率，采用这种技术还可改良奶牛的品种，使其产出的奶更加符合人体的生理要求，甚至可带有某些必要的抗体。从血液中提取的多克隆抗体、凝血因子。用微生物发酵生产的抗生素如青霉素。用生物技术生产的人用兽用疫苗如流感疫苗、甲肝疫苗等。从动物、植物、微生物或海洋生物中提取的活性物质，如从猪胰中提取的胰岛素，从红豆杉中提取的紫杉醇等。这些利用现代生物技术生产的药物都可以归类于广义的生物制药。

一、生物制药简介

广义的生物制药是指利用现代生物技术发现、筛选或生产得到的药物，这种界定既包括利用生物技术作为发现药物的研究工具而发现的小分子药物，如基因敲除技术或高通量药物筛选技术等确定药物靶标，筛选得到的小分子药物，又包括利用生物技术作为药物生产新技术方法的药物。

但是目前生物制药比较流行的界定是狭义的生物药物，主要指基因重组的蛋白质分子类药物。

生物制药指涉及生物药物制备、生产的各种技术，主要包括现代生物技术及其下游技术。

生物技术（生物工程）的定义为：利用生物有机体（包括微生物和动、植物）或其组成成分（包括器官、组织、细胞、细胞器）和组成成分（包括 DNA、RNA、蛋白质、多糖、抗体等），形成新的技术手段来发展新产品和新工艺的一种技术体系，是采用先进生物学和工程学技术，有目的、有计划、定向加工制造生物产品的一个新兴技术领域。生物技术主要包括基因工程、酶工程、蛋白质工程、细胞工程和发酵工程，以及由此衍生发展而来的新的技术领域，如代谢工程、抗体工程、转基因技术等。

下游技术是生物大分子的分离纯化与分析鉴定技术，包括膜分离技术、离子交换层析、分子筛、电泳、离心分离技术、亲和层析、制备性 HPLC 等。

表 11-1 简单列举了生物制药发展的主要事件。在这些重要事件中，DNA 双螺旋结构的发现和遗传密码的破译奠定了现代分子生物学的基础，而限制性内切酶和连接酶的发现直接促进了基因重组技术的创立和应用，使得基因重组蛋白的表达成为可能。杂交瘤技术的创立为大量生产各种诊断和治疗用抗体奠定了基础，并和基因重组技术一道，成为推动生物制药前进的两个车轮。人胚胎干细胞体外培养和定向分化技术的出现，极大促进了细胞治疗和组织工程的发展。人类基因组计划的完成，更有利于帮助我们确定疾病发生和发展的靶标，以及寻找更多的有效治疗药物。人源化抗体技术和人源抗体技术的出现，克服了鼠源抗体用于人体治疗的很多缺陷，使抗体类药物成为增长最迅速、种类最多和销售额最大的一类生物技术药物。表 11-1 还列举了第一个基因工程药物、第一个基因重组疫苗、第一个治疗性抗体药物、第一个 CHO 表达的基因工程药物、第一个基因工程抗体药物、第一个组织工程产品、第一个反义寡核苷酸药物、第一个人源抗体药物和第一个基因治疗药物等，这些药物的研制成功在生物制药的历史上都有里程碑式的意义。

表 11-1 　　　　　　　　　　　　生物制药发展的主要事件

年份	事 件
1953	DNA 双螺旋结构的发现
1966	破译遗传密码
1970	发现限制性内切酶
1971	第一次完全合成基因
1973	用限制性内切酶和连接酶第一次完成 DNA 的切割和连接，揭开了基因重组的序幕
1975	杂交瘤技术创立，揭开了抗体工程的序幕

续表

年份	事　　件
1977	第一次在细菌中表达人类基因
1978	基因重组人胰岛素在大肠杆菌中成功表达
1982	美国 FDA 批准了第一个基因重组生物制品——胰岛素（Humulin）上市，揭开了生物制药的序幕
1982	第一个用酵母表达的基因工程产品胰岛素（Novolin）上市
1983	PCR 技术出现
1984	嵌合抗体技术创立
1986	人源化抗体技术创立
1986	第一个治疗性单克隆抗体药物（Orthoclone OKT3）获准上市，用于防止肾移植排斥
1986	第一个基因重组疫苗上市（乙肝疫苗，Recombivax - HB）
1986	第一个抗肿瘤生物技术药物 α - 干扰素（Intron A）上市
1987	第一个用动物细胞（CHO）表达的基因工程产品 t - PA 上市
1989	目前销售额最大的生物技术药物 EPO - α 获准上市
1990	人源抗体制备技术创立
1994	第一个基因重组嵌合抗体 ReoPro 上市
1997	第一个肿瘤治疗的治疗性抗体 Rituxan 上市
1997	第一个组织工程产品——组织工程软骨 Carticel 上市
1998	第一个（也是目前唯一一个）反义寡核苷酸药物（Vitravene）上市，用于 AIDS 病人由巨细胞病毒引起的视网膜炎的治疗
1998	Neupogen 成为生物技术药物中的第一个重磅炸弹（年销售额超过 10 亿美元）
1998	第一次分离培养了人胚胎干细胞
2000	人类基因组草图公布
2002	第一个治疗性人源抗体 Humira 获准上市
2004	中国批准了第一个基因治疗药物——重组人 p53 腺病毒注射液

二、生物药物

生物药物与传统化学药物不同，通常是指利用生物体、生物组织或其成分，综合利用生物学、生物化学、微生物学、免疫学、物理化学和药学的原理与方法进行加工、制造而成的一大类预防、诊断和治疗疾病的制品。

广义的生物药物是指从动物、植物、微生物等生物体中制取的，及利用现代生物技术生产的生物体内存在的天然活性物质，以及人工合成或半合成的天然活性物质的类似物。这一定义包含两个重要概念：一是现代生物技术，包括基因工程、蛋白质工程、细胞工程、酶工程、微生物发酵工程、生物电子工程、生物信息技术与生物芯片、生物材料、生物反应器、大规模蛋白纯化制备技术等；二是天然活性物质，即生物技术药物的来源是动物、植物、微生物等各种生物内的特征细胞产物。

生物药物包括天然生化药物、生物制品和生物技术药物。

三、天然生化药物

天然生化药物是指天然的存在于生物体（动物、植物、微生物和海洋生物）内，通过提取、分离、纯化等方法获得的具有药理活性的有效成分。其化学机构一般比较清楚，因此一般按其化学结构和药理作用进行分类和命名，分为氨基酸类药物、多肽和蛋白质类药物、酶与辅酶类药物、核酸及其降解物和衍生物、多糖类药物、脂类药物和细胞生长因子与组织制剂等。

四、生 物 制 品

生物制品是应用普通的，或以基因工程、细胞工程、蛋白质工程、发酵工程等生物技术获得的微生物、细胞及各种动物和人源的组织和液体等生物材料制备的，用于人类疾病预防、治疗和诊断的药品，主要包括细菌疫苗、病毒疫苗、血液制品、重组产品及诊断试剂等。

生物制品是现代医学中发展较早的一个领域。随着相关科学技术的发展，生物制品由最初的几种简单疫苗和血清发展到目前包括重组 DNA 产品在内的各类生物制品，其中已批准上市的就已经有 200 多种。随着新的理论和现代科学技术的发展，新的生物制品品种迅速增加，传统的生物制品也不断推陈出新，制品的质量不断提高，生产工艺条件不断优化，安全性不断提高，从而在疾病的预防、治疗和诊断等方面发挥着越来越重要的作用。

五、生物技术药物

利用人体内的天然物质治疗人类的疾病或达到某种医学治疗效果，一直是医学上的一个重要研究领域。但人体中极为重要的多种细胞素、激素、淋巴因子等含量较低，人体脏器来源也比较困难，难以大量提取。20 世纪 70 年代产生的 DNA 重组技术的出现，为生物技术药物的开发注入了新的活力，使生物技术药物在国内外医药领域得到了飞速发展。

1. 生物技术药物定义

生物技术药物是指采用 DNA 重组技术或其他新生物技术生产的治疗药物。具有以下特征：①生物技术药物产品的来源包括细菌、酵母、昆虫、植物和哺乳动物细胞等各种表达系统得到的特征细胞产物。②生物技术药物的适应证包括人体内诊断药物、治疗药物或预防药物。③生物技术药物的活性物质包括蛋白质或多肽、蛋白多肽类似物或衍生物、由蛋白多肽组成的药物产品，这些蛋白或多肽可能是来自细胞培养或用重组 DNA 技术生产，也包括用转基因植物和动物生产的产品。④生物技术药物的主要生产技术包括基因工程技术、抗体工程技术或细胞工程技术。生物技术药物的生产当然还需要其他生物技术，如发酵工程、纯化技术等。这里指的主要生产技术是生产某类生物技术药物的决定技术，如上述三种技术生产的基因工程产品（所有的基因重组蛋白）、抗体工程产品（所有通过杂交瘤技术生产的治疗性抗体，主要是鼠源抗体）、细胞工程产品（所有的细胞治疗和组织工程产品以及细胞培养生产的疫苗）几乎覆盖了所有的生物技术药物。基因工程技术是指将编码目的蛋白外源转染至宿主细菌或细胞（如大肠杆菌、酵母或哺乳动物细胞）中，通过培养基因工程菌株或细胞株来生产蛋白。抗体工程技术也称细胞融合技术或杂交瘤技术，主要用于非基因重组的治疗性抗体药物的生产。细胞工程技术主要是指动物细胞的大规模培养技术，主要用于用哺乳动物细胞表达的基因工程产品，或杂交瘤细胞分泌的单克隆抗体的生产，也是细胞治疗 P 组织工程产品的主要生产技术，还是生产基因治疗病毒载体或灭活或减毒病毒疫苗的主要生产技术。⑤生物技术药物的实例：细胞因子、纤溶酶原激活剂、重组血浆因子、生长因子、融合蛋白、受体、疫苗和单抗等。

2. 生物技术药物分类

生物技术药物主要包括两大类：重组蛋白质药物和重组 DNA 药物（表 11 – 2）。

表 11 – 2　　　　　　　　　　生物技术药物的分类

类别	生物学活性成分	产品示例
激素	生殖激素	Conal – F（促滤泡素 – β）、Follistim（促滤泡素 – α）、Ovidrel（绒膜促性腺激素）
	人生长激素	Somatrem、Somatropin、Saizen
	甲状腺刺激激素	Thyogen（促甲状腺素 – α）
	人胰岛素及其突变体	Humulin（胰岛素）、Humalog（胰岛素突变体）、Lantus（胰岛素突变体）、Novolin（胰岛素）、NovoLog（胰岛素突变体）
酶	代谢酶失常遗传性疾病的替代酶	Aldurazyme（治疗粘多糖病）、Cerezyme（治疗戈谢病）、Fabrazyme（治疗法布莱氏病）
	纤溶酶原激活剂	Alteplase（t – PA）、Reteplase（rPA、t – PA 突变体）、Tenecteplase（TNK、t – PA 突变体）、Abbokinase（高分子量尿激酶）
	脱氧核糖核酸酶	Pulmozyme（治疗囊性纤维化）
	凝血因子	NovoSeven（凝血因子Ⅶ）、Kogenate FS（凝血因子Ⅷ）、BeneFix（凝血因子Ⅸ）

续表

类别	生物学活性成分	产品示例
细胞因子	集落刺激因子	Neupogen（G–CSF）、Lenograstim（糖基化 G–CSF）、Leukine（GM–CSF）
	白介素	Kineret（IL–1Ra）、Proleukin（IL–2）、Neumega（IL–8）
	干扰素	Roferon–A（干扰素 α–2a）、Intron A（干扰素 α–2b）、Betaseron（干扰素 β–1b）、Avonex（干扰素 β–1a）、Actimmune（干扰素 γ–1b）
	促红细胞生成素	EPO–α、EPO–β、EPO 突变体
	其他细胞因子	INFUSE Bone Craft/L T–CAGE（BMP–2）、Osigraft（BMP–7）、Regranex Gel（PDGF–BB）
疫苗	病毒疫苗	乙肝小 S 疫苗、乙肝大 S 疫苗、乙肝大 S 疫苗
	细菌疫苗	L YMErix
治疗性单克隆抗体或抗体样蛋白	鼠源抗体	BEXXAR、Orthoclone OKT3、Zevalin
	嵌合抗体	ReoPro、Rituxan、REMICADE、Simulect、ERBITUX
	人源化抗体	Avastin、Campath、Herceptin、Mylotarg、RAPTIVA、Synagis、Xolair、Zenapax
	人源抗体	HUMIRA
	受体–Fc 融合蛋白	Enbrel（TNFαR–Fc）、Amevive（LFA3–Fc）
基他基因重组蛋白	—	Xigris（蛋白 C）、FORTEO、Natrecor、Ontak、Refludan
核酸	反义寡核苷酸	Vitravene
细胞治疗/组织工程产品	组织工程产品	组织工程双层皮、组织工程软骨、组织工程真皮、组织工程双层皮

　　重组蛋白质药物或重组多肽药物包括细胞因子、人干扰素、人白细胞介素 - 2 等。重组 DNA 药物包括反义寡核苷酸或核酸、基因药物、细胞治疗制剂、DNA 疫苗等。具体来讲如下。

　　（1）重组蛋白　是生物技术药物最主要的一类，狭义的生物技术药物专指基因重组蛋白，如基因重组的胰岛素、干扰素、促红细胞生成素（EPO）、组织型纤溶酶原激活剂（t2PA）、融合蛋白 Enbrel、基因工程乙肝疫苗、基因重组的治疗性抗体等。

　　（2）疫苗　此处特指基因重组疫苗，有许多病毒疫苗是通过细胞培养（细胞工程产品）来生产的，应该视为狭义的生物技术药物，如甲肝疫苗，但此处不做讨论。

（3）治疗性抗体　美国 FDA 批准的治疗性抗体大多是通过基因重组技术生产的嵌合抗体，如 Remicade、人源化抗体、Herceptin、人源抗体、Humira ，只有 OK2T3、Zevalin Bexxar 等鼠源抗体是通过杂交瘤技术来生产的。

（4）核酸类产品　如反义寡核苷酸和基因治疗。反义寡核苷酸药物是通过干扰基因的复制、转录等抑制导致疾病的蛋白质的合成，它主要由化学合成的方法来生产，严格意义来讲，不属于狭义的生物技术药物，目前只有一种反义寡核苷酸药物上市，即用于治疗 AIDS 病人巨细胞病毒性视网膜炎的 Vitravene。基因治疗曾被认为"可能革新整个医学的预防和治疗领域"，1988 年美国 FDA 就正式批准了第一例基因治疗申请，但是由于基因转染技术的限制以及基因治疗的副作用，在美国和欧盟基因治疗临床试验一度停止了 22 个月。我国批准的第一个基因治疗药物是重组人 p53 腺病毒注射液。

（5）细胞治疗 P 组织工程类产品　组织工程是新兴的一门交叉学科，它是应用工程学和生命科学的原理和方法，创建组织和器官替代物，通过移植重建、维持或改善因病变而丧失的细胞功能。

【知识拓展】

我国生物制药的现状

生物制药是指运用微生物学、生物学、医学、生物化学等的研究成果，从生物体、生物组织、细胞、体液等，综合利用微生物学、化学、生物化学、生物技术、药学等科学的原理和方法制造的一类用于预防、治疗和诊断的制品。

国家对生物制药的投入逐年加大，国家发展改革委安排新增中央投资支持生物医药、生物育种、生物医学工程高技术产业化专项，以及国家生物产业基地公共服务条件建设专项的建设，从而为今后生物制药的发展注入了新的动力。

虽然经过多年的发展，中国生物医药产业已经有了一个良好的基础，但是与世界先进国家的生物医药产业相比，中国生物医药产业还存在不少差距。目前，中国生物医药产业的正处于从科研到产业化的发展阶段。到 2020 年，随着工业化的实现和社会主义市场经济体制的完善，将促进社会保障体系更加健全，形成比较完善的现代医疗卫生体系。这些客观因素将为生物医药产业创造巨大的市场空间和良好的发展环境。

在客观需要和政府逐年加大资金投入的形势下，中国生物制药产业将作为朝阳产业，呈持续增长态势，充满了无限生机和活力，并推动中国健康事业的发展。

第三节　生物技术与医学诊断

对于现代医学来说，一个重要的方面就是尽早检测出在人、动物、植物体内以及在水和土壤中的病原性物质，做到早发现、早治疗。传统的传染病诊断技术涉及两个过程：第一，是根据临床症状确定引起疾病的物质到底属于哪一类的病原物，是病毒、细菌还是其他的物质，但这需要感染者发病，有了临床症状才能进行诊断，有些疾病的临床症状非常相似，所以难于诊断；第二，对病原物质进行分离培养，培养以后再分析它的生理学特性，从而确定病原体的种类，但这种方法成本高、速度慢、效率低，甚至有些病原体生长得特别慢或根本无法通过人工培养获得。现代生物技术的发展，开辟了医学诊断的新天地，新的诊断技术在疾病防治上发挥了越来越重要的作用，在临床诊断上占有的比重越来越大。

一、现代分子诊断技术

现代分子诊断技术是指利用免疫学和分子生物学的方法来对病原物质进行诊断检测。具有专一性强、灵敏度高、操作简单等特点，显示了巨大的优越性，为及早发现疾病，抓住治疗良机，提供了保障。有资料表明，利用现代分子诊断技术可以检测出刚发生癌变2周的小白鼠细胞。目前常用的是酶联免疫吸附测定、核酸杂交、PCR-酶解鉴定、单克隆抗体诊断等方法。

二、酶联免疫吸附测定（ELISA）

利用传统诊断程序诊断病因主要取决于人们对某种病原物性质的了解，利用这种病原物与其他病原物生物学特性的区别进行诊断。临床工作中，将这种病原物与其他病原物比较，分析其特殊的生物学特性，即病原物产生的特定的生化成分，从而诊断出病原物的种类，确定病因。

ELISA法是于1971年由瑞典的Engvall等人建立，他们分别以纤维素和聚苯乙烯试管作为固相载体吸附抗原或抗体，并结合酶技术检测相应抗体或抗原。1974年Voller等人又将固相支持物改为聚苯乙烯微量反应板，从而使ELISA法在临床上得以广泛应用。目前临床上应用的主要有测定抗体的间接ELISA法和测定抗原的双抗体夹心法。

虽然临床上ELISA法是一种行之有效的检测方法，但在很多种情况下，仅凭ELISA的结果是难以得出确定结论的，ELISA的检测结果必须与其他检测方法的结果结合到一起，综合考虑才可以得出正确的诊断结论。历史上曾经出现过仅凭ELISA的检测结果误诊一个美国病人为HIV阳性的例子，给病人造成严重的精神恐慌。

1. ELISA 技术的原理

酶联免疫吸附测定，是指利用抗体可以与相应抗原特异性结合的原理，通过抗原－抗体的特异性识别反应进行检测的一种现代分子诊断技术（图 11 - 7）。由于其诊断程序特异而简便，故广泛应用于临床。

检测过程主要有如下几个步骤：

（1）将待测样品结合在固体支持物上，常用的固体支持物是 96 孔的微量滴定板。

（2）加入可以与目标分子特异反应的抗体，即一抗，反应后冲洗掉未结合上的一抗。

（3）加入特异性识别一抗，而不识别目标分子的二抗，二抗上联有一种酶，常用的酶有辣根过氧化物酶、碱性磷酸酯酶或脲酶等，这些酶能够催化一种化学反应将无色底物转变成有色物质。一抗与二抗反应完成后，冲洗掉未与一抗接合的二抗。

（4）加入无色底物。

（5）实验结果判定　结果判定有下列几种情况：①一抗没有结合上样品中的目标分子，那么第一次冲洗时一抗被全部洗去，二抗也就无法结合，底物就会保持无色；②二抗没有与一抗结合，那么第二次冲洗时二抗也会被洗去，底物也会保持无色；③样品中带有目标分子，一抗能特异性地与之结合，二抗结合到一抗上，二抗上联带的酶就会使无色底物变成有色物质，人们就会通过底物颜色的变化来判定待测样品中含有目标分子。

总的来说 ELISA 法的工作原理就是利用一抗与目标分子的特异性结合反应，检测待测样品中是否含有目标分子。

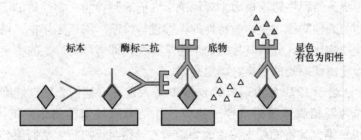

标本　　　酶标二抗　　　底物　　　显色
有色为阳性

图 11 - 7　ELISA 技术的原理

2. 单克隆抗体和多克隆抗体

ELISA 法要制备抗原检测抗体或者制备抗体检测抗原，抗体的制备是用抗原直接免疫动物，在被免疫的动物血清中将会含有相应的抗体，然后将抗体纯化，从而获得临床诊断过程中所用的抗体。

但我们知道，一个抗原往往含有多个抗原决定簇，即使通过纯化技术处理后也无法避免，因此由这样的方法制备的抗体是一种含有可分别与多个抗原决定簇结合的多种抗体的混合物，这种混合物称为多克隆抗体。多克隆抗体具有很多缺点：①特异性较低：不同病原体可能会含有相似的抗原决定簇，多克隆抗体就会与这些不同的病原体产生抗原－抗体反应，从而造成临床的假阳性诊断。②产品的质量稳定性差：由于被免疫动物的个体差异，被同种抗原免疫后，由于抗原含有多种不同的抗原决定簇，不同批次免疫动物产生的抗体混合物中针对不同抗原决定簇的抗体的含量不同，这就导致了不同批次之间的抗体稳定性差。③生产周期较长、步骤多、成本高。多克隆抗体的这些缺点限制了这种抗体在临床上的应用。

单克隆抗体只识别一种抗原决定簇，只与一种抗原决定簇特异性结合的抗体，是利用细胞融合技术，在体外大量培养融合细胞，由融合细胞产生大量的抗体（具体见书上讲述单克隆抗体的章节）。由于单克隆抗体只识别一种抗原决定簇，因此其具有特异性强、成分均一、灵敏度高、产量大、质量稳定性容易控制等优点，在 ELISA 法中利用单克隆抗体极大提高了检测结果的准确性。目前世界各国建立的单克隆抗体品种数以万计，上市的有数千种。

三、DNA 诊断系统

一个生物体的各种性质和特征是由它所含有的遗传物质所决定的，任何一个基因的改变都可以使人患遗传疾病，目前发现的人类遗传性疾病就有 6000 多种。重组 DNA 技术不仅极大地丰富了人类遗传病分子病理学的知识，同时也提供了从 DNA 水平对遗传病进行基因诊断的手段。其原理是：任何一个决定特定生物学特性的 DNA 序列都应该是独特的，都可以用作专一性的诊断标记。临床上通过基因分析可以直接检测基因的缺失/插入、倒位、动态突变和一些高发的点突变等。这就是现代分子诊断技术中的 DNA 诊断系统。

1978 年 Kan 和 Dozy 首先发现了第一个限制酶酶切片段长度多态性（RFLP），并应用于产前诊断镰刀形细胞贫血症，从而开创了 DNA 诊断的新技术。20 多年以来，DNA 诊断技术取得了飞速发展，建立了多种多样的检测方法，应用于肿瘤、疟疾等多种疾病的诊断。

1. DNA 分子杂交技术

不同来源的单链 DNA，在一定条件下，通过碱基配对形成双链 DNA 杂合分子的过程称 DNA 分子杂交。DNA 分子杂交法通常要制作特定的探针，即对天然的或人工合成的 DNA 片段进行放射性同位素标记或荧光标记制成探针，经分子杂交后，检测放射性同位素或荧光物质的位置，寻找与探针互补的 DNA。DNA 分子杂交法作为一种重要的分子生物学分析技术，已广泛应用于测定基因拷贝数、基因定位以及疾病诊断等。

2. 聚合酶链式反应（PCR）诊断技术

聚合酶链式反应（PCR）技术是一种体外扩增特异 DNA 片段的技术，能快速、准确地从少量、复杂的 DNA 混合物样品中扩增目标 DNA 片段。

PCR 技术于 1985 年，由 Mullis K B 发明，并因此获得了诺贝尔奖。PCR 技术除了用于分离和制备基因工程目的基因外，还有一种主要用途，即是用于某些疾病诊断中。诊断原理即是以传染性因子的特异 DNA 序列作为目标 DNA 片段，并以这段目标 DNA 片段设计引物，对待测样品进行 PCR 扩增，如果检测出相应的扩增带，则判定为阳性，若无相应扩增带则判定为阴性。这种疾病的诊断技术在临床上应用广泛，目前能利用这种技术检测的传染性因子有结核杆菌、淋球菌、多种导致腹泻的肠道传染性细菌、丙型肝炎病毒、人类免疫缺陷病毒、乙肝病毒、巨细胞病毒、肺炎支原体等。表 11-3 列出了一些可诊断的传染性因子。

表 11-3　　　　　　　　可进行基因诊断的传染因子

病毒	细菌	寄生虫
单独性疱疹病毒	大肠杆菌	锥虫
肝炎病毒	沙门氏菌	丝虫
巨细胞病毒	耶尔森氏菌	疟原虫
腺病毒	分枝杆菌	血吸虫
风疹病毒	弯曲菌	利什曼原虫
Epstein-Barr 病毒	军团菌	旋毛虫
轮状病毒	博代氏杆菌	小泰氏梨浆虫
乳头状瘤病毒	弧菌	弓形虫
人免疫缺陷病毒	链球菌	
细小病毒	葡萄球菌	
鼻病毒	淋病奈瑟氏菌	

PCR 技术的工作原理是以通过变性得到的 DNA 的一条链为模板，在多聚酶的催化下，通过碱基配对，使目标 DNA 片段与目标 DNA 两端互补的寡核苷酸引物结合成新的 DNA 双链结构，并经多次循环，使目标 DNA 的数量增加至原始量的 2^n 倍（达到检测量）。通过目标 DNA 的这种复制扩增使目标 DNA 的数量短时间内快速达到检测要求，从而实现临床的诊断。其具体过程如下。

（1）变性　通过加热使双链 DNA 模板变成单链。

（2）复性　降温后引物与 DNA 互补的区域结合成双链，使用的模板 DNA 起始量很少，没有机会形成原始的双链，而只能与大量存在的引物结合。

（3）延伸　在 DNA 聚合酶的作用下，根据碱基互补原理，在结合到模板上形成双链的引物 3' 末端，掺入 dNTP，延伸合成与模板链互补的 DNA 链。

（4）循环　如同 DNA 复制中的半保留复制一样，新合成的链与模板链形成新的 DAN 双链，经反复的变性、引物结合和引物链延伸三步循环，前一循环合

成的 DNA 链成为下一循环引物结合的模板，每循环一次，反应体系中的目标
DNA 片段的量就增加一倍。经过数十次循环，即可由微量的 DNA 模板开始，获
得大量的目标 DNA 片段（理论上，PCR 循环次数为 n，则产量为原始 DAN 量的
2^n 倍）。

结合上述讨论，参照图 11-8，综合理解聚合酶链式反应（PCR）技术的工
作原理。

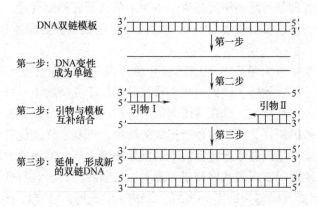

图 11-8　聚合酶链式反应（PCR）技术的工作原理

（1）PCR-RFLP 诊断技术　限制性片段长度多态性（RFLP）是指由于碱基
的改变导致 DNA 上的某一限制性内切酶水解位点的增加或减少。这就导致了当
用内切酶水解 DNA 时，产生的 DNA 片段数将相应的增加或减少，并且 DNA 片
段的分子质量会发生相应的变化，DNA 片段的这种变化就称作限制性片段长度
多态性。

PCR-RFLP 诊断技术的基本工作原理：如果某些遗传性疾病是由于 DNA 碱
基的改变引起的，并且这种改变正好增加或者减少了限制性内切酶的水解位点，
那么我们就可以首先利用 PCR 扩增技术扩增目标 DNA（包含突变位点），在获得
大量的目标 DNA 片段后再用 RFLP 技术进行分析。

（2）PCR-ELISA 诊断技术　PCR-ELISA 技术是将 PCR 技术和 ELISA 技术
结合起来并实现两级放大，即 PCR 技术放大和 ELISA 技术放大，故其灵敏度更
高，同时避免了 PCR 产物分析时电泳及染色过程，且更方便快捷，临床诊断中
多用于定量分析。

下面简单介绍双引物双标记法的工作原理：在 PCR 的一对引物中，一条引
物用生物素标记，另一条引物用地高辛标记，酶标微孔板用生物素的亲和素包被
（生物素的亲和素可以和生物素特异性结合）。PCR 扩增以后，经电泳或过柱等
方法纯化去除引物、dNTP、引物二聚体等小分子，然后将 PCR 扩增后的纯化片
段加入到微孔板中。此时，微孔板上的生物素的亲和素将与引物上的生物素特异
性地结合，从而捕捉 PCR 片段，再在微孔板中加入碱性磷酸酯酶或辣根过氧化

物酶标记的抗地高辛抗体，该抗体将与另一引物上的地高辛结合形成生物素的亲和素－生物素－PCR 片段－地高辛－抗地高辛抗体－酶的复合物。加入酶的相应底物进行显色，从而判断有无 PCR 扩增。

四、基因芯片诊断

随着 2001 年人类基因组测序的完成，人类建成了一个庞大的基因组数据库，如何开发利用各种基因组的研究成果，成为了各国研究的新课题。基因芯片就是由美国启动的一项重要的技术，并在其后的几年里被世界各国重视并深入研究，发展非常迅速。

基因芯片是指将大量靶基因或寡核苷酸片段有序、高密度地固定排列在玻璃、硅及塑料等硬质载体上，同时将大量探针固定于支持物上，可一次性对样品大量序列进行分析与检测。现在科研人员已分析出各种遗传病的基因序列，并根据其序列合成基因探针，用于各种遗传病的检测，有利于优生优育和遗传病的防治和治疗。这就使基因芯片像计算机上的微处理器一样，能快速的解读遗传基因的碱基排列，使瞬间破译碱基序列成为现实。目前我国科研人员已率先建立了含有 8000 多个不同人类基因的互补 DNA（cDNA）阵列，已在肝癌、乙型肝炎和艾滋病等疾病的诊断中显示了巨大的优越性。

基因芯片的诊断类型主要分为两类：原位合成和合成后点样。支持物主要是经过特殊处理的玻璃片、硅片、聚丙烯膜、硝酸纤维素膜、尼龙膜等。原位合成的支持物在聚合反应前要先使其表面衍生出羟基或氨基，并与保护基建立共价连接。合成后点样用的支持物为使其表面带上正电荷，以吸附带负电荷的探针分子，通常需经氨基硅烷或多聚赖氨酸等处理。

【知识拓展】

分 子 诊 断

对疟疾的诊断，实际上就是诊断是否存在疟原虫。由疟原虫引起的疟疾是一种常见的消化道传染病，威胁着世界上近 1/3 的人口，因此人们需要一种快速、灵敏且简单的诊断技术来鉴定不同来源的疟原虫，监测疟原虫的传播途径，对患者做到早发现早治疗。传统的对疟疾的诊断主要是通过抽取血样进行显微镜检查，这种镜检行之有效，但浪费时间和人力。所以目前人们更倾向于用免疫分子诊断的方法进行诊断，通过自动化检测仪器进行检测，从而节省了大量的人力和时间。

疟疾的分子诊断的工作原理：一种方法是利用 ELISA 法检测疟原虫蛋白或抗体，但这种方法仅用于检测疟原虫蛋白或抗体，不论是曾经患过疟疾或者正在患疟疾都可以通过 ELISA 法检测出阳性。另一种方法就是利用 DNA 杂交诊断法，即检测带有 DNA 的疟原虫，DNA 杂交探针是一段疟原虫的高度重复的 DNA 序列，实验证明，这样的高度重复的序列 DNA 可以检测 10pg 纯化的疟原虫 DNA，或血样中的 1ng 的疟原虫 DNA。

肿瘤是目前威胁人类健康的三大疾病之一，死亡率一直居高不下，虽然人们已经发展了多种比较成形的肿瘤治疗方法，但总的说来，在肿瘤尚未成形或者还很轻微的时候检测出异常基因的存在，做到早发现早治疗是降低死亡率的一种重要途径，因此肿瘤的分子诊断成为各国研究的重要课题。

简单举例：1994 年约翰·霍普金斯大学医学院对患者 Hubert Humphrey 的尿样进行了 PCR – 寡核苷酸探针杂交检测，发现其 P53 基因发生了突变，从而导致了膀胱癌，但 Hubert Humphrey 由于没有得到早期的诊断，错失了治疗的最佳时间，没有得到有效的治疗。具体的诊断过程如图 11 –9 所示。

尽管利用分子诊断技术在早期的肿瘤诊断中具有非常明显的优点，但是目前绝大多数的早期肿瘤诊断技术还处于初级阶段，还需要大规模的临床实验来证明其有效性。并且肿瘤的分子诊断不可能仅仅通过一种简单的诊断方法得出结论，需要多种诊断方法相互结合得出综合结论。针对不同种具体类型的肿瘤，要进行有针对性的研究。相信随着现代科学技术的不断发展，人们对肿瘤的认识不断加深，肿瘤将不再是不可征服的绝症。

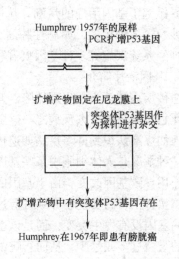

图 11 –9　利用 PCR – 寡核苷酸探针杂交检测早期膀胱癌示意图

第四节　生物技术与疾病治疗

在远古的时候，人们就知道用草药来防病治病，我国一直流传着神农尝百草的传说，随着现代生物技术的不断发展，在医药领域的应用越来越广泛，并越来越多地在疾病治疗中发挥着重要作用。临床上研究和应用的较多领域主要集中在以下几个方面。

一、干细胞治疗

生物技术的进一步发展，使应用生物技术培育人胚胎生产干细胞，以及进一步培育用于疾病治疗的人体器官成为可能。在医学上，干细胞用得最普遍的是移植造血干细胞来治疗白血病和一些遗传性血液病。造血干细胞的移植是目前治疗白血病和某些遗传性血液病的新出路，另外在肿瘤和免疫系统疾病治疗中也有很好的疗效。

二、基因治疗

1990 年，美国国立卫生研究院（NIH）的 Blase R. M. 和 Anderson W. F. 首次用腺苷酸脱氨酶（ADA）治愈一位患有腺苷酸脱氨酶缺乏症的 4 岁女孩，致使全世界掀起了基因治疗的热潮，从而使基因治疗的概念和探索范围不断被扩大，研究涉及了多种疾病，如恶性肿瘤、心脑血管疾病、自身免疫病、内分泌疾病、中枢神经系统疾病等多种基因疾病和艾滋病等传染病。

1. 基因治疗简介

遗传疾病被认为是生理缺陷、儿童死亡和成年人疾病的主要原因，而肿瘤是目前死亡率最高的三大疾病之一。随着分子生物学和分子遗传学等学科的飞速发展，人们逐渐认识到许多疾病如遗传性疾病、肿瘤等的发生大致可归结为两种情况：一种情况是人体细胞中某些基因被改变或外源病原体的基因产物与人体基因相互作用导致基因改变，由于基因的改变，使它编码的蛋白质也发生了改变，从而不能执行正常的功能，导致含有这种异常基因的细胞发生病变；另一种是编码蛋白的基因没有发生突变，而是该基因的表达失去了应有的控制，造成这种基因表达的蛋白过多或过少，从而影响细胞的分裂，这是许多癌症的患病原因。随着对这些疾病的发病机制的深入了解和各相关学科的飞速发展，人们逐渐提出了基因治疗的设想。

何为基因治疗？简单地说，就是用基因治病。也就是将基因直接导入人体，通过控制目的基因的表达，抑制、替代或补偿缺陷基因，从而恢复受体细胞、组织或器官的生理功能，达到治疗疾病的目的，图 11 – 10 为基因治疗腺苷脱氨酶缺乏症的路径图。

2. 基因治疗的分类

按照分子生物学的研究方法和原理，对基因治疗进行分类。

（1）基因置换　基因置换是使用正常基因原位替换病变细胞内的致病基因，使细胞内的 DNA 恢复正常状态。这种治疗方法被认为是最理想的，但目前由于技术的限制尚难实现。

（2）基因修复　基因修复是将致病基因的突变碱基序列纠正，其他正常部分予以保留。这种治疗方法操作上要求较高，实践中也存在一定的难度。

（3）基因修饰　基因修饰（又称基因增补）是将目的基因导入病变细胞或其他细胞，目的基因的表达产物能修饰缺陷细胞的功能或使原有的某些功能得以加强。在这种治疗方法中，缺陷基因仍然存在于细胞内，目前基因治疗多采用基因修饰的方法。例如，将组织型纤溶酶原激活剂的基因导入血管内皮细胞并得以

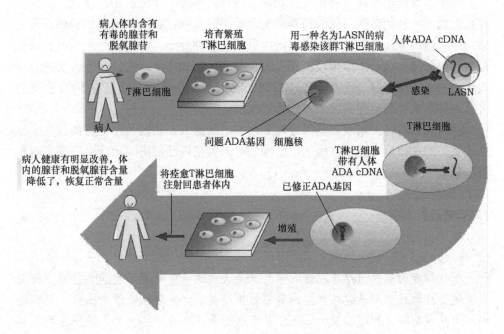

图 11 - 10 基因治疗腺苷脱氨酶缺乏症的路径图

表达，从而防止经皮冠状动脉成形术诱发的血栓形成。

（4）基因失活 基因失活是利用反义技术能特异地封闭基因的表达特性，抑制一些有害基因的表达，从而达到治疗疾病的目的。例如，利用反义RNA、核酶或肽核酸等抑制一些癌基因的表达，抑制癌细胞的增殖，诱导肿瘤细胞分化。这种技术还有封闭肿瘤细胞的耐药基因的表达，增加化疗效果的作用。

（5）免疫调节 免疫调节就是将抗原、抗体或细胞因子的基因导入患者体内，改变病人的免疫状态，达到预防和治疗疾病的目的。例如，将白细胞介素 -2 导入肿瘤患者体内，提高病人 IL - 2 的水平，激活体内免疫系统的抗肿瘤活性，达到预防肿瘤复发的作用。

（6）其他 增加肿瘤细胞对放疗或化疗的敏感性。采用给予前体药物的方法，减少化疗药物对正常细胞的损伤等。

3. 基因治疗的路线

基因治疗路线大致分为：性细胞基因治疗和体细胞基因治疗。

性细胞基因治疗是指将正常基因导入相应的、有基因缺陷的性细胞中，以纠正该基因缺陷。这种技术路线能达到一劳永逸的效果，既可以完全根除患者的病因，也可以使患者的子孙免受这种疾病的痛苦，从而切断这种遗传性疾病的传代。这种技术路线的关键是用正常基因取代患者的缺陷基因，但其操作的难度较大，临床应用还不够成熟。

体细胞基因治疗是指将相应的功能基因导入患者的体细胞中，使之合成出治疗性蛋白质。利用该蛋白质的药理和生理功能的发挥达到疾病治疗的目的。目前临床中，这种方法是基因治疗研究的主流，在恶性肿瘤、心脑血管疾病、自身免疫病、内分泌疾病、中枢神经疾病等各种基因疾病和传染性疾病的防治研究方面很多已进入临床阶段，并有望很快应用于临床。在临床上，已经有 3000 多例患者通过体细胞基因治疗的技术路线得以康复。

随着人们对各种基因和基因导入方法的不断深入，基因治疗的可操作性会越来越强。对基因治疗技术路线的广泛探索对人类遗传性疾病的治疗会有越来越积极的意义。

【知识拓展】

恶性肿瘤的基因治疗

恶性肿瘤的基因治疗已广泛开展，其最大的优点是实现了靶向性治疗，避免了传统化疗和放疗所导致的严重的毒副作用。其治疗途径主要有两条：一是在癌细胞中导入能杀灭肿瘤细胞的基因，从而达到治疗的目的。例如，美国应用反转录病毒将毒素基因导入癌细胞内，在靶细胞内表达毒素并发挥杀伤作用，使癌细胞死亡，但对其他正常细胞的毒性非常低。但这种方法大部分临床实验的结果都不是很理想，主要是由于能杀灭癌细胞的基因并不多。二是通过向癌细胞中导入提高机体免疫力的基因，通过提高机体的免疫力来控制肿瘤细胞的发展和逐步缩小肿瘤。这种途径在动物实验中取得了非常好的效果，但临床上应用于人体的效果并不太好。

第五节　人类基因组计划

1953 年 4 月，科学家发现了基因——遗传物质的基本结构，并提出了"DNA双螺旋模型"。后来，科学家认识到人类基因组中的所有基因在染色体上都有一定的位置、结构和功能。要揭示人类的奥秘，就要分离、克隆、研究人类所有的基因。

一、人类基因组计划的产生与目标

1984 年 12 月，美国犹他大学的 Wenter 受美国能源部的委托，主持讨论了DNA 重组技术及测定人类整个基因组 DNA 序列的意义。1985 年 6 月，美国能源部提出"人类基因组计划"（HGP）的初步草案。最早提出测定人类基因组序列的是美国科学家罗伯特·辛西默（Robert Sinshimer）。1986 年 3 月，美国的诺贝尔奖获得者雷纳多·杜尔贝柯石（Renato Dulbecco）在《科学》杂志上发表的短文中率先提出"测定人类的整个基因组序列"的主张，后经世界性的讨论取得共识。1987 年，美国开始筹建 HGP 实验室。1988 年，科学家开始讨论如何才能更快、更多、更好地研究与人类的生老病死有关的所有基因——全部的人类基因组。1989 年，美国成立"国家人类基因组研究中心"，诺贝尔奖获得者、DNA 分子双螺旋结构模型的提出者 Jamse Wateson 担任第一任主任。1990 年 10 月，美国首先正式启动 HGP，完成人类全部 DNA 分子核苷酸序列的测定（图 11 – 11）。1993 年，美国对这一计划做了修订，其中最重要的任务就是人类基因组的基因图构建与序列分析，需优先考虑、必须保质保量完成的是 DNA 序列图。随后，英国、法国、日本、加拿大、苏联、中国等许多国家积极响应，都开始了不同规模、各有特色的人类基因组研究。

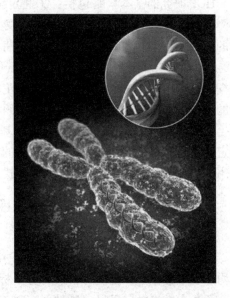

图 11 – 11　DNA 示意图

　　1999 年 12 月 1 日，人类首次成功地完成了人体染色体基因完整序列的测定。2000 年 6 月 26 日，6 国科学家公布人类基因组工作框架图，成为人类基因组计划进展的一个重要里程碑。2001 年 2 月 12 日，人类基因组图谱及初步分析结果首次公布。2003 年 4 月 15 日，美国、英国、德国、日本、法国、中国 6 个国家共同宣布人类基因组序列图完成，人类基因组计划的所有目标全部实现，提前 2 年实现了目标。

二、人类基因组计划的内容

　　从 1987 年提出 HGP 到 1990 年正式实施，研究的具体内容表现在 4 张图上：遗传图、物理图、序列图和转录图，其主要内容是绘制人类基因组序列框架图。1993 年马里兰州 Hunt Valley 会议上，经美国人类基因组研究中心（CHGR）修订后的 HGP 内容包括：人类基因组作图及序列分析；基因的鉴定；基因组研究技术的建立、创新与改进；模式生物（主要包括大肠杆菌、酵母、果蝇、线虫、小鼠、水稻、拟南芥等）基因组的作图和测序；信息系统的建立，信息的储存、处理及相应的软件开发；与人类基因组相关的伦理学、法学和社会影响与结果的研究；研究人员的培训；技术转让及产业开发；研究计划的外延等几方面，这些内容构成了 20 世纪到 21 世纪最大的系统工程。

三、人类基因组计划的基本策略

HGP 研究的基本策略包括：①测定整个基因组的策略：经典方法是先作图再测序。②cDNA 策略：人类基因组中发生转录表达的序列（即基因）仅占总序列的约 5%，对这一部分序列进行测定将直接导致基因的发现。该策略是从 cD-NA 文库中选取基因并克隆，然后进行序列测定，之后将结果通过计算机与已知的数据库进行比较，最终在染色体上进行定位。它的主要目标在于获取大量正在表达的遗传信息，以此为基础构建全基因组范围的转录图谱，获得基因组中对医学和生物制药产业关系最密切的信息。③基因鉴定的策略：通常采用定位克隆或候选定位克隆的策略，即利用与疾病连锁的标记在基因组文库中找到表达序列，再利用这一表达序列去识别全部 cDNA，找到该基因。

四、人类基因组计划的技术背景

1. 作图的生物技术

用质粒、噬菌体等载体通过 DNA 重组技术建立基因组文库或 cDNA 文库，用来构建克隆重叠群和提供材料进行分子标记的筛选。20 世纪 80 年代以来，依赖于分子杂交、放射自显影、脉冲场凝胶交变电泳技术和改进 PCR 技术等现代生物学技术的融合应用而发现的数十种分子标志，如 RFLP 标记（随机片段长度多态性）、SNP 标记（单核苷酸多态性）、STRS 标志（短串联重复）、STS（标志位点）、EST 标志（表达序列标志）、微卫星 DNA 标志等，使遗传图和物理作图的速度和精确度大大提高。

2. DNA 测序的生物技术

DNA 序列分析方法现已发展为荧光标记和自动机器操作，如 ABI 公司的 377型自动测序仪和 Pharmacia L. KB 公司的全自动 DNA 顺序分析仪（每小时可读500~600bp）等；已在 StanfordDNA 测序和技术开发中心使用的高效毛细管测序仪每天可分析 1Mb 的序列，科学家现正在设计 1d 能测定 100Mb 的自动仪器。另外还有质谱法、扫描隧道显微术、X 射线成像术、杂交测序法、流式细胞仪测序、大规模平行实测法、DNA 芯片法等新方法正在逐步完善并开发出商业化的产品用于 DNA 的序列测定。需要指出的是，随着微电子技术和显微制造技术的突飞猛进，今后测序技术的发展方向是仪器的微型化，这样可以极大地减少成本和提高效率。

3. 基因鉴定的生物技术

基因鉴定的关键在于初步定位之后从覆盖区域中寻找表达序列。在这方面，直接 cDNA 筛选法和外显子捕获技术已经过不断改进而成为较常用的方法。另外，采用微点阵技术将计算机系统与测序仪连用和采用相应的数据库和信息处理软件在连锁分析的基础上对检测数据进行大规模的扫描综合分析，已逐渐发展成为一种快速、准确、有效的基因鉴定手段。

五、人类基因组计划的成果

HGP 计划前 5 年的重点是制作遗传图谱和物理图谱。1996 年 3 月,《自然》杂志发表了法国、加拿大合作获得的完全由 5264 个微卫星（AC/TG）$_n$ 标记组成、遗传距离（分辨率）平均为 116cM 的人类最新的遗传连锁图。而包含 15086 个 STS 标志、分辨率达 199kb 的人类基因组物理图谱也在 1996 年建立。到 1997 年, 已完成或正在进行约 330Mb 的人类染色体区域的测序, 占总基因组的 11% 左右。

cDNA 的序列分析工作进展也很快, 1997 年数据库中的 EST 数目已达719076 个。另外, 已识别出与人类疾病相关的基因 200 个左右。就模式生物来看, 到 1997 年, 已完成了 141 种病毒、2 种真菌和酿酒酵母的测序工作; 小鼠的高密度遗传图谱已绘制完毕; 1997 年 10 月, 中国科学院国家基因研究中心发表了覆盖率约达 92 % 的水稻基因组第一代 BAC 指纹物理图。2000 年 6 月 26 日, 人类基因组国际组织及参与该项目的各国科学家宣布人类基因组工作框图绘制完成; 参与人类基因组计划的美、英、德、日、法、中 6 国科学家在 2001 年 2 月共同公布了人类基因组图谱及初步分析结果, 题为《人类基因组的初步测定和分析》的学术论文发表在同年 2 月 15 日的美国《自然》杂志上, 这是人类首次全面介绍人类基因组框架图的基本信息。科学家们发现: 第一, 人类遗传基因数量比原先估计的少很多。目前研究表明, 人类基因组中有（3~4）万个蛋白编码基因。第二, 人类基因组中, 基因分布不均匀, 部分区域基因密集, 部分区域则基因“贫瘠”。第三, 35.13% 的基因包含重复序列, 这说明那些原来被认为是“垃圾”的 DNA 也起重要作用, 应该被进一步研究。第四, 人类 99.19% 的基因密码是相同的, 而差异不到 0.11% 。这些差异是“单一核苷酸多样性”（SNP）产生的, 它构成了不同个体的遗传基础, 个体的多样性被认为是产生遗传疾病的原因。在该计划中, 科学家完成的人类基因组图谱的分辨率超过了原计划; 完成了全部染色体的高分辨率物理图谱的构建; 对基因功能的研究也取得了多项成就。

六、人类基因组计划的意义

人类基因组计划与“曼哈顿”原子弹计划、“阿波罗”登月计划, 被世界各国普遍誉为自然科学史上最伟大的“三计划”。

HGP 研究已经最终破译了人类 DNA 分子的全部核苷酸顺序, 建立了人类遗传物质的一整套信息数据库; 可以在 DNA 全序列阐明的基础上建立染色体的三维结构, 进一步来解释扩增、插入、缺失、易位、重组等过程的分子机制; 可以使医学上的 5 千多种遗传疾病以及恶性肿瘤、心血管疾病等由此得到预测、预防、早期诊断和治疗; H GP 作为整个生命科学发展的突破口, 可以带动生命科学其他领域及应用生物技术的发展，并对所涉及的伦理、法律等社会科学领域也将产生巨大的影响。因此，HGP 的研究不仅具有深刻的科学意义，也具有深远的社会意义。HGP 对生命科学研究与生物产业发展的导向性意义，可以用规模化、序列化、信息化、产业化、医学化、人文化来归纳。

1. 规模化

"基因组学"这一新的学科，是随着 HGP 的启动而诞生，并随着 HGP 的进展而发展起来的。生物学家第一次从整个基因组的规模去认识、研究一个物种或多个物种（通过比较基因组学）的全部基因，而不是大家分头一个一个去发现、研究自己"喜欢"的基因。这是基因组学与遗传学及所有涉及基因的生物科学和其他学科的主要区别之一。迄今为止，现代生物技术涉及医疗卫生、制药工业、环境改造、食品改良等与人们生产生活息息相关的许多领域。目前，人们所关注的转基因动植物（包括转基因食品）、高等动物的整体克隆、"人工器官"的活体培养、人类疾病的基因诊断和基因治疗、DNA 疫苗等新技术已经对人类健康及其赖以生存的环境产生了深刻的影响。HGP 的大规模运作也将推动生物技术科研与开发并肩走向操作的规模化、自动化，这无疑会使生物技术在未来经济发展中占有及其重要的位置。

2. 序列化

生物信息的序列化，是生命科学进入 21 世纪划时代的里程碑，也是生命科学成熟的一个阶段性标志。只有数量化（定量）的学科才能称为科学。生物信息的序列化，提供了研究生物这样复杂的、系统可比的、定量的数据，即生命科学以序列为基础，提供了使用大型计算机解读遗传信息的可能性。就人类来说，这一张序列图将与第一张解剖图一样永垂科学史册。这是 21 世纪的生命科学区别于以前的生物学最主要的特点。

3. 信息化

在某种意义上，序列化就是信息化。基因组学是从整体上研究一个物种的所有基因结构和功能的新科学，它将从整体上揭示生物活动规律的奥秘。人类基因组 DNA 序列共有 30 亿个碱基对，但控制人类性状的基因仅占全部序列的 3% ~ 5%［（6 ~ 10）万个基因］。迄今，已鉴定的人类基因约有 4 万个。这项工程最终可以解读人类 DNA 的全部核苷酸，建立人类遗传物质的一整套信息数据库，并逐步掌握生物种群所具有的全部遗传信息。在实施 HGP 的同时，1993 年，人类基因组多样性计划（HGDP）又开始启动。其研究目标是通过不同种族和人群分子多态性（如微卫星多态 MS、ALU 序列、单核苷酸多态 SNP、线粒体 DNA 等）的比较，分析人类起源、进化、迁徙与分子多态变化事件的相互关系；研究不同地理区域人群和种群的遗传个体差异性以及与进化的关系；为生物起源、进化的规律性探索提供证据，最终建立来自全世界人群的遗传多样性信息库。人类基因组计划的成功，是借助了同步发展的信息学和网络。同时，信息化改变了整个生命科学，改变了实验材料以及试剂（探针）的存在方式，以至于生物资源也信息化了。

4. 产业化

HGP伊始，就定位在带动一个产业——生物产业。HGP研究是多学科的，它的继续研究将推进非线性（复杂性）科学、物理学、化学、数学和计算机科学的发展，更促进生物工程学的发展。HGP的实施使人类在了解致病遗传机制和发现新基因上迈出了至关重要的一步，为基因药物设计提供了重要的理论基础和设计原则。现已成功分离亨廷顿氏舞蹈症、杜氏肌营养不良、哮喘病、乳腺癌等各种癌症及糖尿病等70多种遗传病基因，必将使生物制药产业发生空前的变革。

5. 医学化

人类基因组学是生物技术产业和健康产业的知识核心，蕴涵着无比巨大的产业化潜能和商业利益。HGP最初是作为一项治疗肿瘤等疾病的突破性计划提出的，因此，该计划一直将疾病基因的定位、克隆、鉴定作为研究核心，形成了疾病基因组学。随着基因组"工作框架图"的问世，许多致病单基因被确定为候选基因，并逐步对其结构与功能进行了分析，HGP已经把它的成果医学化，数十种基因产品，如人胰岛素、干扰素、生长激素等，已经投入工业化生产。基因预测、基因预防、基因诊断、检测和生物芯片、基因治疗、基因改良、器官复制与再生将使整个医学改观。DNA序列差异的研究将有助于人类了解不同个体对环境易感性与疾病的抵抗力，因而DNA序列分析很有可能成为最快速、最准确、最便宜的诊断手段之一。随着人类基因组计划的不断推进，用不了几年，人们将看到一份描述人类自身的说明书，它是一本完整地讲述人体构造和运转情况的指南，而现代医学则可根据每个人的"基因特点"对症下药，这就是21世纪的医学——"个体化医学"。

6. 人文化

人类基因组计划使人类对于人性、人文、人权、平等等概念，以至于社会结构都要重新讨论。它提供了重新审视人类自我的人文基础，也提供了重新认识人与人之间的关系、一个人在社会中的地位、人类与生命世界，以至于在整个自然界中的位置与关系的基础。HGP告诉我们的是：基因组不应被视为一块僵硬的遗传模板，而是一个流动的、动态的结构，DNA分子恒久处在重排、插入和缺失造成的变动之中；物种之间的横向基因转移（HGT）不仅从远古起就持久、大量地发生，并且可能是生命进化的主要动力之一。

7. 后基因组学

从1996年起，随着人类基因组测序计划的完成和后基因组时代的到来，国际上基因组、转录组、蛋白质组、代谢组，乃至表型组工作的相继开展，各种类型功能基因组数据的爆炸性增长，信息整合和数据挖掘的重要性显得尤为突出。有人将细胞的基因组、转录组和蛋白质组综合起来称为操纵子组来研究功能，正体现了这种认识。这就是通常所说的"后基因组学"。"后基因组学"主要包括：①人类基因的识别和鉴定：即采用生物信息学、计算机生物学技术和生物学实验手段，以及两者相结合的方法，收集并不断扩充现有的各种数据库，研制、建立更多样化的数据库和信息处理软件。从基因的编码序列、调控序列、重复序列、保守序列、特征性序列、蛋白质序列等多角度、多方面入手，包括模式生物已得到的基因组序列，进行比较基因组学研究。②基因功能信息的提取和鉴定：即利用改进的定量 PCR 技术、原位杂交技术、微点阵技术和基因表达的连续分析方法绘制基因表达图谱，同时包括对人类基因突变体的系统鉴定。③蛋白质组学的研究：即蛋白质谱的建立与基因的相互作用关系的研究。

　　蛋白质组学研究中的新方法是：采用双向凝胶电泳和测序质谱技术；建立蛋白质结构数据库，以研究其结构和功能的关系，并判断相关基因的结构与功能的关系；采用双杂交体系、三杂交体系、激酶蛋白靶和锌指蛋白的 DNA 靶检测技术构建基因组相互作用图；采用 X 射线衍射技术和磁共振技术对晶体蛋白和水溶性蛋白进行空间构型分析，建立蛋白质结构数据库，以研究蛋白质和相关基因结构与功能的关系；采用显微定位、定量新技术和荧光原位杂交、共聚焦等新技术对蛋白质的结构与功能，及其与基因的相互作用进行阐释。科学家正对数万个蛋白质片段进行识别和分类，目的是最终绘制出一张蛋白质组图。可以预见，蛋白质组研究将导致药物开发方面的实质性突破，使得生命科学能够实现长期以来所追求的目标，即研制出治疗如癌症和艾滋病等在内的各种疾病的药物。除此之外，基因组与生命形式和生物形态进化的关系研究也将是 21 世纪"后基因组学"开展研究的主要问题。

【知识拓展】

中国人类基因组研究计划的状况

　　中国自 1987 年开始设立人类基因组研究课题，经过各方面的努力，先后在 1993 年和 1996 年正式启动了"中华民族基因中若干位点基因结构的研究"和"重大疾病相关基因的定位、克隆、结构与功能研究"国家自然科学基金和 863 高科技计划课题。由于投资所限，中国的人类基因组研究不能像国外那样对全基因组或整条染色体作图和测序，所以我国人类基因组研究目标主要是根据本国人群资源优势的特点，突出基因多样性研究和疾病基因识别。

　　1998 年，中国的 HGP 被确立为国家计划，并在北京和上海成立了中国人类基因组北方研究中心和南方研究中心，着重收集和保存我国民族独特的基因组、研究民族间基因组的差异、分析其遗传学的意义，以及探明我国若干重要致病基因和易感基因的分布及发病机制，为基因诊断和基因治疗提供理论依据。

　　1999 年 9 月，中国获准加入 HGP 计划，成为参与其中的唯一发展中国家，负责 3 号染色体短臂从 D3S3610 至端粒区段约 3 000 万个碱基对（30Mb）的全序列测定，简称其为"1% 测序任务"。虽参加时间较晚，但我国科学家提前 2 年于 2001 年 8 月 26 日绘制完成"中国卷"，赢得了国际科学界的高度评价。这一目标的实现，将为中国 21 世纪的医学和生物制药产业储备一批重要的基因，大大促进我国生物信息学、生物功能基因组及蛋白质等生命科学前沿领域的发展，同时将提高我国基因组科学的总体水平，为我国基因资源的开发利用开辟广阔的前景，更加体现出中国对基因组科学的贡献，从而获得与全球科学界共享人类基因组计划成果的权利。

HGP 完成后，中国在现有工作基础上，加强了人类基因组的后续研究与开发，已将这项工作列入 12 个国家重大科技专项之一的"功能基因组与生物芯片"。超级水稻基因组计划已顺利完成，这必将对水稻研究和粮食生产产生重大影响。国家又投入 6 亿元，主要开展重大疾病、重要生理功能相关功能基因、中华民族单核苷酸多态性的开发应用，以及与人类重大疾病及重要生理功能相关的蛋白质、重要病原真菌功能基因组等的研究与开发，进一步完善我国生物技术创新体系，力争使中国在人类后基因组研究方面进入世界先进行列。

【思考题】

1. 什么是疫苗？
2. 如何对疫苗进行分类？
3. 什么是生物制品？你了解的生物制品有哪些？
4. 酶联免疫吸附试验的实验原理是什么？
5. 单克隆抗体和多克隆抗体的区别是什么？
6. 生物技术在疾病诊断中有哪些应用？
7. 生物技术在疾病治疗中有哪些应用？
8. 你了解的人类基因组计划都做了哪些工作？

第十二章 生物技术伦理与安全

【典型案例】

案例1. 转基因食品引发的争议

中国"杂交水稻之父"袁隆平表示，他正与其他科研人员一道研究转基因大米。转基因是一种存在争议的技术，但或许有助于中国内地实现农业生产目标。袁隆平在公开的一段视频中表示，转基因技术是未来的发展方向，我们在其是否有害的问题上不能一概而论。但是有调查显示，许多中国消费者和其他国家的人一样，依然对转基因食品持怀疑态度，或者至少认为自己有权知道自家餐桌上的食物有没有使用转基因技术。人民网在2013年10月组织过一次调查，发现有91%的受访者表示不会消费转基因食品（图12-1）。

中央政府发起媒体宣传攻势，希望借此提高公众对新技术的理解和接受程度。转基因技术的提倡者、中国科学院遗传与发育生物学研究所研究员朱祯说：有人问他，既然转基因食品是安全的，那为什么还要在包装上有所不同呢？朱祯答道："我觉得是因为消费者应当有权做出选择。有必要在包装上实现标准化，但是没有必要在突出位置加以体现"。

支持转基因技术的人认为：如果想要喂饱不断扩大的全球人口大军，同时在不过度使用有害化学物质的情况下对抗病虫害，那么转基因技术就是最好的、也很可能是唯一的方法。反对者则认为，未经充分试验就放入环境的外来生物已经增强了害虫的抵抗力，而且转基因技术远远没有增强农民的经济独立性。

案例2. 美国的"炭疽信件"事件

2001年美国炭疽攻击事件是在美国发生的一起从2001年9月18日开始为期数周的生物恐怖袭击。从2001年9月18日开始有人把含有炭疽杆菌的信件（图12-2）寄给数个新闻媒体办公室以及两名民主党参议员。这个事件导致5人死亡，17人被感染。第一批含炭疽病的信件的邮戳是2001年9月18日在新泽西州特伦顿盖的，正好是在911袭击事件之后一星期。这批里一共有五封信，寄给位于纽约的美国广播公司新闻、哥伦比亚广播公司新闻、全国广播公司新闻、纽约邮报以及位于佛罗里达州博卡拉顿美国媒体公司旗下的国家询问者。第二批信里的病原比第一批的更危险，它们含有约1g高纯度的几乎完全由孢子组成的干燥粉末，2002年纽约州立大学的研究教授和分子生物学家巴巴拉·罗森堡在受澳大利亚广播公司采访时称这些粉末为"武器化"的或"武器级"的。

2008 年中联邦调查局把它的怀疑集中到布鲁斯·爱德华兹·艾文斯（Bruce Edwards Ivins）身上。艾文斯曾经在马里兰州弗雷德里克戴翠克堡政府生物防御实验室中工作。他得知将被逮捕后于 7 月 27 日服用大量对乙酰氨基酚自杀。2008 年 8 月 6 日联邦调查局宣布艾文斯为唯一嫌疑犯。两天后美国国会议员开始了联邦调查局的调查工作。

图 12 - 1　食品标签中非转基因标识　　　图 12 - 2　带有炭疽的信封

　　上述案例都是发生在我们身边的事件，通过案例可以看到，生物技术的发展在提高人民生活质量的同时，也引发了一些争议，甚至带来了一些的潜在危险。我们该如何看待这些伦理及安全的问题，希望通过本章的学习，可以帮你找到答案。

【学习指南】

　　通过本章学习，了解生物技术发展引发的伦理及安全性问题，正确看待生物技术的发展及影响。

　　关注生活中有关克隆人、生物武器以及转基因食品的信息，结合学过的知识，客观地进行分析和评价。

　　随着 20 世纪 70 年代基因工程的兴起，生物技术进入了迅猛发展的时代，人类开始从分子水平探索人类的生命规律，使生物技术在近年间迅速向经济和社会的各个领域渗透和扩散，推动了社会生产力的快速发展，但是，在生物技术日益发展的同时，也引发了一系列的伦理和安全性问题，目前关注的焦点主要集中在由动物克隆及人类基因的解码而引发的伦理问题，以及由生物武器和转基因食品引发的安全性问题。

第一节 生物技术伦理

一、动 物 克 隆

1997 年 2 月 23 日，英国科学家 Wilmut 等人向全世界宣布，世界上第一只来源于体细胞的、由克隆方式获得的克隆羊多利问世了，这一消息的公布立刻在生物学和非生物学界掀起了风波，"克隆"一时间成为各媒体乃至全社会讨论的焦点。事实上，在多利诞生之前，早在 1938 年就有科学家提出了动物克隆这一概念；1952 年由罗伯特·布瑞格和托马斯·金对小蝌蚪的细胞成功地进行了无性生殖，1978 年英国科学家史彼德述和爱德华兹培育出了第一个试管婴儿路易斯；1984 年第一只胚胎细胞克隆羊诞生；而 1997 年多利的诞生，从理论上证明了已分化的动物细胞的全能性，也就是说动物细胞在适当的条件下，通过基因组的重新组织，就可能发育成新的个体。从理论研究的角度看，动物细胞全能性的证明对于发育生物学、遗传学理论的发展都会产生重大的影响，从应用角度看，动物克隆技术的成熟对于动物资源的种质保存、尽可能多地保存生物圈内的生物多样性具有重要意义；对于培育优良物种也有重要的意义。多利诞生以后，人们开始致力于研究其他克隆动物，2000 年 Kato 等培育出体细胞克隆牛；同年，Polejeava 等培育出首例体细胞克隆猪；2003 年 Sanghwan 等克隆出了敲除 $\alpha - 1$，3 - 半乳糖苷转移酶基因的克隆猪，克隆猪的成功获得，使人类的异体移植看到希望，因为猪的器官在大小、形状及生理特点等方面与人的器官非常相似，因而克隆猪的成功，使异体移植成为可能，但是目前技术还不完善，若使异体移植真正实现，还需在理论和技术方面取得更大成就。

二、克 隆 人

克隆羊多利的诞生从理论水平上表明了对于哺乳动物、甚至人类自身进行无性繁殖的可能性，如果将克隆技术应用于人类，在多利诞生后，就相继有人提出了克隆人的计划，据美国媒体 2002 年 11 月 27 日报道，当地时间的前天，在意大利罗马举行的一个新闻发布会上，素有"克隆狂人"之称的意大利著名生育专家塞维里诺·安蒂诺里宣称：人类历史上第一个克隆婴儿将于两个月后——2003 年 1 月诞生；而邪教组织雷尔教派成员、法国女科学家布瓦瑟利耶则在 2002 年 12 月 27 日宣布世界首个克隆婴儿——名为"夏娃"的克隆女婴已经于 26 日降临人世；目前克隆女婴的真实性尚无有关的科学证据，但是从克隆技术问世之日起，克隆人就成为了人们争论激烈的话题（图 12 - 3）。

（1）国际社会对克隆人的态度　目前，国际社会对于克隆人研究的态度各有不同。欧洲议会以 237 票对 230 票的微弱多数通过议案，反对用克隆人技术进

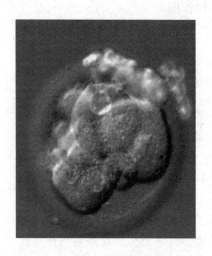

图 12 - 3　第一个人类克隆胚胎

行医学研究，并建议联合国全面禁止克隆人类。英国政府支持用于医疗目的的克隆人体胚胎细胞，克隆人类早期胚胎的研究在英国不再存在法律上的障碍。美国禁止用胚胎干细胞或其他方式克隆人。德国实施胚胎保护法，严格禁止克隆人及人体胚胎的研究。日本国会通过了禁止克隆人的"克隆技术规制法"，禁止克隆人和制作人和动物杂种。意大利卫生部长支持克隆人类干细胞，但是要得到政府的通过还很困难。澳大利亚联邦议会通过一项法案：科研界可以进行克隆羊的试验，但严禁克隆人以及人畜细胞合成的研究。法国政府允许对人体器官克隆技术进行用于医疗目的的研究，但严禁进行克隆人的研究。中国政府对待克隆人的立场是"不赞成，不支持，不允许，不接受"。

（2）克隆人的技术及伦理问题　目前各国反对克隆人的主要理由，大致体现在五个方面。

①技术问题：克隆人从技术上来说不可靠，目前克隆动物的实验表明，克隆成功率非常低，克隆多利时，尝试了 277 个体细胞，其中只有一个成功，即多利，牛的克隆成功率大约为 1%，小鼠的较高，也不过 2% ~ 3%，而且利用克隆技术得到的胚胎细胞有种种缺陷，大多数无法正常发育。成功产下的克隆后代也可能带有某种遗传缺陷，因此克隆人患有各种疾病的机会就会增大。

②身份问题：克隆人的身份难以认定，他们与被克隆者之间的关系无法纳入现有的伦理体系。克隆人与其供体之间是兄弟姐妹还是父子或母女关系，在伦理学上难以确定。

③进化问题：如果通过克隆的方式进行繁殖，则人类繁殖后代的过程不再需要两性共同参与，而无性繁殖本是低等动物的繁殖方式，把它用于高等动物属于"非自然"、"反进化"之举，这是违背自然规律的。

④生存性问题：从生物多样性上来说，大量基因结构完全相同的克隆人，可能诱发新型疾病的广泛传播，而且，基因组相同的克隆人，由于无法随着自然的演变而进化，将来必然会缺乏适应自然的生存能力，这对人类的生存及人类进化都是不利的。

⑤社会问题：克隆人可能因自己的特殊身份而产生心理缺陷，形成新的社会问题；除此以外，克隆人技术可能会被恐怖分子滥用，成为他们将来企图控制世界的工具。克隆技术一旦被像希特勒那样的野心家所掌握，那么目前各国人民共

有的世界就很可能成为某单一人种独自霸占的家园。

【知识拓展】

英国开放存取个人基因组计划惹争议

英国个人基因组研究项目有可能为科学家提供便利的工具，让他们进一步了解疾病和人类遗传学。

志愿者可以得到分析他们的基因的报告，但报告会同时上网公之于众，不能确保他们的隐私。志愿者们也会得到事先警告：这样做可能会对他们自己和他们的亲戚产生不可预知的影响。

揭开基因组的秘密可以帮助科学家深入了解疾病的成因和治疗。通过对比患上阿尔兹海默症的病人和没有患此病者的基因，科学家们对这种病症的了解有了进展。

已经开展这项研究项目的美国学者邱奇教授表示，这一项目有助于包括糖尿病、癌症等疾病的医学研究。但英国的医学专家也警告说，在为大众带来福利的同时，这个项目可能给志愿者个人、亲属甚至后代带来不可预知的风险。

英国研究医学生物资料和道德问题的专家米尔斯博士指出，如果一个人的基因公开，可能影响其今后的结婚、生子、亲属，还有可能导致其基因被非法克隆，随之甚至被罪犯使用。而且，虽然志愿者的真实姓名不在网上公开，但通过基因组资料库和其他公开资料，有可能让志愿者的真实身份曝光。

研究人员表示，将对志愿者进行测试，看其是否完全了解其基因组公开的后果。而反对这一说法的"人类遗传警惕组织"的金博士表示：这种测试程序根本不可能让志愿者了解到公开其基因组的严重后果。

第二节　生物技术安全

生物技术的发展引发了人们种种担忧，在对各种潜在危险的担心中，目前唯一变成了现实的就是生物武器。生物武器素有"瘟神"之称，是利用细菌、病毒等致病微生物以及各种毒素和其他生物活性物质来杀伤人、畜和毁坏农作物，以达成战争目的的一类武器。它传染性强，传播途径多，杀伤范围大，作用持续时间长，且难防难治。因此，制止生物武器在全球的扩散是国际社会面临的重大挑战之一。

1. 生物战剂的种类

生物武器是生物战剂及其施放装置的总称，它的杀伤破坏作用靠的是生物战剂。生物战剂是构成生物武器杀伤威力的决定因素。致病微生物一旦进入机体（人、牲畜等）便能大量繁殖，导致破坏机体功能、发病甚至死亡。它还能大面积毁坏植物和农作物等。生物战剂的种类很多，据国外文献报道，可以作为生物战剂的致命微生物有 160 种之多，但就具有引起疾病能力和传染能力的来说为数不算很多。

根据生物战剂对人的危害程度，可将其分为致死性战剂和失能性战剂：致死性战剂主要包括炭疽杆菌、霍乱弧菌伤寒杆菌、天花病毒、黄热病毒、东方马脑炎病毒、西方马脑炎病毒、斑疹伤寒立克次体、肉毒杆菌毒素等，其病死率在 10% 以上，甚至达到 50% ~90%；失能性战剂主要包括布鲁氏杆菌、Q 热立克次体、委内瑞拉马脑炎病毒等，其病死率在 10% 以下。

根据生物战剂的形态和病理可将其分为细菌类生物战剂、病毒类生物战剂、立克次体类生物战剂、衣原体类生物战剂、毒素类生物战剂、真菌类生物战剂。

根据生物战剂有无传染性，可分为传染性生物战剂及非传染性生物战剂。传染性生物战剂如天花病毒、流感病毒、鼠疫杆菌和霍乱弧菌等；非传染性生物战剂如土拉杆菌、肉毒杆菌毒素等。

随着微生物学和有关科学技术的发展，新的致病微生物不断被发现，可能成为生物战剂的种类也在不断增加。近些年来，人类利用微生物遗传学和遗传工程研究的成果，运用基因重组技术，定向控制和改变微生物的性状，从而有可能产生新的致命力更强的生物战剂。

2. 生物战剂的防护

生物战剂气溶胶主要是经呼吸道侵入人体，因此，保护好呼吸道非常重要。防护的方法主要有如下几种。

（1）戴防毒面具　防毒面具的式样很多，但主要由滤毒罐和面罩两部分组成。滤毒罐包括装填层和滤烟层。装填层内装防毒炭，用于吸附毒剂蒸气，但对气溶胶作用很小。滤烟层是用棉纤维、石棉纤维，或超细玻璃纤维等做的滤烟纸制成的。为了增加过滤效果，滤烟纸折叠成数十折，它的作用是过滤放射性尘埃、生物战剂和化学毒剂气溶胶，滤效可达 99.99% 以上。

（2）使用防护口罩　过氯乙烯超细纤维制成的防护口罩对气溶胶滤效在 99.9% 以上。在紧急情况下，如果没有防毒面具或特殊型的防护口罩，也可采用容易得到的材料制造简便的呼吸道防护用具，如脱脂棉口罩、毛巾口罩、三角巾口罩、棉纱口罩以及防尘口罩等。此外，还需要保护好皮肤，以防有害微生物通过皮肤侵入身体。通常采用的办法有穿隔绝式防毒衣或防疫衣以及戴防护眼镜等。

为了更有效地防止生物武器的危害，在可能发生生物战的时候，可以有针对性地打预防针。对于清除生物战剂来说，可以采用的办法有烈火烧煮和药液浸喷。用作杀灭微生物的浸喷药物主要有漂白粉、三合二、优氯净（二氯异氰尿酸钠）、氯胺、过氧乙酸、福尔马林等。对于施放的战剂微生物，由于它们可能附在一些物品上，既不能烧，又不能煮，也不能浸、不能喷，对付的办法就是用烟雾熏杀。此外，皂水擦洗和阳光照射以及泥土掩埋等也是可以采用的办法。

3. 生物武器造成的伤害

20世纪40年代日本军国主义者在中国东北地区实施细菌战，他们首先设计出能用于大量生产细菌的石井式培养罐，其细菌最高产量，一天约30kg，为使细菌的毒性增大，还把细菌液注射到人和动物的身体中。生产的细菌包括伤寒、霍乱、副伤寒、赤痢、炭疽、鼠疫，其生产的细菌在中国大陆散布，还利用飞机进行空投散布，造成中国死伤惨重。20世纪50年代美帝国主义者在朝鲜、中国空投金属四铬弹、铁铀陶瓷弹等以散布带有鼠疫杆菌的跳蚤和田鼠及带肠道菌的家蝇等。美国在越南战争期间曾施用过一种毒剂——桔剂，是落叶剂的一种，不仅使树叶枯萎、落叶，而且人吸入体内可造成大脑损伤，并导致癌症。越南南部受污染面积高达10%～14%，造成大批人中毒，且后患无穷。

生物武器近年来在战争中使用并得到证实的案例并不是很多，但是生物武器成为了很多恐怖主义分子的武器，近年来恐怖事件屡有发生。

1984年9月，在美国俄勒冈州的达尔斯小镇上，人们在几家餐馆就餐之后约有750人生了病。1986年在联邦的一次审讯中，有恐怖主义分子承认其与其同伙在俄勒冈州与本地人发生冲突后，在4家餐馆的沙拉上投下了沙门菌，这些细菌是在这伙信徒的一个大牧场的实验室里培养出来的。

2001年炭疽恐怖席卷美国，2003年，联邦调查局怀疑的凶手不是来自阿富汗，也不是来自中东地区，而是美国本土一个最优秀的科学家——美国前陆军生化武器专家史蒂芬·哈特菲尔。但因为没有掌握足够证据，美国司法部门并未对哈特菲尔提出起诉。对于2003年席卷中国的非典，也有人提出质疑，认为是恐怖主义分子所为。

目前生物武器和生物防御系统的较量中，后者不占优势，但是我们通过加强对反生物武器的生物技术研究，以及充分发挥各国人民的反恐力量，可以将生物武器的威胁降到最低。

【思考题】
1. 生物技术的发展引发的伦理及安全性问题主要体现在哪些方面?
2. 如何正确看待克隆人?
3. 如何正确看待生物武器?
4. 对转基因食品有哪些看法?

第十三章　生物信息学

【典型案例】

案例 1. 生物信息学在药物设计中的应用

人类免疫缺陷病毒（HIV）是一种感染人类免疫系统细胞的慢病毒，属反转录病毒的一种，至今无有效疗法的致命性传染病。该病毒能破坏人体的免疫能力，使免疫系统失去抵抗力，从而导致各种疾病及癌症得以在人体内生存，发展到最后，使病人罹患艾滋病（AIDS）。

第一代抗 HIV 药物是一种 HIV 逆转录酶抑制剂，最先获得美国 FDA 批准的是 $3'$-叠氮基-$2'$, $3'$-脱氧胸苷（AZT），商品名为齐多夫定。但是该药品有易产生耐药病毒株、较大的毒副作用等问题。

后来研制出第二代抗 HIV 药物，这是一类 HIV-蛋白酶抑制剂（PIS）。HIV 蛋白酶抑制剂可抑制或阻碍 HIV 蛋白酶的生物学活性，使 HIV 病毒的复制终止。这些化合物以及含有这些化合物和选择性含有其他抗病毒剂作为有效成分的药物组合物，适合于治疗被 HIV 病毒感染的病人或宿主。它的作用机制则是作用于 HIV 复制过程的后期环节，功能是在病毒 RNA 翻译的长链蛋白质的特定位置进行水解，以产生新病毒组装时所需的功能性酶和结构蛋白。这是基于酶的结构和作用机制而设计的一类药物，是模仿多肽结构和水解反应的过渡态，使药物和酶之间有很强的亲和力。同时它可逆性地占据了酶与底物作用的空间，使 HIV-PR 不能与底物结合而水解相应的肽键肽。目前临床上使用的 PIS 有 Saquinavir、Amprenavir、Nelfinavir、Indinavir、Ritonavir、Lopinavir（图 13-1）。但它们易与血液中很多蛋白结合，且体内代谢快，临床用量大。但是由于药物作用的靶位是相同的，第二代抗 HIV 药物不会在抗药性和耐受性等方面有根本性的突破。

第三代抗 HIV 新药主要是作用于 HIV 入侵淋巴细胞的过程，从而对 HIV 的初次感染和继发感染产生良好的抑制作用。因此第三代抗 HIV 新药与目前的药物有良好的协同作用，同时具有副作用小、活性高、耐受性好等明显的优点。科学家们通过以 CYPA（亲环素 A，一种免疫抑制分子）分子作为靶位分子，分别构建基于 CsA 和 gag 蛋白的结合位点和与 CD147 分子相互作用的位点的高通量筛选模型，该模型可以从组合化学文库和以环胞霉素 A 为先导化合物的衍生化合物文库中进行高通量筛选第三代抗 HIV 新药。

实际上，在第二代和第三代抗 HIV 药物研发中，已经广泛应用了生物信息学。科学家们借助于许多与生命相关的学科，如基因学、蛋白质化学、细胞生物学、分子生物学、计算机化学等的研究成果，对酶和受体的分子结构、空间构象、生理功能等进行深入理解，越来越有针对性地设计抗 HIV 的特效药。而针对抗 HIV 药物普遍出现的抗药性，除了传统疗法，药学家正在试图通过分子模拟、遗传药理和生物统计学等方法设计新的"超级"药物。因此，运用计算机技术理性设计抗 HIV 药物已经在新药研究和制药工业中形成了一种新的发展趋势，有着巨大的经济效益。

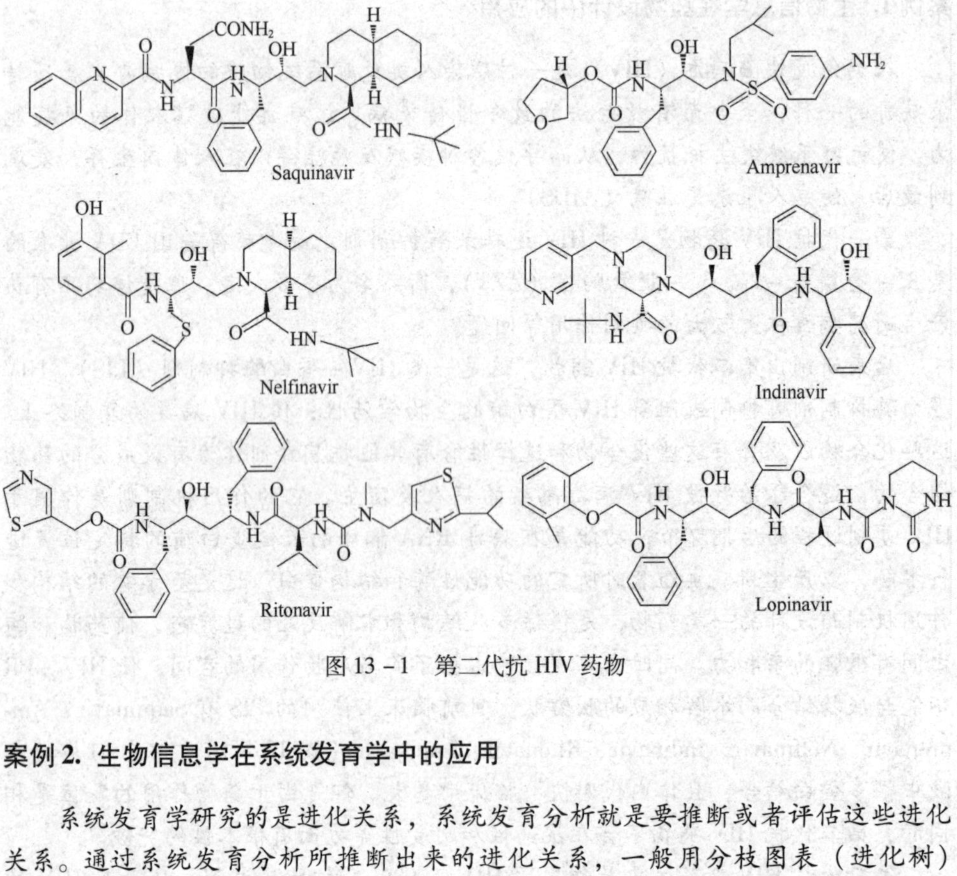

图 13 - 1　第二代抗 HIV 药物

案例 2. 生物信息学在系统发育学中的应用

系统发育学研究的是进化关系，系统发育分析就是要推断或者评估这些进化关系。通过系统发育分析所推断出来的进化关系，一般用分枝图表（进化树）来描述，这个进化树就描述了同一谱系的进化关系，包括分子进化（基因树）、物种进化以及分子进化和物种进化的综合。因为"clade"这个词（拥有共同祖先的同一谱系）在希腊文中的本意是分支，所以系统发育学有时被称为遗传分类学（cladistics）。在现代系统发育学研究中，研究的重点已经不再是生物的形态学特征或者其他特性，而是生物大分子，尤其是序列。

在系统发育学中，人的起源一直是关注的热点。现代人的起源问题，学界并未达成共识，目前主要流行两种观点，即单一地区起源论和多地区起源论。对于单一地区起源论，学界的主流观点为非洲起源论（图 13 - 2）。对于这一问题，迄今为止在学界影响较大的一个事件便是 1987 年美国几位分子生物学专家所做的有关人类起源的线粒体实验研究（DNA），结果认为现代的人类都是十几万年前的一位非洲妇女的后代。尽管这些实验结果有力地支持了单一地区起源论，但近年来许多西方国家的分子生物学家，如美国宾西法尼亚州立大学的 S. Blair hedgea 、加利福尼亚大学的 Francisco J. Ayala 等人都通过自己的实验对"线粒体夏娃"理论提出不同见解，甚至是完全相反的结论。因此看来，现代人种的起源问题并没有因为 DNA 方法的应用而得到解决，还有待于进一步的探索和研究。对这一结论大家仍持怀疑态度，还要靠今后更多新的古人类化石资料的发现以及更多的新型研究方法的利用和改进。

　　生物信息学的主要研究方向之一分子进化，使得人们在探索人类起源的道路上又加快了步伐。分子进化是利用不同物种中同一基因序列的异同来研究生物的进化，构建进化树，既可以用 DNA 序列，也可以用其编码的氨基酸序列来做，甚至于可通过相关蛋白质的结构比对来研究分子进化，其前提假定是相似种族在基因上具有相似性。通过比较可以在基因组层面上发现哪些是不同种族中共同的，哪些是不同的。

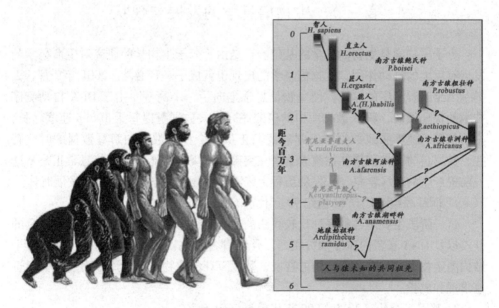

图 13 – 2　人类起源与进化图

　　这两个案例都是生物信息学的主要应用方向之一。希望通过以下章节的学习，让我们理解生物信息学和传统科学的区别在什么地方？它包括哪些内容？它能在当前生物科学发展中扮演什么角色？

【学习指南】

本章主要介绍生物信息学发展与现状，主要研究内容，并对生物信息学在现代科学中的作用与发展方向进行了展望，以期让学生对生物信息学具有总体的了解和认识。

生物信息学是研究生物信息的采集、处理、存储、传播、分析和解释等各方面的一门学科，它通过综合利用生物学、计算机科学和信息技术而揭示大量而复杂的生物数据所赋有的生物学奥秘。"生物信息学"的名词最早是美国学者 Hwa A. Lim（林华安）1956 年在美国召开的"生物学中的信息理论讨论会"上创造并使用。它特指在生命科学的研究中，以计算机为工具对生物信息进行储存、检索和分析的科学。它是当今生命科学和自然科学的重大前沿领域之一，同时也将是 21 世纪自然科学的核心领域之一。其研究重点主要体现在基因组学和蛋白质组学两方面，具体说就是从核酸和蛋白质序列出发，分析序列中表达的结构功能的生物信息。

第一节　生物信息学的发展与现状

分子生物学是生物信息学的基础。正是由于分子生物学的研究对生命科学的发展有巨大的推动作用，生物信息学的出现也就成了一种必然。2001 年 2 月，人类基因组工程测序的完成，使生物信息学走向了一个高潮。由于 DNA 自动测序技术的快速发展，DNA 数据库中的核酸序列公共数据量以每天 106bp 速度增长，生物信息迅速膨胀成数据的海洋。我们正从一个积累数据向解释数据的时代转变，数据量的巨大积累往往蕴含着潜在突破性发现的可能，生物信息学正是从这一前提产生的交叉学科。从发展历程上来看，生物信息学经历了三个发展时代。

1. 前基因组时代（20 世纪 90 年代前）

这一阶段主要是各种序列比较算法的建立、生物数据库的建立、检索工具的开发以及 DNA 和蛋白质序列分析等。伴随着各种基因组测序计划的展开、分子结构测定技术的突破和因特网的普及，数以百计的生物学数据库如雨后春笋般迅速出现和成长。

2. 基因组时代（20 世纪 90 年代后至 2001 年）

这一阶段主要是大规模的基因组测序、基因识别和发现、网络数据库系统地建立和交互界面工具的开发等。随着包括人类基因组计划在内的生物基因组测序工程的里程碑式的进展，由此产生的包括生物体生老病死的生物数据以前所未有的速度递增，已达到每 14 个月翻一番的速度。然而这些仅仅是原始生物信息的获取，是生物信息学产业发展的初级阶段，这一阶段的生物信息学企业大都以出售生物数据库为生。以人类基因组测序而闻名的塞莱拉公司即是这一阶段的成功代表。

3. 后基因组时代（2001 年至今）

随着人类基因组测序工作的完成，各种模式生物基因组测序的完成，生物科学的发展已经进入了后基因组时代，基因组学研究的重心由基因组的结构向基因的功能转移。这种转移的一个重要标志是产生了功能基因组学，而基因组学的前期工作相应地被称为结构基因组学。在功能基因组中，生物信息学的着重点则是序列的生物学意义，基因组编码序列的转录、翻译的过程和结果，着重分析基因表达调控信息，分析基因及其产物的功能。在功能基因组时代，应用生物信息学方法，高通量地注释基因组所有编码产物的生物学功能是一个重要的特征。

世界各国都非常重视生物信息学的发展，相关研究机构和公司与日俱增。目前绝大多数核酸和蛋白质数据库由美国、欧洲及日本的三家数据库系统产生，共同组成了 GeneBank/EMBC/DDBJ 国际核酸序列数据库，每天交换数据，同步更新。其他一些国家，如德国、法国、意大利、瑞士、澳大利亚、丹麦和以色列等，在分享网络共享资源的同时，也分别建有自己的生物信息学机构、次级或者衍生的具有各自特色的专业数据库及自己的分析技术，服务于本国生物医学研究和开发，有些服务也开放于全世界。

我国对生物信息学领域的研究也越来越重视，自北京大学于 1996 年建立了国内第一个生物信息学网络服务器以来，我国生物信息学的研究得到蓬勃发展。较早开展生物信息学研究的单位主要有北京大学、清华大学、浙江大学、中国科学院生物物理所、中国科学院上海生命科学研究院、中国科学院遗传与发育生物学研究所等。北京大学于 1997 年 3 月成立了生物信息学中心，中国科学院上海生命科学研究院也于 2000 年 3 月成立了生物信息学中心，分别维护着国内两个专业水平相对较高的生物信息学网站，但从总体上来看仍与国际水平有较大差距。现在，国内生命科学研究与开发对生物信息学研究和服务的需求市场非常广阔，然而，除华大基因（BGI）外，真正开展生物信息学具体研究和服务的机构或公司却相对较少，仅有的几家科研机构主要开展生物信息学理论研究，提供生物信息学服务的公司也大多进行的是简单的计算机辅助分子生物学实验设计。

生物学是生物信息学的核心，计算机科学技术是它的基本工具。展望生物信息学的未来，就是预测它对生物学的发展将带来哪些根本性的突破。这种预测是十分困难的。然而，科学史的发展表明，科学数据的大量积累将促使重要科学规律的发现。因此，有理由相信，当今海量生物学数据的积累，也将促使重大生物学规律的发现。

当前，生物信息学在国内外的发展基本上都处于起步阶段，各国所拥有的条件也大体相同。因此，这是我国生物信息学研究赶超国际先进水平的极好机会。生物信息学研究投资少，见效快，可充分发挥我国基因信息资源丰富的优势。为此，建议制定一个适合我国国情的生物信息学发展计划：在条件具备的大学里建立生物信息学专业，培养专门人才；鼓励并支持数学、物理、化学和计算机科学技术工作者，学习有关的生物学知识，开展生物信息学方面的研究。这样，经过十几年或更长时间的努力，我国完全有可能成为生物信息学研究的强国。

第二节　生物信息学的研究内容和涉及领域

生物信息学的核心内容是研究如何通过对 DNA 序列的统计计算分析，更加深入地理解 DNA 序列、结构、演化及其与生物功能之间的关系，其研究课题涉及分子生物学、分子演化及结构生物学、统计学及计算机科学等许多领域。生物信息学是内涵非常丰富的学科，其核心是基因组信息学，包括基因组信息的获取、处理、存储、分配和解释。基因组信息学的关键是"读懂"基因组的核苷酸顺序，即全部基因在染色体上的确切位置以及各 DNA 片段的功能；同时在发现了新基因信息之后进行蛋白质空间结构模拟和预测，然后依据特定蛋白质的功能进行药物设计。了解基因表达的调控机制也是生物信息学的重要内容，根据生物分子在基因调控中的作用，描述人类疾病的诊断，治疗内在规律。它的研究目标是揭示基因组信息结构的复杂性及遗传语言的根本规律，解释生命的遗传语言。生物信息学已成为整个生命科学发展的重要组成部分，成为生命科学研究的前沿。

虽然生物信息学可以理解为"生物学 + 信息学（计算机科学及应用）"，但作为一门学科，它有自己的学科体系，而不是简单的叠加。需要强调的是，生物信息学是一门工程技术学科。必须注意到，生物信息学的研究内容与研究对象或客体（应用方面）是不同的概念。很显然，生物信息学的研究对象是生物数据。其中最经典的是分子生物学数据，即基因组技术的产物——DNA 序列。后基因组时代将从系统角度研究生命过程的各个层次，走向探索生命过程的每个环节，包括微观（深入到研究单个分子的结构和运动规律）和宏观（结合宏观生态学，从大的角度来研究生命过程）两个方向，着重于"序列→结构→功能→应用"中的"功能"和"应用"部分。就研究面来说，其涉及并参与各个生命科学领域的研究。

纵观当今生物信息学界的现状可以发现，虽然生物信息学诞生较晚，但短短几十年间，已经形成了多个研究方向，研究内容涵盖基因组、蛋白质组、蛋白质结构以及与之相结合的药物设计等方面，其研究内容主要包括以下几个方面。

1. 生物分子数据的收集与管理

具体的工作包括构建数据库系统，建立网络服务器，开发数据查询和搜索工具，设计数据分析软件和数据可视化软件。

数据库的内容除 DNA 序列、蛋白质序列和结构数据库之外，还有表达序列标记数据库、序列标记位点数据库、蛋白质序列功能位点数据库、基因图谱数据库等一些具有特殊功能的数据库。

2. 数据库搜索及序列比较

对于许多新得到的生物分子序列，我们并不知道其相应的生物功能。生物学研究人员希望能够通过搜索序列数据库找到与新序列同源的已知序列，并根据同源性推测新序列的生物功能。搜索同源序列在一定程度上就是通过序列比较寻找相似序列。序列比较的基本操作就是比对。基本问题是比较两个或两个以上符号序列的相似性或不相似性。从生物学的初衷来看，这一问题包含了以下几个意义：从相互重叠的序列片段中重构 DNA 的完整序列，在各种试验条件下从探测数据中决定物理和基因图存储，比较数据库中的 DNA 序列，比较两个或多个序列的相似性，在数据库中搜索相关序列和子序列，寻找核苷酸的连续产生模式，找出蛋白质和 DNA 序列中的信息成分。序列比对考虑了 DNA 序列的生物学特性，如序列局部发生的插入、删除（前两种简称为 indel）和替代，序列的目标函数获得序列之间突变集最小距离加权和（或）最大相似性，对齐的方法包括全局对齐、局部对齐等。两个序列比对常采用动态规划算法，这种算法在序列长度较小时适用，然而对于海量基因序列（如人的 DNA 序列高达 10^9 bp），这一方法就不太适用，甚至采用算法复杂性为线性的也难以奏效。目前在序列搜索方面有多种不同的实用程序，但较成功的两个程序是 BLAST 和 FASTA。与序列两两比对不一样，多重序列比对研究的是多个序列的共性。序列的多重比对可用来搜索基因组序列的功能区域，也可用于研究一组蛋白质之间的进化关系。在蛋白质研究方面，除序列数据库搜索之外，还有结构数据库搜索。

3. 基因组序列分析

基因识别的基本问题是给定基因组序列后，正确识别基因的范围和在基因组序列中的精确位置。非编码区由内含子组成，一般在形成蛋白质后被丢弃，但从实验中，如果去除非编码区，不能完成基因的复制。显然，DNA 序列作为一种遗传语言，既包含在编码区，又隐含在非编码序列中。分析非编码区 DNA 序列没有一般性的指导方法。在人类基因组中，并非所有的序列均被编码，即是某种蛋白质的模板，已完成编码部分仅占人类基因总序列的 3% ~ 5%，显然，手工的搜索如此大的基因序列是难以想象的。侦测密码区的方法包括测量密码区密码子的频率、一阶和二阶马尔科夫链、ORF、启动子识别、HMM 和 GENSCAN、Splice Alignment 等。

另外，从实验和计算的关系来看，在有些情况下，由实验测定的编码区域并不一定完整，必须结合计算找到并证实所有的外显子。从编码区域可以推导出基因的结构及其对应的蛋白质序列。

除寻找基因之外，详细分析非编码区域也是非常有意义的。

4. 基因表达数据的分析与处理

分析基因表达数据是目前生物信息学研究的热点和重点。一块基因芯片就可以产生上千个基因的表达数据，数据处理量大幅度增加，数据之间的关系也更加复杂。研究基因表达数据的处理和分析方法已成为生物信息学发展的一个重要方向。

目前对基因表达数据的处理主要是进行聚类分析，所用方法主要有相关分析方法、模式识别技术中的层次式聚类方法、人工智能中的自组织映射神经网络、主成分分析方法（PCA）等。

虽然聚类方法是基因表达数据分析的基础，但是目前这类方法只能找出基因之间简单的、线性的关系，需要发展新的分析方法以发现基因之间复杂的、非线性的关系。最近，国际上在基因调控网络分析方面出现了许多有意义的工作，并已建立起一些基因调控网络的数学模型，如布尔网络模型、线性关系网络模型、微分方程模型、互信息相关网络模型等。

5. 蛋白质结构预测

从原理上讲，蛋白质序列隐含了蛋白质折叠后的空间结构，理论上可以从氨基酸序列计算出自然折叠的蛋白质结构。而蛋白质结构分析的基本问题是比较两个或两个以上蛋白质分子空间结构的相似性或不相似性。蛋白质的结构与功能是密切相关的，一般认为，具有相似功能的蛋白质结构一般相似。蛋白质是由氨基酸组成的长链，长度从 50 到 1000~3000AA，蛋白质具有多种功能，如酶、物质的存储和运输、信号传递、抗体等。氨基酸的序列内在决定了蛋白质的三维结构。一般认为，蛋白质有四级不同的结构。研究蛋白质结构和预测的理由是：医药上可以理解生物的功能，寻找 dockingdrugs 的目标；农业上是获得更好的农作物的基因工程；工业上是有利于酶的合成。直接对蛋白质结构进行比对的原因是由于蛋白质的三维结构比其一级结构在进化中更稳定的保留，同时也包含了较 AA 序列更多的信息。蛋白质三维结构研究的前提假设是内在的氨基酸序列与三维结构一一对应（不一定全真），物理上可用最小能量来解释。从观察和总结已知结构的蛋白质结构规律出发来预测未知蛋白质的结构。同源建模和指认方法属于这一范畴。同源建模用于寻找具有高度相似性的蛋白质结构（超过 30% 氨基酸相同），后者则用于比较进化族中不同的蛋白质结构。然而，蛋白结构预测研究现状还远远不能满足实际需要。

但是，由于蛋白质多肽链可能的构象是个天文数字，现有的计算能力不可能搜索整个构象空间，需采用一定的启发式方法寻找自由能最优或接近于最优的构象。

蛋白质结构预测分为二级结构预测和空间结构预测。尽管人们已经建立了许多二级结构的预测方法，但其准确率一般都不超过 65%，但其预测结果仍然能提供许多结构信息，尤其是当结构尚未解出时更是如此。

在空间结构预测方面，比较成功的理论方法是同源建模法。

6. 分子进化和系统发育学

分子进化是利用不同物种中同一基因序列的异同来研究生物的进化，构建进化树。既可以用 DNA 序列，也可以用其编码的氨基酸序列来做，甚至于可通过相关蛋白质的结构比对来研究分子进化，其前提假定是相似种族在基因上具有相似性。通过比较可以在基因组层面上发现哪些是不同种族中共同的，哪些是不同的。早期研究方法常采用外在的因素，如大小、肤色、肢体的数量等作为进化的依据。较多模式生物基因组测序任务的完成，人们可从整个基因组的角度来研究分子进化。在匹配不同种族的基因时，一般需处理三种情况：①Orthologous：不同种族，相同功能的基因；②Paralogous：相同种族，不同功能的基因；③Xenologs：有机体间采用其他方式传递基因，如被病毒注入的基因。这一领域常采用的方法是构造进化树，通过基于特征（即 DNA 序列或蛋白质中氨基酸的碱基的特定位置）和基于距离（对齐的分数）的方法和一些传统的聚类方法（如 UPGMA）来实现。

7. 序列重叠群装配

根据现行的测序技术，每次反应只能测出 500 或更多一些碱基对的序列，如人类基因的测量就采用了短枪方法，这就要求把大量的较短的序列全体构成了重叠群。逐步把它们拼接起来形成序列更长的重叠群，直至得到完整序列的过程称为重叠群装配。从算法层次来看，序列的重叠群是一个 NP – 完全问题。

8. 遗传密码

通常对遗传密码的研究认为，密码子与氨基酸之间的关系是生物进化历史上一次偶然的事件而造成的，并被固定在现代生物的共同祖先里，一直延续至今。不同于这种冻结理论，有人曾分别提出过选择优化、化学和历史三种学说来解释遗传密码。随着各种生物基因组测序任务的完成，为研究遗传密码的起源和检验上述理论的真伪提供了新的素材。

9. 药物设计

人类基因工程的目的之一是要了解人体内约 10 万种蛋白质的结构、功能、相互作用以及与各种人类疾病之间的关系，寻求各种治疗和预防方法，包括药物治疗。基于生物大分子结构及小分子结构的药物设计是生物信息学中极为重要的研究领域。为了抑制某些酶或蛋白质的活性，在已知其蛋白质三级结构的基础上，可以利用分子对齐算法，在计算机上设计抑制剂分子，作为候选药物。这一领域目的是发现新的基因药物，有着巨大的经济效益。

10. 生物系统

随着大规模实验技术的发展和数据累积，从全局和系统水平研究和分析生物学系统，揭示其发展规律已经成为后基因组时代的另外一个研究热点——系统生物学。目前来看，其研究内容包括生物系统的模拟（Curr Opin Rheumatol, 2007, 463 –70）、系统稳定性分析（Nonlinear Dynamics Psychol Life Sci, 2007, 413 – 33）、系统鲁棒性分析（Ernst Schering Res Found Workshop, 2007, 69 – 88）等方面。以 SBML（Bioinformatics, 2007, 1297 – 8）为代表的建模语言在迅速发展之中，布尔网络（PLoS Comput Biol，2007，e163）、微分方程（Mol Biol Cell，2004，3841－62）、随机过程（Neural Comput，2007，3262－92）、离散动态事件系统（Bioinformatics，2007，336－43）等方法在系统分析中已经得到应用。很多模型的建立借鉴了电路和其他物理系统建模的方法，很多研究试图从信息流、熵和能量流等宏观分析思想来解决系统的复杂性问题（Anal Quant Cytol Histol，2007，296－308）。当然，建立生物系统的理论模型还需要很长时间的努力，实验观测数据虽然在海量增加，但是生物系统的模型辨识所需要的数据远远超过了数据的产出能力。例如，对于时间序列的芯片数据，采样点的数量还不足以使用传统的时间序列建模方法，巨大的实验代价是系统建模的主要困难。系统描述和建模方法也需要开创性的发展。

第三节　生物信息学的研究方法

生物信息学不仅仅是生物学知识的简单整理和数学、物理学、信息科学等学科知识的简单应用。海量数据和复杂的背景使机器学习、统计数据分析和系统描述等方法需要在生物信息学所面临的背景之中迅速发展。巨大的计算量、复杂的噪声模式、海量的时变数据给传统的统计分析带来了巨大的困难，需要像非参数统计、聚类分析等更加灵活的数据分析技术。高维数据的分析需要偏最小二乘（PLS）等特征空间的压缩技术。在计算机算法的开发中，需要充分考虑算法的时间和空间的复杂度，使用并行计算、网格计算等技术来拓展算法的可实现性。

一、生物学数据库的建设和生物学数据的检索

1995 年，嗜血杆菌的基因组 DNA 信息被破解，它具有 1700 个感染基因，人类终于揭开了这一导致继流感之后第二大传染病细菌的神秘面纱；随后在 1996年，酵母基因组 DNA 全部的 6300 个基因被测序出来，为后续的研究提供了极大的方便；1998 年，人类获得了第一个多细胞生物——线虫的基因组，了解到它含有 19100 个基因，其中 1/3 基因与哺乳动物相似，这预示了我们可以将线虫当作一种模式生物；1999 年，果蝇的基因组信息被破解，它有 13600 个基因，虽然果蝇拥有的细胞数是线虫的 1000 倍，体积也比线虫大，但是它具有的基因数却少于线虫，这暗示着染色体上有些区域的基因没有直接被翻译成蛋白质，而有些基因却在转录和翻译过程中编码了多个蛋白质；2000 年，荠菜的基因组 DNA 被测序出来，它有 25500 个基因，许多基因都具有重复序。人类基因组计划启动与 1990 年，到 2003 年，99.9% 的人类基因都被精确地绘图，这其中也含有大量的冗余序列。在获得了如此多的核酸信息后，大量的蛋白质信息也随之可以获得，蛋白的种类、二级或者三级结构、翻译后加工、蛋白质间的相互作用等。

针对上面提到的大量信息，如果用传统的方法来收集、存储、分析，将会是

一个浩大的工程，并且，在这旷日持久的工程中，很可能漏掉了许多重要的、未知的信息。在美国最初提出人类基因组计划时，成立了一个由42位专家组成的生物信息研究小组，专门处理获得的相关信息。随着信息的积累，生物学的发展，以及数学、物理、计算机科学的不断渗入，用计算机作为手段，参考数学、统计学、物理等学科的研究方式，将会大大降低人类的工作量，同时更系统、更全面、更快速、更准确地分析已有的数据。

在此背景下，计算生物学和生物信息学应运而生。计算生物学和生物信息学都属于基于基因组学的交叉学科，二者之间没有一个严格的界限。总的来讲，计算机生物学和信息生物学都是应用数学的和计算机的科学方法来处理分子生物学的问题，这些问题常常需要海量的数据计算和分析。生物信息学侧重于生物学信息的采集、存储、分析处理和可视化等方面，计算生物学则侧重于利用数学模型和计算仿真技术对生物学问题进行研究，计算生物学需要使用前期的生物信息学的研究成果。计算生物学主要处理的问题有：比对和分析基因组序列；在不同的序列、结构和功能之间找出相关性；精确计算（预测）生物分子结构；生物物理和生物分子方面的研究等。一般前三点偏向于使用信息生物学的手段，后两项属于计算生物学的主要研究目的。

1996年，Mary Clutter在"Hearing on Computation Biology"中讲到：计算生物学是一项影响科学技术发展革命的一部分。这项革命将会受海量的、种类繁多的数据，以及能够迅速准确全面的收集、存储和分析的智能系统所驱动。因此，由庞大数据构成的分子生物学数据库在计算生物学这门学科中发挥了不可替代的作用。

如今，有500~1000个分子生物学数据库正被越来越多的人使用着，常见的有GenBank、EMBL-Bank、DDBJ、PIR、SWISS-PROT等。

除了上述几种最为常见的关于核酸和蛋白质分子信息的基本数据库外，目前国际上还有很多实用的数据库，如dbSNP（单核苷酸多态性数据库）、SCOP（蛋白质结构分类数据库）等。

二、生物学数据的处理

生物信息学中数学占了很大的比重。统计学，包括多元统计学，是生物信息学的数学基础之一；概率论与随机过程理论，如隐马尔科夫模型（HMM），在生物信息学中有重要应用；其他如用于序列比对的运筹学；蛋白质空间结构预测和分子对接研究中采用的最优化理论；研究DNA超螺旋结构的拓扑学；研究遗传密码和DNA序列的对称性方面的群论等。总之，各种数学理论或多或少在生物学研究中起到了相应的作用。但并非所有的数学方法在引入生物信息学中都能普遍成立。

当前，生物学数据量和复杂性不断增长，每14个月基因研究产生的数据就会翻一番，单单依靠观察和实验已难以应付。因此，必须依靠大规模计算模拟技术，从海量信息中提取最有用的数据。因此，计算生物学应运而生。20世纪80

年代计算机科学与技术发展，以及生物化学、分子生物学的系统论建立，1989年在美国召开了生物化学系统论与生物数学的国际会议，讨论了生物系统理论的计算机模型研究方法，开创了计算生物学的发展，属于早期计算系统生物学家的研讨会；因此，后来改为国际分子系统生物学会议（ICMSB，第 10 届会议），第11 届国际分子系统生物学会议在中科院－德国马普上海计算生物学研究所成功举办。化学生物学、计算生物学与合成生物学，构成系统生物学与系统生物工程的实验数据、数学模型与工程设计的方法体系，即系统生物技术，带来了 21 世纪系统生物科学的全球迅速发展。

当前，计算生物学和生物信息学在研究的方法和对象上已无显著区别，在基因与蛋白质的计算机辅助设计、比较基因组分析、生物系统模型、细胞信号传导与基因调控网络研究、专家数据库、生物软件包等领域发挥重要作用。

1. 生物信息学的基本计算方法

（1）数学统计方法　数据统计、因素分析、多元回归分析是生物学研究必备的工具。其中，隐马尔科夫模型在序列分析方面有着重要的应用。此模型是以 1870 年第一次提出者（俄国有机化学家 Vladimir V. Markovnikov）命名。

如果一个过程的"将来"仅依赖"现在"而不依赖"过去"，则此过程具有马尔科夫性，或称此过程为马尔科夫过程。时间和状态都离散的马尔科夫过程称为马尔科夫链。

在生物信息学研究中应用的概率和数学统计方法，都可以归结为一门介于生物和数学之间的边缘学科——生物数学。

（2）算法

①动态规划方法：动态规划是生物信息学中一种基本的优化方法，其解决问题的基本过程是：将一个问题的全局解分解为局部解，顺序递推求出局部最优解，随着执行过程的推进，局部逐渐接近全局，最终获得全局最优解。

②机器学习与模式识别技术：机器学习是模拟人类的学习过程，以计算机为工具获取知识、积累经验。

随着人工智能研究不断取得进展，人们逐渐发现研究人工智能的最好方法是向人类自身学习，因而引入了一些模拟进化的方法来解决复杂优化的问题。其中富有代表性的是遗传算法，其生物基础是生物体的进化及发展，这种方法被称为进化主义。

另一种方法是人工神经网络方法。人工神经网络的理论是基于人脑的结构，其目的是揭示一个系统是如何向环境学习的，这种方法被称为联接主义。

模式识别是机器学习的一个主要任务。模式是对感兴趣客体定量的或者结构的描述，而模式识别就是利用计算机对客体进行鉴别，将相同或者相似的客体归入同种类别中。

（3）数据库技术　在生物信息学中，数据库技术是最基本的技术。生物分子信息的存储、管理、查询等功能都是建立在数据库管理系统之上的。目前的分子信息数据库大都采用关系数据库管理系统。

另一种相关技术是虚拟数据库技术（VDB），虚拟数据库可以对不同数据源中的数据进行联合查询，提供对数据分散问题的求解。

（4）序列分析　包括从序列联配到同源比较和进化分析，直至基因组和蛋白质组分析。

2. 生物信息学中的前沿技术

（1）数据仓库、数据挖掘　多维数据分析是数据仓库技术最重要的特点。所谓多维数据分析，是指以多种方式来组织数据和显示数据，与数据挖掘、知识发现和决策支持等功能有着紧密的联系。多维数据分析又称作数据库中的知识发现或者数据挖掘。

所谓数据挖掘是从大量不完全的、有噪声的、模糊的或者随机的数据中提取潜在的、人们事先不知道，但又是有用的信息和知识。

数据挖掘过程一般分为 4 个基本步骤：数据选择、数据转换、数据挖掘和结果分析。

（2）图像处理与可视化技术　在传统的数字图像处理和模式识别技术基础上，重点开发用于处理高通量生物图谱的计算机系统。

数据可视化是数据挖掘技术的另一个重要组成部分，已经开发出许多可视化工具，如魔镜、鱼眼镜、信息壁技术等。

（3）分子模型化技术与分子模拟　分子模型化是利用计算机模拟分子结构、研究分子之间相互作用的一种技术。分子模型化是进行分子设计的基础。分子图形学是进行分子模型化的一项重要技术，正是由于分子图形学和其他计算化学方法（如分子力学、分子动力学）的相互结合，才使得分子模型化方法取得成功。

分子图形学充分应用计算机图形学的方法和技术，以三维图形方式显示分子的三维结构，显示分子的理化或电子学特性，显示分子间的相互作用。

所谓生物分子的计算机模拟就是从分子或者原子水平上的相互作用出发，建立分子体系的数学模型，利用计算机进行模拟实验，预测生物分子的结构和功能，预测动力学及热力学等方面的性质。对于生物分子，可以模拟大分子与大分子之间的相互作用，模拟生物大分子与具有活性的小分子之间的相互作用，研究分子之间的识别、特异性结合。生物分子的计算机模拟对于从理论上解释实验现象、指导设计实验方案、发现新的现象及产生新的科学假设具有重要的作用。

在进行模拟之前，首先为待模拟的分子体系建立模型，描述分子内和分子之间的相互作用。常用的两种理论模型分别是量子力学和分子力学。

在进行分子模拟的第二个阶段，利用所建立的模型进行模拟实验，如进行分子动力学（MD）或蒙特卡罗（MC）模拟。

最后分析模拟结果，与已知的实验现象对照比较，验证模型是否合理。如果模型不合理，则改进模型，重新模拟。在得到一个合理的模型之后，我们就可以在实验之前进行计算机模拟，从而进行预实验。

3. 其他相关学科技术

（1）量子力学和分子力学计算　量子力学是现代物理学的理论基础之一，是研究微观粒子运动规律的科学，在量子力学中，粒子的状态用波函数描述，它是坐标和时间的复函数。

将量子力学的基本原理和方法应用于化学，形成量子化学。量子化学着重研究分子结构、性能，研究结构与性能之间的关系，研究分子之间的相互作用，研究分子体系的反应等问题。

分子力学方法是一种非量子力学的计算分子结构、能量与性质的方法，该方法应用经验势能函数，即经验力场方法模拟分子的结构，计算分子的性质。

在进行分子结构分析、构象优化、分子间相互作用研究及分子模拟时都需要应用量子力学或分子力学方法。从计算结果的准确性来讲，这方面的计算工作应该用量子力学方法来完成，但是由于计算量的问题，量子力学方法只适合于比较小的分子体系。

（2）因特网技术　分子生物学研究人员进行信息交流特别是生物分子数据的交流，都是通过因特网实现的。在大多数情况下，你可以从因特网上查到你所想要的生物分子数据，如原始的序列和结构数据，经过加工处理以后的数据。同时，你也可以将所要处理的数据直接送到相应的网络服务器上，服务器接受你的处理请求，并将处理结果返回给你。

目前，几乎所有生物信息数据库或资源库都提供网络服务，使用者可以通过网络去查询或搜索所需要的生物信息，使用各个网络站点所提供的分析工具去分析生物信息。

作为一般的生物学研究人员，只要会用就可以了。但是，对于生物信息学研究和开发人员而言，则需要掌握先进的技术，如虚拟数据库技术、数据动态交换技术、网络编程技术等，只有这样才能研制出高效的网络数据库系统（包括网络应用软件）。

（3）专家系统　专家系统是一种基于知识的智能系统，它将领域专家的经验用一定的知识表示方法表示出来，并放入知识库中，供推理机使用。专家系统是人工智能领域里的一个重要分支，在生物信息学研究中也有着新应用，如用于基因识别。

三、生物信息学中常用的软件和工具

1. 序列分析工具和技术

序列数据是可获得的电子版生物学数据中最丰富的一种。而成对序列比较是计算生物学中最重要的技术。它允许我们做包括以序列为基础的数据库搜索、建立进化树、鉴定蛋白质家族特征性的性质和建立同源性模型在内的所有工作。表13－1为常用的序列分析工具。

表 13－1 　　　　　　　　　　　　序列分析工具

目　的	原　因	可用工具
查找基因	在基因组 DNA 序列中鉴定可能的编码片段	GEN SCAN，GeneWise，PROCRU STES. GRAL
DNA 性质的检测	剪接位点、启动子、参与基因表达的调节序列的确定	CBS Prediction Server
DNA 翻译和逆翻译	将 DNA 序列转化为蛋白质序列或者其逆过程	在 EBI 上的"Pnotein machine"服务器
成对序列的比对（局部）	在一对长序列中的短片段的同源性确定	BLAST，FASTA
成对序列的比对（全长）	在两个序列之间找到最好的全长的比对	AL IGN
成对比较的序列数据库搜索	查找关键词搜索时不能识别的序列匹配，查找实际上具有序列同源性的匹配	BLAST，FASTA，SSEARCII

2. 蛋白质结构的可视化和结构性质的计算

根据蛋白质序列来预测蛋白质结构是生物信息学及计算生物学研究中一个非常活跃的领域。二级结构预测和穿线法有助于确定蛋白质怎样折叠，与具有同样拓扑结构的其他蛋白质分类，但不能提供详细的蛋白质结构模型。最有效及实际的蛋白质结构预测的方法是同源性建模，即运用一个已知结构作为模板来建立一个相似序列的结构模型。

蛋白质结构中最有意义的性质为深的凹表面裂缝及内窝的定位，两者都可能指向辅助因子结合位点或活性位点的定位。另一特别有趣的性质是包围蛋白质与其他静电控制参数的静电场。这些参数包括单个氨基酸 pKas，蛋白质溶解能及结合常数等。常用的蛋白质结构工具见表 13－2。

表 13－2 　　　　　　　　　　　　蛋白质结构工具

目　的	原　因	可用工具
查看分子结构	计算机图形是详细查看蛋白质结构的唯一方法	浏览器插件：RasMol Cn3D，SW ISS－PDBV lewer，独立的 MoMol. MidasPlus. VMD
建立蛋白质的高质量 PostScript 示意图和彩色图谱	用于出版	MolScript
建立活性位点示意图	帮助确定功能位点的结构组分，用于出版	LIGPLOT

续表

目　的	原　因	可用工具
结构分类	确定蛋白质间的关系	CATII, SCOP
二级结构分析	在二级结构水平上提取可识别的特征,可以帮助分类	DSSP, STRDE
拓扑学分析	提取可识别超二级基序,可以帮助分类	TOPS
结构域确定	提取可识别结构域,可以帮助分类	3Dee
唯一结构数据库子集	为基于知识的建模消除源数据集合的偏差	PDBSelect. 精选的 PDB 数据库
结构比对	确定远相关蛋白质间的关系,因为进化,可能不再有可识别的序列相似性,但是有保守的结构相似性	CE. DALL VAST
分子几何分析	确定结构模型中受限制的构象或者错误的表示区域	PROCIIECK, WIIATIF
分子内接触分析	确定残基、残基间的相互作用,可以帮助确定活性位点、结构稳定性特征等	CSU, IIBPLUS
溶剂可接近性计算	确定和溶剂相互作用的氨基酸	Naccess, A lpha Shapes
溶剂建模	在分子周围放置一个实际的化学溶剂壳,为一些模拟做准备;帮助理解功能机制	IIBU LD
分子表面可视化	可以得到对分子形状和化学表面性质的可视化理解	GRASP, GRASS 服务器, SWISS – PDBVlewer
静电势能计算	可视化蛋白质重要的化学表面特征,作为 pKa 计算、结合能计算和 Bmvnian 动力学模拟的第一步	UIIBD, DelPhi
蛋白质 pKa 计算	建立蛋白质 pll 依赖性行为的模型,确定处于可能的活性位点和确定特殊化学环境中的残基	UIIBD, DelPhi

　　蛋白质组本质上指的是在大规模水平上研究蛋白质的特征,包括蛋白质的表达水平、翻译后的修饰、蛋白与蛋白相互作用等,由此获得蛋白质水平上的关于疾病发生、细胞代谢等过程的整体而全面的认识。蛋白质组学工具见表 13 – 3。

表 13 – 3 蛋白质组学工具

目的	原因	可用工具
在线基因组资源	寻找基因组中特定基因的位置和功能信息	NCBI 工具、TIGR 工具、En-sEMBL 基因组专一性数据库
碱基命名	将测序实验的荧光强度转变成四字母的序列编码	Phred
基因组作图和组装	将短片段的原始 DNA 序列数据集织成连贯的整体	Phrap、Staden 软件包
基因组注释	把基因组的功能信息和专一的序列位置联系在一起	MAGPIE
基因组比较	鉴定一个生物和另一个生物的基因组间的不同的基因组结构成分	PipMaker、MUMmer
微阵列图像分析	鉴定和定量原始微阵列数据的点	CrazyQuant、SpotFinder、ArrayVlewer
微陈列数据的聚类分析	鉴定可能一起表达的基因	Cluster、TreeView
2D – PAGE 分析	分析、可视化和定量 2D – PAGE 图像	Melanle3，Melanie Viewer
蛋白质组学分析	分析质谱结果和鉴定蛋白质	ExPASy 工具、ProteinProsPector、PROWI
代谢途径工具	搜索代谢途径和发现功能关系，重建代谢途径	PATII – DB、WIT、KEGG
代谢和细胞模拟	根据已知的性质和推理建立代谢过程及细胞过程的模型	Gepasi、XPP、Virtual Cell

【知识拓展】

生物信息数据库

　　生物分子数据库可以分为一级数据库和二级数据库。一级数据库中的数据直接来源于实验获得的原始数据，只经过简单的归类整理和注释；二级数据库是对原始生物分子数据进行整理、分类的结果，是在一级数据库、实验数据和理论分析的基础上针对特定的应用目标而建立的。

　　生物分子数据库目前的发展状况有几个明显的特征。

　　①生物分子数据库最突出的特征就是数据库的更新速度不断加快，数据量呈指数增长趋势。例如，核酸序列数据的年增长幅度为100%。

②数据库使用频率增长更快。据统计，数据库的平均使用频率每年增长幅度为接近500%。

③数据库的复杂程度不断增加。

④数据库网络化。

⑤面向应用。

⑥先进的软硬件配置。

一、通用数据库

国际上最权威的生物信息学数据库有三个，分别是：美国生物技术信息中心（NCBI）的 GenBank，欧洲分子生物学实验室的 EMBL – Bank（简称 EMBL），日本遗传研究所的 DDBJ（DNA Data Bank of Japan）。

三个组织相互合作，各数据库中的数据基本一致，仅在数据格式上有所差别，对于特定的查询，三个数据库的响应结果一样。

1. GenBank 数据库

Genbank 库包含了所有已知的核酸序列和蛋白质序列，以及与它们相关的文献著作和生物学注释。它的数据直接来源于测序工作者提交的序列、由测序中心提交的大量 EST 序列和其他测序数据以及与其他数据机构协作交换数据。Genbank 每天都会与欧洲分子生物学实验室（EMBL）的数据库、和日本的 DNA 数据库（DDBJ）交换数据，使这三个数据库的数据同步。Genbank 的数据可以从 NCBI 的 FTP 服务器上免费下载完整的库，或下载积累的新数据。NCBI 还提供广泛的数据查询、序列相似性搜索以及其他分析服务，用户可以从 NCBI 的主页上找到这些服务。

NCBI 的数据库检索查询系统是 Entrez。Entrez 是基于 Web 界面的综合生物信息数据库检索系统。利用 Entrez 系统，用户不仅可以方便地检索 Genbank 的核酸数据，还可以检索来自 Genbank 和其他数据库的蛋白质序列数据、基因组图谱数据、来自分子模型数据库（MMDB）的蛋白质三维结构数据、种群序列数据集，以及由 PubMed 获得 Medline 的文献数据。

测序工作者可以把自己工作中获得的新序列提交给 NCBI，添加到 Genbank 数据库。这个任务可以由基于 Web 界面的 BankIt 或独立程序 Sequin 来完成。BankIt 适合于独立测序工作者提交少量序列，而不适合大量序列的提交，也不适合提交很长的序列，EST 序列和 GSS 序列也不应用 BankIt 提交。BankIt 使用说明和对序列的要求可详见其主页。大量的序列提交可以由 Sequin 程序完成。

2. EMBL 数据库

EMBL 是最早的 DNA 序列数据库，于 1982 年建立。

对于每个序列，相关数据包括序列名称、序列、位点、关键字、来源、生物种、参考文献、注释、序列中具有重要生物学意义的位点等。

数据来源主要有两条途径：一是由序列发现者直接提交；二是从生物医学期

刊上收录已经发表的序列资料。

该数据库由 Oracal 数据库系统管理维护，查询检索可以通过因特网上的序列提取系统（SRS）服务完成。向 EMBL 核酸序列数据库提交序列可以通过基于 Web 的 WEBIN 工具，也可以用 Sequin 软件来完成。

二、核酸序列数据库

1. 基因组数据库

基因组数据库内容丰富、名目繁多、格式不一，分布在世界各地的信息中心、测序中心，以及和医学、生物学、农业等有关的研究机构和大学。基因组数据库的主体是模式生物基因组数据库，其中最主要的是由世界各国的人类基因组研究中心、测序中心构建的各种人类基因组数据库。

人类基因组数据库（GDB）于 1990 年建立于美国 Johns Hopkins 大学（约翰·霍普金斯大学，位于马里兰州巴尔的摩市），现由加拿大儿童医院生物信息中心负责管理。该数据库中的内容主要是人类基因组计划所得到的图谱数据。

除 GDB 之外，还有其他模式生物基因组数据库或基因组信息资源，如小鼠、河豚鱼、拟南芥、水稻、线虫、果蝇、酵母、大肠杆菌等。

随着资源基因组计划的普遍实施，几十种动、植物基因组数据库也纷纷上网，如英国 Roslin 研究所的 ArkDB 包括了猪、牛、绵羊、山羊、马等家畜以及鹿、狗、鸡等基因组数据库；美国、英国、日本等国的基因组中心的斑马鱼、罗非鱼、青鳉鱼、鲑鱼等鱼类基因组数据库；英国谷物网络组织（CropNet）建有玉米、大麦、高粱、菜豆农作物以及苜蓿、牧草、玫瑰等基因组数据库；Ensembl 是一个多基因组数据库，现在包括脊椎动物和其他真核生物基因组，如大鼠、小鼠、线虫、果蝇等，除基因组 DNA 序列外，还包含通过注释形成的关于序列的特征。

其他更多的基因组数据资源可以参考中国医学科学院肿瘤研究所的生物信息学中心的数据库链接介绍或参看美国斯坦福大学的基因组资源以及 TIGR（The Institute of Genomic Research，美国基因组研究所的数据库）。

2. 表达序列标记数据库 dbEST

EST（表达序列标签）是从已建好的 cDNA 库中随机取出一个克隆，从 5′末端或 3′末端对插入的 cDNA 片段进行一轮单向自动测序，所获得的 60~500bp 的一段 cDNA 序列。

EST 方法已被证明是识别转录序列的最有效方法。EST 序列大约覆盖了人类基因的 90%。

EST 数据库作为一种重要的基因组数据库，已成为发现新基因、研究基因表达及重组蛋白表达的有力分子生物学工具。利用 EST 数据库可以进行电脑克隆。可以利用 EST 数据库筛选 SNPs。从 EST 数据库中筛选 SNPs 的主要优点：这样筛选出来的单核苷酸多态性标记直接与基因的编码区相对应。

DbEST 是 GenBank 的一个部分，该数据库包括不同生物的 EST 序列数据及其他相关信息，主要是从大量不同组织和器官得到的短 mRNA 片段。

3. 序列标记位点数据库 dbSTS

STS 是序列标记位点。dbSTS 是 NCBI 的另外一个数据源，包含 STS 的组成和定位信息，可以通过 BLAST 搜索 STS 序列。

三、蛋白质序列数据库

历史上，蛋白质数据库的出现先于核酸数据库。

1. PIR

PIR 是由美国生物医学基金会 NBRF 于 1984 年建立的，其目的是帮助研究者鉴别和解释蛋白质序列信息，研究分子进化、功能基因组，进行生物信息学分析。它是一个全面的、经过注释的、非冗余的蛋白质序列数据库。

除了蛋白质序列数据之外，PIR 还包含蛋白质名称、蛋白质的分类、蛋白质的来源；关于原始数据的参考文献；蛋白质功能和蛋白质的一般特征，包括基因表达、翻译后处理、活化等；序列中相关的位点、功能区域等信息。

PIR 提供三种类型的检索服务。一是基于文本的交互式查询，用户通过关键字进行数据查询。二是标准的序列相似性搜索，包括 BLAST、FASTA 等。三是结合序列相似性、注释信息和蛋白质家族信息的高级搜索，包括按注释分类的相似性搜索、结构域搜索等。

目前，PIR 的子数据库包括蛋白质序列数据库 PIR – PSD、蛋白质分类数据库 iProClass 以及非冗余的蛋白质参考资料数据库 PIR – NREF 等。这些数据库可以通过 Ftp 方式下载。

2. SWISS – PROT

SWISS – PROT 是由 Geneva 大学和欧洲生物信息学研究所（EBI）于 1986 年联合建立的，它是目前国际上一个比较权威的蛋白质序列数据库。SWISS – PROT 中的蛋白质序列是经过注释的。

SWISS – PROT 中的数据来源于不同源地。

（1）从核酸数据库经过翻译推导而来。

（2）从蛋白质数据库 PIR 挑选出合适的数据。

（3）从科学文献中摘录。

（4）研究人员直接提交的蛋白质序列数据。

与其他蛋白质序列数据库相比较，SWISS – PROT 有三个明显的特点：① 注释；②最小冗余；③与其他数据库的连接。

3. TrEMBL

TrEMBL 是与 SWISS – PROT 相关的一个数据库。包含从 EMBL 核酸数据库中根据编码序列（CDS）翻译而得到的蛋白质序列，并且这些序列尚未集成到 SWISS – PROT 数据库中。

产生原因：世界上最广泛使用的蛋白数据库为瑞士的 SWISS - PROT 计划建立的数据库，但由于编辑详细蛋白结构数据库时间紧迫，再加上资金短缺，SWISS - PROT 无法跟上基因组学飞速前进的步伐。这种形势导致了 TrEMBL 的产生，这是计算机注释的 SWISS - PROT 分支数据库，目的是暂时储存日益增多的蛋白质结构信息。

4. UniProt

蛋白质数据仓库 UniProt 是三大蛋白数据库（即 PIR 、SWISS - PROT 和 TrEMBL）的整合体。包含 3 个部分。

（1）UniProt Knowledgebase（UniProt） 这是蛋白质序列、功能、分类、交叉引用等信息存取中心。

（2）UniProt Non - redundant Reference（UniRef） 该数据库将密切相关的蛋白质序列组合到一条记录中，以便提高搜索速度。目前，根据序列相似程度形成 3 个子库，即 UniRef100、UniRef90 和 UniRef50。

（3）UniProt Archive（UniParc） 是一个资源库，记录所有蛋白质序列的历史。用户可以通过文本查询数据库，可以利用 BLAST 程序搜索数据库，也可以直接通过 FTP 下载数据。

四、生物大分子结构数据库

1. PDB（Protein Data Bank）

目前，国际上最著名的生物大分子结构数据库是美国 Brookhaven 实验室的大分子结构数据库 PDB。PDB 中含有通过实验方法（电镜、X 射线晶体衍射 X - ray、磁共振 NMR 等）测定的生物大分子的三维结构，其中主要是蛋白质，还包括核酸、糖类和其他复合物。对于每一个结构，包含名称、参考文献、序列（一级结构）、二级结构和原子坐标等信息。

用理论方法预测的生物大分子结构现在都独立保存在 FTP 服务器。

2. MMDB（Molecular Modeling Database）

分子模型 MMDB 是美国生物技术信息中心（NCBI）所开发的生物信息数据库集成系统 Entrez 的一个部分，数据库的内容包括来自于实验的生物大分子结构数据。该数据库实际上是 PDB 的一个编辑版本。

3. NDB（Nucleic Acid Database）

Rutgers 建立的数据库 NDB，主要收集与发布核酸的结构信息。与 PDB 一起同属于 RCSB（结构生物信息学研究联合实验室）提供的服务之一。

RCSB 由 Rutgers 美国新泽西州立大学化学与化学生物学系、生物物理与生物物理化学中心、加州大学圣地亚哥超级计算机中心、国家标准与技术研究所生物技术部等成员共同建立的一个非赢利性联合研究机构，由美国国家科学基金会、美国公共卫生服务局、国家卫生研究院等机构提供支持，主要致力于通过对生物大分子三维结构的研究，进一步探索生物系统的功能。

五、其他生物分子数据库

1. 单碱基多态性数据库 dbSNP

单碱基多态性数据库 dbSNP，是由 NCBI 建立的。

2. 蛋白质结构分类数据库 SCOP

蛋白质结构分类数据库 SCOP 的目标是提供关于已知结构的蛋白质之间结构和进化关系的详细描述，包括蛋白质结构数据库 PDB 中的所有条目。SCOP 数据库除了提供蛋白质结构和进化关系信息外，对于每一个蛋白质还包括：到 PDB 的连接、序列、参考文献、结构的图像等。

现有的结构比较工具尚不能识别所有蛋白质之间的结构和进化关系。SCOP 对蛋白质的分类主要是通过人工交互的方式，通过图形显示器观察和比较蛋白质结构，并借助于一些软件工具进行分析，如同源序列搜索工具。

可以按结构和进化关系对蛋白质分类，分类结果是一个具有层次结构的树，其主要的层次是家族、超家族和折叠，这些层次之间的界限在一定程度上是人为的。

3. 蛋白质二级结构数据库 DSSP

蛋白质二级结构数据库 DSSP 对生物大分子数据库 PDB 中的任何一个蛋白质，根据其三维结构可推导出对应的二级结构。因此，DSSP 是一个二级数据库（相对于原始数据库）。这个数据库对研究蛋白质序列与蛋白质二级结构及空间结构的关系非常有用。

除了二级结构以外，DSSP 还包括蛋白质的几何特征及溶剂可及表面。

DSSP 还包括一个实用程序，该程序根据给定的蛋白质的三维结构，计算一个蛋白质所对应的二级结构。DSSP 二级结构的编码含义如下：

. H = alpha helix

. B = residue in isolated beta – bridge

. E = extended strand, participates in beta ladder

. G = 3 – helix (3/10 helix)

. I = 5 helix (pi helix)

. T = hydrogen bonded turn

. S = bend

4. 蛋白质同源序列比对数据库 HSSP

蛋白质同源序列比对数据库 HSSP 是一个二级数据库。对于一个蛋白质，结合三维结构数据和序列数据，其数据来源于 PDB，或来源于其他蛋白质序列数据库，如 SWISS – PROT。对于 PDB 中的每一个蛋白质，HSSP 将与其同源的所有蛋白质序列对比排列起来，从而将相似序列的蛋白质聚集成结构同源的家族。如果家族成员中有一个已知三维结构，则可以推测家族其他成员的三维结构、二级结构或者折叠。所以 HSSP 不仅是蛋白质家族序列比对数据库，同时该数据库隐含了二级结构和空间结构信息，这覆盖了 SWISS – PROT 中 27% 的蛋白质。

HSSP 有助于分析蛋白质的保守区域，确定有意义的序列模式，研究蛋白质的进化关系，研究蛋白的折叠，也有助于蛋白质的分子设计。

5. 人类遗传数据库 OMIM

人类遗传数据库 OMIM 也称作在线人类孟德尔遗传数据库，是关于人类基因和遗传疾病的分类数据库，由约翰霍普金斯大学开发。

6. 基因启动子数据库 EPD

基因启动子数据库 EPD 是提供从 EMBL 中得到的真核基因的启动子序列，目标是帮助实验研究人员、生物信息学研究人员分析真核基因的转录信号。

7. 转录调控区域数据库 TRRD

转录调控区域数据库 TRRD 是由俄罗斯科学院细胞和遗传学研究所建立的。是一个关于基因调控信息的集成数据库，该数据库搜集真核生物基因转录调控区域结构和功能的信息。每一个条目对应于一个基因，包含特定基因各种结构－功能特性：转录因子结合位点（或者顺式作用元件）、启动子、影响基因转录水平的增强子和静默子、5′端和3′端扩展的转录调控区域、基因表达调控模式、完整的基因表达调控系统等。主页提供了对这几个数据表的检索服务，同时提供了可视化工具。

8. 转录因子数据库 TRANSFAC

转录因子数据库 TRANSFAC 是真核基因顺式调控元件和反式作用因子数据库，数据搜集的对象从酵母到人类。

9. 基因表达数据库 BODYMAP

基因表达数据库 BODYMAP 关于人和老鼠基因表达信息，基因表达数据来自于不同组织、不同细胞以及不同时刻。这里的基因表达数据实际上是 3′端的 EST。

10. 蛋白质家族和结构域数据库 PROSITE

蛋白质家族和结构域数据库 PROSITE，包含具有生物学意义的位点、模式、可帮助识别蛋白质家族的统计特征。蛋白质家族或结构域，提供家族中各蛋白质的结构和功能的信息。涉及的序列模式包括酶的催化位点、配体结合位点、与金属离子结合的残基、二硫键的半胱氨酸、与小分子或其他蛋白质结合的区域等。

11. 生物、医学文献数据库 PubMed

生物、医学文献数据库 PubMed 是美国国家医学图书馆（NLM）开发的、NCBI 维护的、基于网络服务的生物学、医学文献引用数据库，提供对 MED-LINE、Pre – MEDLINE 等文献数据库的引用查询和对大量网络科学类电子期刊的链接。

PubMed 的数据主要有 4 个部分，即 Medline、OLDMEDLINE、In Process Citations、Record Suppled by Publisher。

【思考题】

1. 现代生物信息学的基本定义是什么？它的重要性主要体现在哪两个方面？

2. 列表说明三大核酸数据库名称、数据维护机构、依托的相关政府部门及各自独特的检索平台名称。

参 考 文 献

[1] Alla L, Galleron N, Sorokin A, et al. Sequencing and function alannotation of the bacillus subtilis genes in the 200 kbrrnB – dna Bregion [J]. Microbiology, 1997, 143 (11): 3431 – 3441.

[2] Dib C, Faure S, Flzames C, et al. Acomprehensive gene to map of the human genome base don 5264 micros ate llites [J]. Nature, 1996, 380: 152 – 154.

[3] H·S·查夫拉. 植物生物技术导论 [M]. 北京: 化学工业出版社, 2005.

[4] S. G. Gregory, et al., Nature, 2006, 441: 315.

[5] Schuler G D, Boguski M S, Stewart E A. Age nemap of the human genome [J]. Science, 1996, 274: 540 – 546.

[6] Spenger, SylviaL. Abstracts of the third international workshop on human chromo some mapping [J]. Cytogenet Cell Genet, 1997, 78: 236 – 239.

[7] 安海谦, 卢圣栋. DNA 芯片技术及其应用 [J]. 生物工程进展, 1998, 18 (2): 37 – 39.

[8] 陈建峰. 我国生物农药产业主体 – 微生物农药和农用抗生素 [J]. 中国农资, 2005: 70 – 72.

[9] 陈剑虹. 环境工程微生物学 [M]. 武汉: 武汉理工大学出版社, 2009.

[10] 陈来成. 人类基因组计划的进展及伦理分析 [J]. 中国医学伦理学, 2001 (4): 35 – 36.

[11] 陈志南. 细胞工程 [M]. 北京: 科学出版社, 2005.

[12] 邓洪渊, 孙雪文, 谭红. 生物农药的研究和应用进展 [J]. 世界科技研究与发展, 2005, 27 (1): 76 – 80.

[13] 葛均青, 于贤昌, 王竹红. 微生物肥料效应及其应用展望 [J]. 中国生态农业学报, 2003, 11 (3): 87 – 88.

[14] 葛亚明, 陈利萍. 植物细胞工程在十字花科作物种质创新中的研究进展 [J]. 细胞生物学, 2004 (26): 471 – 474.

[15] 郭龙彪, 程式华, 钱前. 水稻基因组测序和分析的研究进展 [J]. 中国水稻科学, 2004, 18 (6): 557 – 562.

[16] 郭萌. 克隆使生命科学再历考验 [J]. 实验动物科学与管理, 2005 (1): 51 – 53.

[17] 郝建平, 陈柔如. 植物细胞工程进展 [J]. 河南科学, 1999 (17): 168 – 171.

[18] 侯文邦, 朱文文, 马占强. 植物基因工程在作物育种中的应用与展望 [J]. 中国农学通报, 2005, 21 (1): 128 – 132.

[19] 胡军和等. 体细胞克隆猪的研究进展 [J]. 中国生物工程, 2004 (9): 23 – 24.

[20] 刘小兵, 蒋柏泉, 王伟. 环境生物技术在 "三废" 治理中的应用 [J]. 江西化工 2003, 3: 8 – 10.

[21] 孔繁翔. 环境生物学 [M]. 北京: 高等教育出版社, 2000.

[22] 李旭东, 杨芸. 废水生物处理新技术 [J]. 精细与专用化学品, 2002 (17): 19 – 21.

[23] 刘春朝, 王玉春, 欧阳藩. 植物组织培养生产有用次生代谢产物的研究进展 [J]. 生物技术通报, 1997 (5): 1.

[24] 刘海春, 臧玉红. 环境微生物 [M]. 北京: 高等教育出版社, 2008.

[25] 刘群红, 李朝品. 现代生物技术概论 [M]. 北京: 人民军区出版社, 2005.

[26] 刘彦锋, 刘瑛. 植物基因工程的应用与研究进展及潜在风险性分析 [J]. 生物技术通讯, 2005 (16): 340 – 342.

[27] 刘烨等. 污泥处置与资源化新技术探讨 [J]. 四川环境, 2004, 23 (6): 54 – 57.

[28] 吕振华等. 恶臭气体的生物处理工艺 [J]. 农机化研究, 2005 (2): 95 – 97.

[29] 罗明典. 现代生物技术及其产业化 [M]. 上海: 复旦大学出版社, 2001.

[30] 骆建新等. 人类基因组计划与后基因组时代 [J]. 中国生物工程, 2003, 23 (11): 87 – 94.

[31] 农博网 http://www.aweb.com.cn.

[32] 戎志梅. 生物化工新产品与新技术开发指南 [M]. 北京：化学工业出版社，2002.

[33] 三农直通车 http://www.gdcct.gov.cn.

[34] 沈桂芳，张志芳. 飞速发展的现代农业与生物技术 [J]. 中国创业投资与高科技，2004 (6)：46－49.

[35] 石建忠，刘建华，曹果清. 现代生物技术在动物育种中的应用 [J]. 动物科技，2003，20 (6)：60－67.

[36] 石磊. 城市污泥处理、处置技术概述 [J]. 江西化工，2005 (3)，52－54.

[37] 宋思扬，楼士林. 生物技术概论 [M]. 北京：科学出版社，2002.

[38] 孙俊，孙其宝，俞飞飞. 离体培养技术在现代农业上的应用 [J]. 安徽农业科学，2003，31 (6)：1023－1025.

[39] 童海宝. 生物化工 [M]. 北京：化学工业出版社，2001.

[40] 汪世华，白文钊. 我国酶制剂的现状及其发展前景 [J]. 冷饮与速冻食品工业，2002.6 (8)：42－43.

[41] 王家玲. 环境微生物学（第二版）[M]. 北京：高等教育出版社，2004.

[42] 王联结. 生物工程概论 [M]. 北京：中国轻工业出版社，2002.

[43] 王素贡等. 我国微生物肥料的应用研究进展 [J]. 中国农业大学学报，2003，8 (1)：14－18.

[44] 王一华，傅荣恕. 中国生物修复的应用及进展 [J]，山东师范大学学报：自然科学版，2003，18 (2)：79－83.

[45] 韦朝阳，陈同斌. 重金属污染植物修复技术的研究与应用现状 [J]. 地球科学进展 2002，17 (6)：833－839.

[46] 吴晓芙，胡曰利. 有机废水处理中的环境生物技术及其进展 [J]. 中南林学院学报，2003，23 (6)：41－48.

[47] 邢新会，刘则华. 环境生物修复技术的研究进展 [J]. 化工进展，2004，23 (6)：579－584.

[48] 熊宗贵. 生物技术制药 [M]. 北京：高等教育出版社，1999.

[49] 杨文英，董学畅. 细胞固定化及其在工业中的应用 [J]. 云南民族学院学报：自然科学版，2001.7 (10)：409－410.

[50] 杨子江. 城市污泥的综合利用研究 [J]. 再生资源研究，2004 (1)：32－36.

[51] 印莉萍，祁小延. 细胞分子生物学技术教程 [M]. 北京：科学出版社，2005.

[52] 俞俊堂，唐孝宣. 生物工艺学 [M]. 上海：华东理工大学出版社，1992.

[53] 翟礼嘉. 现代生物技术导论 [M]. 北京：高等教育出版社，1998.

[54] 张启军等. 水稻基因组学研究概况 [J]. 西华师范大学学报：自然科学版，2005，26 (2)：125－135.

[55] 张然等. 转基因动物应用的研究现状与发展前景 [J]. 中国生物工程，2005，25 (8)：16－24.

[56] 张树清. 生物肥料种类、作用及其未来发展方向 [J]. 中国农业信息，2005 (3)：4－6.

[57] 张树庸. 人类基因组计划 [J]. 实验动物科学与管理，2003 (2)：41－43.

[58] 张文彬，李红侠，伊尚武. 生物农药的发展及其在防治甜菜夜蛾上的应用 [J]. 中国甜菜糖业，2005 (3)：41－45.

[59] 赵鸣等. 污泥资源化利用的途径与分析 [J]. 再生资源研究，2004 (5)：28－31.

[60] 赵鹏等. 恶臭气体生物处理技术研究进展 [J]. 化工环保，2005，25 (1)：29－32.

[61] 中国农业新闻网 http://www.farmer.com.cn/.

[62] 周凤霞，白京生. 环境微生物 [M]. 北京：化学工业出版社，2003.

[63] 朱行. 分子农业正在世界各地悄然兴起 [J]. 现代商贸工业，2003 (10)：35－36.

[64] 朱玉贤，李毅. 现代分子生物学 [M]. 北京：高等教育出版社，1997.